国家卫生健康委员会"十四五"规划教材

全国高等学校**制药工程专业第二轮**规划教材

供制药工程专业用

制药过程安全与环保

主　编　侯晓虹

副主编　赵焕新　郭瑞昕

编　者（按姓氏笔画排序）

王小娜（沈阳环境科学研究院）　　　　赵焕新（沈阳化工大学）

王高阳（中国医科大学）　　　　　　　胡　奇（沈阳药科大学）

乔丽芳［联邦制药（内蒙古）有限公司］　侯晓虹（沈阳药科大学）

邱　珊（哈尔滨工业大学）　　　　　　郭瑞昕（中国药科大学）

张　烨（内蒙古医科大学）

人民卫生出版社

·北京·

图书在版编目（CIP）数据

制药过程安全与环保 / 侯晓虹主编 . —北京：人民卫生出版社，2023.8

ISBN 978-7-117-35068-6

Ⅰ.①制… Ⅱ.①侯… Ⅲ.①制药工业 – 化工过程 – 安全管理 – 医学院校 – 教材②制药工业 – 环境保护 – 医学院校 – 教材 Ⅳ.①TQ460.3

中国国家版本馆 CIP 数据核字 (2023) 第 141142 号

人卫智网	www.ipmph.com	医学教育、学术、考试、健康，购书智慧智能综合服务平台
人卫官网	www.pmph.com	人卫官方资讯发布平台

制药过程安全与环保
Zhiyao Guocheng Anquan yu Huanbao

主　　编：侯晓虹
出版发行：人民卫生出版社（中继线 010-59780011）
地　　址：北京市朝阳区潘家园南里 19 号
邮　　编：100021
E - mail：pmph @ pmph.com
购书热线：010-59787592　010-59787584　010-65264830
印　　刷：天津画中画印刷有限公司
经　　销：新华书店
开　　本：850×1168　1/16　印张：18
字　　数：426 千字
版　　次：2023 年 8 月第 1 版
印　　次：2023 年 9 月第 1 次印刷
标准书号：ISBN 978-7-117-35068-6
定　　价：79.00 元

出版说明

随着社会经济水平的增长和我国医药产业结构的升级,制药工程专业发展迅速,融合了生物、化学、医学等多学科的知识与技术,更呈现出了相互交叉、综合发展的趋势,这对新时期制药工程人才的知识结构、能力、素养方面提出了新的要求。党的二十大报告指出,要"加强基础学科、新兴学科、交叉学科建设,加快建设中国特色、世界一流的大学和优势学科。"教育部印发的《高等学校课程思政建设指导纲要》指出,"落实立德树人根本任务,必须将价值塑造、知识传授和能力培养三者融为一体、不可割裂。"通过课程思政实现"培养有灵魂的卓越工程师",引导学生坚定政治信仰,具有强烈的社会责任感与敬业精神,具备发现和分析问题的能力、技术创新和工程创造的能力、解决复杂工程问题的能力,最终使学生真正成长为有思想、有灵魂的卓越工程师。这同时对教材建设也提出了更高的要求。

全国高等学校制药工程专业规划教材首版于 2014 年,共计 17 种,涵盖了制药工程专业的基础课程和专业课程,特别是与药学专业教学要求差别较大的核心课程,为制药工程专业人才培养发挥了积极作用。为适应新形势下制药工程专业教育教学、学科建设和人才培养的需要,助力高等学校制药工程专业教育高质量发展,推动"新医科"和"新工科"深度融合,人民卫生出版社经广泛、深入的调研和论证,全面启动了全国高等学校制药工程专业第二轮规划教材的修订编写工作。

此次修订出版的全国高等学校制药工程专业第二轮规划教材共 21 种,在上一轮教材的基础上,充分征求院校意见,修订 8 种,更名 1 种,为方便教学将原《制药工艺学》拆分为《化学制药工艺学》《生物制药工艺学》《中药制药工艺学》,并新编教材 9 种,其中包含一本综合实训,更贴近制药工程专业的教学需求。全套教材均为国家卫生健康委员会"十四五"规划教材。

本轮教材具有如下特点:

1. 专业特色鲜明,教材体系合理 本套教材定位于普通高等学校制药工程专业教学使用,注重体现具有药物特色的工程技术性要求,秉承"精化基础理论、优化专业知识、强化实践能力、深化素质教育、突出专业特色"的原则来合理构建教材体系,具有鲜明的专业特色,以实现服务新工科建设,融合体现新医科的目标。

2. 立足培养目标,满足教学需求 本套教材编写紧紧围绕制药工程专业培养目标,内容构建既有别于药学和化工相关专业的教材,又充分考虑到社会对本专业人才知识、能力和素质的要求,确保学生掌握基本理论、基本知识和基本技能,能够满足本科教学的基本要求,进而培养出能适应规范化、规模化、现代化的制药工业所需的高级专业人才。

3. 深化思政教育，坚定理想信念 以习近平新时代中国特色社会主义思想为指导，将"立德树人"放在突出地位，使教材体现的教育思想和理念、人才培养的目标和内容，服务于中国特色社会主义事业。各门教材根据自身特点，融入思想政治教育，激发学生的爱国主义情怀以及敢于创新、勇攀高峰的科学精神。

4. 理论联系实际，注重理工结合 本套教材遵循"三基、五性、三特定"的教材建设总体要求，理论知识深入浅出，难度适宜，强调理论与实践的结合，使学生在获取知识的过程中能与未来的职业实践相结合。注重理工结合，引导学生的思维方式从以科学、严谨、抽象、演绎为主的"理"与以综合、归纳、合理简化为主的"工"结合，树立用理论指导工程技术的思维观念。

5. 优化编写形式，强化案例引入 本套教材以"实用"作为编写教材的出发点和落脚点，强化"案例教学"的编写方式，将理论知识与岗位实践有机结合，帮助学生了解所学知识与行业、产业之间的关系，达到学以致用的目的。并多配图表，让知识更加形象直观，便于教师讲授与学生理解。

6. 顺应"互联网＋教育"，推进纸数融合 在修订编写纸质教材内容的同时，同步建设以纸质教材内容为核心的多样化的数字化教学资源，通过在纸质教材中添加二维码的方式，"无缝隙"地链接视频、动画、图片、PPT、音频、文档等富媒体资源，将"线上""线下"教学有机融合，以满足学生个性化、自主性的学习要求。

本套教材在编写过程中，众多学术水平一流和教学经验丰富的专家教授以高度负责、严谨认真的态度为教材的编写付出了诸多心血，各参编院校对编写工作的顺利开展给予了大力支持，在此对相关单位和各位专家表示诚挚的感谢！教材出版后，各位教师、学生在使用过程中，如发现问题请反馈给我们（发消息给"人卫药学"公众号），以便及时更正和修订完善。

人民卫生出版社
2023 年 3 月

前　言

　　《"十四五"医药工业发展规划》中确定了制药工业制造水平系统提升规划,明确了"企业绿色化、数字化、智能化发展水平明显提高,安全技术和管理水平有效提升,生产安全风险管控能力显著增强"的总体发展目标。因此,为制药工业的高质量发展培养具有高素质的专业技能人才迫在眉睫。

　　制药工程专业作为我国高等教育工科类专业,每年为我国培养输送大量制药行业从业人员。但随着新工科建设以及我国工程教育的质量与规模进入世界第一方阵,工程教育对现代工程师的培养提出了更高的要求。作为典型的过程工业,药品生产过程同时存在着安全和环境污染风险。制药过程的安全和环境保护与安全工程、环境工程以及制药过程工程技术密切相关。本教材聚焦制药工程专业人才培养目标,从安全与环境保护的角度,培养学生在从事制药行业设计、施工、运行、管理的过程中综合考虑安全、环境保护问题的能力,能够在制药过程与安全、环境保护相互冲突或存在矛盾的前提下作出妥善处置与决策的能力。本教材注重理论性和实用性的统一,内容完整,模块清晰,简明易懂,引入大量的具体实例和最新的国家政策、法律、法规,以期在生态文明建设、安全生产、"双碳"目标的背景下,为制药工业培养更多卓越的工程师。

　　本教材系统阐述了制药过程中涉及的安全技术基础,制药废水、废气、废渣的处理,以及制药行业职业卫生防护与健康管理等内容。全书共分为8章,第一章重点介绍了制药工业的现状与特点,安全与环境保护的问题及主要任务;第二、第三章分别介绍了制药行业涉及的危险化学品和生产设备安全管理与防护以及应急管理;第四章介绍了制药工业废水处理的原理、工艺流程和工程案例;第五章介绍了制药工业废气的种类、来源、控制措施和典型案例;第六章介绍了制药产生的固体废物处理的技术原理、流程与实际案例;第七章介绍了制药过程的常见毒物与职业病预防措施;第八章介绍了环境健康安全管理体系、环境保护相关法律法规以及安全生产管理规范。

　　本教材荟聚了多所高等院校专家和企业人员参与编写。各章编写分工如下:第一章由侯晓虹编写,第二章由张烨编写,第三章由王小娜编写,第四章由邱珊编写,第五章由赵焕新编写,第六章由胡奇编写,第七章由王高阳编写,第八章由郭瑞昕编写,乔丽芳从药企一线环保技术专家的角度提供编写意见、应用实例和相关政策法规。全书由侯晓虹、赵焕新、郭瑞昕、胡奇统稿。教材中引用了许多国内外相关文献和资料,在此仅向这些作者表示感谢。在参考文献中可能由于疏漏未能全部列出,对此表示深深的歉意。

在教材编撰过程中，由于内容涉及广泛，且限于编者水平，缺点和不足在所难免，敬请专家、读者批评指正。

侯晓虹

2023 年 7 月 16 日

目　录

第一章 绪论

　　医药工业是关系国计民生、经济发展和国家安全的战略性产业,是健康中国建设的重要基础。细分医药工业,有化学药品原料药制造、化学药品制剂制造、中药饮片加工、中成药制造、生物药品制造、卫生材料及医药用品制造、医疗器械及设备制造、制药专用设备制造等8个子行业。其中,制药工业属于技术密集型产业,具有投入高、利润高和竞争强的特点,与人们的生命健康和生存发展息息相关,是21世纪最具潜力的发展行业。

　　制药工业是典型的过程工业,按照生产阶段可将制药过程分为原料药生产过程和药物制剂生产过程;根据药物的制造技术方法可将制药过程分为化学制药过程、生物制药过程和中药制药过程及其药品成型加工过程。药品生产过程不仅存在着安全风险,也存在着环境污染风险。因此,制药过程的安全和环境保护与安全工程、环境工程以及制药过程工程技术密切相关。同时,我国制药工业也是在安全与环境保护的法律法规的严格监管下进行的。"十四五"期间,我国正推进制药大国向制药强国转变,构建绿色产业体系,提高绿色制造水平,实施医药工业碳减排行动,提升安全风险管控能力,围绕防范生产安全风险,提升本质安全,确保制药工业持续健康发展。

一、制药工业的产业化现状与特点

(一)我国制药工业的发展现状

　　中华人民共和国成立以来,我国制药领域迎来了突飞猛进的发展,特别是改革开放40多年以来,我国制药产业发展迅猛,制药企业的数量和生产药品的质量逐年提升。我国已经成为世界制药大国和药物需求大国。

　　制药行业已经成为影响国民经济发展的重要行业,在国家经济建设和高新技术的研发、成熟、应用方面发挥着不可替代的作用。为了加速制药行业的发展,我国连续多年出台了促进制药产业发展的相关政策法规,确立了制药行业,特别是生物制药领域的战略性发展地位,为整个制药产业的发展明确了方向。2020年以来,国家和地方政府部门为制药产业的发展投入了大量人力、物力和财力。在资金和政策扶持方面不断加大力度,一大批先进的科学技术应用到制药领域,我国的制药产业得到了迅猛发展,并获得了实实在在的成果。但在整个产业发展过程中,中国的制药业还面临着很多制约因素,在今后需要不断加强制药领域的改革发展,调整产业结构。

（二）制药工业的特点

1. **高度的科学性、技术性** 随着科学技术的不断发展，制药生产中现代化的仪器仪表、电子技术、自动控制的一体化设备得到了广泛的应用，无论是产品的设计、工艺流程的确定，还是操作方法的选择，都有严格的规范化要求，须采用相应的技术手段、设备和设施。

2. **生产分工细致、质量控制体系完善** 制药工业既有严格的分工，又有密切的配合。在医药生产系统中有原料药合成厂、制剂药厂、中成药厂，还有医疗器械设备厂等。这些医药企业各自的生产任务不同，只有密切配合，才能最终完成药品的生产任务。产品质量必须采用统一的标准，并严格执行。世界上各个国家都有自己的药品管理法和药品生产质量管理规范，用法律的形式将药品生产经营管理确定下来，这说明了医药企业确保产品质量的重要性。在我国，药品生产企业必须严格按照《药品生产质量管理规范》（Good Manufacture Practice，GMP）的要求进行生产；厂房、设施、卫生环境必须符合相应的技术标准；为保障药品的质量创造良好的生产条件，生产药品所需的原料、辅料以及直接接触药品的容器、包装材料必须符合药用要求；研制新药必须按照《药物非临床研究质量管理规范》（Good Laboratory Practice，GLP）和《药物临床试验质量管理规范》（Good Clinical Practice，GCP）进行；药品的经营流通必须按照《药品经营质量管理规范》（Good Supply Practice，GSP）的要求进行。

3. **生产技术复杂、危险因素多** 在药品生产过程中，所用的原料、辅料产品种类繁多，技术复杂程度高。在原料药生产过程中，单元操作大致可由回流、蒸发、结晶、干燥、蒸馏、过滤等串联组合。但由于一般化学原料药的合成都包含有较多的化学单元反应，且往往伴随着副反应，使得整个工艺操作与参数控制变得复杂化。且在连续操作过程中，所用的原料、反应条件不同，又多是管道输送，原料和中间体中多为易燃、易爆、有腐蚀性等有害物质。操作技术的复杂性和多样性表明了制药过程的危险性高，发生安全事故的风险高。

4. **生产的比例性、连续性** 制药生产的比例性是由制药生产的工艺原理和工艺设施决定的。一般来说，制药工业的生产过程，各厂之间、各生产车间之间、各生产小组之间都要按照一定的比例关系进行生产。如果比例失调，不仅影响产品的产量和质量，甚至会造成事故，被迫停产。此外，从原料到产品加工的各个环节，大多通过封闭的管道运输，采取自动控制、调节，各个环节的联系相当紧密。这样的生产装置连续性强，任何一个环节都不可随意停产，否则严重时甚至可能导致系统停车。

5. **高投入、高产出** 制药工业是以新药研究与开发为基础的行业，而新药的研发需要投入大量资金，高投入带来高产出、高效益。某些发达国家制药工业的总产值已经跃居行业的第5～6位，仅次于军火、石油、汽车等，它的利润主要来自受专利保护的创新药物。

当前与制药相关的精细化工生产多以间歇和半间歇操作为主，工艺复杂多变，自动化控制水平低，现场操作人员多，部分企业对反应的安全风险认识不足，对工艺控制要点掌握不够或认识不科学，容易因反应失控导致火灾、爆炸、中毒事故的发生，造成群死群伤。

二、制药过程的安全问题

（一）制药过程的事故特点

制药企业的各类安全生产事故发生频繁，药品的生产、使用过程中的职业病危害、环境污染问题多种多样。在 1999—2022 年我国制药企业典型的安全生产事故中，爆炸事故是制药类企业生产过程中最主要的事故类型。同时，从事故的发展过程来看，往往是由反应釜温度、压力过高或者是动火作业中的一些违规操作产生电火花而引起反应釜的爆炸。另外一个就是烘箱的爆炸问题，烘箱爆炸往往伴有次生火灾的情况，导致人员伤亡和经济的巨大损失。另外，制药企业中的中毒和窒息事故发生的起数和死亡人数也不容忽视，虽然中毒和窒息事故的受伤人数的百分比很低，但危化品泄漏中毒或者窒息事故导致人员死亡的可能性非常高。造成事故的原因主要还是员工的操作不当，缺乏自我保护意识。这类事故以一些药物挥发性泄漏、爆炸燃烧产生的毒性气体为主。制药过程与危险化学品的使用密切相关，在一些操作不当的情况下容易发生与危险化学品相关的安全事故，具有影响范围广、种类复杂、损失严重的特点。具体包括：①突发性强，不易控制。安全事故发生的原因多且复杂，事先没有明显的预兆。②危害人员健康，污染环境。危险化学品不仅可导致现场人员灼伤、感染、中毒等，还会污染大气、土壤、水体、车间环境，损害设备，而且现场残留物的彻底洗消困难。③救援难度大，专业性强。由于救援现场情况复杂，存在高温、剧毒等危险，侦察、救人、灭火、堵漏、洗消难度加大，救援专业性强。造成这类安全事故的原因：①洁净生产不达标可导致质量风险。制药过程区别于别的精细化工过程，在很大的程度上表现为保证药品质量的洁净生产要求。事故、故障不但影响正常生产，还有可能给药品质量带来风险，危及人体健康。②人员素质不一，执行偏差。进入制药企业的操作人员虽然经过培训，但是由于人员的文化程度、生活习惯、工作的责任心等不同，执行偏差，甚至违反 GMP 要求，会增加药品污染的风险，导致药品质量不合格，造成药品安全事故。

（二）制药过程安全术语

1. 安全　根据国家标准（GB/T 28001—2011），"安全"是免除了不可接受的损害风险的状态。即安全是"免于危险"或"没有危险"的状态，这种危险可以是来自过程或系统内部的，也可以是外部的。没有危险是安全的本质属性。但"不存在隐患""不存在威胁""不受威胁""不出事故""不受侵害"等并不是安全的本质属性，安全不是绝对的。安全是在可接受风险的范围内、有效安全投入的限度内，相对的、没有危险的状态。

有危险不等于不安全，危险具有时间、空间属性。在制药行业中，危险的定义包括：中毒和窒息。中毒是指人体通过呼吸系统或皮肤接触到有毒物质，对人体一个或多个器官产生有害影响的现象。如苯及其附属物是制药行业尤其是化学合成药物生产过程中常用的溶剂，但苯具有很强的毒性，长期接触会引起白血病等疾病。窒息是指人体呼吸系统受到阻碍，无法正常呼吸，导致缺氧而死亡。例如，制药行业中的一些化学品如氨气、氯气等，如果泄漏或者操作不当，会导致人体窒息。

"没有危险"作为一种状态，具有客观属性。它不是一种实体性存在，而是通过实体

（即安全的主体）表现出来的。通过人，便是"人的安全"；在过程工业中，表现为过程的安全；通过制药过程，便是"制药过程的安全"。因此，可以说安全是主体没有危险的客观状态。

通过安全设计和管理，可以主动追求安全状态。过程工业可在厂址选建、车间布局、工艺选择与设计、设备设计与选择、产品设计、管理体系等各个方面考虑安全、环保因素，从源头减少对人员、财产、环境的潜在危险，降低风险，主动提高过程工业的安全。

2. **本质安全**　不依赖控制系统、特殊操作程序、管理体系等外在条件，而依靠化学和物理学来获得没有危险的状态，是本质安全。本质安全的过程一般具有最大的成本效率、工艺简化、不在苛刻的条件下操作、操作的可靠性高、没有复杂的安全连锁系统等特征，更能容忍操作人员的失误和不正常的情况出现。

本质安全不再依赖于多层次的保护。一般而言，安全依赖于多层次的保护，第一层保护通常是过程设计，紧接着是控制系统、连锁系统、安全切断系统、保护系统、警报和应急反应计划。本质安全是其中的一部分，更侧重于过程设计特征。预防安全事故的最好办法就是增加过程设计特征，从源头减少危险。对于制药过程设计特征，化学家、剂型工程师、工艺工程师可以在早期通力协作，对药物合成路线、单元合成反应、工艺流程，以及剂型控制技术展开广泛深入的应用基础研究，达到或接近本质安全，实现安全生产。

为达到本质安全，可以采用消除、最小化（强化）、替代、缓和（减弱或限制影响）、简化（简化和容错）等技术措施，如表1-1所示。

表 1-1　本质安全技术

技术类型	典型技术
消除（elimination）	不使用危险化学品，不采用危险工艺过程
最小化（强化）（minimization）	将较大的间歇式反应器改为较小的连续式反应器 减少原料的储存量 改进控制以减少危险的中间化学品的量 减少过程持续时间
替代（substitution）	使用机械密封替代衬垫 使用焊接管替代法兰连接 使用低毒溶剂 使用机械压力表替代水银压力计 使用高闪点、高沸点及其他低危险性的化学品 使用水替代热油作为热量转移载体
缓和（减弱或限制影响）（moderation）	通过真空来降低沸点 降低过程温度和压力 给储罐降温 将危险性物质溶解于安全溶剂中 在反应器不可能失控的条件下操作 设计控制室远离操作区 将泵房与其他房间隔离开 隔离嘈杂的管线与设备 为控制室和储罐设置保护屏障

技术类型	典型技术
简化(简化和容错)(simplification)	保持管道系统整洁,在视觉上容易注视 设计易于理解的控制面板 选择容易操作且能安全维护的设备 选择需要较少维护的设备 增设能抵御火灾和爆炸的防护屏 将系统和控制划分为易于理解和熟悉的单元 给管道涂上颜色,以便"巡线" 为容器和控制器贴上标记,以增强理解

3. 安全生产 安全生产是指采取行政的、法律的、经济的、科学技术的多方面措施,预知和消除或控制生产活动过程中的危险,减少和防止事故的发生,实现生产活动过程的正常运转,避免经济损失和人员伤亡。

在过程工业中,安全生产一般是指在生产经营活动中,为了避免造成人员伤害、财产损失以及环境破坏的事故而采取相应的预防和控制措施,使生产过程在没有危害的条件下进行,以保证从业人员的人身安全与健康、设备和设施免受损坏、环境免遭破坏,保证生产经营活动得以顺利进行的相关活动。

安全生产是安全与生产的统一,其核心是安全促进生产,生产必须安全,存在矛盾时,生产服从于安全,安全第一。搞好安全生产,改善劳动条件,可以调动职工的生产积极性;减少职工伤亡,可以减少企业及社会公共开支;维护设备设施的安全运行,减少财产损失,可以增加企业的固定投资效益;控制减少对生态环境的破坏,必定会促进整个社会、经济可持续发展。

自2010年10月1日起,我国《安全生产行政处罚自由裁量适用规则(试行)》正式施行。该法规具有以下特征:①以人为本,保护劳动者的生命安全和职业健康是安全生产最根本、最深刻的内涵,是安全生产本质的核心;②突出强调了最大限度的保护,分别在安全生产监管主体即政府层面、在安全生产责任主体即企业层面,以及在劳动者自身三个层面体现了最大限度的安全生产;③突出了在生产过程中的保护,安全生产在过程工业中具有强制性;④立足于经济、技术发展的现实水平和社会文明程度,突出了一定历史条件下的保护。

该法规列出了12条"从重处罚"的情形,包括:①危及公共安全或者其他生产经营单位及其人员安全,经责令限期改正,逾期未改正的;②一年内因同一种安全生产违法行为受到两次以上行政处罚的;③拒不整改或者整改不力,其违法行为处于持续状态的;④拒绝、阻碍或者以暴力威胁行政执法人员的;⑤在处置突发事件期间实施安全生产违法行为的;⑥隐匿、销毁违法行为证据的;⑦违法行为情节恶劣,造成人身死亡(重伤、急性工业中毒)或者严重社会影响的;⑧故意实施违法行为的;⑨对举报人、证人打击报复的;⑩未依法排查治理事故隐患的;⑪发生生产安全事故后逃匿或者瞒报、谎报的;⑫具有法律、行政法规规定的其他从重处罚情形的。

相应地,该法规也列出了一些"从轻处罚"的情形,包括:①主动消除或者减轻安全生产违法行为危害后果的;②配合安全监管执法机关查处安全生产违法行为,有立功表现的;③主动投案,向安全监管执法机关如实交待自己的违法行为的;等等。

4. 危险 是指导致意外损失发生的不确定性。危险是社会生活、生产等众多领域的客观存在,一种危险在特定的条件下可以发生转化,造成实际损失,也可能转化为另一种危险。危险的发生和后果具有一定的规律性,是可以被认识和控制的。在制药过程中,危险表现为对人、财产、环境造成伤害或破坏的化学、物理因素。危险有各种形式,包括物料危险、生产工艺过程危险、设备危险、静电与雷电危险、电气危险等。

5. 风险 是指人们在生产、生活或对某事项作出决策的过程中,未来结果的不确定性,以及正面效应和负面效应的不确定性,是根据事件发生的可能性和损失或伤亡的数量、对人员伤亡、经济损失、环境破坏程度及范围的一种度量。

风险分析是基于工程评价和数学技术模型的风险定量估算活动,是结合了事件发生后果和频率的评估。通过风险分析可以预估风险发生的概率,是对风险分析结果的决策性应用,确定风险控制策略和风险控制目标,确定可接受的危险及风险性过程。风险分析的方法主要有故障假设分析法、事故树分析法、危险与可操作性分析法、安全检查法等。

风险不可能完全消除,每一项人类活动都有风险,化工过程、制药过程尤其如此。在设计的某些阶段,设计人员需对风险进行分析,管理层对风险进行评估,共同确定哪些是可接受风险,这需要考虑安全投入的限度,尽最大努力保障安全,减少风险。当然,无论如何,设计人员和管理人员都不应该设计或允许设计明确会导致明显风险的工艺过程。

6. 事故 伯克霍夫认为,事故是人(个人或集体)在为实现某种意图而进行的活动过程中,突然发生的、违反人的意志的、迫使活动暂时或永久停止,或迫使之前存续的状态发生暂时性或永久性改变的事件。

事故是安全的对立面,是生产经营单位在生产经营活动(包括与生产经营有关的活动)中突然发生的意外事件,可能伤害人身安全和健康,或损坏设备设施,或造成经济损失,或引起生态破坏、环境污染,致使原生产经营活动暂时中止或永远终止。

根据 2021 年 9 月 1 日施行的《中华人民共和国安全生产法》、2007 年 6 月 1 日施行的《生产安全事故报告和调查处理条例》、1987 年 2 月 1 日施行的《企业职工伤亡事故分类标准》(GB 6441—1986)的有关规定,安全事故的类型有如下种类:按照事故发生的行业和领域划分为工矿商贸企业生产安全事故、火灾事故、道路交通事故、农机事故、水上交通事故;按照事故起因物及引起事故的诱导性原因、致害物、伤害方式等,分为物体打击事故、车辆伤害事故、机械伤害事故、起重伤害事故、触电事故、火灾事故、灼烫事故、淹溺事故、高处坠落事故、坍塌事故、冒顶事故、透水事故、放炮事故、火药爆炸事故、瓦斯爆炸事故、锅炉爆炸事故、容器爆炸事故、其他爆炸事故、中毒和窒息事故、其他伤害事故20 种。

在《预防重大工业事故公约》中,重大事故的含义是指在重大危害设置内的一项活动过程中出现的突发性事件,诸如严重泄漏、失火或爆炸,涉及一种或一种以上的危害物质,并导致对工人、公众或环境造成即刻的或日后的严重危险。依据《生产安全事故报告和调查处理条例》的规定,根据生产安全事故造成的人员伤亡或者直接经济损失,事故一般分为如下四级:①特别重大事故,是指造成 30 人以上死亡,或者 100 人以上重伤(包括急性工业中毒,下同),或者 1 亿元以上直接经济损失的事故;②重大事故,是指造成 10 人以上 30 人以下死亡,或者 50 人以上 100 人以下重伤,或者 5 000 万元以上 1 亿元以下直接经济损失的事故;③较大事故,是指造成 3 人以上 10 人以下死亡,或者 10 人以上 50 人以下重伤,或者 1 000 万元以上 5 000 万元以下直接经济损失的事故;④一般事故,是指造成 3 人以下死亡,或者 10 人以下重伤,或者 1 000 万元以下直接经济损失的事故。如表 1-2 所示。

表 1-2　生产安全事故的分类

事故类别	死亡人数 D/人	重伤人数 I/人	直接经济损失 E/元
特别重大事故	$D \geqslant 30$	$I \geqslant 100$	$E \geqslant 1$ 亿
重大事故	$10 \leqslant D < 30$	$50 \leqslant I < 100$	5 000 万 $\leqslant E < 1$ 亿
较大事故	$3 \leqslant D < 10$	$10 \leqslant I < 50$	1 000 万 $\leqslant E < 5\,000$ 万
一般事故	$D < 3$	$I < 10$	$E < 1\,000$ 万

7. 危险源　根据《职业健康安全管理体系要求》(GB/T 28001—2011)的定义,危险源是可能导致人身伤害和/或健康损害的根源、状态或行为,或其组合。因此,危险源是引起事故的根源,是事故隐患,它可以是危险物质、生产装置、设备或设施、危险场所,以及个人不安全作业行为或组织管理失误等。

在过程工业中,各个环节都存在危险源,根据危险源在事故中的作用,将危险源分为静态危险源和动态触发危险源两种。第一类静态危险源主要是指考察对象中存在的、可能发生意外释放的能量或物质,是引发事故的潜在内部因素。包括与能量有关的产生、输送或储存能量的装置、设备或载体;人或物具有高势能的装置、设备、场所或设施;失控后可以产生、聚集或释放巨大能量的装置、设备、场所或设施,如反应装置、压力容器等;危险化学品及其加工、储存、输运的装置、设备、设施或场所。第二类动态触发危险源是引发事故的外部条件和触发因素,它的出现决定了事故发生的可能性。包括导致物质、能量、设备等限制或约束措施遭到破坏或失效的人员失误、物理障碍、环境条件、管理因素等。

制药企业的常见危险源:①结构性危险源,如工厂选址、车间布局、基础设施设计与建设质量;②危险化学品和危险生物制品;③生产、加工、储存、输运危险物质的装置、设备、设施或场所,以及产生、输送、供给能量的装置、设备,如锅炉、电力设施等;④一旦失控,可能造成能量、物质突然释放的装置、设备、场所等,如各种压力容器、反应器;⑤能量载体,如导电体,运行中的车辆、设备,超低温设备及热能介质输送等;⑥使人或物具有较高势能的装置、设施或场所,如高位槽;⑦设备选型失误,以及设备缺陷或失效,机械不完整性;⑧新的生产工艺、流程,及其化学反应过程;⑨洁净区域、密闭区域,以及窒息性气体或惰性气体相关设备、场所;⑩人为失误,应急计划与管理系统障碍等。

8. 重大危险源　是指可能导致重大事故的危险源。《危险化学品重大危险源辨识》(GB

18218—2018)规定,危险化学品重大危险源是指长期或临时地生产、储存、使用和经营危险化学品,且危险化学品的数量等于或超过临界量的单元。国家标准同时还规定了爆炸性物质、易燃物质、活性化学物质、有毒物质等危险化学品重大危险源的名称及临界量,如氨的临界量为10t、硝化甘油的临界量为1t。辨识重大危险源是为了控制危险转化为事故,预防发生重大事故,而一旦发生事故,能够将事故控制在最低程度或人们可以接受的程度。重大危险源辨识应根据《危险化学品重大危险源辨识》的规定进行,主要考虑危险源的特性、数量、种类、频度、来源等。

9. 危险源与事故 根据危险源系统理论,危险源是事故的直接原因,危险源与事故存在因果联系。第一类静态危险源指出了事故发生的内部因素,这类危险源的种类、危险性大小、数量多少等都会影响事故的严重程度。第二类动态触发危险源指出了事故发生的外部因素,如人的不安全行为、操作失误直接引起事故的发生;也可能引起物的功能障碍,如设备、装置的失效,危险化学品的泄漏,进而引发事故。环境因素也是触发危险源的因素之一,包括自然环境中的温度、湿度、静电、雷电、照明、粉尘、通风、噪声、振动、辐射等因素;也包括广义的人文社会环境因素,如安全文化建设、管理制度、人际关系,以及社会环境通过影响人的心理、情绪,引起人的失误,继而引起事故发生。重大危险源是重大事故的直接原因。

10. 过程工业 也称为流程工业,通常指如石化、电力、冶金、机械、造纸、医药、食品等工业生产的连续性过程,包含特征造型过程和面向特征造型过程,前者是指那些直接构造零件或产品的工业过程,后者指为保障前者安全、效率和质量等而建立的辅助性、合理性流程。过程工业是加工制造流程性物质产品的现代制造业,它涉及力学、机械设计、化学、生物学、工业美术、造型设计、工程材料、人机工程、心理学、计算机辅助设计、视觉设计、环境、系统工程、工业控制等多个学科,主要包括流体动力过程、热量传递过程、质量传递过程、动量传递过程、热力过程、化学反应过程、生物过程等。

11. 过程安全 在以连续生产为特征的现代工业中,无论特征造型过程还是面向特征造型过程,任何环节或部位发生能源或物质的意外事故,都会对过程工业造成财产、人员以及环境污染等损失。过程安全不仅涉及危险化学品或重大危险源的物料安全和反应安全,还涉及相关设备、电气仪表、自动控制等安全问题,实现化工医药等过程工业的过程安全,需要关注承载危险化学品生产、储存、使用、处置、转型等过程中的装置、设施的安全,从化学反应及原料选择与设计、工艺流程设计、车间布局、设备设计与选用等源头保障过程安全。过程安全不同于职业安全,后者主要关注人员的安全,增强人员的安全意识,注重人员的安全行为,通过规范人的行为,控制和降低事故发生的概率,从而减少和消除重大事故的发生。

12. 过程安全管理 是指根据风险管理和系统管理的思想和方法,建立管理体系,在对过程工业进行系统的风险分析和对事故的分析总结的基础上,主动地管理和控制过程风险,预防重大事故的发生。下面介绍过程安全管理的起因和具体内容。

1984年12月3日凌晨,美国联合碳化物(Union Carbide)属下的联合碳化物(印度)有限公司(UCIL)设于博帕尔贫民区附近一所农药厂发生氰化物泄漏事件,引发了严重的后果。事故造成了 2.5 万人直接死亡，55 万人间接死亡，另外有 20 多万人永久残疾的人间惨剧。即博帕尔事故（Bhopal accident）。过程安全管理（即 process、safety、management，以下简称 PSM）是在博帕尔事故之后发展起来的，目的是防止类似事故的再次发生。

1992 年，美国职业安全与健康管理局（Occupational Safety and Health Administration，OSHA）发布了《高危险化学品的过程安全管理》，对危险化学品的管理制定了一个通用的工作指南。OSHA 发布的《高危险化学品的过程安全管理》标准是工作指南，即为危险化学品的管理制定了一般的要求。

PSM 标准有 15 个主要部分，包括员工参与、编写过程安全信息、过程危险性分析（process hazard analysis，PHA）、书面记录、操作程序、培训、承包人、启动前安全检查、机械完整性、高温作业许可证、变更管理、事件调查、应急计划和反应、审查和行业秘密。下面是对每一部分的简单描述。

（1）员工参与：需要员工积极地参与到 PSM 的所有主要组成部分中。雇主必须规划和撰写一项行动计划，规划员工的参与情况。

（2）编写过程安全信息：使所有员工都能得到相关信息，并能够自主理解和辨识危险。这些信息包括方框流程图或过程流程图；过程的化学反应；过程的极限条件，如温度、压力、流量和化学组成。此外，还需要有过程偏离的结果预估。在进行培训、过程危险性分析、变更管理和事件调查之前，该过程的安全信息是必需的。

（3）过程危险性分析：必须由专家组完成，专家组包括工程师、化学家、操作人员、工业卫生工作者，以及其他适合的有经验的专家。PHA 需要采用适合过程复杂的分析方法。对于复杂的过程，采用危险和可操作性研究；对于不太复杂的、要求不太严格的过程，可采用诸如"如果怎么样该怎么办"、检查表、失效模式和影响分析、事故树等分析方法。雇主必须确保来自 PHA 的建议能及时起作用。每一个 PSM 过程在最初的分析完成之后，至少需要每 5 年进行 1 次最新的 PHA。

（4）书面记录：工厂安全操作的步骤必须以书面形式记录下来，这些规程必须要写清细节，并且与过程安全信息保持一致。操作规程至少包括初始启动、标准操作、临时操作、紧急关闭、紧急操作、正常关闭、停车后的启动、操作极限和偏离的后果、安全和健康方面的考虑、化学品的危险特性、暴露的防范、工程和行政控制、所有化学品的质量控制说明书、特殊的危害和安全控制系统及功能。安全工作实践也需要以书面形式写下来，如高温作业、停工和受限空间。这些操作程序应经常更新，更新的频率由操作人员决定。

（5）操作程序：雇主应当制定和实施书面的操作程序，以提供清晰的活动安全操作指南，与各个过程的过程安全信息一致，且至少涉及每一个阶段的操作步骤、操作限制、安全和健康考量和安全系统与其功能。

（6）培训：有效的培训计划能帮助员工理解他们所从事的工作的危险性。维修和操作人员必须接受初始培训和定期培训。操作人员需要了解每一项工作的危险性，包括紧急关闭、启动和正常操作。定期培训每 3 年举行 1 次，如果需要，还可以更加频繁；由操作人员决定定期培训的频率。接受培训可以使承包人像雇员那样安全地完成他们的任务。甚至在挑选承包人时,除需要考察员工的技能外,还应当考虑承包人的安全业绩。

（7）承包人:雇主在选择承包人时,应知悉并评估承包人在安全保障方面的表现和安全保障计划。雇主应将其工作和生产过程中已知的火灾、爆炸或有毒物质释放的危险告知承包人。承包人应确保所有员工遵守公司的安全守则。承包人应将工作中出现的任何特殊危险或工作中发现的任何危险事项告知雇主。

（8）启动前安全检查:启动前安全检查是一种特殊的安全检查,它是过程进行改造或操作条件改变后,启动前进行的安全检查。在该项检查中,检查组必须确保系统的建造同设计说明书是一致的;安全、维护、操作和应急程序是适当的;对操作人员进行了适当的安全培训;来自 PHA 的建议已经执行或解决。

（9）机械完整性:PSM 标准的机械完整性部分要求设备、管道、泄放系统、控制和报警装置具有机械可靠性和可操作性。这包括编写功能系统维护的程序;关于预防性维护的培训;根据供货方的建议,进行定期的检查和测试;改进不足的方法;确保所有设备和部件都是相适配的方法。

（10）高温作业许可证:在进行高温作业(焊接、研磨或使用产生火花的设备)之前,根据PSM 标准要求,必须确保现场准备工作已经完成,并取得高温作业许可证。许可证需要载明允许进行高温作业的日期、工作中所涉及的设备和防护系统及证书文件、辨识火花能落入的孔洞、灭火器的种类和数量、火灾监督员的确认、工作前的检查与认可署名、区域内可燃物的辨识、证实周围区域没有爆炸物、证实可燃物已经被移走或被恰当地掩盖、敞开容器或管道的关闭和辨识、确认焊接面是不燃的。

（11）变更管理:PSM 标准的变更管理部分要求雇主制定并实施书面程序来管理过程化学反应的变化、过程设备的变化和操作程序的变化。在变化(类型的置换除外)发生之前,必须进行检查,以确保这种改变不会对操作的安全性产生影响。改变完成之后,所有受影响的员工都要接受相关培训,同时进行启动前的检查。

（12）事件调查:PSM 标准的事件调查部分要求雇主必须在 48 小时之内调查所有已经或能够导致重大泄漏的事故或事件。该规定需要一支由包括操作人员在内的对系统很熟悉的人员组成的队伍。调查结束后,雇主要恰当地采用调查所给出的建议。

（13）应急计划和反应:PSM 标准的应急计划和反应部分要求雇主对于高危害的化学品发生释放能有效地作出反应。虽然该法规是对员工超过 10 人的公司所作出的要求,但是对于使用危险性化学品的小微制药企业,该部分也应作为其安全措施的一部分。

（14）审查:PSM 标准的审查部分要求雇主应至少每 3 年对遵守标准的情况进行 1 次评价,必须听从审查所提出的建议。只要过程存在,审查报告必须保留。

（15）行业秘密:PSM 标准的行业秘密部分要求所有承包人都已经得到与工厂安全操作相关的所有信息。一些职员在得到信息之前可能需要签订保密协议。

（三）制药过程安全责任

《中华人民共和国安全生产法》规定,生产经营单位的主要负责人对本单位的安全生产工作全面负责。从业人员有依法获得安全生产保障的权利,并履行安全生产义务。

安全生产的最基本的内容就是保证人和物在生产过程中的安全。人是生产的决定性因素,设备是主要生产手段,物是两者的共同作用对象。制药企业的劳动保护工作,正是职工在生产过程中安全和健康的重要保障。保障职工在生产劳动中的安全就必须把安全作为进行生产的前提条件。制药企业是制药过程安全管理的主体,也是安全生产的责任主体,企业通过安全管理机构,执行日常安全管理制度,履行安全生产责任。制药企业安全生产是通过安全管理实现的,安全管理主要有以下几个方面的工作。

1. 安全制度 制药企业应根据国家、行业等制定的安全生产的政策、法规,结合企业的生产特点,制定出科学合理、适合本企业的安全制度体系。包括安全机构和职责、安全教育与培训制度、安全检查制度、安全措施管理制度、事故事件管理制度、动火管理制度、劳动防护用品管理制度、登高作业安全制度、压力容器安全制度、有毒有害岗位安全制度、受限区域作业管理制度等。

2. 安全教育与培训 制药企业的安全管理机构必须对全体员工进行安全生产的教育和培训,使员工懂得如何安全生产、如何防止和排除事故的发生、事故发生现场如何应急处理,确保安全生产管理的各项制度、措施得到贯彻执行。包含三级安全教育、在职职工的日常安全教育、专项安全教育。

3. 安全措施

(1)防火、防爆:在有火灾、爆炸危险的生产区域、仓库区域、装卸作业场所等,严格禁止吸烟和进行可能引起火灾、爆炸的作业;在有火灾、爆炸危险的厂房、储罐、管道及暗沟等区域内不用明火照明,爆炸危险场所必须采用防爆电气照明;加热易燃液体时禁止使用明火,应采用热水、蒸汽、油浸等加热方式;在有火灾、爆炸危险的储罐、管道内部等受限区域作业时,应采用安全电压电器或防爆电器,进入前必须进行空气置换,必要时配备换气设备及专用探头、报警设备等;检修动火时必须严格执行动火管理制度。

(2)防静电:静电对安全生产的危害很大,且往往因不为人觉察而被忽视。控制静电产生的主要措施有对容易产生静电的设备、储罐、管道等应设有良好的接地装置;提高空气的湿度以消除静电荷的积累。对有静电产生风险的场所,增加空气的相对湿度在 70% 以上较为适宜,而最低应不低于 30%;将易燃液体或气体转移到其他容器或储罐时,流速要加以控制,不能太快;输送易燃流体不能采用塑料等绝缘材料管道,应采用防静电材料;禁止穿丝织物或化纤织物的工作衣裤进入存有大量易燃、易爆物品的区域内。

(3)其他:生产场所内临时存放易燃和可燃物品时,应根据生产需要,限额存放,一般不得超过当天用量;易燃、易爆液体不能用敞口容器盛装。有可燃性气体、蒸汽、粉尘的场所必须加强通风。洁净区域内含有较多粉尘的作业场所的空气必须经过除尘后排放。对使用易燃、易爆液体的生产区域必须进行防爆设计;禁止穿带钉鞋进入易燃、易爆的生产区域内;禁止金属在该区域内的撞击;电线接线应连接牢固、安全,以防接触电阻过大发热或打火引起起火等。

4. 安全检查 安全检查的目的是发现不安全因素和消除隐患,是对生产过程中的安全状况进行经常性的、突击性的或者专业性的检查活动。检查内容主要概括为查制度、查措施、查设备设施、查教育、查工作环节、查操作、查防护用品的使用、查事故事件的处理等。对安全检查中查出的问题及隐患,应寻找问题的根源所在,提出切实可行的消除隐患的措施。整改项目应由专人负责,整改工作包括具体内容、整改方法、进度计划、检查验收。

5. 事故处理　对发生的事故做到"四不放过",即事故原因未查清不放过、事故责任人未受到处理不放过、事故责任人和广大群众没有受到教育不放过、事故没有制定切实可行的整改措施不放过。对发生的死亡事故、重伤事故,必须认真做好事故的调查、统计、报告工作,并向上级提交调查处理的书面报告。

三、制药过程的环保问题

(一)制药工业的环境污染现状

1. 制药工业发展带来的环境污染问题　在传统制药行业,大多采用天然的原材料,利用传统工艺进行药品生产。这种制药方法对环境的污染较小、安全性较强,但是生产效率较低、原材料较为有限,难以满足日益增长的药品需求。随着工业化进程的加快,合成药物逐渐成为制药行业的主要发展趋势,它是利用化学物质之间的相互反应进行药品生产,所以可实现原材料的不断生产,生产效率较高,现已成为制药的主要方式。使用化学物质不可避免地会造成对环境的破坏,而且在现代医药生产过程中要想合成一种药物,一般需要多种、大量原材料,而最后真正可以使用的药品量较小,大部分物质都成为废物被排放到环境中。另外,药品生产所需的化学物质种类较多、成分较复杂,废物处理较为困难,给环境保护带来了较大的压力。

2. 制药企业迁徙现象带来的环境问题　进入21世纪以来,很多发达国家都加大了对环境保护的重视度。制药行业作为环境污染的重要源头受到了诸多限制,原料成本和人力成本都在不断增加。为了缓解成本增加给企业带来的压力,很多大型跨国制药企业都将污染最为严重的原料制药企业转移到我国,这虽然能在一定程度上加快我国的经济发展,但是由此带来的污染问题也在不断加重。国内的制药企业也存在地域间的迁徙,这主要与国家的发展战略和制药原材料的产地相关。传统的制药企业主要分布在山东、上海等沿海城市,但是随着国家产业的不断转移,各地区的经济产业结构也在不断调整,制药行业在内陆逐渐发展起来,呈现由沿海向内陆迁移的趋势。制药产地转移必然会带来污染带的扩散,扩大污染面积,加大对环境的压力。

3. 原料药生产工艺特点带来的环境污染问题　目前,大部分原料药的生产都呈现投入大、产出小的特点。一种原料药的生产需要几种甚至几十种原材料的投入,而且大都经过较为复杂的化学反应,但是最后产出的药品量较小。在这种生产工艺下,大多数原材料都被转化为废料排放到环境中,不仅造成资源浪费,而且还给环境带来了较大的影响。根据目前原料药生产的特点,很多企业都采用间歇式生产方式,在订单量较多时集中生产、集中排放,而当生产任务较少时排放量就会相对减少。在这种模式的影响下,呈现出短时间内大量排放的现象,且污染物的浓度较大、不稳定性较强,对环境的污染严重。相比于连续、稳定的生产模式,这种间断式排放对环境的污染更为严重,治理起来也更加困难。

（二）制药工业的环境污染特点

制药工业是我国国民经济的重要组成部分,但同时也是重污染行业,现已成为国家环保部门重点治理的工业之一。总体来说,制药工业的环境污染具有以下特点。

1. 污染物复杂 很多药品需要十几种甚至几十种原料,生产过程需要完成多步化学反应,产生的"三废"(废气、废水、废渣)数量巨大,废物成分复杂,往往具有毒性、刺激性、腐蚀性、噪声严重等特点。

2. 循环利用率较低 由于制药企业排放的废物种类多、成分复杂、变动性大,且间歇排放、化学耗氧量高、pH变化大等特点,回收工序复杂,且成本大,可循环利用率较低。

3. 污染严重,治理难度大 制药企业在药物生产过程中排出大量废气、废水、废渣,且大部分污染物具有毒性、刺激性、腐蚀性,易燃、易爆,沸点低,易挥发等,导致环境污染严重,治理难度大。

废气,即大气污染(含烟尘、粉尘)主要来源于通过燃料燃烧产生的烟尘,生产工艺过程中产生的废气,通过原料粉碎产生的粉尘,电解、施工和干燥中产生的粉尘等;废水,即水污染主要来源于生产过程中产生的水污染、生产工艺导致的水污染、管理不善造成的水污染;废渣,即固体污染主要来源于生产车间和辅助车间产生的固体污染物、环境治理中产生的固体污染物,以及动力系统、金属加工等产生的固体废弃物。

（三）制药过程环保术语

1. 环境 《中华人民共和国环境保护法》对环境的定义:环境是指影响人类生存和发展的各种天然的和经过人工改造的自然因素的总体,包括大气、水、海洋、土地、矿藏、森林、草原、湿地、野生生物、自然遗迹、人文遗迹、自然保护区、风景名胜区、城市和乡村等。

2. 环境要素 也称为环境基质,是构成人类环境整体的各个独立的、性质不同而又服从整体演化规律的基本物质组分。通常是指地表水环境、地下水环境,大气环境、声环境、生物种群、岩石、土壤等。

3. 环境质量 用于表述环境优劣的程度,是指一个具体的环境中,环境总体或某些要素对人群健康、生存和繁衍以及社会经济发展适宜程度的量化表达。环境质量是因人对环境的具体要求而形成的评定环境的一种概念。因此,环境质量包括综合环境质量和各要素的环境质量,如大气环境质量、地表水环境质量、地下水环境质量、声环境质量、土壤环境质量、生态系统完整性等。各种环境要素的优劣是根据人类的要求进行评价的,所以环境质量又和环境质量评价联系在一起,即确定具体的环境质量要进行环境质量评价,用评价的结果表征环境质量。环境质量评价是确定环境质量的手段、方法,环境质量则是环境质量评价的结果。要进行评价就必须有标准,这样就产生了与环境质量紧密相关的环境质量标准体系。

4. 环境标准 是国家为了维护全民健康、促进生态良性循环,根据相关环境政策、法规,在综合分析自然环境特点、生物和人体耐受力,控制污染技术可行性及成本的基础上,对环境污染物的允许含量、排放污染物的允许数量、浓度、时间和速率等所作出的规定。它是环境保护工作技术规则和进行环境监督、环境监测,评价环境质量、设施和环境管理的依据。环境标准既是国家标准体系的分支,也是《中华人民共和国环境保护法》体系的重要组成部分;既是环境保护行政主管部门依法行政的依据,也是推动环境保护科技发展的动力。

我国的环境标准体系包含国家环境标准,用 GB 或 GB/T 标明;环境保护行业标准,用 HJ 标明;以及地方环境标准三级体系。

按照环境标准规定的内容,其可分为:①环境质量标准,是各类标准的核心,各项指标具有强制性;②污染物排放标准,为各类污染物在考虑技术、经济条件的情况下允许排放入环境的限制性规定;③方法标准,为统一环境保护工作中的各项实验、检验、分析、采样、统计、计算和测试方法采纳的统一技术规定;④环境样品标准,用以标定仪器、验证测量方法进行量值传递和质量控制的材料或物质,可用来评价分析方法、评价分析仪器、鉴别灵敏度和应用范围,还可用来评价分析者水平,使操作规范化、标准化,数据分析结果具有可参比性;⑤环境基数标准,是对环境质量标准和污染物排放标准所涉及的技术术语、符号、代号、制图方法及其他通用技术要求所作出的技术规定。

5. 环境监测

(1)定义:环境监测是为了特定目的,按照预先设计的时间和空间,用可比较的环境信息和资料收集的方法,对一种或多种环境要素或指数进行间断或连续的观察、测定,分析其变化及对环境影响的过程。

环境监测既是开展环境管理和环境科学研究的基础,也是制定环境保护法规的重要依据之一,还是环保工作的中心环节。分析环境污染的过程和原因,掌握污染物的数量及变化规律,就可以制定切实可行的污染防治规划和环境保护目标,完善以污染物控制为主要内容的各种控制标准、规章制度,使环境保护管理逐步实现从定性管理向定量管理、从单项治理向综合整治、从浓度控制向总量控制的转变。要获得这些定量的环境信息,只能通过环境监测。

(2)作用:环境监测的主要作用体现在以下几个方面。①判断企业周围环境是否符合各类、各级环境质量标准,为相关企业的环境保护管理提供科学依据。同时,为考核、评价环保设施的使用效率提供数据分析。②为新建、改建、扩建工程项目执行环保设施"三同时"(指建设项目中的安全设施和职业病危害防护设施必须符合国家、行业和地方规定的标准,必须与主体工程同时设计、同时施工、同时投入生产和使用)和污染治理工艺提供设计参数,参加治理设施的验收,评价污染治理设施的效率。③为建立企业所在地区污染物迁移、转化、扩散提供理论模型,为预测企业环境质量提供基础数据。④为积累长期监测资料、建立环境本底及其转化趋势的数据库、综合利用自然及"三废"资源提供依据。⑤为处理事故性污染和污染纠纷提供数据。

(3)目的:环境监测的目的主要包括以下几个方面。①确定污染物的性质、浓度、分布现状、发展趋势和速度,确定污染物的污染源及污染途径,判断污染物在时间和空间上的分布、迁移、转化和发展规律;②确定污染源造成的环境污染后果,掌握污染物作用于大气、水体、土壤和生态系统的规律性,分析污染物浓度最高、潜在问题最严重的区域,形成污染控制和防治对策,并评价防治措施的效果;③为研究特定污染物的扩散模式,作出新污染源对环境影响的预测、预报及风险评估提供基础数据;④判断环境质量是否合乎国家制定的环境质量标准,定期提出环境质量报告;⑤收集环境本底数据,积累长期监测资料,为研究环境容量、实施总量控制和完善环境管理体系提供基础数据;⑥为保护人类健康、保护环境、合理利用资源,以及制定和修订各种环境法规与标准等提供依据。

（4）内容

1）按照环境监测任务的性质,分为监视性监测、事故性监测（特例监测或应急监测）、研究性监测。

监视性监测是指监测环境中已知污染因素的现状和变化趋势,确定环境质量,评价控制措施的效果,断定环境标准实施的效果和环境改善措施的进展。企业污染控制排放监测和污染趋势监测即属于此类。

事故性监测是指发生污染事故时进行的突击性监测,以确定引起事故的污染物种类、浓度、污染程度和危害范围,协助判断或仲裁造成事故的原因及采取有效措施来降低和消除事故危害及影响。这类监测期限短,随着事故处理完结而结束,常采用流动监测、空中监测或遥感监测等形式。

研究性监测是指为研究确定某种污染因素在某一特定区域内从污染源到环境受体的迁移变化的趋势和规律,以及污染因素对人体、生物体和各种物质的危害性及危害程度,或为研究污染控制措施和技术的效果等而进行的监测。这类监测周期长,监测范围广。

2）按监测的介质（或环境要素）,分为空气污染监测、水体污染监测、土壤污染监测、生物监测、生态监测、物理污染监测等。

空气污染监测的主要任务是监测和检测空气中污染物的成分及其含量。污染物以分子和粒子两种形式存在于空气中,分子状污染物的监测项目主要有二氧化硫（SO_2）、二氧化氮（NO_2）、一氧化碳（CO）、臭氧（O_3）以及碳氢化合物等,粒子状污染物的监测项目主要有总悬浮物（TSP）、可吸入颗粒物（IP）、自然降尘量等。

水体污染监测包括水质监测与底质（泥）监测,主要监测项目可分为两类:一类是反映水质污染的综合指标,如温度、色度、浊度、pH、电导率、悬浮物、溶解氧（dissolved oxygen,DO）、化学需氧量（chemical oxygen demand,COD）和生化需氧量（biochemical oxygen demand,BOD）等;另一类是一些有毒物质,如酚、氰、砷、铅、镉、汞、镍和有机农药等。

土壤污染监测主要是对土壤、作物有害的重金属如铬、铅、镉、汞以及农药残留等的监测。

生物监测是对生物（动植物）体内的有害物质及生物群落、种群变化的监测。

生态监测是观测与评价生态系统对自然因素及人为因素的反应,考察各类生态系统结构和功能的时空格局。

物理污染监测包括噪声、振动、电磁辐射、放射性等物理量的环境污染监测。

（5）环境影响及其类型:环境影响是指人类活动（经济活动、政治活动和社会活动）对环境的作用和导致的环境变化,以及由此引起的对人类社会和经济的效应。

按影响的来源分为直接影响、间接影响和累积影响,按影响效果可分为有利影响和不利影响,按影响性质分为可恢复影响和不可恢复影响;另外,环境影响还可分为短期影响和长期影响,地方、区域影响或国家和全球影响,建设阶段影响和运行阶段影响等。

（6）环境保护:它指的是在个人、社会组织或政府层面,为求大自然和人类福祉而保护自然环境的行为;指人类为解决现实或潜在的环境问题,协调人类与环境的关系,保障经济社会可持续发展而采取的各种行动。其方法和手段既有工程技术的、行政管理的,也有法律的、经济的、宣传教育的等。保护环境是人类有意识地保护自然资源并使其得到合理的利用,防止自然环境受到污染和破坏;对受到污染和破坏的环境做好综合治理,以创造出适合人类生活、工作的环境,协调人与自然的关系,让人们做到与自然和谐相处的概念。

环境保护涉及的范围广、综合性强,它涉及自然科学和社会科学的许多领域,还有其独特的研究对象。环境保护方式包括采取行政、法律、经济途径和科学技术,或民间自发环保组织等,合理地利用自然资源,防止环境的污染和破坏,以求自然环境同人文环境、经济环境共同平衡可持续发展,扩大有用资源的再生产,保证社会的发展。

（四）制药过程环保责任

有效地控制污染源头,未雨绸缪保护好环境,成为制药企业管理的重要内容之一。为了保护和改善环境,必须积极探索研究控制环境质量和治理环境污染的措施:①对污染源排放的污染物及其在环境中的分布进行检测与分析,对环境质量作出科学评价;②通过改革生产工艺等措施控制污染源,使生产工艺向无害化、少害化的方向发展,对于必须排放的废弃污染物,采用各种技术进行单项治理和综合防治;③对于环境污染控制和防治的各项新方法、新工艺、新技术、新设备、新材料的试验和应用,要大力支持并积极推广;④在评价已有环境质量的基础上,还要逐步发展环境质量预报,以便在工程项目上马建设以前,对环境中可能出现的污染作出预先判断。

四、制药过程安全与环保的主要任务

（一）制药过程环境保护

1. 制药工业废水污染治理 随着《中华人民共和国水污染防治法》和《中共中央 国务院关于全面加强生态环境保护 坚决打好污染防治攻坚战的意见》分别于 2018 年 1 月 1 日和 2018 年 6 月 16 日颁布实施,以及国务院提出的碧水保卫战三年行动计划(2018—2020 年)的逐步推进,国家以最严格的制度和最严密的法治为生态文明建设提供可靠保障。

制药工业是我国国民经济的重要组成部分,但制药生产属于重污染行业,对水环境造成的严重影响已经成为全球关注的热门问题。制药行业被列为"水十条"(《水污染防治行动计划》)专项整治十大重点行业之一。

制药工业废水属于难处理的工业废水之一,其因药物种类不同、生产工艺不同,具有成分差异大、组分复杂、污染物量多、COD 高、难降解物质多、毒性强等特点。2008 年 6 月 25 日,中华人民共和国环境保护部和国家质量监督检验检疫总局发布了制药工业水污染物排放标准,将制药工业废水分为发酵类(GB 21903—2008)、化学合成类(GB 21904—2008)、提取类(GB 21905—2008)、中药类(GB 21906—2008)、生物工程类(GB 21907—2008)和混装制剂类(GB 21908—2008)。2014 年 10 月 24 日,中华人民共和国环境保护部又发布了《发酵类制药工业废水治理工程技术规范》(HJ 2044—2014),对发酵类工业废水治理工程设计、施工、验收和运行管理提出了技术要求。然而,迄今为止,尚无其他类制药工业废水治理工程技术规范的颁布和实施。

2. 制药固体废弃物治理　我国是抗生素原料药生产和出口大国,总产量居世界首位。全球 75% 的青霉素工业盐、80% 的头孢菌素、90% 的链霉素均来自中国。目前,我国每年发酵类抗生素生产排放的菌渣约为 300 万吨。

抗生素菌渣主要是灭活菌丝体、残余培养基、微生物代谢产物及少量残留的抗生素母体化合物,菌渣如得不到妥善处理直接进入环境,其中残留的抗生素母体化合物就会通过引发环境中的细菌耐药而产生潜在的环境风险和人类健康风险。因此,我国在 2008 年将抗生素菌渣列入《国家危险废物名录》。

抗生素菌渣富含有机质,是非常宝贵的资源,但目前国内尚无抗生素菌渣中抗生素母体化合物残留标准检测方法、菌渣危险特性鉴别标准、菌渣处置与利用污染控制技术规范,长期以来缺乏系统有效的无害化处理与资源化及利用技术、科学的安全风险评估方法。

2020 年 4 月 29 日,我国颁布了《中华人民共和国固体废物污染环境防治法》,明确环保部门要对工业固体废物对公众健康、生态环境的危害和影响程度等作出界定,积极组织开展工业固体废物资源综合利用评价,推动工业固体废物综合利用。目前,尽管绝大多数抗生素菌渣能够按照危险废物管理要求进行焚烧处理,但由于菌渣的含水率高,焚烧处理不仅成本很高,处理过程存在二次污染风险,而且造成资源的严重浪费。抗生素菌渣处理难题制约着抗生素原料药行业的健康发展。全球的抗生素原料药绝大部分来自中国,抗生素菌渣的污染问题、无害化与资源化技术研发以及资源化产品的安全利用也是在中国特别被关注的研究领域。

3. 制药挥发性有机物治理　自 2013 年开始实施《大气污染防治行动计划》以来,全国主要城市的可吸入颗粒物(PM10)、细颗粒物(PM2.5)、二氧化硫(SO_2)、二氧化氮(NO_2)等传统大气污染物的年均值明显下降,但臭氧(O_3)污染问题却持续加重。

相关研究结果表明,挥发性有机物(volatile organic compound, VOC)排放未得到有效控制是导致 O_3 污染持续加重的关键因素。因此,控制 VOC 排放已经成为当前改善空气质量的重点之一。

制药工业是我国 VOC 排放的重点管控行业之一。尽管我国已成为全球最大的化学原料药生产国,但长期以来制药工业仍在执行 20 多年前制定的《大气污染物综合排放标准》(GB 16297—1996),缺乏符合环保新形势要求的行业大气污染物排放标准。因此在目前大气污染问题十分突出的现实情况下,急需制定专门的行业排放标准,严格规范排放管理,削减 VOC 等 PM2.5 和 O_3 前体物的排放量。

2019 年 5 月,中华人民共和国生态环境部与国家市场监督管理总局联合发布《制药工业大气污染物排放标准》(GB 37823—2019)和《挥发性有机物无组织排放控制标准》(GB 37822—2019)。以上标准的出台符合《中华人民共和国大气污染防治法》的精神,也符合《"十三五"挥发性有机物污染防治工作方案》和《打赢蓝天保卫战三年行动计划》等相关政策要求。标准的制定对完善污染物排放标准体系、补齐 VOC 污染防治短板、打赢蓝天保卫战具有重要的支撑作用。

其中，《制药工业大气污染物排放标准》为首次发布，自 2019 年 7 月 1 日起实施。该标准规定了制药工业大气污染物排放控制要求、监测和监督管理要求。《挥发性有机物无组织排放控制标准》也为首次发布，自 2019 年 7 月 1 日起实施。它规定了 VOC 物料储存无组织排放控制要求、VOC 物料转移和输送无组织排放控制要求、工艺过程 VOC 无组织排放控制要求、设备与管线组件 VOC 泄漏控制要求、敞开液面 VOC 无组织排放控制要求，以及 VOC 无组织排放废气收集处理系统要求、企业厂区内及周边污染监控要求。

"十四五"期间，制药工业将按照医药工业发展规划，构建绿色产业体系、提高绿色制造水平、开展绿色技术创新、实施医药工业碳减排行动。从制药过程安全与环保的角度，严格执行环保、安全、节能准入标准，对标国际领先水平，开展清洁生产审核和评价认证，推动企业实施生产过程绿色低碳化改造，淘汰一批 VOC 排放高、环境污染严重、安全风险高的工艺技术和生产设施。在药品研发阶段加强环境风险评估，开发低环境风险产品。采用新型技术和装备改造提升传统生产过程，开发和应用连续合成、生物转化等绿色化学技术，加强生产过程自动化、密闭化改造。推动企业贯彻绿色发展理念，制定整体污染控制策略，强化源头预防、过程控制、末端治理等综合措施，确保实现"三废"稳定达标排放的目标。落实国家碳达峰碳中和战略部署，制定实施医药工业重点领域碳减排行动计划，明确二氧化碳排放强度控制目标，提高全行业资源综合利用效率。支持企业开发应用节能技术和装备，提升能源利用效率，减少二氧化碳以及其他温室气体排放。鼓励医药园区实施集中供热或使用可再生、清洁能源，加快淘汰企业自备燃煤锅炉。

"十四五"期间，医药工业绿色低碳工程包括以下几个方面。

（1）实施绿色生产技术应用示范项目。围绕原料药生产中应用面广的绿色生产技术，如微反应连续合成、生物转化、手性合成、贵金属催化剂替代、电化学反应、合成生物技术、低 VOC 排放工艺设备等，组织实施一批应用示范项目。

（2）开展"三废"治理共性技术攻关。围绕药品生产"三废"治理共性技术和标准开展攻关，开发废气、废水、废渣的资源化、无害化处理及评价技术，重点攻关高浓度难降解有机废水、高盐废水、发酵菌渣、中药生产废弃物、VOC、恶臭气体等处理方法，实现节约能源、降低成本和减轻环境影响的目标。

（3）实施碳减排行动计划。研究制定医药工业重点领域二氧化碳排放强度控制目标，鼓励企业开展碳足迹分析和碳排放量核算，支持大型企业、高能耗类企业发布碳排放量、碳排放强度年度目标，提出明确的减量计划和措施，在生产过程中耗能大的环节开展节能改造行动，率先达到碳排放峰值。

（4）建设原料药集中生产基地。在地域空间独立、环境承载能力较强的区域，依托现有的医药、化工产业园区，开展原料药集中生产基地建设，实现公共系统共享、资源综合利用、污染集中治理和产业集聚发展，为原料药产业转移和集聚发展提供空间，提高原料药绿色生产水平。

（二）制药过程环境、健康与安全

人类从诞生就与环境息息相关，并与之相适应。人体与环境之间时刻不停地进行物质和能量交换，更把人类健康和生存环境紧密联系在一起。没有环境的安全也就没有人类的健康,对环境的任何破坏行为也都是对人类健康的危害。制药过程的产品,即药品是为人类健康服务的,制药过程对环境的任何破坏都是与其健康目标背道而驰的。制药过程必须全面关注环境(environment)、健康(health)和安全(safety),其关系可用图 1-1 表示。

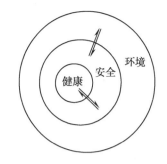

图 1-1　人类健康、安全与环境的关系

EHS 体系即环境健康安全管理体系(environment health and safety management system),是建立在环境管理体系(ISO 14001)和职业健康安全管理体系(OHSAS 18001)基础之上的新型管理体系。在 EHS 理念的指导下,制药企业可利用已有的 ISO 9001、ISO 14001、OHSAS 18001 和《药品生产质量管理规范(2010 年修订)》的现有制度系统,建立 EHS 体系,实现安全生产、可持续发展,以承担社会责任。

作为关注人类健康产业的制药类企业,更应当与化工行业以及相关行业一道,在生产、经营活动中体现 EHS 理念,明确履行在保护环境、保障安全、维护健康方面的义务,主要包括社区认知、应急响应、储运安全、工艺安全、污染防治、职业健康安全、产品安全监管七个方面。使制药行业可持续发展,最终实现零排放、零事故、零伤亡、零财产损失的目标。危险化学品行业"责任关怀"六大核心准则为:①社区认知和应急响应准则;②污染防治准则;③员工健康安全准则;④储运准则;⑤工艺安全准则;⑥产品安全监管准则。

"十四五"期间,制药工业将按照《"十四五"医药工业发展规划》,提升全行业的 EHS 管理水平。修订《制药工业 EHS 指南》,指导企业建立有效的环境健康安全管理体系(EHS),消除环境、职业健康和安全隐患,最大限度地降低环境污染、职业病和安全事故风险;鼓励企业开展供应商 EHS 审计,打造绿色供应链。

有关 EHS 的内容将在第八章详细介绍。

(三)制药过程清洁生产与制药工业可持续发展

1. 清洁生产　联合国环境规划署(UN Environment Programme,UNEP)对"清洁生产"的定义:一种新的、创造性的思想,该思想将整体预防的环境战略持续应用于生产过程、产品和服务中,以增加生态效率和减少人类及环境的风险。对生产过程,要求节约原材料和能源,淘汰有毒原材料,减少所有废弃物的数量和降低其毒性;对产品,要求减少从原材料提炼到产品最终处置的全生命周期的不利影响;对服务,要求将环境因素纳入设计和所提供的服务中。《中华人民共和国清洁生产促进法》对"清洁生产"的定义作出了规定:清洁生产,是指不断采取改进设计、使用清洁的能源和原料、采用先进的工艺技术与设备、改善管理、综合利用等措施,从源头削减污染,提高资源利用效率,减少或者避免生产、服务和产品使用过程中污染物的产生和排放,以减轻或者消除对人类健康和环境的危害。

清洁生产是可持续发展的战略部署,是近年出现的解决经济发展与资源利用、环境保护不协调问题的新思想,是人类在协调工业化发展与环境保护矛盾的对立统一中逐步形成的新的生产方式。企业通过清洁生产,在生产无害产品的同时实现少废或无废排放,不仅可以提高企业的竞争能力,而且有助于企业在社会中树立良好的环保形象,得到公众的认可和支持。

清洁生产是以"节能、降耗、减污"为目标,以技术、管理为手段,消除和减少工业化生产对人类与生态环境的影响,达到"防治工业污染、提高经济效益"双重目的的综合性措施。清洁生产的五项基本原则:环境影响最小化原则、资源消耗减量化原则、优先使用可再生资源原则、循环利用原则、原料和产品无害化原则。

清洁生产是一项系统工程,制药企业从自身实际出发,从产品设计、原料选择、工艺流程、工艺参数、生产设备、操作规程等方面分析减少污染物产生的可能性,发现清洁生产的机会和潜力,促进制药过程的清洁生产。

(1)在产品设计和原料选择时,可以设置安全与环保准入条件,不生产有毒、有害的产品,不使用有毒、有害的原料,以防原料及产品对环境产生危害。原材料是医药产品生产的第一步,它的选择与生产过程中污染物的产生有很大的相关性。如果原材料含有过多的杂质,生产过程中就会发生不期望的化学反应,产生一些不期望的副产品,这样既加大了处置废弃物的工作量和成本,也增加了环境保护的压力。清洁生产要求根据环境标准并利用现代科学技术的全部潜力,因此,制药企业需要改革生产工艺、更新生产设备,尽最大可能提高每一道工序的原材料和能源利用率,减少生产过程中资源的浪费和污染物的排放。

(2)在药品生产工艺过程中,最大限度地减少废弃物的产生量和毒性。

(3)使用清洁能源,综合利用能源,开发新能源和可再生能源,以提高能源利用率。药品生产企业由于"洁净生产"需要而设置的空调净化系统是一个热量、冷量以及电能等资源能源消耗的重点部位。制药企业可采用燃气、燃油锅炉或采用高效低硫煤以及洗煤节煤技术,提高蒸汽质量,进行汽水分离和凝结水回收再利用等。制药企业所用的蒸汽既是能源的消耗,又是水的转化。水的质量决定蒸汽的质量,蒸汽的质量又影响药品的质量和能源的管理,从而在合理应用的基础上做到节约能源。

(4)建立生产闭合圈,开展废弃物循环利用。制药过程中物料在输送、加热中挥发、沉淀、跑、冒、滴、漏现象以及误操作等都会造成物料的损失。实施清洁生产要求流失的物料必须加以回收,返回流程中或经适当的处理后作为原料回用,建立从原料投入到废弃物循环回收利用的生产闭合圈。循环的常见形式有将回收的流失物料作为原料返回生产流程中;将生产过程中产生的废料经适当的处理后作为原料或替代物返回生产流程中;废料经处理后作为其他生产过程的原料应用或作为副产品回收。

2. 循环经济与可持续发展 可持续发展(sustainable development)是"既能满足当代人的需要,又不对后代人满足其需要的能力构成危害的发展"。可持续发展的"3R"原则为减量化(reduce)、再使用(reuse)、再循环(recycle)。

循环经济是在物质循环、再生、利用的基础上发展经济,是一种建立在资源回收和循环再利用的基础上的经济发展模式。国家发展和改革委员会对循环经济的定义:"循环经济是一种以资源的高效利用和循环利用为核心,以'减量化、再利用、资源化'为原则,以低消耗、低排放、高效率为基本特征,符合可持续发展理念的经济增长模式,是对'大量生产、大量消费、大量废弃'的传统增长模式的根本变革。"

有关清洁生产与可持续发展的内容详见第八章。

总之,面向未来,绿色制药是医药产业持续发展的方向。要加大环保综合治理的投入,采用新技术、新工艺,连续化生产,循环综合利用,确保医药产业持续健康发展。

1. 什么是本质安全? 有哪些技术措施能用来实现本质安全?

2. 什么是危险源和事故? 简述两者的关系。

3. 收集一个制药工业典型的安全生产事故,并指出事故原因及事故类型。

4. 简要阐述环境保护在制药工业中的重要性。

5. 试从自身角度,说明制药工程专业的学生为什么要学习并掌握安全与环保方面的知识。

6. 如何在制药领域践行"绿水青山就是金山银山"的发展理念?

(侯晓虹)

第二章 制药过程安全技术基础

第一节 危险化学品及其安全管理

危险化学品是一种国家管制的特殊商品,由于其具有很高的危险性,危险化学品的安全管理受到了人们的广泛关注。目前已有越来越多的国家重视化学品的安全管理问题,我国已加入国际化学品安全管理行列,相应的法规也在健全和完善当中。

制药过程中的提取、合成、洗涤、结晶等生产工序中多使用易燃、易爆危险化学品,这些危险化学品极度易燃,其蒸气与空气可形成爆炸性混合物,遇明火、高热极易燃烧爆炸,与氧化剂也能发生强烈反应。因此,制药企业的危险化学品安全管理十分必要。

一、危险化学品分类与危害

(一)危险化学品的定义及分类

1. 定义 根据《危险化学品安全管理条例》第三条,危险化学品是指具有毒害、腐蚀、爆炸、燃烧、助燃等性质,对人体、设施、环境具有危害的剧毒化学品和其他化学品。通常在化工制药类原料及中间体中有 70% 左右属于危险化学品,有接近 200 种属于致癌物。

2. 分类 目前常见并且用途较广的危险化学品有数千种,其危害性质各不相同,往往一种危险化学品具有多种危险性,但是在多种危险性中,必有一种主要的即对人类危害最大的危险性。因此,在对危险化学品分类时,掌握"择重归类"的原则,即根据该化学品的主要危险性来进行分类。

依据《化学品分类和标签规范》(GB 30000—2013)规定,所有危险化学品按照理化危险、健康危害和环境危害的性质共分为三大类。

(1)理化危险

1)爆炸物:爆炸物是能通过化学反应在内部产生一定速度、一定温度与压力的气体,且对周围环境具有破坏作用的一种固体或液体物质(或固液混合物)。其中也包括自燃物质(又称为发火物质),即便它们不放出气体。

烟火物质(或混合物)是能发生非爆轰、自供氧放热化学反应的物质或混合物,并产生热、光、声、气、烟或几种效果的组合。

爆炸物是包含一种或多种爆炸性物质或其混合物的物品。

烟火物品是一种包含一种或多种烟火物质或其混合物的物品。

2)易燃气体:易燃气体是一种在 20℃和标准压力 101.3kPa 时与空气混合有一定易燃范

围的气体。

3）气溶胶：喷雾器（系任何不可重新灌装的容器，该容器由金属、玻璃或塑料制成）内装压缩、液化或加压溶解的气体（包含或不包含液体、膏剂或粉末），并配有释放装置以使内装物喷射出来，在气体中形成悬浮的固态或液态微粒或形成泡沫、膏剂或粉末或者以液态或气态形式出现。

4）氧化性气体：氧化性气体是一般通过提供氧气，比空气更能导致或促使其他物质燃烧的任何气体。

5）加压气体：加压气体是在20℃、压力等于或大于200kPa（表压）条件下装入贮器的气体，或是液化气体或冷冻液化气体。加压气体包括压缩气体、液化气体、溶解气体、冷冻液化气体。

6）易燃液体：易燃液体是指闪点不大于93℃的液体。

7）易燃固体：易燃固体是容易燃烧的固体，通过摩擦引燃或助燃的固体。它们是与点火源（如着火的火柴）短暂接触能容易点燃且火焰迅速蔓延的粉状、颗粒状或糊状物质的固体。

8）自反应物质或混合物：自反应物质或混合物是即便没有氧（空气）也容易发生激烈放热分解的热不稳定液态或固态物质或者混合物。本定义不包括根据全球化学品统一分类和标签制度分类为爆炸物、有机过氧化物或氧化性物质和混合物。

自反应物质或混合物如果在实验室实验中其组分容易起爆、迅速爆燃或在封闭条件下加热时显示剧烈效应，应视为具有爆炸性质。

9）自燃液体：自燃液体是即使数量小也能在与空气接触后5分钟内燃烧的液体。

10）自燃固体：自燃固体是即使数量小也能在与空气接触后5分钟内燃烧的固体。

11）自热物质或混合物：自热物质或混合物是除自燃液体或自燃固体外，与空气反应不需要能量供应就能够自热的固态或液态物质或混合物；此物质或混合物与自燃液体或自燃固体不同之处在于仅在大量（千克级）并经过长时间（数小时或数天）才会发生自燃。

12）遇水放出易燃气体的物质：遇水放出易燃气体的物质是通过与水作用，容易具有自燃性或放出危险数量的易燃气体的固态或液态物质和混合物。

13）氧化性液体：氧化性液体是本身未必可燃，但通常会放出氧气可能引起或促使其他物质燃烧的液体。

14）氧化性固体：氧化性固体是本身未必可燃，但通常会放出氧气可能引起或促使其他物质燃烧的固体。

15）有机过氧化物：有机过氧化物是含有二价—O—O—结构和可视为过氧化氢的一个或两个氢原子已被有机基团取代的衍生物的液态或固态有机物。本术语还包括有机过氧化物配制物（混合物）。有机过氧化物是可发生放热自加速分解、热不稳定的物质或混合物。此外，它们可具有一种或多种下列性质：①易于爆炸分解；②迅速燃烧；③对撞击或摩擦敏感；④与其他物质发生危险反应。

如果其配制品在实验室实验中容易爆炸、迅速爆燃或在封闭条件下加热时显示剧烈效应，则可认为有机过氧化物具有爆炸性质。

16）金属腐蚀物：金属腐蚀物是通过化学作用会显著损伤或甚至毁坏金属的物质或混合物。

以上16种按照理化危险分类的危险化学品的分类、警示标签和警示性说明见《化学品分类和标签规范 第2~17部分》（GB 30000.2~17—2013）。

（2）健康危害

1）急性毒性：急性毒性是指经口或经皮肤给予物质的单次剂量或在24小时内给予的多次剂量，或者4小时的吸入接触而引发的急性有害影响。

2）皮肤腐蚀/刺激：皮肤腐蚀对皮肤能造成不可逆损害的结果，即施用实验物质4小时内，可观察到表皮和真皮坏死。皮肤刺激是施用实验物质达到4小时后对皮肤造成可逆损害的结果。

3）严重眼损伤/眼刺激：严重眼损伤是将受试物施用于眼睛前部表面进行暴露接触，引起了眼部组织损伤，或出现严重的视觉衰退，且在暴露后的21天内尚不能完全恢复。眼刺激是将受试物施用于眼睛前部表面进行暴露接触后，眼睛发生的改变，且在暴露后的21天内出现的改变可完全消失，恢复正常。

4）呼吸道或皮肤致敏：呼吸道致敏物是吸入后会导致呼吸道过敏的物质。皮肤致敏物是皮肤接触后会导致皮肤过敏的物质。

致敏包括两个阶段：第一阶段是个体因接触某种变应原而诱发特定免疫记忆；第二阶段是引发过敏反应，即某一过敏个体因接触某种变应原而产生细胞或抗体介导的过敏反应。

5）生殖细胞致突变性：本危险类别涉及的主要是可能导致人类生殖细胞发生可传播给后代的突变的化学品。但是，在本危险类别内对物质和混合物进行分类时，也要考虑活体外致突变性/生殖毒性研究和哺乳动物活体内体细胞中的致突变性/生殖毒性试验。

6）致癌性：是指可导致癌症或增加癌症发病率的性质。在实施良好的动物实验性研究中诱发良性和恶性肿瘤的物质和混合物，也被认为是假定的或可疑的人类致癌物，除非有确凿证据显示肿瘤形成机制与人类无关。

以上6种按照健康危害分类的危险化学品的分类、警示标签和警示性说明见《化学品分类和标签规范 第18~23部分》（GB 30000.18~23—2013）。

7）生殖毒性：生殖毒性的分类、警示标签和警示性说明见《化学品分类和标签规范 第24部分：生殖毒性》（GB 30000.24—2013）。

8）特异性靶器官毒性 一次接触：特异性靶器官毒性 一次接触的分类、警示标签和警示性说明见《化学品分类和标签规范 第25部分：特异性靶器官毒性 一次接触》（GB 30000.25—2013）。

9）特异性靶器官毒性 反复接触：特异性靶器官毒性 反复接触的分类、警示标签和警示性说明见《化学品分类和标签规范 第26部分：特异性靶器官毒性 反复接触》（GB 30000.26—2013）。

10）吸入危害：本危害在我国还未转化为国家标准。本条款的目的是对可能对人类造成吸入危害的物质或混合物进行分类。吸入特指液态或固态化学品通过口腔或鼻腔直接进入或者因呕吐间接进入气管和下呼吸系统。吸入危害包括化学性肺炎、不同程度的肺损伤或吸入后死亡等严重急性效应。

（3）环境危害：可分类为对水生环境的危害（急性危害）、对臭氧层的危害（长期危害），主要指对水生环境的危害，包括急性水生毒性和慢性水生毒性。急性水生毒性是指物质对短期接触它的水生生物体造成伤害的性质。慢性水生毒性是指物质在与生物体生命周期相关的接触期间对水生生物产生有害影响的潜在性质或实际性质。

（二）危险化学品的危害

不同种类的危险化学品其化学组成、结构和性质，以及侵入人体、损害健康、危害环境的作用途径和后果等都不同，有的危险化学品还同时具有下列特性中的一种或几种。

1. **化学活泼性**　化学活泼性是指易于与其他物质发生化学反应的特性。反应活性越强，其危险性就越大。许多爆炸性、氧化性物质的反应活性都很强，化学活泼性是许多火灾、爆炸、生态事故的重要原因。

2. **燃烧性**　燃烧性也是一种化学活泼性。液化可燃性气体、易燃液体、易燃固体、自燃物品和遇湿易燃物品等在适当的条件下发生燃烧，是众多火灾事故的首要原因。需要指出的是，燃烧未必在空气或氧气氛围下才发生。

3. **爆炸性**　除爆炸物爆炸外，压缩气体和液化气体、易燃液体和易燃固体、自燃物品和遇湿易燃物品、氧化剂和有机过氧化物等都有爆炸性。

4. **毒害性**　除毒品、有毒化学品和感染性物品外，压缩气体和液化气体、易燃液体和易燃固体等危险化学品也具有不同程度的毒性，可致人窒息或中毒。

5. **腐蚀性**　无机酸碱类物质一般都具有腐蚀性，对人体组织、器官、设备、环境造成不同程度的腐蚀，部分有机物也具有或强或弱的腐蚀性。

6. **放射性**　放射性化学品的辐射线对人体组织会造成暂时性或永久性伤害。

二、危险化学品的安全管理

危险化学品种类多、用途广，具有爆炸、易燃、毒害、腐蚀、放射性等性质，在生产、经营、储存、运输、使用及废弃处置过程中如果监管不到位，将对人体、设施、环境造成危害。

（一）危险化学品生产的安全管理

危险化学品生产过程中的安全管理包括以下几个方面：①从事危险化学品生产的企业需要经过评估、检验，取得专门资质，才可以进行生产活动，国家将严格监控、管理这类企业；②有资质的生产企业必须建立健全规章制度，安全生产规章制度应该视作国家安全生产法律法规的延伸，也是生产单位贯彻执行法律法规的具体体现；③规章制度是保障职工人身安全健康、规范生产秩序和保护财产安全的最基本的规定；④根据各生产单位的危险特点，制定具体的、操作性强的规章制度；⑤生产企业必须配备必要的安全生产设备和应急工具；⑥必须制订应急事故处理预案，并根据预案进行演习。

1. **生产企业资质的要求**　危险化学品生产企业必须取得经行政主管部门批准的专门资

质才能从事生产活动,它是指依法设立并取得企业法人营业执照的从事危险化学品生产的企业,包括最终产品或者中间产品列入《危险化学品名录》的危险化学品的生产企业。危险化学品生产企业还必须符合相关标准和要求,主要是指一些为强化安全生产而制定的标准和要求。

2. 生产工艺安全管理　安全生产就是针对人们生产过程的安全问题,采用较先进的生产工艺,运用有效的技术手段,进行有关设计、控制和防范等活动,实现生产过程中人与机器设备、物料、环境的和谐,达到安全生产的目标。安全生产规章制度是国家安全生产法律法规的延伸,也是各单位贯彻执行法律法规的具体体现,是保障职工人身安全健康以及财产安全的最基本的规定。

3. 安全防护管理　为加强危险化学品安全生产监督管理,防止和减少生产安全事故,保障人民群众生命和财产安全,必须对生产过程进行安全防护管理,使其达到劳动安全卫生要求。必须在生产设备、设施、厂房上配置保障人员安全的所有附属装置,如防护罩、冲淋装置、洗眼器、防尘装置、安全护栏等,设备安全的附属装置,包括安全阀、限位器、连锁装置、防雷装置以及有毒有害气体防护器材、各类呼吸器、救生器、特种防护服等,以上总称为安全防护设施。

（二）危险化学品贮存的安全管理

危险化学品由于其危险性往往是潜在的、突变的,甚至可能是瞬间发生的,因而不易识别,容易发生事故,发生的事故又往往带有灾难性。所以,危险化学品贮存的安全管理十分重要。

贮存有毒气体的大型仓库的密封性能要良好,要配备通风装置,配备毒气中和破坏装置(设施)或备用贮存装置,一旦毒气泄漏必须及时处理,避免毒气逸散造成社会危害。危险化学品库宜采用单层结构建筑,要有足够数量的独立安全出口,使用不燃材质的地面。危险化学品仓库应根据物品性质,按规范要求设置相应的防爆、泄压、防火、防雷、报警、防晒、调温、消除静电、防火围堤等安全装置和设施。

贮存易燃、易爆物品的库房、车船和贮罐必须采用合格的防爆灯具和防爆电器设备,并有经防爆电器主管检验部门核发的防爆合格证。无电源仓库、车船和贮罐应采用带有自给式蓄电池的安全型、增安型、隔爆型可携式照明灯具,不准使用电缆供电的可携式照明灯具。

（三）危险化学品运输的安全管理

危险化学品的运输实行资质认定制度,未经资质认定,不得运输危险化学品。危险化学品运输企业必须具备由国务院交通部门规定应具备的条件,并办理相关运输手续。运输单位应指派专人押运,运输和押运人必须责任心强、熟悉危险化学品的性质和安全防护知识及异常情况下的危急处理方法。

1. 运输工具的要求

（1）用于危险化学品运输的工具的槽罐以及其他容器必须由专业生产企业定点生产,并经检测、检验合格,方可使用。质检部门应对专业生产企业定点生产的槽罐以及其他容器的产品质量进行定期的或者不定期的检查。

（2）禁止用翻斗车、电瓶车运输危险化学品。汽车和容易产生火花的各类车辆进入危险化学品库区时，排气管应安装阻火器。

（3）运输易燃、易爆化学物品的车辆等工具应彻底清扫冲洗干净后，才能继续装运其他危险物品。

（4）运输危险物品的车辆不得混装其他物品，不得载人；互相接触容易引起燃烧爆炸的物品不得装载在同一车厢。

（5）叉车在装异丁烯、液氨、氯乙烷等钢瓶时，须轻装、轻卸，防止碰撞，以防爆炸。遇到易燃、易爆危险化学品搬运到仓库内时，叉车要熄火或安装阻火器进入仓库，以防排气管冒火花，引起意外事故。

2. 运输人员的要求　危险化学品运输企业应当对其驾驶员、船员、装卸管理人员、押运人员进行有关安全知识培训；驾驶员、船员、装卸管理人员、押运人员必须掌握危险化学品运输的安全知识，并经所在地设区的市级人民政府交通部门考核合格（船员经海事管理机构考核合格），取得上岗资格证，方可上岗作业。危险化学品的装卸作业必须在装卸管理人员的现场指挥下进行。

运输危险化学品的驾驶员、船员、装卸人员和押运人员必须了解所运载的危险化学品的性质、危害特性、包装容器的使用特性和发生意外时的应急措施。运输危险化学品必须配备必要的应急处理器材和防护用品。

运输单位和个人必须对装运物品严格检查，对包装不牢、破损及品名标签、标志不明显的化学物品和不符合安全要求的罐体、没有瓶帽的气体钢瓶（如氢气、氨气、氧气、氯气、氮气、氯乙烷、全氟丙烯等钢瓶）等不得装运。

（四）危险化学品使用的安全管理

由于危险化学品普遍具有易燃、易爆、有毒、有害的特征，因此在危险化学品的使用过程中需要加强安全管理，并且采取积极的技术措施，以免对危险化学品使用的作业人员以及其他人员造成伤害。对危险化学品使用者的要求如下。

（1）领料时禁止地面滚桶，防止摩擦、撞击。领料途中要考虑环境影响是否对领料构成危险，否则要采取安全措施。危险化学品的领料用量一般以当班为宜，车间的原料需放置整齐、标识清楚，符合安全要求。性质相抵触或灭火方法不同的物质不得混放，应有相当间距或分开存放。

（2）禁止将金属物品置入罐（槽车）内取样。检测或取样应在装卸完毕经静置以后进行。

（3）禁止使用绝缘软管插入易燃液体槽内进行移液作业。料液换桶的管子应粗，并插到桶底，减少静电产生。

（4）装危险化学品的容器在使用前后必须确保干净，两者相遇会引起燃烧的原料严禁前后混用，原料一旦落在地面上应立即进行处理回收。

（5）使用危险化学品的岗位绝对严禁烟火，防止抛掷、摩擦、撞击。在危险化学品作业场所的操作人员必须严格遵守穿戴劳保用品的规定。

（6）铁桶应直接放在地面上，使接地良好，开桶盖时不能使用会产生火花的工具。桶装或罐装有毒或挥发性毒害品必须将盖拧紧密封，防止挥发或溅出伤人，并转移到通风良好处。

（7）在机器发生故障、液体渗漏、改变工艺条件时，以及由自动变手动操作时，必须注意采取防范措施。使用泵时应该控制流速，以减少静电的产生。

（五）危险化学品经营的安全管理

国家对危险化学品经营销售实行许可制度。未经许可，任何单位和个人都不得经营销售危险化学品。

1. 危险化学品经营企业的必备条件

（1）危险化学品经营企业的经营场所应坐落在交通便利、便于疏散处。经营场所和贮存设施的建筑物应符合国家的相关规定。从事危险化学品批发业务的企业应具备经县级以上（含县级）公安、消防部门批准的专用危险化学品仓库（自有或租用）。

（2）危险化学品经营企业所经营的危险化学品不得超过经营许可的范围，危险化学品不得放在业务经营场所。

（3）有健全的安全管理制度，销售剧毒化学品的企业查验登记剧毒化学品购买凭证、剧毒化学品准购证、剧毒化学品公路运输通行证、运输车辆安装的安全标示牌。

（4）危险化学品贮存的安全距离、消防设施、应急预案和应急器材应该符合要求；贮罐区确保建立了罐体定期检查制度、操作规程；贮罐确保装备液位高低报警，不存在超储现象，仪表、安全附件齐全有效；防雷、防雨、防汛、防倒塌安全管理制度和措施确保得到落实。

（5）危险化学品道路运输企业应已取得运输资质，驾驶人员和押运人员应已取得上岗资格证；运输车辆、罐车罐体和配载容器应已取得检测检验合格证明，车辆二级维护制度和定期检验制度执行情况良好；运输车辆配备应急处置器材、防护用品；运输车辆安装的安全监控车载终端（全球定位系统和行驶记录仪等）以及标志灯、标志牌符合要求。承运剧毒化学品的车辆应已标明品名、种类、施救方法等内容，携带运输通行证，按照指定的路线、时间和速度行驶。

2. 危险化学品经营从业人员应达到的基本要求

（1）危险化学品经营企业的法定代表人或经理应经过国家授权部门的专业培训，取得合格证书方能从事经营活动。

（2）企业业务经营人员应经国家授权部门的专业培训，取得合格证书方能上岗。

（3）经营剧毒物品企业的人员除满足上述基本要求外，还应经过县级以上（含县级）公安部门的专门培训，取得合格证书方能上岗。

（六）危险化学品处置的安全管理

危险化学品具有易燃、易爆、腐蚀、毒害等危险特性，如果对危险化学品及其废弃物管理、处置不善，不但会污染空气、水源和土壤，造成生态破坏，而且会对人体的安全与健康造成很大程度的危害。具体表现在它们的短期和长期危害上。短期危害是通过摄入、吸入、皮肤吸收、眼睛接触而引起的毒害，或发生燃烧、爆炸等危险性事件；长期危害包括重复接触和环境污染等原因导致的人体中毒、致癌、致畸、致突变等。因此，必须从贮存、运输、处理到处置的各个环节加强管理，避免危险化学品及其废弃物对环境和人体造成危害。

凡列入《国家危险废物名录》或者根据国家规定的危险废物鉴别标准和鉴别方法认定的具有危险特性的废物，称为危险废物。此外，危险化学品废弃物也属于危险废物的范畴，国家对危险废物处置的所有法规、规定和要求均适用于危险化学品废弃物的处置。

1. 危险化学品的报废处理

（1）从事危险化学品废弃活动的自有人员、委托单位的人员必须具有国家规定的相关资质。必须对盛装过危险化学品的包装桶、纸袋、瓶、木桶等严加管理，要统一回收，登记注册，专人负责销毁。

（2）包装器材销毁必须由保卫消防部门指派专人监护进行。

（3）危险爆炸物品的报废处理必须预先提出申请，制定周密的安全保障措施，并经安全部门批准后方可处理。

（4）明确废弃处理环节的具体工作内容，并对废弃处理环节的相关资料、实施处理的地点进行记录。

2. 危险化学品的销毁　易燃、易爆化学物品因质量不合格，或因失效而废弃时，要及时销毁处理。销毁处理应有可靠的安全措施。凡一次销毁100kg（L）以上的，应报请当地公安消防机构和环保部门同意，确实在指定的地点采用指定的方法销毁；凡一次销毁100kg（L）以下的，应在本单位安全、环保部门的监护下，采取安全可靠的方法销毁，禁止随便弃置堆放和排至地面、地下及任何水系。

第二节　典型事故案例及分析

一、工艺缺陷

反应原料或反应产物为剧毒物的、易燃或易爆物的工艺，以及反应过程需要在高温、高压条件下进行的工艺，其本身就存在安全风险。

（一）事故概况

2013年11月27日10时20分，某科技有限公司在重氮盐生产过程中发生爆炸，造成8人死亡、5人受伤（其中2人重伤），直接经济损失约为400万元。

重氮化工艺过程是在重氮化釜中，先用硫酸和亚硝酸钠反应制得亚硝酰硫酸，再加入6-溴-2,4-二硝基苯胺制得重氮液，供下一工序使用。11月27日6时30分，5车间当班的4名操作人员接班，在上班制得亚硝酰硫酸的基础上，将重氮化釜的温度降至25℃。6时50分，开始向5 000L重氮化釜加入6-溴-2,4-二硝基苯胺，先后分三批共加入反应物1 350kg。

9时20分加料结束后，开始打开夹套蒸汽对重氮化釜内的物料加热至37℃，9时30分关闭蒸汽阀门保温。按照工艺要求，保温温度控制在(35±2)℃，保温时间为4~6小时。10时许，当班操作人员发现重氮化釜冒出黄烟(氮氧化物)，重氮化釜的数字式温度仪显示温度已达70℃，在向车间报告的同时，将重氮化釜夹套切换为冷冻盐水。10时6分，重氮化釜的温度已达100℃，车间负责人报警并要求所有人员立即撤离。10时9分，消防车赶到现场，用消防水向重氮化釜喷水降温。10时20分，重氮化釜发生爆炸，造成抢险人员8人死亡(其中3人当场死亡)、5人受伤(其中2人重伤)。建筑面积为735m²的5车间B7厂房全部倒塌，主要生产设备被炸毁。

（二）事故原因初步调查分析

操作人员没有将加热蒸汽阀门关到位，造成重氮化反应釜在保温过程中被继续加热，重氮化釜内的重氮盐剧烈分解，发生化学爆炸，这是这起爆炸事故的直接原因。在重氮化反应保温时，操作人员未能及时发现重氮化釜内的温度升高，从而未能及时调整控制；装置的自动化水平低，重氮化反应系统没有装备自动化控制系统和自动紧急停车系统；重氮化釜岗位操作规程不完善，没有制定有针对性的应急措施，应急指挥和救援处置不当，这是这起爆炸事故的重要原因。

二、工程缺陷

因设备和设施以及管道和控制系统等工程缺陷，使得工艺操作不能正常进行，也是经常遇到的事故。

（一）事故概况

2019年8月13日20时左右，某公司车间员工在下班途中发现高空管道有漏料现象，伴有浓重的挥发性有机物的气味，随后电话告知公司安环部值班人员。20时8分左右，安环部人员联系相关车间进行现场核实确认。20时40分左右，回收车间确定该管道为提炼车间的乙酸丁酯管道。23时左右，提炼车间确认是由于螺栓质量问题导致法兰连接处松动并引起泄漏，随后对螺栓进行更换，并对地面泄漏物料进行收集处理。

（二）事故原因分析

1. 直接原因 该乙酸丁酯管道为2017年5月由提炼车间负责安装使用，为了从回收车间输送乙酸丁酯至提炼车间，待使用完后，再将乙酸丁酯排至回收车间回收利用；由于同一批螺栓存在质量问题，在安装时易发生锁死，使法兰连接处不牢固，导致乙酸丁酯在打料过程中从法兰处发生泄漏事故。

2. 间接原因

（1）提炼车间人员在安装管道期间使用有缺陷的螺栓进行连接固定，未及时发现其隐患。

（2）该管道未进行固定，直接置于高空管架上，致使在输送物料过程中容易产生管道振动，对法兰连接处造成影响。

（3）该管道材质为不锈钢，外表面无管道颜色标识及物料名称、使用车间等标识信息，致使管道发生泄漏后不能及时判断物料特性及使用车间,延迟泄漏的处置时间。

(4)车间未定期对该管道进行巡检。

三、运行管理缺陷

生产过程中,因违反操作规程或人员操作失误等因素造成的事故时有发生,其根本原因是人员安全意识缺失、企业运行管理不到位。

(一)事故概况

1991年3月3日23时,一座催化裂化装置发生火灾和爆炸。一座世界级规模的催化裂化装置完成为期7周的定期检修后,操作人员重新开车生产。在开工期间,一个压力容器底部的排水法兰被错误地关闭,导致容器底部积水。当过热油料从管线泵入容器内时,油水混合发生蒸汽爆炸,致使容器严重损坏。热油从容器中喷出并起火,整座催化裂化装置被大火吞没。爆炸发生后,炼厂工作人员切断与催化裂化装置连接的管线,将其隔离起来,其他两座催化裂化装置也被隔离。大火约在1时30分自行熄灭。此次事故造成6名工人死亡,8名工人受伤。这次事故的财产损失高达2 300万美元,事故引起停产等后果造成的相关损失估计达到4 400万美元。

(二)事故原因分析

该储罐在进油之前,所有设备都要以蒸汽吹扫以置换空气。由于装置的温度较低,部分蒸汽冷凝成液态水,冷凝水在分馏塔中聚集,然后用泵输送到装置的另外一个过滤罐中。按照正常的程序,操作人员应该排尽装置内的全部水后,才允许进油。过热油意外输送到存有冷凝水的容器中,从而引发爆炸。

(三)事故教训

1. 操作人员欠缺化学方面的知识,安全意识淡薄,对操作规程不熟悉;车间在操作过程中把关不严。

2. 车间管理人员对工艺环节控制不够精准,无详细的操作规程,麻痹大意,造成员工野蛮操作,致使爆炸。

第三节　制药设备安全技术及管理

一、设备安全设计

(一)设备设计概述

设备是药品生产中物料投入其中转化成产品的工具或载体。药品质量的最终形成是通过生产而完成的,所以药品质量是否符合《中华人民共和国药典》(2020年版)标准与设备息息相关。无论药品生产的质量保证还是数量需求都需要获得设备系统的支持,而这种支持如何体现、如何规范,这正是药品生产企业硬件与软件建设的主要内容之一。

制药机械(设备)的设计、制造、检验、安装、运行、维护及验证等应满足相应药品生产工艺和《药品生产质量管理规范》(2010年修订)的要求,符合预定用途。应最大限度地降低药品生产过程中发生污染、交叉污染、混淆和差错等风险,应便于操作、维护、清洁和必要时进行的消毒灭菌。

1. 制药设备的分类 药品生产企业为进行生产所采用的各种机器设备统属于制药设备的范畴,又称为制药装备。可包括原料药机械及设备(如中药提取机、发酵罐等)、制剂机械及设备(制粒机、压片机、制丸机等)、制药用水系统设备(如纯化水设备、离子水设备等)、药品检验设备(如溶出度测试仪、澄明度检测仪等)、药品包装设备(如中药液体包装机、铝箔封口机等)、药用粉碎机械(如超微粉碎机)、饮片设备(如切片机),与机械连用的计算机系统也包括在其中。其中,与药品直接接触的设备为关键设备;制药用水设备也是制药工艺的重要组成部分及必要的技术支撑,也应视为关键设备。

当前药品生产企业设备的设计和选型主要有两种方式:一是根据企业自行设计,二是委托设计。但无论何种方式,设备的设计和选型应结合本企业的产品、剂型、工艺要求与特点、生产方式与规模、可能的变化与发展、适应性与灵活性等多个方面去综合考虑。制药设备的设计和安装应做到高效、节能、机电一体化,符合《药品生产质量管理规范(2010年修订)》的要求。制药企业在购买和安装设备时,首先要考虑设备的适用性,使之能达到药品生产质量管理的预期要求。

2. 制药设备的设计 制药设备的设计需要满足以下特点。

(1)适用性:即设备应满足生产活动的要求。药品生产设备的制造者在设计时应该充分考虑到所设计的设备在特定的药品生产过程中的特点与要求,做到具有适用性。设备的设计应该从制备的角度考虑,能够对所生产的药品提供质量均一性以及最佳纯度等方面的保证。例如设备的均质能力、加工全过程的精度稳定、工艺参数的灵敏反应、控制与调节的准确实现等。

(2)洁净性:即设备应满足洁净要求。药品生产设备的设计能够从自身清洁和对环境清洁的角度去考虑如何方便、有效地进行,减少和不产生对药品生产环境的污染(交叉污染)。例如与药品和物料直接接触的部位能够方便、安全、有效地拆洗或清洗;尽量减少或消除加工时药品(物料)的暴露,增加密闭性;尽量减少加工的流转环节,增加联动作用;尽量提高设备暴露部分的光洁度,尤其是要提高和保证与药品(物料)直接接触部位的光洁度和完整性;考虑如何减少不易清洁的部分;如何提高设备自身的清洁功能;尽量增加设备的可移动性等。《药品生产质量管理规范(2010年修订)》还规定,药品生产企业应当选择适当的清洗、清洁设备,并防止这类设备成为污染源;设备所用的润滑剂、冷却剂等不得对药品或容器造成污染,应当尽可能使用食用级或级别相当的润滑剂。

(3)方便性:即设备应满足操作、维修、保养方便的要求。药品生产设备的设计能够从自身的角度去考虑如何让使用者方便、安全地进行操作、维修和保养。例如操作简便、安全且又容易识别;保养快捷而又不产生污染,润滑部位与设备和药品(物料)所接触的部分隔离,润滑剂应尽量选用无毒的;维修便利而又安全,问题或状态易于识别,便于检查和判断,具有防止维修差错的设施等。

（4）抗污染性:即设备能确保不对药品或物料造成污染。《药品生产质量管理规范(2010年修订)》规定,生产设备不得对药品质量产生任何不利影响;与药品直接接触的生产设备表面应当平整、光洁、易清洗或消毒、耐腐蚀,不得与药品发生化学反应、吸附药品或向药品中释放物质。

3. **《药品生产质量管理规范(2010年修订)》对制药设备设计选型的指导原则**　国家食品药品监督管理局于2011年2月对外发布《药品生产质量管理规范(2010年修订)》(以下简称新版GMP)。新版GMP对直接参与药品生产的制药设备作出指导性规定,设备的设计、选型、安装应符合生产要求,易于清洗、消毒和灭菌,便于生产操作和维修、保养,并能防止差错和减少污染。新版GMP对制药设备设计选型的指导原则如下。

（1）产品的物理特性、化学特性:产品剂型、外形尺寸、密度、黏度、熔点、热性能、对温湿度的敏感程度、适应的储存条件、pH、氧化反应、毒性、腐蚀性、稳定性及其他特殊性质。

（2）生产规模:根据市场预测、生产条件、人力资源情况,预计设备涉及产品的年产量、每日班次。

（3）生产工艺要求:根据市场预测和生产条件提出能力需求,例如生产批量、包装单位数量、装箱单位数量、生产设备的单位产出量、提升设备的最大提升重量和高度等。

根据生产工艺提出对设备功能的需求,例如温度范围及精度需求、速度范围及精度需求、混合均匀度需求、供料装置需求、传输装置需求、检测装置需求、成型需求、剪切需求、灌装精度及灌装形式需求、标记功能需求、装盒形式需求、中包形式需求、装箱形式需求、封箱捆扎形式需求、托盘摆放形式需求等。

（4）材质要求:根据接触物料特性、环境特性、清洗特性,保证不与药品发生化学反应或吸附药品,从而提出关键材料材质要求。

（5）清洁要求:物料接触处无死角,表面粗糙度小,就地清洗射流强度大、覆盖面积广,器具表面无肉眼可见的残留物,清洗水样经紫外分光光度法检查无残留物。

（6）在给定条件下设备的稳定性需求:新设备在设计时要特别考虑设备的可靠性、可维修性,同时还应对新设备所配备的在线、离线诊断帮助或设备状态监控工具等进行明确和说明。

（7）根据生产工艺要求和生产条件确定设备安装区域、位置、固定方式(通常给出设备布置图)。

（8）外观要求:表面涂层色彩要求,表面平面度、直线度大,表面镀铬,不锈钢亚光,表面氧化处理,表面喷塑,表面涂装某牌号的白色面漆。

（9）满足安全要求:应符合国家相关机器设备安全设计规范。

（10）满足环境要求:符合国家相关机器设备环境控制规范。

（11）操作要求:操作盘安装位置、操作盘显示语言处理、汉语标识,工位配置桌椅。

（12）维修要求：易损部件便于更换、各部位有维修空间、故障自动检测系统、控制系统恢复启动备份盘。

（13）计量要求：测量仪表具有溯源性、测量范围、分辨率、精度等级，测量仪表采用标准计量单位。

（二）材料安全设计

选择制造压力容器的材料应着重考虑材料的机械性能、工艺性能和耐蚀性能等。

1. 机械性能 制造压力容器的材料需要保证的主要是强度指标、塑性指标和韧性指标。

（1）强度是指材料抵抗外力作用，避免引起破坏的能力。强度指标是设计中决定许用应力的重要依据。制造压力容器的材料的强度指标虽然没有规定最大或最小控制指标，但它却是选材的重要依据。因为强度指标一方面决定容器的厚度和重量，另一方面又常与塑性指标有关。在一般情况下，同一种材料的强度越高，塑性就越差。所以一般原则是在保证塑性指标及其他性能的要求下，尽量选用强度指标较高的材料，以减小容器的重量。

（2）塑性指标包括伸长率和断面收缩率。用于制造压力容器的钢材要求具有较好的塑性，这是因为塑性好的材料在破坏以前一般都产生明显的塑性变形，不但容易被发现，而且塑性变形可以松弛局部高应力，避免部件断裂。不同材料具有不同的屈强比，即使是同一材料，其屈强比也随着材料热处理情况及工作温度的不同而各异。

（3）韧性指标是表示材料韧性的指标，目前多用冲击值（冲击初性），它表征材料抵抗冲击破坏的能力。材料的冲击值是用带缺口的冲击试样做冲击试验测得的，所以冲击值与试样缺口的形状和尺寸有关。虽然压力容器一般不受冲击载荷，但冲击值对材料的脆性转变温度十分敏感。冲击试样缺口有 U 形缺口（梅氏试样）和 V 形缺口（夏比试样）。压力容器用钢的研究结果表明，U 形缺口试样与 V 形缺口试样的冲击试验结果有很大的差异，U 形缺口试样的冲击值对温度的变化不够敏感。当前越来越多的国家都采用 V 形缺口冲击试样来检验压力容器用钢。

2. 工艺性能 压力容器的承压部件大都是用钢板滚卷或冲压，然后焊接制成的，所以要求材料具有良好的冷塑性变形能力与可焊性（或称焊接性能）。冷塑性变形能力一般可以从上述要求的塑性指标得到保证，可焊性则是工艺性能中的主要控制指标。钢的可焊性是指它在规定的焊接工艺条件下能否得到质量优良的焊接接头的性质。钢的可焊性主要取决于它的化学组成，而其中影响最大的是碳。因为钢中的碳含量增加，淬硬倾向就增大，塑性则下降，容易产生焊接裂纹。所以含碳量越高，可焊性就越差。钢中的其他合金元素大部分也都不利于它的焊接，但其影响程度一般都比碳小得多。

由于碳钢与普通低合金钢的其他元素含量差别不大，所以这些钢种的可焊性一般就由它的含碳量来决定。含碳量 <0.3% 的碳钢及含量 <0.25% 的普通低合金钢一般都具有良好的可焊性。

合金钢，特别是高强度的合金钢由于加入较多的合金元素，所以它的可焊性不能仅由它的含碳量来决定，还与其他合金元素的含量多少有关。所谓碳当量是指钢中的碳含量与其他合金元素的含量折算成相当的碳含量(根据各种不同的合金元素对可焊性的影响程度与碳的影响相比较进行折算)的总和。一般认为,碳当量不超过0.45%的合金钢具有良好的可焊性。

制造压力容器的材料之所以要特别注意它的可焊性(特别是合金钢),主要是为了防止产生焊接裂纹。因为在压力容器中,裂纹是最危险的一种缺陷,一直被认为是不允许存在的。不过产生焊接裂纹的影响因素除碳当量(主要因素)外,还有钢板厚度、焊缝金属扩散的氢量等。

3. 耐蚀性能　耐蚀性是材料抵抗介质腐蚀的能力。根据介质的种类(非电解质和电解质),腐蚀过程可分为化学腐蚀和电化学腐蚀两大类。

(1)化学腐蚀是金属和介质间由于化学作用而产生的,在腐蚀过程中没有电流产生。如钢铁在高温气体中的氧化,在高温、高压下氢气中的氢腐蚀,以及在无水有机溶剂中的腐蚀等都属于化学腐蚀。

(2)电化学腐蚀是金属和电解质溶液间由于电化学作用而产生的,在腐蚀过程中有电流产生。如金属在酸、碱、盐等电解质溶液中的溶解都属于电化学腐蚀。

4. 物理性能　金属材料的物理性能是指热导率、线膨胀系数、密度、熔点及导电性等。材料在不同的使用场合,对其物理性能的要求不同。例如用作传热表面的材料必须考虑材料的导热性能,对衬里或复合钢板所制的设备应尽量使不同材料的线膨胀系数相等或接近。

(三)结构安全设计

在压力容器的破坏事故中,有相当一部分是由结构不合理引起的。因此,设计合理可靠的结构与强度设计同等重要。由结构不合理引起容器破坏的主要因素有缺陷和应力两个方面。结构设计不合理往往使得容器在制造和使用过程中容易产生缺陷。因此,首先要求结构便于制造,以利于保证制造质量和避免、减少制造缺陷;其次要求结构便于无损检验,使制造和使用中产生的缺陷能及时并准确地检查出来;再次要求结构设计中要考虑尽量降低局部附加应力和应力集中,因为局部的高应力区往往成为断裂破坏源。

1. 结构安全设计的一般原则

(1)结构不连续处应圆滑过渡。受压壳体存在几何形状突变或其他结构上的不连续处都会产生较高的不连续应力,因此设计时应尽量避免。对于难以避免的结构不连续,应采用圆滑过渡或斜坡过渡的形式,防止突变。

(2)引起应力集中或削弱强度的结构应相互错开,避免高应力叠加。在压力容器中,总是不可避免地存在一些局部应力较高或对部件的强度有所削弱的结构,如器壁开孔、拐角、焊缝等部位。这些结构在设计时应使其相互错开或控制必要的距离,以防局部应力叠加,产生更大的局部应力,导致容器的破坏。

(3)避免采用刚性过大的焊接结构和超静定结构。刚性过大的焊接结构因施焊时的膨胀和收缩受到约束而产生较大的焊接应力;而超静定结构在操作条件波动时,还会因变形受限制而产生附加弯曲应力。因此,设计时应采取措施予以避免。如卧式容器应尽量采用静定的双支座结构。

2. 焊接结构设计的一般要求　焊接是容器制造的重要环节。但焊缝又是容器结构中的薄弱环节，原因包括焊接中易产生表面或内部缺陷；焊缝冷却时，因受高度约束使结构因热应力而变形；焊缝金属为铸造组织；焊缝常处于结构形状变化处或其附近。一般认为，焊缝质量主要取决于焊接材料、焊接工艺和焊工操作水平，但与焊接结构设计也有很大的关系。

（1）碳钢的焊接结构：碳钢焊接容器常用的接缝形式有对接、角接、丁字接。其中对接焊缝用得最多，而搭接焊缝在受压容器中一般应避免采用。以下重点叙述对接焊缝。

1）等厚度钢板的对接焊缝：为了避免焊接时产生过热现象和过大残余应力的存在，应尽量采用等厚度的对接。对厚度在 6mm 以下的对接焊缝可不开坡口；对厚度在 6mm 以上的对接焊缝，为了防止未焊透现象的产生，就要根据不同厚度开不同形式的坡口。

对于内侧无法施焊的容器，采用单面坡口。当钢板厚度 <20mm 时，采用 V 形坡口；当钢板厚度 >20mm 时，采用 U 形坡口。

当钢板更厚，且双面都可以进行焊接时，为了保证焊缝质量，应当采用双面坡口。当钢板厚度在 20~40mm 时，采用对称 X 形坡口；当钢板厚度在 30~60mm 时，则采用对称 U 形坡口。

2）衬垫板的对接焊缝：当容器内侧无法施焊而采用单面坡口焊接时，为了保证焊根部分焊透，常采用带衬垫板的对接焊缝，以提高焊缝质量。衬垫板材料可用钢或紫铜。应注意衬垫板与焊接材料的密合，同时焊后应设法将衬垫板除去。

3）不等厚度钢板的对接焊缝：在不等厚度钢板的对接焊缝中，当薄钢板厚度≤10mm，两钢板厚度差超过 3mm 或当薄钢板厚度 >10mm，两钢板厚度差大于薄钢板厚度的 30%（或超过 5mm）时，需将厚钢板适当削薄，其过渡部分的斜度不小于 1∶3。同时为了焊缝探伤需要等原因，最好在过渡区后保持一般平行长度。

低合金钢容器的结构特点大致与碳钢相同。但是由于低合金钢的缺口敏感性有所提高，所以对焊缝焊透的要求也更严格。为了达到这一要求，除焊接工艺选择恰当外，在可能的条件下，焊缝应尽量采用双面焊，或采用保证焊透或背面成形良好的单面焊接接缝形式。

焊缝中的未焊透缺陷就好像一个预制的缺口，常成为脆性破坏的起裂点。在交变载荷下则常常导致疲劳破坏。

（2）不锈钢的焊接结构

1）与碳钢相同，焊缝接头形式应尽量采用等厚度对接焊缝。在不等厚度钢板对接时，对厚钢板必须予以削薄。

2）焊缝必须错开。焊缝如不错开，就会在同一处烧焊数次，该处易产生过热现象，使合金元素烧损。因此，纵、横焊缝不能十字交叉，纵焊缝必须错开，两条纵缝间距不得小于焊缝宽度的 5 倍，且不得小于 0mm。

3）与碳钢焊接时采用过渡件。这样可保证与碳钢焊接的不锈钢部分不与腐蚀介质接触，以保证与腐蚀介质接触部分的耐蚀性。

（四）强度安全设计

压力容器的强度设计的计算方法的正确与否，直接涉及容器运行的安全可靠性和设计结果的经济合理性。除了结构特殊或使用条件复杂（例如极为频繁的加载与卸载等）的容器或特别重要的容器需要进行分析设计以外，一般的压力容器通常都只考虑它的薄膜应力。并据此来确定所需的壁厚。至于容器某些部位（如结构不连续部位）的附加应力和应力集中，则从安全系数、结构形式或尺寸加以限制。

1. 设计参数的确定　作为压力容器设计计算的主要依据的参数包括安全系数与许用应力、设计压力、设计温度、焊缝削弱系数及壁厚附加量等。下面分别讨论确定这些设计参数的主要原则与方法。

许用应力与安全系数：许用应力 σ 由材料的强度指标除以安全系数 n 得到，即

$$\sigma = \frac{材料的强度指标}{安全系数 \, n} \qquad\qquad 式（2-1）$$

材料的强度指标包括屈服极限 σ_s 和强度极限 σ_b。当材料在高温下工作时，其强度指标还应包括蠕变极限 σ_n 和持久极限 σ_D。

安全系数 n 是用以保证元件安全性的系数，它并不等于元件的实际安全储备。

（1）蠕变极限：蠕变极限是在某一温度条件下产生某蠕变速度的应力。不同的试验应力产生不同的蠕变速度，应力越高，蠕变变形也越快。对于化工压力容器，常以在设计温度下产生 $10^{-7}\,\text{mm/(mm·h)}$ 蠕变速度的应力称为材料在该温度下的蠕变极限。限制这样的蠕变速度，也就相当于高温元件经 10 万小时（约 12 年）工作，允许产生 1% 的总应变。出于蠕变极限并不能反映材料的高温断裂性能，因而近年来在高温容器设计中常用持久极限来代替蠕变极限，作为确定高温许用应力的依据。

（2）持久极限：材料的持久极限是指在一定的温度下，经过规定的时间（我国规定为 10 万小时）而产生断裂时的应力。持久极限所反映的是在高温下长期受载的破坏问题，而不像蠕变极限所反映的是变形问题。对于压力容器元件来说，除密封元件外，其失效的形式主要是断裂而不是变形。特别是长期在高温下工作的元件，常出现小变形断裂现象。

（3）安全系数的意义：安全系数是一个经验性系数。它包括许多影响元件强度的因素，而这些因素则是强度计算的基本公式中所无法直接考虑的。一般可以认为安全系数与下列因素有关，包括：①计算方法和计算公式的精确性和可靠度；②材料质量的稳定性或质量指标规定的变化范围；③制造、检验和安装的允许偏差；④操作条件的波动范围或安全泄压装置的允许误差；⑤容器在生产中的重要性和运行中的危险性。

综上所述，安全系数是设计先进性和可靠性相结合的产物。它建立在长期积累的实践经验的基础上，一般难以进行定量评定。随着生产的发展和科学研究工作的不断深入，人们对压力容器的设计、制造和使用的认识也越来越全面和深刻。如设计方法和计算公式更接近实

际情况,材料质量更加稳定可靠,制造、检验和操作控制水平不断提高等。这些都会使安全系数的数值逐步有所降低。然而,安全系数的大小直接关系到安全生产能否实现,选取安全系数特别要遵循现行法规。

2．设计压力的确定　设计压力是指在相应的设计温度下,用以确定容器壳壁壁厚及元件尺寸的表压力。设计压力一般取略高于或等于容器的最高工作压力。所谓容器的最高工作压力,是指容器顶部(安全泄放装置)在操作过程中可能产生的最高表压力。

当容器上装有安全泄放装置时,以安全泄放装置的开启压力作为设计压力;当工艺系统中装有安全泄放装置(单个容器不再装设)时,可根据容器在系统中的工作情况,以最高工作压力加适当的裕量作为设计压力(一般可取最高工作压力的 1.05~1.10 倍);当容器内的介质具有爆炸性时,其设计压力应根据介质特性、爆炸前的瞬时压力、爆破膜的启爆压力以及爆破膜的排放面积与容器中的气相容积之比等因素特殊考虑。

当容器各部位或其他元件承受液体静压力作用时,该部位或元件的设计计算应计入液体静压力。

外压容器的设计压力应取不小于在正常工作过程中任何时间内可能产生的最大内外压力差。

真空容器按外压设计。其设计压力为当装有安全控制装置时,取 1.25 倍最大内外压力差或 0.1MPa 两者中的较小值;当无安全控制装置时,取 0.1MPa。对带有夹套的真空容器,按上述原则再加夹套内的设计压力。

3. 设计温度的确定　设计温度是指容器在工作过程中,在相应的设计压力下壳壁或元件金属可能达到的最高或最低温度。此温度在设计公式中一般没有直接反映,但它与选择材料和选取许用应力有直接关系。

各国规范虽均明确指出设计温度是指容器金属元件的温度,但在处理方式上各有差异。有的规定为操作中金属实际承受的温度,有的则要求加适当的裕度。一般而言,可按下述办法确定其设计温度。

1) 对无加热或冷却的容器壁温,在有保温时可取介质的最高或最低温度;对用蒸汽或其他液体间接加热或冷却的容器壁温,应取加热介质的最高温度或冷却介质的最低温度;对无保温者,应根据工艺操作情况考虑环境温度的影响以确定设计壁温。

2) 对灌装液化气体的容器,其设计温度可取可能达到的最高或最低温度,定为其壁温。

3) 当受压元件与两种不同温度的介质相接触时,如换热器,一般应按两者中较高的温度进行设计;对操作温度低于 -20℃者,按两者中较低的温度进行设计。

设计温度应与设计压力组合考虑,不能由容器操作中各自的苛刻条件来确定,应以容器运行中设计压力条件下的操作温度作为设计温度的基础,此确定的设计压力和设计温度是该容器运行中最苛刻的运行条件。

二、设备安全保护基础

为了确保压力容器安全、经济地运行,除了正确设计和选材、精心制造和检验、正确使用和操作外,还必须设置安全附件。压力容器设置安全附件后,当使用中出现各种难以预料及控制的情况时,可及时发现和自行排除。同时,为了保证产量和产品质量,也要求在使用过程中严格控制压力容器的压力和温度等工艺参数。

(一)安全附件的一般要求

安全附件是压力容器运行中不可缺少的组成部分,不同用途的压力容器对安全附件有不同的要求。

压力容器的安全附件包括安全阀、爆破片、紧急放空阀、液位计、压力表、单向阀、限流阀、温度计、喷淋冷却装置、紧急切断装置、静电消除装置、防雷击装置等。根据容器的结构、大小和用途分别装设相应的安全附件。

安全附件的材质必须满足在容器内介质作用下不发生腐蚀或不发生较严重腐蚀的要求。选用安全附件时,其压力等级和使用温度范围必须满足压力容器操作条件的要求。压力容器安全附件中的压力表、安全阀与爆破片是最常用的测量和安全泄压装置。

压力容器绝对禁止超压运行。在容器上装设安全泄放装置的目的就是在容器超压时,能把压力介质及时排出。安全泄放装置的泄放量只有大于容器的安全泄放量,容器内的压力才不会继续升高,从而保证压力容器安全运行。

(二)安全泄放装置

1. 安全阀压力容器 安全阀压力容器是取等于或略高于容器在正常工作过程中可能产生的最高压力进行设计的。因此,在压力低于该值的情况下使用,压力容器可以安全运行。但当压力超过设计压力时,压力容器发生破坏的可能性大大增加。

安全阀的作用就是当压力容器内的压力超过正常工作压力时,能自动开启,将容器内的气体排出一部分;而当压力降至正常工作压力时,又能自动关闭,以保证压力容器不致因超压运行而发生事故。此外,安全阀开放时,由于容器内的气体从阀中高速喷出,常常发出较大的响声,从而也起到一种自动报警的作用。

(1)安全阀的结构形式:安全阀由阀体、阀瓣和加载机构三个主要部分组成。在安全阀内,阀瓣通过某种加载机构被压紧在阀体的阀座上。当容器的内压为正常工作压力时,加载机构施加于阀瓣上的载荷略大于内部流体压力所产生的作用于阀瓣上的总压力,安全阀处于关闭状态;当容器的内压超过设计压力时,这种关系被打破,内压对阀瓣的作用力将大于加载机构施加的载荷,于是阀瓣被顶离阀座,安全阀开启,气体从阀瓣与阀座间的缝隙处向外排出。在排放气体的同时,容器的内压下降,当内压降至正常值时,阀瓣在加载机构载荷作用下重新被压紧在阀座上,安全阀又处于关闭状态。因此,通过调节加载机构施加在阀瓣上的载荷,便可获得所需的安全阀开启压力。开启压力即指安全阀的阀瓣在运行条件下开始升起,介质连续排出时的瞬时压力。

(2)安全阀的种类:安全阀一般可按照加载机构或阀瓣开启高度的不同进行分类。

1）按照加载机构分类：可分为重块式、杠杆式和弹簧式三种。

2）按照阀瓣开启高度分类：安全阀在单位时间内的排气量取决于阀座内径以及在内压作用下阀瓣开启高度的大小。按照阀瓣开启高度，安全阀可分为微开式和全开式两种。

（3）安全阀的选用：安全阀的选用应符合以下原则。

1）安全阀的制造单位必须是国家定点厂家和取得相应类别的制造许可证的单位。

2）安全阀上应有标牌，标牌上应注明主要技术参数，如排放量、开启压力等。

3）安全阀的选用根据容器的工艺条件和工作介质的特性，从容器的安全泄放量、介质的物理与化学性质以及工作压力范围等方面考虑。其中安全排放量是选用安全阀的重要因素，安全阀的排放量应不小于容器的安全泄放量。

（4）安全阀的安装：安全阀应垂直向上安装在压力容器本体的液面以上气相空间部位，选择安装位置时应考虑安全阀的日常检查、维护和检修的方便。安全阀与压力容器之间一般不宜装设截止阀。但对于盛装易燃，毒性强度为极度、高度、中高度危害或黏性介质的容器，为便于安全阀更换、清洗，可装设截止阀。截止阀的流通面积不得小于安全阀的最小流通面积，并且要有可靠的措施和严格的制度，以保证在运行中截止阀保持全开状态并加铅封。

（5）安全阀的维护和检验：安全阀一般每年至少应校验 1 次，拆卸进行校验，有困难时应采用现场校验（在线校验），校验合格后，校验单位应出具校验报告书并对校验合格的安全阀加装铅封。安全阀须加强日常维护检查，并经常保持清洁，防止阀底的弹簧等被油垢及脏弃物黏住或被腐蚀，还应经常检查安全阀的铅封是否完好。

2．爆破片　爆破片是压力容器等受压密闭系统中防止超压的安全附件之一。在设计爆破温度下，当容器内的压力超过正常工作压力并达到爆破片的标定爆破压力时，爆破片即自行爆破，容器内的气体通过爆破口向外排出，从而避免容器本体发生重大恶性事故。

（1）爆破片的结构形式：爆破片装置由爆破片和夹持器等组成。爆破片是在标定爆破压力和设计爆破温度下能够迅速爆破而起到泄压作用的元件；夹持器则是具有设计给定的排放口直径，能够保证爆破片边缘牢固夹紧密封，并能使爆破片获得准确爆破压力的一对配合件。单片式爆破片仅有一层爆破元件，而组合式爆破片则由爆破元件、托架、加强环、密封膜等组成。

（2）爆破片的种类

1）正拱形爆破片呈拱形，凹面处于压力系统的高压侧，动作时因拉伸而破裂。

2）反拱形爆破片呈拱形，凸面处于压力系统的高压侧，动作时因压缩失稳而翻转破裂或脱落。

3）平板形爆破片呈平板形，动作时因拉伸、剪切或弯曲而破裂。

4）石墨爆破片由浸石墨、柔性石墨、复合石墨等以石墨为基体的材料制成，动作时因剪切或弯曲而破裂。

（3）爆破片的材料选用：制造爆破片、夹持器等的材料质量均应符合国家标准或中国冶金地质总局标准,必须有质量证明书,入库前应进行复验。爆破片装置所用的材料不允许被介质腐蚀,必要时,可在与腐蚀介质的接触面上覆盖金属或非金属防护膜。

制造爆破元件的材料分为塑性材料和脆性材料两大类。拉伸和剪切破坏型大多采用经适当的热处理、塑性较好的耐腐蚀金属材料,如铝、银、铜、镍、奥氏体不锈钢、铜镍合金和铬镍合金等;弯曲破坏型则采用脆性材料,如铸铁和硬质塑料等。

(4)爆破片的应用:爆破片安全泄放装置的特点是密封性能较好,当容器在正常工作压力下运行时能保持严密不漏,并且卸压反应较快,以及气体内所含的污染物对其影响较小等。但卸压后的爆破片不能重复使用,容器也必须停止运行,所以它一般只用于超压可能性较小以及装设阀型安全泄放装置不能确保压力容器安全运行的场合。

爆破片一般应用于以下几种场合。

1)由于物料的化学反应或其他原因能使内压在瞬间急剧上升的场合,而安全阀由于受惯性的影响不能及时开启和泄放压力。

2)工作介质为剧毒气体或极为昂贵气体的场合,使用各种形式的安全阀一般在正常工作时也总会有微量的泄漏。

3)工作介质易于结晶、聚合或带有黏性,容易堵塞安全阀或使安全阀的阀瓣和阀座黏住的场合。

4)气体排放口径 <12mm 或 >150mm,而要求全量泄放或全量泄放时要求毫无阻碍的场合。

5)其他安全阀所不能满足的场合。

3. 压力测量仪表 压力测量仪表种类很多,按照结构和工作原理,一般可分为液柱式、弹性元件式、活塞式和电量式四大类,其中弹性元件式压力测量仪表使用最多。

弹性元件式压力测量仪表是利用弹性元件的弹性力与被测压力相互平衡的原理,根据弹性元件的变形程度来确定被测的压力值。它的优点是结构牢固、密封可靠,具有较高的准确度,对使用条件的要求也不高;缺点是使用期间必须经常检修、校验,且不宜用于测定频率较高的脉动压力和具有强烈振动的场合。

根据弹性元件的结构特点,这类压力测量仪表又可分为单圈弹簧管式、螺旋形(多圈)弹簧管式、薄膜式、波纹筒式和远距离传送式等多种形式。目前,在压力容器中广泛采用单圈弹簧管式压力表。当工作介质具有腐蚀性时,也常采用波纹平膜式压力表。

(1)压力表的装设

1)压力表的接管应直接与压力容器的本体相连接。当压力容器的工作介质为蒸汽时,接管上还应设有一段弯管,使蒸汽在这一段弯管内冷凝,以免温度引起表内的弹性元件变形,影响压力表的精度。

2)压力表安装的位置应使操作人员看得清楚。刻度盘面与操作人员的视线应垂直或向前倾斜30°,并且有足够的光线,但应避免受到辐射热、冻结及振动的影响。

3)为了便于装拆压力表,压力表与容器的接管中应装有三通旋塞,旋塞应设在垂直管段上,并使旋塞手柄与管线同向时为开启状态,以免开闭混淆引起错误操作。对高压和超高压容器，一般用阀来代替旋塞，此时也必须采用外螺杆式结构等，以防止开闭失误。当接管上连接一段弯管时，旋塞应设在弯管和压力表之间的垂直管段上。

4）盛装高温、强腐蚀性介质的容器应在压力表和容器的连接管路上装设充填有液体的隔离缓冲装置，或选用抗腐蚀的波纹平膜式压力表等。当装设隔离装置时，充填液不应与工作介质起化学反应或生成物理混合物。

5）每只压力表最好固定在相同压力的容器上，这样可根据容器的最高许用压力在压力表的刻度盘上划出警戒红线。但不应将警戒红线标在压力表的玻璃上，以免玻璃转动产生错觉。

（2）压力表的维护

1）压力表的表盘玻璃应保持洁净、明亮，使指针指示的压力值清晰可见。

2）压力表的连接管要定期吹洗，以免堵塞。

3）压力表必须定期校验，每年至少 1 次。一般每 3 个月校验 1 次，经检验合格的压力表应有铅封和检验合格证。

三、设备失效与检测技术

机器设备及其零部件常会由于设计结构不合理、制造质量不良、使用维护不当或其他原因而发生早期失效（即在规定的使用期限内失去按原设计进行正常工作的能力）。断裂是其主要失效形式，特别是脆性断裂，在工程上是一个长期存在的问题。一般机器零件的失效可以有三种类型：过量的变形（弹性、塑性）、零件断裂、表面状态恶化（磨损、腐蚀）。其中，以断裂的危害最大。

（一）断裂的定义及类型

断裂是指固体在机械力、热、磁、声响、腐蚀等单独作用或者联合作用下，本身遭到连续性破坏，从而发生局部开裂或分裂成几部分的现象。前者称为局部断裂，如各种裂纹；后者称为完全断裂，如整体脆断等。

金属构件的断裂可以有许多种分类方法，具体如下：①按断裂形态不同，金属构件的断裂可分为延性断裂和脆性断裂。延性断裂是指构件在断裂前发生显著的塑性变形；脆性断裂是指构件在断裂前没有或仅有少量的塑性变形。②按裂纹扩展路径不同，金属构件的断裂可分为穿晶断裂和沿晶断裂。穿晶断裂是指裂纹穿过晶内；沿晶断裂是指裂纹沿晶界扩展。③按断口宏观取向不同，金属构件的断裂可分为正断和切断。正断是指断裂的宏观表面垂直于最大正应力方向，一般为脆性断裂；切断是指断裂面与最大正应力方向呈 45° 角，多数为延性断裂。④按受力状态不同，金属构件的断裂可分为短时和长时断裂、冲击断裂和疲劳断裂。⑤按环境不同，金属构件的断裂可分为低温冷脆断裂、高温蠕变断裂、延滞断裂（氢脆断裂与应力腐蚀）、辐照和噪声损伤等。

断口是指零件断裂的自然表面。断口一般是材料中性能最弱或应力最大的部位，因为在金属材料中裂纹总是沿着阻力最小的路径扩展。

根据断裂的形式及其基本原因不同,将承压部件的断裂分为延性断裂、脆性断裂、疲劳断裂、应力腐蚀断裂和蠕变断裂等几种形式。

1. 延性断裂

(1)延性断裂概述:压力容器承压部件的延性断裂是在器壁发生大的塑性变形之后产生的,器壁的变形将引起容器容积的变化,而器壁的变形又是在压力载荷下产生的,所以对于具有一定直径与壁厚的容器,它的容积变形与它所承受的压力有很大的关系。

压力较小时,器壁的应力也较小,器壁产生弹性变形,容器的容积与压力成正比增加,保持直线关系。如果卸除载荷,即把容器内的压力降低,容器的容积即恢复原来的大小,而不会产生容积残余变形。

当压力升高至能使容器器壁上的应力超过材料的弹性极限时,变形曲线开始偏离直线,即容器的容积变化不再与压力成正比关系,而且在压力卸除之后,容器不能完全恢复原来的形状,而是保留一部分容积残余变形。根据这种特性,压力容器进行耐压试验时,测出容器在试验前后的容积变化,以确定容器在试验压力下,器壁的应力是否在材料的弹性极限之内。

若容器内的压力升高至能使器壁上的应力达到材料的屈服强度,由于器壁产生明显的塑性变形,容器的容积将迅速增大,那么在压力不再增大甚至减小的情况下,容器的容积变形仍在继续增加。这种现象与金属材料的屈服现象相同,也可以说,容器处在全面屈服状态。承压部件的这种屈服现象在水压试验时经常出现。承压部件在延性断裂前先产生大量的容积变形,这种现象对防止某些容器发生断裂事故也是有利的。

容器的内压超过它的屈服压力后,如果把压力卸除,容器也会留下较大的容积残余变形,有些用肉眼或直尺测量即可发现。因为圆筒形容器的环向应力比径向应力大1倍,所以一般总是环向产生较大的残余变形,即容器的直径增大。而圆筒形容器端部的径向增大又受到封头的限制,因而在壁厚比较均匀的情况下,圆筒形容器的变形总是呈现两端较小而中间较大的腰鼓形。这样,一些发生过屈服的容器就易于被发现。

容器的内压超过屈服压力后,如果压力继续升高,容积变形程度将更快地增大,致使器壁上的应力达到材料的断裂强度,容器则发生延性断裂。

(2)延性断裂的特征

1)破裂的容器发生明显的变形:金属的延性断裂是在大量的塑性变形后发生的,塑性变形使金属断裂后在受力方向留存较大的残余伸长,表现在容器上则是直径增大和壁厚减薄。所以,具有明显的形状改变是压力容器延性断裂的主要特征。

2)断口呈暗灰色纤维状:碳钢和低合金钢延性断裂时,由于显微空洞的形成、长大和聚集,最后形成锯齿形纤维状断口。这种断裂形式多数属于穿晶断裂,即裂纹发展途径是穿过晶粒的。因此,断口没有闪烁金属光泽而是呈暗灰色。由于这种断裂是先滑移而后断裂,所以它的断裂方式一般是切断,即断裂的宏观表面平行于最大切应力方向,而与最大主应力呈45°角。

3)容器一般不是碎裂:延性断裂的容器因为材料具有较好的塑性和韧性,所以破裂方式一般不是碎裂,即不产生碎片,而只是出现一个裂口。壁厚比较均匀的圆筒形容器常常是在中部裂开一个形状为"X"的裂口,裂口的大小则与容器爆破时释放的能量有关。盛装一般液体(例如水)时,因为液体的膨胀功较小,所以容器破裂的裂口也较窄,最大的裂口宽度一般也不会超过容器的半径。盛装气体时,因膨胀功较大,裂口也较宽。特别是盛装液化气体的容器,破裂以后容器内的压力下降,液化气体迅速蒸发,产生大量气体,使容器的裂口不断扩大。

2. 脆性断裂

(1)脆性断裂的定义:很多压力容器破裂并非都经过显著的塑性变形,有些容器破裂时根本没有宏观变形,而且根据破裂时的压力计算得到器壁的薄膜应力也远远没有达到材料的强度极限,有的甚至还低于屈服强度。这种断裂多表现为脆性断裂。由于它是在较低应力状态下发生的,所以又称为低应力脆性断裂。

(2)脆性断裂的特征:承压部件发生脆性断裂时,在破裂形状、断口形貌等方面都具有一些与延性断裂正好相反的特征。

1)破裂的容器没有明显的伸长变形:由于金属的脆性断裂一般没有残余伸长,因此脆性断裂后的容器就没有明显的伸长变形。许多在水压试验时脆性断裂的容器,其试验压力与容积增量关系在断裂前基本上还是线性关系,即容器的容积变形还是处于弹性状态。有些脆裂成多块的容器,将碎块组拼起来再测周长,往往与原来的周长相比没有变化或变化甚微。容器的壁厚一般也没有减薄。

2)裂口齐平,断口呈金属光泽的结晶状:脆性断裂一般是正应力引起的断裂,所以裂口齐平并与主应力方向垂直。容器脆断的纵缝裂口与器壁表面垂直,环向脆断时,裂口与容器的中心线相垂直。又因为脆断往往是晶界断裂,所以断口形貌呈闪烁金属光泽的结晶状。在器壁很厚的容器脆断口上还常常可以找到人字形纹路(辐射状),这是脆性断裂的最主要的宏观特征之一。人字形的尖端总是指向裂纹源,始裂点往往都有缺陷或在几何形状突变处。

3)容器常破裂成碎块:由于容器脆性破裂时材料的韧性较差,而且脆断的过程又是裂纹迅速扩展的过程,破坏往往在一瞬间发生,容器内的压力无法通过一个裂口释放,因此脆性破裂的容器常裂成碎块,且常有碎片飞出。

4)断裂时的名义应力较低:金属的脆性断裂是由裂纹引起的,所以脆断时并不一定需要很高的名义应力。容器破裂时器壁上的名义应力常常低于材料的屈服强度,所以这种破裂可以在容器的正常操作压力或水压试验压力下发生。

5)断裂多数在温度较低的情况下发生:由于金属材料的断裂韧度随着温度的降低而降低,所以脆性断裂常在温度较低的情况下发生,包括较低的水压试验温度和较低的使用温度。

此外,脆性破裂常见于用高强度钢制造的容器及厚壁容器。当器壁很厚时,厚度方向的变形受到约束,接近所谓的"平面应变状态",于是裂纹尖端附近形成三向拉应力,材料的断裂韧度随之降低,这就是所谓的"厚度效应",所以这样的钢材的厚板要比薄板更容易脆断。同样材料的强度等级越高,其断裂韧度往往越低。

3. 疲劳断裂

(1)疲劳断裂的定义:疲劳断裂压力容器的承压部件较为常见的一种破裂形式。经过长期作用后,容器的承压部件发生破裂或泄漏,容器外观上没有明显的塑性变形,容器的这种破坏形式称为疲劳断裂。

(2)疲劳断裂的特征

1)部件没有明显的塑性变形:承压部件的疲劳断裂也是先在局部应力较高的地方产生微细的裂纹,然后逐步扩展,到最后所剩下的截面应力达到材料的断裂强度,进而发生开裂。所以它也和脆性断裂一样,一般没有明显的塑性变形。即使它的最后断裂区是延性断裂,也不会造成部件的整体塑性变形,即破裂后的直径不会有明显的增大,大部分壁厚也没有显著的减薄。

2)断裂断口存在两个区域:疲劳断裂断口的形貌与脆性断裂有明显的区别。疲劳断裂断口一般都存在比较明显的两个区域,一个是疲劳裂纹产生及扩展区,另一个是最后断裂区。在压力容器的断口上,裂纹产生及扩展区并不像一般受对称循环载荷的零件那样光滑,因为它的最大应力和最小应力都是拉伸应力而没有压应力,断口不会受到反复的挤压研磨。但它的颜色和最后断裂区有所区别,而且大多数承压部件的应力交变周期较长,裂纹扩展较为缓慢,所以有时仍可以见到裂纹扩展的弧形纹线。如果断口上的疲劳线比较清晰,还可以由它比较容易地找到疲劳裂纹产生的策源点。策源点和断口其他地方的形貌不同,而且常常产生在应力集中的地方,特别是在部件的开孔接管处。

3)设备常因开裂泄漏而失效:承受疲劳的承压设备或部件,一般不像脆性断裂那样常常产生碎片,而只是开裂一个破口,使部件因泄漏而失效。开裂部位常是开孔接管处或其他应力集中及温度交变部位。

4)部件在多次承受交变载荷后断裂:承压部件的疲劳断裂是器壁在交变应力作用下,经过裂纹的产生和扩展然后断裂的,所以它总要经过多次的反复载荷以后才会发生,而且疲劳断裂从产生、扩展到断裂,发展都比较缓慢,其过程要比脆性断裂慢得多。一般来说,即使原来存在裂纹,只要裂纹的深度小于失稳扩展的临界尺寸,则裂纹扩展至最后的疲劳断裂都需要经过多次的交变载荷。对于压力容器这样的低周疲劳断裂,一般认为低周疲劳寿命在102~105次。

4. 应力腐蚀断裂

(1)应力腐蚀断裂的定义:压力容器的应力腐蚀断裂是指承压部件由于受到腐蚀介质的腐蚀而产生的一种断裂形式。容器因腐蚀而在运行中发生破裂爆炸的事例也是常见的,特别是在石油化工容器中。

钢的腐蚀破坏形式按它的破坏现象来分,可分为均匀腐蚀、点腐蚀、晶间腐蚀、应力腐蚀和腐蚀疲劳。其中,点腐蚀和晶间腐蚀属于选择性腐蚀,应力腐蚀和腐蚀疲劳属于应力腐蚀断裂。

(2)应力腐蚀断裂的特征

1)即使具有很高延性的金属,其应力腐蚀断裂仍具有完全脆性的外观,属于脆性断裂,断口平齐,没有明显的塑性变形,断裂方向与主应力垂直。突然脆断区断口常有放射花样或人字纹。

2)应力腐蚀是一种局部腐蚀,其断口一般可分为裂纹扩展区和瞬断区两部分。前者颜色较深,有腐蚀产物伴随;后者颜色较浅且洁净。断口微观形貌在其表面可见到覆盖的腐蚀产物及腐蚀坑。

3)应力腐蚀断裂一般为沿晶断裂,也可能是穿晶断裂。裂纹形态有分叉现象,呈枯树枝状,由表面向纵深方向发展,裂纹的深宽比(深度与宽度的比值)很大。

4)引起断裂的因素中有特定介质及拉伸应力。

5. 蠕变断裂

(1)蠕变断裂的定义:金属材料在应力与高温的双重作用下会产生缓慢而连续的塑性变形,最终导致断裂,这就是金属的蠕变现象。高温容器的承压部件如果长期在金属的蠕变温度范围内工作,直径就会增大,壁厚逐步减薄,材料的强度也有所降低,严重时会导致承压部件的断裂。

(2)蠕变断裂的特征:金属材料的蠕变断裂基本上可分为两种,即穿晶型蠕变断裂和沿晶型蠕变断裂。

穿晶型蠕变断裂在断裂前有大量塑性变形,断裂后的伸长率高,往往形成缩颈,断口呈延性形态,因而也称为蠕变延性断裂。

沿晶型蠕变断裂在断裂前塑性变形很小,断裂后的伸长率甚低,缩颈很小或者没有,在晶体内常有大量细小的裂纹,这种断裂也称为蠕变脆性断裂。

蠕变断裂形式的变化与温度、压力等因素有关。在高应力及较低温度下蠕变时,发生穿晶型蠕变断裂;在低应力及较高温度下蠕变时,发生沿晶型蠕变断裂。另外,蠕变断裂的断口常有明显的氧化色彩。

高温下钢的石墨化会使材料的塑性显著降低,因石墨化而引起断裂的断口呈脆性断口,并由于石墨的存在而呈现黑色。从断裂的性态来说,这种断裂实际上是高温下的脆性断裂(钢因石墨化断裂也称为"黑脆")。因它是在长期高温作用下产生的,所以也可以把它看作由于抗蠕变性能的降低而发生的破坏。

(二)压力容器安全检测技术

现代工业的发展对产品的质量和结构安全性、使用可靠性提出了越来越高的要求。由于无损检测技术具有不破坏试件、检测灵敏度高等优点,所以其应用日益广泛。目前,无损检测技术不仅应用于压力容器的制造检验和在用检验,而且在国内的许多行业和部门如机械、冶金、石油天然气、石化、化工、航空航天、船舶、铁道、电力、核工业、兵器、煤炭、有色金属和建筑等都得到了广泛的应用。

在不损坏试件的前提下,以物理或化学方法为手段,借助先进的技术和设备器材,对试件的内部及表面的结构、性质、状态进行检查和测试的方法称为无损检测。

射线检测(radiography testing,RT)、超声检测(ultrasonic testing,UT)、磁粉检测(magnetic testing,MT)和渗透检测(penetrant testing,PT)是开发较早、应用较广泛的探测缺陷的方法,

被称为四大常规检测方法。到目前为止,这四种方法仍是压力容器制造质量检验和在用检验最常用的无损检测方法。其中,射线检测和超声检测主要用于探测试件内部缺陷,对于检查材料内部的面型缺陷,以超声检测为宜;对体积型缺陷,则以射线检测更为敏感。磁粉检测和渗透检测主要用于探测试件表面缺陷,磁粉检测主要用于铁磁性材料制的承压设备表面和近表面缺陷的检测,渗透检测主要用于非多孔性金属材料和非金属材料制的承压设备的表面开口缺陷的检测。其他用于压力容器的无损检测方法有涡流检测(eddy current testing,ET)和声发射检测(acoustic emission testing,AET)等。

1. 射线检测

(1)射线及其特性:射线是一种电磁波,它与无线电波、红外线、可见光、紫外线等的本质相同,具有相同的传播速度,但频率与波长则不同,射线的波长短、频率高,因此它有许多与可见光不同的性质。射线不可见,不带电荷,所以不受电场和磁场的影响。它能够透过可见光不能透过的物质,能使物质产生光电子、反跳电子以及引起散射现象。它可以被物质吸收产生热量,也能使气体电离,并能使某些物质发生光化学反用,使照相胶片感光,又能使某些物质发生荧光。

(2)射线检测的基本原理:射线检测的基本原理是利用强度均匀的X射线和γ射线照射工件,使照相胶片感光。当射线透过被检测物体时,有缺陷部位(如气孔、非金属夹杂物等)与无缺陷部位对射线吸收的能力不同(以金属物体为例,缺陷部位所含的空气和非金属夹杂物对射线的吸收能力大大低于金属对射线的吸收能力),透过有缺陷部位的射线强度高于无缺陷部位的射线强度,因而可以通过检测透过工件后的射线强度差异来判断工件中是否存在缺陷。

目前,国内外应用最广泛、灵敏度比较高的射线检测方法是射线照相法。它是采用感光胶片来检测射线强度的,在射线感光胶片上对应的有缺陷部位因接收较多的射线而形成黑度较大的缺陷影像。

(3)射线检测技术的分级:射线检测技术分为三级,即A级、AB级和B级。其中,A级射线检测技术属于低灵敏度技术,AB级射线检测技术属于中灵敏度技术,B级射线检测技术属于高灵敏度技术。

射线检测技术等级的选择应符合制造、安装、在用等有关技术法规、标准及设计图样的规定。承压设备对接焊接接头的制造、安装、在用时一般应采用AB级射线检测技术进行检测;对重要设备、结构、特殊材料和特殊焊接工艺制作的对接焊接接头可采用B级射线检测技术进行检测;A级射线检测技术通常用于承压设备的支承件和结构件对接接头的检测。

(4)射线检测方法的适用范围:射线检测能确定缺陷平面投影的位置、大小,可获得缺陷平面图像,并能据此判定缺陷的性质。射线检测适用于金属材料制承压设备熔焊对接接头的检测,用于制作对接焊接接头的金属材料包括碳素钢、低合金钢、不锈钢、铜及铜合金、铝及铝合金、钛及钛合金、镍及镍基合金。射线检测不适用于锻件、管材和棒材的检测。T形焊接接头、角焊缝以及堆焊层的检测一般也不采用射线检测。射线检测的穿透厚度主要由射线能量确定。

2. 超声检测

（1）超声波的性质：超声波是弹性介质中的机械振动，与人耳可以听到的声波类似，所不同的是人耳所能感受的振动频率为20~20 000Hz，频率超过20 000Hz的才是超声波。在检测中用得最多的超声波频率为2~5MHz。

（2）超声波的传播特性：①超声波能在固体、液体和空气中直线传播。超声波有良好的指向性（束射性），当频率越高、波长越短时，其指向性越好。指向性好，声束所传播的能量集中，检测的灵敏度和分辨率也就较高，因而易于发现微小缺陷并确定其位置。②超声波在界面的反射和折射。超声波与光波一样，在界面具有反射和折射的性质。由于超声波的振动频率高、波长短，在均匀介质中能定向传播且能量衰减很小，因此可传播很远的距离。但当它在传播路径上遇到不同介质的界面时能反射和折射，遇到一个细小的缺陷如气孔、裂纹等缺陷（缺陷大多为空气囊）时，在空气与金属界面上就会发生反射，并且当两种介质的声阻抗（介质密度和声速的乘积为声阻抗）相差越大时，反射率就越大。③超声波在介质中传播时会逐渐衰减。超声波在气体介质中衰减最快，液体次之，固体最慢。因此，它在金属材料中可以传播很远。探测钢材或构件的最大厚度常达数米。超声波在金属中的衰减程度与其波长和金属的晶粒大小有关。波长越短，晶粒越大，则衰减越大。奥氏体晶粒粗大，因此超声波在奥氏体不锈钢中衰减很快，晶粒粗大的铸件中也有类似的情况。因此，一般的超声检测仪就不适合探测奥氏体不锈钢和铸件中的缺陷。

（3）超声检测方法的适用范围：超声检测适用于板材、复合材料、碳钢和低合金钢锻件、管材、棒材奥氏体不锈钢锻件等承压设备原材料和零部件的检测，也适用于承压设备对接接头、T形焊接接头、角焊缝以及堆焊层等的检测。

3. 磁粉检测

（1）磁粉检测的基本原理：对于没有缺陷的铁磁性材料和零件，经外加磁场磁化后，由于介质是连续均匀的，故磁力线的分布也是均匀的。当材料中有缺陷存在时，缺陷本身（裂纹、气孔、含非金属夹杂物等）是空气和夹杂物，其磁导率远远小于铁磁性材料本身的磁导率。由于缺陷的存在，磁力线密度发生变化。磁力线必须绕过磁阻较大（磁导率较低）的缺陷处，因而产生磁力线突变。位于表面或近表面的缺陷，磁力线将暴露在空气中，形成漏磁场。

磁粉检测的基本原理就是将钢铁等磁性材料磁化后，利用位于磁力线上的缺陷部位能吸收磁粉的原理来检测表面和近表面缺陷。如使漏磁场吸附磁粉，即为磁粉检测法；如对漏磁场通过检测元件和指示仪表显示，即为漏磁检测法。

（2）磁粉检测方法的分类：按施加磁粉的载体分类可分为干法和湿法。其中，干法直接喷洒干粉，湿法采用磁悬液。前者多用于粗糙表面，后者适宜检测表面光滑工件上的细小缺陷。

按施加磁粉的时机不同可分为连续法和剩磁法。磁化、施加磁粉和观察同时进行的方法称为连续法；先磁化，后施加磁粉和检验的方法称为剩磁法。剩磁法只适用于剩磁很大的硬磁材料,如某些高压螺栓可以应用。压力容器材料多为软磁材料,所以焊缝的检测一般都采用连续法。

检测方法按磁化方法分类有很多种。利用通电线圈环绕试件的局部或全部进行磁化的方法为线圈法;借助磁轭将纵向磁场导入试件中的一部分的磁化方法为磁轭法;用一根通电的棒、管或电缆从试件的内孔或开孔中心穿过而进行磁化的方法为中心导体法;利用旋转磁场进行磁化的方法为旋转磁场法;交叉磁轭是由两个轭状电磁铁以一定的夹角进行空间或平面交叉,并用两个不同相位的交流电激励而产生旋转磁场的方法。

按使用电流的种类不同可分为交流法和直流法两大类。交流电因有趋肤效应,对表面缺陷的检测灵敏度较高。对厚度在10mm以上的压力容器焊缝的检测采用交流磁轭。

按磁粉的种类不同可分为荧光法和非荧光法。其中,荧光法所用的磁粉外表面用荧光染料包覆,在紫外光的照射下发出明亮的黄绿光,显示对比度很高,所以比非荧光法的灵敏度高得多。

交流法、连续法、荧光法、湿法是大型压力容器内壁焊缝检测常用的、效果较好的检测方法。

(3)磁粉检测方法的适用范围:磁粉检测适用于铁磁性材料制板材、管材以及锻件等表面和近表面缺陷的检测,也适用于铁磁性材料的对接接头、T形接头以及角焊缝等表面和近表面缺陷的检测。不适用于非铁磁性材料的检测。

对于铁磁性材料的承压设备和零部件,应主要采用磁粉检测方法,只有在不能使用磁粉检测时,方可采用渗透检测。这是因为对尺寸相当的表面开口缺陷检测,用磁粉检测一般要比用渗透检测灵敏度高。并且磁粉检测不仅能检出表面开口缺陷,也能有效地检出表面不开口缺陷和近表面缺陷,而渗透检测不能检出后者。

4. 渗透检测

(1)渗透检测的基本原理:零件表面被施涂含有黄绿色荧光的渗透液或着色染料的渗透液后,在毛细作用下,经过一定时间,渗透液可以渗进表面开口的缺陷中,去除零件表面多余的渗透液后,再在零件表面施涂显像剂。同样,在毛细作用下,显像剂将吸引缺陷中保留的渗透液,渗透液回渗到显像剂中;在一定的光源(紫外光或白光)下,缺陷处的渗透液痕迹被显示(黄绿色荧光或鲜艳红色),从而探测出缺陷的形貌及分布状态。

(2)渗透检测方法的选用:着色法只需在白光或日光下进行,在没有电源的场合下也能操作。荧光法需要配备黑光灯和暗室,无法在没有电源及暗室的场合下工作。

水洗着色法适于检查表面较粗糙的零件,操作简便,成本较低。该法的灵敏度较低,不易发现微细缺陷。水基渗透液着色法适用于检查不能接触油类的特殊零件,但灵敏度很低。后乳化型着色法具有较高的灵敏度,适宜检查较精密的零件,但对螺栓、有孔或槽的零件以及表面粗糙的零件不适用。溶剂去除型着色法的应用较广,特别是使用喷罐,可简化操作,适用于大型零件的局部检验。

水洗型荧光法的成本较低,有明亮的荧光,易于水洗,检查速度快,适用于表面较粗糙的零件,带有螺纹、键槽的零件,以及大批量小零件的检查。但其灵敏度较低,对宽而浅的缺陷容易漏检,表面粗糙度值小的零件重复检查效果差,水洗操作时容易过洗,荧光液容易被水污染。后乳化型荧光法具有极明亮的荧光,对细小缺陷的检验灵敏度高,能检出宽而浅的缺陷,重复检验的效果好,但成本较高。因清洗困难,不适用于有螺纹、键槽及盲孔零件的检查,也不适用于表面粗糙零件的检查。溶剂去除型荧光法轻便,适用于局部检验,重复检验的效果好,可用于无水源的场所,灵敏度较高,成本也较高。

（3）渗透检测方法的适用范围:渗透检测主要适用于非多孔金属材料或非金属材料制承压设备表面开口缺陷的制造、安装检测和在用检测,这是因为渗透检测基于毛细作用,使渗透剂渗入工件表面开口缺陷中,从而达到检测的目的。若是缺陷在工件表面没有开口或是开口被阻塞,则渗透检测就无能为力了。此外,对于多孔型金属材料来说,由于金属材料中存在许多连通或是不连通的孔、洞,破坏毛细作用的基础,因此也无法采用渗透检测。

另外,对于可以使用磁粉检测的场合,应尽量使用磁粉检测。大量工程实践证明,尚未开口的近表面缺陷与表面开口缺陷对工件的危害是相同或相近的。铁磁性材料制成的承压设备可使用磁粉检测方法检测表面和近表面缺陷,而对于非铁磁性材料如铝、铜、钛、奥氏体不锈钢等,则只能依靠渗透检测方法。所以在使用渗透检测方法进行表面检测时,就不可避免地会漏检近表面不开口缺陷,给承压设备的安全使用留下隐患。

5. 涡流检测

（1）涡流检测的基本原理:涡流检测以电磁感应理论为基础。通过对探头中的激励线圈接通电流,给试件施加交流磁场,试件在交变磁场作用下产生感应涡流,涡流的分布又影响线圈周围的磁场,使线圈的阻抗产生增量。当导体中存在缺陷时,相当于一个等效的电流源,它在空间产生扰动磁场,使线圈阻抗增量发生变化,涡流检测仪器根据该变化来识别缺陷。

（2）检测线圈的分类:实际应用的检测线圈可以按磁化电源不同分为正弦波电源激励线圈和脉冲波电源激励线圈;按运动形式不同分为固定式线圈、平移式线圈和旋转式线圈;按获取信号的方式不同分为磁差式线圈和电差式线圈;按试件和工件的相互位置不同分为穿过式线圈、内通式线圈和放置式线圈。

（3）涡流检测方法的应用范围与特点:涡流检测适用于导电金属材料和焊接接头两者的表面和近表面缺陷的检测。其特点包括:①适用于各种导电材质的试件检测,包括各种钢、钛、镍、铝、铜及其合金。②因为涡流电是交流电,所以在导体的表面电流密度较大。随着向内部的深入,电流按指数函数而减少,这种现象称为趋肤效应。因此,涡流检测可以检出表面和近表面缺陷,对埋藏较深的缺陷无法检出。③探测结果以电信号输出,容易实现自动化检测。由于采用非接触式检测,所以检测速度很快。④形状复杂的试件很难应用,因此一般只用其检测管材、板材等轧制型材。⑤不能显示出缺陷图形,因此无法从显示信号判断出缺陷性质。各种干扰检测的因素较多,容易引起杂乱信号。

四、设备腐蚀与防护

腐蚀是指材料在环境作用下引起的破坏或变质。在制药生产中,一般不需要很高的操作压力,制药设备多属常、低压设备,故对设备材料的强度要求不高。但制药生产中往往多使用腐蚀性介质,故材料的耐蚀性能常常是选材中的一个很重要的因素。

金属的腐蚀是由化学或电化学作用引起的,有时也同时包含机械、物理或生物的作用。非金属的腐蚀通常是由物理作用或直接的化学作用引起的,如高聚物的溶胀、溶解、化学裂解及硅酸盐的化学溶解等。本节主要介绍金属的腐蚀。

(一)金属的腐蚀

金属材料表面由于受到周围介质的作用而发生状态变化,从而使金属材料遭受破坏的现象称为腐蚀。如铁生锈、铜发绿锈、铝生白斑点等。按照腐蚀反应进行的方式,金属的腐蚀可分为化学腐蚀与电化学腐蚀两类。

1. 化学腐蚀　化学腐蚀是金属表面与环境介质发生化学作用而产生的损坏。它的特点是腐蚀发生在金属的表面上,腐蚀过程中没有电流的产生。

(1)金属的高温氧化:金属的高温氧化是指金属和环境中的氧(含氧化性气体,如 H_2O、SO_2、CO_2 等)化合而生成金属氧化物。金属氧化初始,氧被吸附于金属表面并可能反应形成氧化物膜,且迅速覆盖金属表面。固态氧化膜在一定程度上阻滞金属与介质间的物质传递,因而起到一定的保护作用。此后,金属氧化将通过氧向内扩散或金属离子向外扩散而进行。如果金属氧化物的熔点较低或金属氧化物易挥发,则当金属处在较高的温度下时,由于氧化物流失或逸散,金属表面不断暴露在氧化介质中,氧化便可迅速进行。因此,氧化膜的性质在某种程度上决定金属的氧化过程。一般加热温度越高,金属氧化的速度越快。

为了提高钢的高温抗氧化能力,可以在钢中加入适量的合金元素铬、硅或铝。因为这些元素与氧的亲和力强,可以生成致密的保护性的氧化物。

(2)钢的脱碳:钢是铁碳合金,碳以渗碳体的形式存在。所谓钢的脱碳是指在高温气体作用下,钢的表面在生产氧化皮的同时,与氧化膜相连接的金属表面层发生渗碳体减少的现象。之所以发生脱碳,是因为在高温气体中含有 O_2、H_2、H_2O、CO_2 等成分时,钢中的渗碳体 Fe_3C 与这些气体发生如下反应。

$$2Fe_3C+O_2=6Fe+2CO$$
$$Fe_3C+2H_2=3Fe+CH_4$$
$$Fe_3C+H_2O=3Fe+CO+H_2$$
$$Fe_3C+CO_2=3Fe+2CO$$

脱碳使碳的含量减少,金属的表面硬度和抗疲劳强度降低。同时由于气体的析出,破坏钢表面膜的完整性,钢的耐蚀性进一步降低。改变气体的成分,以减少气体的侵蚀作用是防止钢脱碳的有效方法。

(3)氢脆:氢脆泛指金属中溶入氢后所引起的一系列损伤而使金属的力学性能劣化的现

象。如静载下的滞后断裂（即应力腐蚀断裂）、钢中的发裂、白点、氢鼓泡等。

在冶炼、加工过程中或在含氢的环境中，氢与钢材直接接触时被钢材物理吸附，氢分子分解为氢原子并被钢表面化学吸附。氢原子穿过金属表面层的晶界向钢材内部扩散，溶解在铁素体中形成固溶体。在此阶段中，溶在钢中的氢并未与钢材发生化学作用，也未改变钢材的组织，在显微镜下观察不到裂纹，钢材的抗拉强度和屈服点也无大的改变。但是它使钢材的塑性指标显著下降，钢材变脆，导致滞后断裂，降低疲劳抗力，甚至产生内应力。

（4）氢腐蚀：氢腐蚀是在氢气环境和一定的压力下，低碳钢或低合金钢在200~600℃时发生表面脱碳和皮下鼓泡（或微裂纹）的现象。氢腐蚀与环境中的氢分压、温度、材料的化学成分和组织状态、持久时间均有关系。

2. 电化学腐蚀　金属与电解质溶液间产生电化学作用所发生的腐蚀称为电化学腐蚀。它的特点是在腐蚀过程中有电流产生。金属在电解质溶液中，在水分子作用下，使金属本身呈离子化，当金属离子与水分子的结合能力大于金属离子与其电子的结合能力时，一部分金属离子就从金属表面转移到电解液中，形成电化学腐蚀。金属在各种酸、碱、盐溶液、工业用水等的腐蚀都属于电化学腐蚀。

（1）腐蚀原电池：把锌板和铜板分别放入盛有稀H_2SO_4溶液的同一容器中，并用导线通过电流表将两者相连，发现有电流通过。由于锌的电位较铜的电位低，电流是从高电位流向低电位，即从铜板流向锌板。按照电学中的规定，铜极应为正极，锌极应为负极。电子流动方向刚好与电流方向相反，电子从锌极流向铜极。在化学中规定，失去电子的反应为氧化反应，凡是进行氧化反应的电极称为阳极；而得到电子的反应为还原反应，凡进行还原反应的电极称为阴极。因此，在原电池中，低电位极为阳极，高电位极为阴极。

（2）微电池与宏电池：当金属与电解质溶液接触时，在金属表面由于各种原因，造成不同部位的电位不同，使在整个金属表面有很多微小的阴极和阳极同时存在，因而在金属表面就形成许多微小的原电池。这些微小的原电池称为微电池。形成微电池的原因很多，常见的有金属表面化学组成不均一（如铁中的铁素体和碳化物）；金属表面上组织不均一；金属表面上物理状态不均一（存在内应力）等。

不同金属在同一种电解质溶液中形成的腐蚀电池称为腐蚀大电池。例如碳钢制造的轮船与青铜的推进器在海水中构成的腐蚀电池，造成船体钢板的腐蚀。同样，在碳钢法兰与不锈钢螺栓之间也会形成腐蚀。

（3）浓差电池：一种金属制成的容器中盛有同一电解质溶液，由于在金属的不同区域，介质的浓度、温度、流动状态和pH等不同，也会产生不同区域的电极电位不同而形成腐蚀电池，导致腐蚀的发生，此种腐蚀电池称为浓差电池。在这种电池中，与浓度较小的溶液相接触的部分电位较负成为阳极，而与浓度较大的溶液相接触的部分电位较正成为阴极。

3. 电化学腐蚀的过程　金属在电解质溶液中，无论是哪一种腐蚀，其电化学腐蚀过程都是由三个环节组成。即在阳极区发生氧化反应，使得金属离子从金属本体进入溶液；在两极电位差作用下电子从阳极流向阴极；在阴极区流动来的电子被吸收，发生还原反应。这三个环节互相联系、缺一不可,否则腐蚀过程将会停止。

（二）金属腐蚀损伤与破坏的形式

金属在各种环境条件下,因腐蚀而受到的损伤或破坏的形态是多种多样的。按照金属腐蚀破坏的形态可分为均匀腐蚀和局部腐蚀(非均匀腐蚀),而局部腐蚀又可分为区域腐蚀、点腐蚀、晶间腐蚀、表面下腐蚀和应力腐蚀等。

1. 均匀腐蚀　是腐蚀作用均匀地发生在整个金属表面,这是危险性较小的一种腐蚀,因为只要设备或零件具有一定的厚度,其力学性能因腐蚀而引起的改变并不大。

2. 局部腐蚀　只发生在金属表面上的局部地方,因为整个设备或零件是依最弱的断面强度而定的,而局部腐蚀能使强度大大降低,又常常无先兆、难预测,因此这种腐蚀很危险。

（1）点腐蚀:是钝性金属在含有活性离子的介质中发生的一种局部腐蚀。点腐蚀会导致设备或管线穿孔,泄漏物料,污染环境,容易引起火灾;在有应力时,蚀孔往往是裂纹的发源处。

（2）晶间腐蚀:是指金属或合金的晶粒边界受到腐蚀破坏的现象。晶粒与晶粒之间称为晶界或晶间,当晶界或其临界区域产生局部腐蚀,而晶粒的腐蚀相对很小时,这种局部腐蚀形态就是晶间腐蚀。晶间腐蚀是沿晶粒边界发展,破坏晶粒网的连续性,因而材料的机械强度和塑性剧烈降低。而且这种腐蚀不易检查,易造成突发性事故,危害性极大。大多数金属或合金在特定的腐蚀介质中都可能发生晶间腐蚀,其中奥氏体不锈钢、铁素体不锈钢等均属于晶间腐蚀敏感性高的材料。

（3）应力腐蚀:是材料在腐蚀和一定拉应力的共同作用下发生的破裂。材料应力腐蚀对环境有高度选择性。例如奥氏体不锈钢在含 Cl^- 的水中产生应力腐蚀,而在只含 NO_3^- 的水中不产生应力腐蚀;反之,普通碳钢在含 NO_3^- 的水中产生应力腐蚀,在含 Cl^- 的水中不产生应力腐蚀。此外,在发生应力腐蚀的体系中必须存在拉应力。拉应力来源于焊接、冷加工、热处理及装配、使用过程中,多数破裂发生在焊接残余应力区。

（三）金属设备的防腐措施

药厂设备的腐蚀是一个很普遍的问题,由于设备的腐蚀,每年要消耗大量金属,甚至引起严重事故,其损失更是无法估计的。此外,由于设备材料的腐蚀问题不能解决而影响某项新产品的投产,也不乏其例。在药厂生产过程中,对原料以及某些中间体的纯度要求较高,即使设备材料产生少量的腐蚀亦会严重影响产品质量。因此对药厂设备的防腐蚀问题必须予以足够的重视,在设备的设计、选材、加工、装配及使用等各个环节都应采取各种措施来防止和减少腐蚀,将腐蚀控制在最低限度。

1. 衬覆保护层　在金属表面生成一保护性覆盖层,可以使金属与腐蚀介质隔开,是防止金属腐蚀普遍采用的方法。保护性覆盖层分为金属涂层和非金属涂层两大类。

（1）金属涂层:大多数金属涂层采用电镀(镀铬、镀镍等)或热镀(镀铝、镀锌等)的方法制备。常见的其他方法还有喷镀、渗镀、化学镀等。由上述各方法制备的金属涂层一般都是有空隙的。

（2）非金属涂层:非金属涂层大多数是隔离性涂层,它的作用是把被保护的金属与腐蚀介质隔开。非金属涂层可分为无机涂层和有机涂层。

无机涂层指搪瓷或玻璃涂层、硅酸盐水泥涂层和化学转化涂层。搪瓷涂层用以制作化学工业的各种容器衬里,玻璃涂层在制药工业、酒厂、食品厂中应用很广泛。采用硅酸盐水泥涂层的铸铁管和钢管在水溶液和土壤中的使用寿命可达数十年。化学转化涂层又称为化学膜,主要应用铬酸盐处理膜、磷酸盐处理膜等。

有机涂层包括涂料涂层、塑料涂层和硬橡皮涂层。涂料是一种流动性物质,能够在金属表面展开连续的薄膜,固化后即能将金属与介质隔开。塑料涂层是用层压法将塑料薄膜直接黏结在钢材表面加工而成的。常用的塑料薄膜有丙烯酸树脂薄膜、聚氯乙烯薄膜等。硬橡皮涂层是将硬橡皮覆盖于钢材及其他金属表面,使其具有耐酸、耐腐蚀的特性,在许多化工设备中得到应用。硬橡皮涂层的缺点是受热后变脆,因此只能在50℃以下使用。

2. 电化学保护 根据金属腐蚀的电化学原理,如果把处于电解质溶液中的某些金属的电位提高,使金属纯化,可以人为地使金属表面生成难溶而致密的氧化膜,降低金属的腐蚀速度;同样,如果某些金属的电位降低,使金属难于失去电子,也可大大降低金属的腐蚀速度,甚至使金属的腐蚀完全停止。这种通过改变金属 - 电解质的电极电位来控制金属腐蚀的方法为电化学保护。电化学保护法包括阴极保护法与阳极保护法。

(1)阴极保护法:阴极保护法是通过外加电流使被保护的金属阴极极化以控制金属腐蚀的方法,可分为外加电流法和牺牲阳极法。

外加电流法是把被保护的金属设备与直流电源的负极相连,电源的正极和一个辅助阳极相连。当电源接通后,电源便给金属设备以阴极电流,使金属设备的电极电位向负的方向移动,当电位降至腐蚀电池的阳极起始电位时,金属设备的腐蚀即可停止。阴极保护法用来防止在海水或河水中的金属设备的腐蚀非常有效,并也已应用到石油、化工生产中海水腐蚀的冷却设备和各种输送管路。在外加电流法中,辅助阳极的材料导电性必须好;在阳极极化状态下耐腐蚀;有较好的机械强度;容易加工;成本低;来源广。常用的有石墨、硅铸铁、镀铂钛、镍、铅银合金和钢铁等。

牺牲阳极法是在被保护的金属上连接一块电位更负的金属作为牺牲阳极。由于外接的牺牲阳极的电位比被保护的金属更负,更容易失去电子,它输出阴极的电流使被保护的金属阴极极化。

(2)阳极保护法:阳极保护法是把被保护的设备与外加的直流电源的阳极相连,在一定的电解质溶液中,把金属的阳极极化到一定电位,使金属表面生成钝化膜,从而降低金属的腐蚀作用,使设备受到保护。阳极保护法只有当金属在介质中能钝化时才能应用,否则阳极极化会加速金属的阳极溶解。阳极保护法应用时受条件限制较多,且技术复杂,使用得不多。

3. 腐蚀介质的处理 在对金属进行防腐处理时,还可以通过改变介质的性质,降低或消除对金属的腐蚀作用。例如加入能减慢腐蚀速度的物质——缓蚀剂,所谓缓蚀剂就是能够阻止或减缓金属在环境介质中被腐蚀的物质。加入的缓蚀剂不应该影响制药化工工艺过程的进行，也不应该影响产品质量。一种缓蚀剂对各种介质的效果是不同的，对某种介质能起缓蚀作用，对其他介质则可能无效，甚至是有害的。因此，需严格选择合适的缓蚀剂，选择缓蚀剂的种类和用量须根据设备所处的具体操作条件通过试验来确定。

缓蚀剂有重铬酸盐、过氧化氢、磷酸盐、亚硫酸钠、硫酸锌、硫酸氢钙等无机缓蚀剂，有机胶体、氨基酸、酮类、醛类等有机缓蚀剂。

按使用情况分为三种，在酸性介质中常用硫脲、二邻甲苯硫脲（若丁）、乌洛托品（六亚甲基四胺），在碱性介质中常用硝酸钠，在中性介质中用重铬酸钠、亚硝酸钠、磷酸盐等。

（四）设备材料的选择

合理选择和正确使用材料对设计和制造制药生产设备是十分重要的。这不仅可从设备结构、制造工艺、使用条件和寿命等方面考虑，而且还要从设备工作条件下材料的耐蚀性能、物理性能、力学性能及材料价格与来源和供应等方面综合考虑。制药化工设备的选材应在满足机械性能的基础上，满足耐蚀性的要求。

材料的耐蚀性可查阅腐蚀数据手册，根据设备所处的介质、强度、温度等条件选出适当的材料。

此外，在满足设备使用性能的前提下，选用材料应注意其经济性。如碳钢与普通低合金钢的价格比较低廉，在满足设备耐蚀性能和力学性能的条件下应优先选用；对于腐蚀性介质，应当尽可能采用各种节镍甚至无镍不锈钢。同时，还应考虑国家生产与供应情况，因地制宜选取，品种应尽量少而集中，以便于采购与管理。

五、压力容器安全技术

压力容器泛指承受液体、气体介质压力的密闭壳体，所以从广义上来说，所有承受压力载荷的容器都应该算作压力容器。从安全角度考虑，压力并不是表征压力容器安全性能的唯一指标。在相同的压力下，容器容积的大小不同，意味着容器内积蓄的能量也不同，一旦发生破裂或爆炸，造成的危害也不同。此外，容器内盛装的介质特性也影响设备的安全性能。因此，工作压力、容器的容积以及工作介质的种类是压力容器安全的三个重要指标。

（一）压力容器的法规标准体系

1. **欧盟**　欧盟的压力容器法规标准体系由欧盟指令和欧洲标准（European standard，EN）两层结构组成。欧盟指令是对成员国要达到的目的具有约束的法律，由成员国转化为成员国本国的法律后执行，这些指令规定了压力容器安全方面的基本要求。为使这些基本要求能够得到有效的贯彻实施，欧洲标准化委员会（European Committee for Standardization，CEN）负责起草制定与欧盟指令配套，将指令具体细化为本地区需要的欧洲标准（EN）和协调文件（HD）。

欧盟成员国的压力容器法规标准体系是由欧盟压力容器法规标准和本国法规标准共同构成的体系，大致分为由议会制定的法律、政府制定的法规和标准三个层次。

2. **美国**　美国没有全国统一的压力容器安全法律法规，压力容器安全管理由联邦政府和各州级政府分别立法。对于跨地区移动式压力容器(气瓶),以及联邦政府所属的压力容器,由联邦政府制定联邦法律法规予以规范,如美国《联邦劳动规范》(联邦法典29章)、《联邦运输规范》(联邦法典49章)、《危险品运输法》等一些法律法规。美国联邦政府管理压力容器的部门主要是运输部和劳工部,运输部负责气瓶和罐车,而劳工部则从劳工安全与健康方面对联邦所属工作场所的压力容器进行监督管理。压力容器法规标准体系的构成都是"法律、法规、标准"三个层次。

3. **中国** 压力容器法规标准体系现状是"法律 - 行政法规 - 部门规章 - 安全技术规范 - 引用标准"五个层次。

(二)压力容器制造管理

为了保证压力容器的安全,我国制定了许多专项法规、标准,对压力容器的设计、制造、安装、使用、检验、修理等方面进行了全面的强制性规定。压力容器的制造必须符合《固定式压力容器安全技术监察规程》等国家强制标准和安全技术规范的要求。

国家对压力容器制造单位实行强制的制造许可管理,没有取得制造许可的单位不得从事压力容器制造工作,取得制造许可的单位也只能从事许可范围内的压力容器制造工作。压力容器制造单位必须接受国家授权的特种设备监督检验机构对其压力容器产品的安全性能进行的监督检验。

1. **压力容器制造单位的资格** 为确保压力容器的制造质量,对其制造单位的条件有基本的要求。压力容器的制造单位必须具备以下条件,并经特种设备安全监察部门许可,方可从事相应的活动。

(1)有与压力容器制造相适应的专业技术人员和技术工人。

(2)有与压力容器制造相适应的生产条件和检测手段。

(3)有健全的质量管理制度和责任制度。

压力容器的制造单位在取得相应级别的压力容器制造许可证后,应严格在许可证批准的生产地址(场所)、机构建制和级别、品种范围内从事压力容器制造活动。若持证单位变更单位地址(搬迁),须由发证部门对其重新进行资格审查;变更单位名称须持有关部门的批准文件到发证部门核办更名手续;在批准的生产场所或建制以外增加压力容器生产场所或建制的,应按有关规定办理相关手续。

2. **压力容器制造过程中的质量管理** 压力容器制造过程中的质量管理是压力容器安全管理的重要环节,产品的制造质量如何,能不能达到设计的要求,在很大程度上取决于制造单位的技术能力和制造过程中的质量管理水平。制造过程中的质量管理主要包括质量控制、质量检验和质量分析三个方面。

(1)质量控制:制造压力容器的单位必须建立一套完整的质量管理制度,保证从原材料到产品出厂的各个环节严格按照有关规程、标准的规定执行,严格按照设计图样制造和组装压力容器。焊接工人必须经过考试,取得特种设备安全监察机构颁发的合格证,才准焊接受压元件。在制造过程中,若发现不正常的预兆,应立即采取措施,消除隐患。

(2)质量检验:为了保证产品质量,检查加工程度是否达到设计规定,在整个制造过程中必须同时存在一个检验过程,经检验合格的产品才能进入下道工序。每个零件、部件,甚至每道工序严格符合工艺设计的要求,都是保证产品整体质量的前提和基础。因此,制造过程中质量管理的一项重要内容就是质量检验,保证不合格的零部件不转工序、不合格的产品不出厂。

产品的质量检验方法根据不同的检验对象、不同的检验要求而有所不同。从工艺阶段来分,有预先检验、首件检验、中间检验和最后检验;从检验比例来分,有全数检验和抽样检验;从检验人员来分,有专职检验人员检验、加工工人自检和互检。检验中应根据容器的重要程度、检验要求来选用适当的检验方法。

(3)质量分析:质量控制和质量检验都提供了大量的有关产品质量的数据和情况,质量管理部门应该及时收集这些情况和数据,系统整理、认真分析,从而提出改进措施,挖掘提高产品质量的潜力。

六、设备安全管理

(一)压力容器安全管理思想

狭义的本质安全是指机器、设备本身所具有的安全性能。当系统发生故障时,机器、设备能够自动防止操作失误或引发事故,即使存在人为操作失误,设备系统也能够自动排除、切换或安全地停止运转而保障人身、设备和财产的安全。

广义的本质安全是指"人-机-环境-管理"这一系统表现出的安全性能。简单来说,就是通过优化资源配置和提高其完整性,使整个系统安全可靠。本质安全理念认为,所有事故都是可以预防和避免的。

(二)压力容器安全管理体系

压力容器的工作条件特殊,如高温、高压,介质具有强腐蚀性、毒性及易燃、易爆性等,必然增大发生事故的概率。因此,做好压力容器的安全技术管理工作,消除隐患,预防事故,对保证人身和财产安全、促进生产和经营具有重大意义。

管理的总体要求如下。

1. **领导重视**　领导重视是搞好压力容器安全技术管理的关键。只有从单位的高层领导到使用车间的领导都能重视起来,管理工作才能有力度,有关人员才能共同做好这项工作,专职人员也才能很好地发挥作用。

2. **层层负责**　层层负责是搞好压力容器安全技术管理的基础。单位职能部门应设专职管理人员,控制设备入厂质量、检验、修理和改造等关键环节,各分厂、车间、班组做到按规程操作,定期和不定期检查压力容器使用状况,及时消除安全隐患,做到层层负责。

3. **依法管理**　依法管理是搞好压力容器安全技术管理的根本。法律、法规、标准、规范都是理论和实践的科学总结,是压力容器安全运行的根本保证,因此必须严格执行。

(三)生命周期全过程安全管理

1. **压力容器设计与制造管理**　压力容器发生事故的直接原因一般有两种,即容器本身的不安全因素和操作人员的不安全行为,而容器本身的不安全因素主要源于设计和制造过程。因此，为保证压力容器的质量，减少容器本身的不安全因素，在容器设计和制造两个过程的各个环节上需要加强全面的质量和安全管理，尽可能地消除影响压力容器质量的各种因素。

（1）压力容器设计管理：压力容器的设计是否安全可靠，主要取决于设计过程中材料的选择、结构设计和容器壁厚的确定。另外，还应考虑适应生产能力，保证强度和稳定性、密封性，以及制造、运输、安装、检修的方便性和总体设计的经济性。

（2）压力容器设计单位的资格与审批：压力容器的设计单位应当具备下列条件，方可向主管部门提出设计资格申请。包括有与压力容器设计相适应的设计人员、设计审核人员；有与压力容器设计相适应的健全的管理制度和责任制度。

（3）压力容器设计文件管理：压力容器的设计文件编制必须遵循现行规范、标准和有关规程的规定，其结构、选材、强度计算和制造技术条件均应符合《压力容器》和《固定式压力容器安全技术监察规程》等要求，必要时还可参考国外的规范和标准。压力容器的设计文件包括设计图样、技术条件、强度计算书，必要时还应包括设计或安装、使用说明书。

（4）压力容器制造管理：压力容器通用的制造工艺和程序包括准备工序、零部件的制造、整体组对、焊接、无损探伤、焊后热处理、压力试验、油漆包装、出厂证明文件的整理等。对于特殊材料或特别用途的容器还需要进行特殊工艺处理，如对用奥氏体不锈钢制造的容器还应进行酸洗钝化、对某些有机化学制品所用的容器还要进行抛光处理等特殊工艺。压力容器的零部件制造和组对主要采用焊接方法，因而焊接质量是压力容器制造质量的重要组成部分。焊接质量管理包括焊接方法的选择、焊接工艺管理、焊接工艺评定管理、焊接材料管理、焊工资格考核、产品焊接试板要求、焊接缺陷返修和焊后热处理等。

2. 压力容器安全使用管理 压力容器安全使用管理的目的是达到正常、满负荷开车，生产合格产品，使压力容器的工艺参数、生产负荷、操作周期、检修、安全等方面具有良好的技术性能，促使压力容器处于最佳工作状态。同时，使压力容器的最初投资、运行费用、检修、更换配件和改造更新的经济性最好，生命周期费用最小，在保证安全的前提下同时获得最佳经济效益。

压力容器的安全使用包括正确操作、维护保养和定期检修等方面。使用单位应制定合理的工艺操作规程，控制操作参数，压力容器在设计要求的范围内运行。在具体操作过程中应做到以下几个方面。

（1）平稳操作：在操作过程中，尽量保持压力容器的操作条件（如工作压力和工作温度）相对稳定。因为操作条件（尤其是工作压力）的频繁波动对容器的抗疲劳破坏性能不利，过高的加载速度会降低材料的断裂韧度，即使容器存在微小缺陷，也可能在压力的快速冲击下发生脆性断裂。

（2）防止过载：防止压力容器过载主要是防止超压。压力来自外部（如气体压缩机等）的容器，超压大多是由操作失误而引起的。

由内部物料的化学反应而产生压力的容器，往往因加料过量或原料中混入杂质而使反应后生成的气体密度增大或反应过快而造成超压。要预防这类容器超压，必须严格控制每次投料的数量及原料中杂质的含量,并有防止超量投料的严密措施。

储装液化气体的容器为了防止液体受热膨胀而超压,一定要严格计量。对于液化气体储罐和槽车除了密切监视液位外,还应防止容器意外受热而造成超压。如果容器内的介质是容易聚合的单体,则应在物料中加入阻聚剂,并防止混入可促进聚合的杂质。物料储存的时间也不宜过长。

(3)发现故障,紧急停车:压力容器在运行过程中,当突然发生故障,严重威胁设备及人身安全时,操作人员应马上采取紧急措施,停止容器运行,并报告有关部门。

(4)制定合理的安全操作规程:为保证压力容器安全使用,切实避免盲目或误操作而引起事故,容器使用单位应根据生产工艺要求和容器的技术性能制定各种容器的安全操作规程,并对操作人员进行必要的培训和教育,要求他们严格遵照执行。

(5)贯彻岗位安全生产责任制,实行压力容器的专责管理:从事故统计资料来看,压力容器的超压爆炸多是由操作失误引起的。为了防止操作失误,除了装有连锁装置外,还需要贯彻岗位安全生产责任制,实行压力容器的专责管理。

压力容器的使用单位应根据本单位情况,在总技术负责人领导下,由设备管理部门设专职或兼职技术人员负责压力容器的技术管理工作。

(6)建立压力容器技术档案:压力容器的技术档案是对容器设计、制造、使用、检修全过程的文字记载,可提供各个过程的具体情况,也是压力容器定期检验和更新报废的主要依据之一。完整的技术档案可帮助人们正确使用压力容器,能有效地避免因盲目操作而可能引发的事故。因此,针对每台压力容器都应建立相应的技术档案。

3. 压力容器安全运行管理　为了维持企业生产的顺利进行,充分保障国家财产和人民生命财产的安全,必须加强压力容器的投运、运行操作、停运全过程的安全管理。安全运行管理包括:

(1)压力容器运行的工艺参数控制。

(2)压力容器的安全操作和运行检查:压力容器的正确操作不仅关系到容器的安全运行,而且还直接影响稳定生产及容器的使用寿命。正确地操作压力容器必须做到:

1)严格控制工艺参数,将容器缺陷的产生和发展控制在一定的范围内,并保持连续稳定生产。

2)平稳操作,即缓慢加载和卸载,保持载荷的相对稳定,避免容器产生脆性断裂和疲劳断裂。

3)根据生产工艺要求,制定并严格执行操作规程。

4)加强设备维护保养,运行中保持完好的防腐层,消除产生腐蚀的因素,消灭容器的"跑、冒、滴、漏",经常保持容器外表及附件等完好。

(3)压力容器停止运行的要求:压力容器停止运行是指泄放容器内的气体和其他物料,使容器内的压力下降,并停止向容器内输入气体及其他物料。生产实际中有正常停运和紧急停运两种情况,对于系统中连续生产的容器,紧急停运时必须做好与其他相关岗位的联系工作,停运时应精心而慎重地操作,否则可能会酿成事故。

4. 在役压力容器的定期检验　在役压力容器的定期检验是指在压力容器的设计使用期

限内,每隔一定时间,对压力容器本体以及安全附件进行必要的检查和试验而采取的一些技术手段。压力容器在运行和使用过程中要受到反复升压、卸压等疲劳载荷的影响,有的还要受到腐蚀性介质的腐蚀,或在高温、深冷等工艺条件下工作其力学性能会随之发生变化,容器制造时遗留的小缺陷也会随之扩展增大。总之,随着使用年限的增加,压力容器的安全性日趋降低。因此,除了加强对压力容器的日常使用管理和维护保养外,还需要对压力容器进行定期的全面技术检验,保证压力容器安全运行。

（1）在役压力容器定期检验的周期和内容

1）外部检查:外部检查通常是指在役压力容器运行中的定期在线检查。外部检查以宏观检查为主,必要时再进行测厚、壁温检查和腐蚀性介质含量测定等项目检查。当出现危及安全的现象及缺陷时,如受压元件开裂、变形、严重泄漏等,应立即停车,再行进一步的检查。

2）内、外部检验:内、外部检验是指在役压力容器停机时的检验。内、外部检验应由检验单位有资格的压力容器检验员进行,其检验周期分为安全状况较好（指工作介质无明显的腐蚀性及不存在较大缺陷的容器）的,每6年至少进行1次内、外部检验;安全状况不太好的,每3年至少进行1次内、外部检验,必要时检验期限可适当缩短。

3）耐压试验:耐压试验是指压力容器停机检验时,所进行的超过最高工作压力的液压试验或气压试验。耐压试验应遵守《固定式压力容器安全技术监察规程》等有关规定。压力容器的水压试验在每2次内、外部检验期间内至少进行1次。

（2）常用的在役压力容器的定期检验方法

1）宏观检查:宏观检查是利用直尺、卡尺、卷尺、放大镜、锤子等简单的工具和器具,用肉眼或耳朵对压力容器的结构、几何尺寸、表面质量进行直观检验的一种方法。

2）测厚检查:测厚检查是利用超声波测厚仪对压力容器的筒体、法兰、封头、接管等主要受压元件的实际壁厚进行检查测量的方法。

3）壁温检查:壁温检查是利用测温笔、远红外测温仪、热电偶测温仪等工具和仪器对压力容器使用过程中的实际器壁温度进行检查测定的方法。

4）腐蚀介质含量测定:腐蚀介质含量测定是利用化学分析等方法对腐蚀介质含量进行测定的方法。

5）表面探伤:表面探伤是利用渗透剂对压力容器表面开口缺陷或利用电磁场对压力容器表面和近表面缺陷进行检测的方法。

6）射线探伤:射线探伤是利用 X 射线或 γ 射线等高能射线穿透压力容器欲检查部位,使被检部位内部缺陷投影到胶片上,通过暗室处理得到具有黑白差的底片,从而检测出被检部位内部缺陷大小、数量和性质的一种检测方法。

7）超声波探伤:超声波探伤是利用超声波在工件中遇到异质界面将产生反射、透射和折射的原理,对压力容器材料和焊缝中的缺陷进行检测的方法。

8）硬度测定:硬度测定是利用布氏、洛氏硬度计等对压力容器的器壁硬度进行测定,借以考核压力容器器壁材料的热处理状态和材料是否劣化的一种检测方法。

9）金相检验:金相检验是利用酸洗、取样,借助显微镜观察,以检查压力容器器壁材料表面金相组织变化的检验方法。

10）应力测定：应力测定是利用应变片和接收仪器以测定压力容器的整体或局部区域应力水平的一种检测方法。

11）声发射检测：声发射检测是利用传感器将压力容器器壁中的缺陷在负载状态下扩展增大时，对开裂过程中发出的超声波信号予以接收、放大、滤波，以监控压力容器能否继续安全运行的一种监测手段。

12）耐压试验：耐压试验是利用不会导致危险的液体或气体对压力容器进行的一种超过设计压力或最高工作压力的强度试验。

13）气密试验：气密试验是利用惰性气体对盛装有毒或易燃介质的压力容器的整体密封性能进行检测的试验方法。

14）强度校核：强度校核是在对压力容器壳体进行测厚的基础上，根据其结构特点，利用不同时期的不同计算标准，对压力容器壳体应力水平进行复核计算，以确定压力容器能否满足使用要求的检测方法。

15）化学分析：化学分析是通过取样用化学分析法测定材料化学成分的检测方法。

16）光谱分析：光谱分析是通过利用光谱仪对金属材料火花中各种合金元素谱线的测定分析，粗略估算金属材料种类的一种检测方法。

（3）压力容器安全状况等级评定：压力容器经定期检验后，应根据检验结果对其安全状况进行评定，并以等级的形式反映出来。压力容器的安全状况可划分为五个等级。

1）1级：压力容器出厂技术资料齐全；设计、制造质量符合有关法规和标准要求；在法规规定的定期检验周期内，在设计条件下能安全使用。

2）2级：压力容器出厂技术资料基本齐全；设计、制造质量基本符合有关法规和标准要求；根据检验报告，存在某些不危及安全的可不修复的一般性缺陷；在法规规定的定期检验周期内，在规定的操作条件下能安全使用。

3）3级：压力容器出厂技术资料不够齐全；主体材质、强度、结构基本符合有关法规和标准要求；对于制造时存在的某些不符合法规或标准的问题或缺陷，根据检验报告，未发现由于使用而发展或扩大；焊接质量存在超标的体积型缺陷，经检验确定不需要修复；在使用过程中造成的腐蚀、磨损、损伤、变形等缺陷，其检验报告确定为能在规定的操作条件下，按法规的检验周期安全使用；对经安全评定的，其评定报告确定为能在规定的操作下，按法规规定的检验周期安全使用。

4）4级：压力容器出厂技术资料不全；主体材质不符合有关规定，或材质不明，或虽属选用正确，但已有老化倾向；强度经校核尚满足使用要求；主体结构比较严重地不符合有关法规和标准的缺陷，根据检验报告，未发现由于使用因素而发展或扩大；焊接质量存在线性缺陷；在使用过程中造成磨损、腐蚀损伤、变形等缺陷，其检验报告确定为不能在规定的操作条件下，按法规规定的检验周期安全使用；对经安全评定的，其评定报告确定为不能在规定的操作条件下，按法规规定的检验周期安全使用。必须采取有效措施，进行妥善处理，改善安全状况等级，否则只能在限定的条件下使用。

5)5级:缺陷严重,难以或无法修复,无修复价值或修复后仍难以保证安全使用的压力容器,应予判废。

需要说明的是,安全状况等级中所述的缺陷是压力容器最终存在的状态,如果缺陷已消除,则以消除后的状态确定该压力容器的安全状况等级。压力容器只要具备安全状况等级中所述的问题与缺陷之一,即可确定该容器的安全状况等级。

5. 压力容器的维护保养 做好压力容器的维护保养工作,可以使容器经常保持完好状态,提高工作效率,延长容器的使用寿命。压力容器的维护保养主要包括以下几个方面的内容。

(1)保持完好的防腐层:工作介质对材料有腐蚀作用的容器常采用防腐层来防止介质对器壁的腐蚀,如涂漆、喷镀或电镀、衬里等。如果防腐层损坏,工作介质将直接接触器壁而产生腐蚀,所以应经常检查,保持防腐层完好无损。若发现防腐层损坏,即使是局部的,也应该先经修补等妥善处理后再继续使用。

(2)消除产生腐蚀的因素:有些工作介质在某种特定的条件下才会对容器的材料产生腐蚀,因此要尽力消除这种能引起腐蚀的,特别是应力腐蚀的条件。例如盛装氧气的容器常因底部积水造成水和氧气交界面的严重腐蚀,要防止这种腐蚀,最好进行氧气干燥或在使用中经常排放容器中的积水。

(3)消灭容器的"跑、冒、滴、漏",经常保持容器的完好状态:"跑、冒、滴、漏"不仅浪费原料和能源,污染工作环境,还常常造成设备的腐蚀,严重时还会引起容器的破坏事故。

(4)加强容器在停用期间的维护:对于长期或临时停用的容器,应加强维护。对于停用的容器,必须将内部的介质排出干净,腐蚀性介质要经过排放、置换、清洗等技术处理。要注意防止容器的"死角"积存腐蚀性介质。要经常保持容器的干燥和清洁,防止大气腐蚀。试验证明,在潮湿的情况下,钢材表面有灰尘、污物时,大气对钢材才有腐蚀作用。

(5)经常保持容器的完好状态:容器上的所有安全装置和计量仪表应定期进行调整校正,使其始终保持灵敏、准确;容器的附件、零件必须保持齐全和完好无损;连接紧固件残缺不全的容器禁止投入运行。

6. 压力容器的修理与改造 压力容器进行修理或改造前,由使用车间编制修理、改造方案,若分厂机动部门和分厂总机械师(或设备副厂长)同意,还应经专职管理人员审核和公司总机械师审批。

施工单位必须是取得相应制造资格的单位或是经省级安全监察机构审查批准的单位。施工单位的资格经专职管理人员审查合格后才能接受施工任务。施工单位根据车间的修理、改造方案编制施工方案,并应经过专职管理人员审核和公司总机械师批准。重大修理(指主要受压元件的更换、矫形、挖补、筒体与封头对接接头焊缝的焊补)和重大改造(指改变主要受压元件的结构和改变压力容器的运行参数、介质或用途等)还须报安全监察机构审查备案(如改变移动式压力容器的使用条件应经省级以上安全监察机构同意)。

专职管理人员应对修理、改造质量进行监督检查。施工单位修理、改造后的图样、施工质量证明文件等技术资料经专职管理人员审查合格后存档。

对经过重大修理或改造后的压力容器应进行耐压试验检验。

使用车间改变安全阀、爆破片的型号规格，必须经过设计部门的核算和安全部门、专职管理人员的同意。

思考题

1. 为什么要进行危险化学品的管理？
2. 对危险化学品应从哪几个方面进行管理？
3. 制药过程中，为什么要对制药设备有一定的要求？
4. 如何在危险化学品使用过程中保障安全？
5. 压力容器的安全附件一般包括哪些？
6. 机器零件的失效类型中，哪种危害最大？
7. 如何对压力容器进行安全管理？

（张　烨）

第三章　制药过程安全与应急管理

ER3-1　第三章
制药过程安全与应
急管理（课件）

　　应急管理是防范化解灾害风险、应对灾害事故的特殊管理领域，是国家治理体系和治理能力的重要的、独特的组成部分。党的二十大报告提出了"完善国家安全法治体系、战略体系、政策体系、风险监测预警体系、国家应急管理体系""完善国家安全力量布局，构建全域联动、立体高效的国家安全防护体系"。药品生产过程在特定的设备装置和车间内进行，需要有人或有人下达指令操作完成，但因涉及有毒有害物质和能量的转化与转移，所以存在因设备及系统故障、人员失误（违规操作等）和管理缺陷而导致过程失控及物质泄漏的危害事故发生的可能性，相应地对环境也会造成污染。为了最大限度地减少伤害，需要开展相应的应急管理。

第一节　应急管理概述

一、应急管理基本法律依据

（一）《中华人民共和国突发事件应对法》

　　《中华人民共和国突发事件应对法》（以下简称《突发事件应对法》）于 2007 年 8 月 30 日由第十届全国人民代表大会常务委员会第二十九次会议通过，自 2007 年 11 月 1 日起施行。其立法目的是通过体制、机制和制度上的规范，增强政府应对突发事件的能力，增强社会公众的危机意识、自我保护、自救与互救能力，提高全社会对突发事件的应对能力。该法的施行将应急工作从法律制度上予以规范和明确，确立应急工作的基本框架，使其有法可依，是我国应急管理工作的基本法律依据。

　　《突发事件应对法》分为 7 章，共 70 条。按照社会危害程度、影响范围等因素，将突发事件分为特别重大、重大、较大和一般四级，对突发事件的预防与应急准备、监测与预警、应急处置与救援等作出规定，有利于从制度上预防突发事件的发生，或者防止一般突发事件演变为需要实行紧急状态予以处置的特别严重事件，减少突发事件造成的损害。

（二）《国家突发公共事件总体应急预案》

　　2006 年 1 月 8 日国务院发布了《国家突发公共事件总体应急预案》（以下简称总体预案）。总体预案是全国应急预案体系的总纲，是指导预防和处置各类突发公共事件的规范性文件。编制突发公共事件应急预案，完善应急机制、体制和法制，对于提高政府预防和处置突发公共事件的能力，全面履行政府职能，构建社会主义和谐社会具有十分重要的意义。

总体预案中的"突发公共事件"是指突然发生,造成或者可能造成重大人员伤亡、财产损失、生态环境破坏和严重社会危害,危及公共安全的紧急事件。按照其性质、严重程度、可控性和影响范围等因素分为四级,特别重大的是Ⅰ级,重大的是Ⅱ级,较大的是Ⅲ级,一般的是Ⅳ级。

二、应急管理基本概念

"居安思危,预防为主"是应急管理的指导方针。应急管理作为一门新兴的学科,一般认为"应急"的概念由两部分组成,"应"是指应付、应对,也指人受到刺激而发生的活动和变化;"急"是指迫切、紧急、重要的事情,是一个相对的概念,对于不同大小、类型、复杂程度的组织,"急"的内容有很大的差异。目前,应急管理还没有一个统一的定义。

在我国,关于应急管理的定义主要有两种观点。一种观点认为应急管理是基于突发事件风险分析的全过程、全方位、一体化的应对过程,通过准备、预防、反应和恢复等系列的运作决策,以避免突发事件的发生或减少突发事件所造成的冲击;另一种观点认为应急管理是指在突发事件发生前、发生中、发生后的各个阶段用有效的方法对其加以干预和控制,使其造成的损失减至最小。两种观点既有共同点也有侧重点,共同点是都明确了应急管理的目的是避免或减少突发事件所造成的损害,强调应急管理的环节包括预防、识别、决策、处理以及事后评估等;不同点在于第一种观点特别强调了应急管理全过程、全方位、一体化的应对过程,体现了应急管理的全面性和系统性。

笔者认为,应急管理的内涵包括预防、准备、响应、恢复、再预防等内容,形成一个闭环管理的全过程。

三、应急管理基本原则

(一)以人为本原则

《突发事件应对法》在其立法宗旨中充分确立并体现了以人为本的应急工作理念。由于突发事件的不可抗性和一般公众在危机面前的脆弱性,迫切需要政府在环境应急管理中切实履行社会管理和公共服务职能,将公众利益作为一切决策和措施的出发点,把保障公众生命财产及环境安全作为首要任务,最大限度地减少突发环境事件造成的人员伤亡和其他危害。应急管理活动中坚持以人为本,要求将人民群众的生命健康、财产安全以及环境权益作为一切工作的出发点和落脚点,并充分肯定人在环境应急管理活动中的主体地位和作用。

(二)以预防为主原则

传统突发事件处置工作主要是突发事件发生后的应对和处置,是在无准备或准备不足状态下的仓促抵御,具有很大的被动性,处理成本高,灾害损失大。现代应急管理则强调管理重心前移,预防为主、预防与应急相结合,强调做好应急管理的基础性工作。

预防为主原则有两层含义,一是通过风险管理、预测预警等措施防止突发环境事件发生,二是通过应急准备措施使无法防止的突发事件带来的损失降低到最低限度。

（三）科学统筹原则

应急管理工作是一项系统工程,需要在突发事件发生的每一个阶段制定出相应的对策,采取系列必要措施,包含对突发事件事前、事中、事后所有事务的管理。按照系统原理和系统开放原则,必须深入研究政治环境、技术环境及资源环境等对应急管理的影响,设置相应的组织管理系统,提高应急管理对各方面环境的适应能力。

科学统筹原则要求把应急管理工作置于系统形式中,立足系统观点,从系统与要素、要素与要素、系统与环境之间的相互联系和相互作用出发,将应急管理工作的各主体、各环节、各要素予以统筹规划、综合协调、有机衔接、形成合力,以达到最佳管理效果。

（四）依法行政原则

依法行政、加强应急管理法制建设是从根本上解决政府应急管理行为的正当性与合法性,实现政府应急管理行为及程序的规范化、制度化与法定化,防止在非常态下行政权力被滥用、公民权利受损害的基本前提。依法行政原则要求要建立健全应急法律、法规、标准及预案体系,确保应急管理工作有法可依。政府要坚持依法行政、依法管理、依法应急,确保有法必依、行政行为合法。

四、突发事件分级

制药企业突发事件根据事件类型,可分为突发环境事件、生产安全事故。

（一）突发环境事件

根据《国家突发环境事件应急预案》,按照事件严重程度,突发环境事件分为特别重大、重大、较大和一般四级。

1. 特别重大突发环境事件　凡符合下列情形之一的,为特别重大突发环境事件。

（1）因环境污染直接导致30人以上死亡或100人以上中毒或重伤的。

（2）因环境污染疏散、转移人员5万人以上的。

（3）因环境污染造成直接经济损失1亿元以上的。

（4）因环境污染造成区域生态功能丧失或该区域国家重点保护物种灭绝的。

（5）因环境污染造成设区的市级以上城市集中式饮用水水源地取水中断的。

（6）Ⅰ、Ⅱ类放射源丢失、被盗、失控并造成大范围严重辐射污染后果的;放射性同位素和射线装置失控导致3人以上急性死亡的;放射性物质泄漏,造成大范围辐射污染后果的。

（7）造成重大跨国境影响的境内突发环境事件。

2. 重大突发环境事件　凡符合下列情形之一的,为重大突发环境事件。

（1）因环境污染直接导致10人以上30人以下死亡或50人以上100人以下中毒或重伤的。

（2）因环境污染疏散、转移人员1万人以上5万人以下的。

（3）因环境污染造成直接经济损失2000万元以上1亿元以下的。

（4）因环境污染造成区域生态功能部分丧失或该区域国家重点保护野生动植物种群大批死亡的。

（5）因环境污染造成县级城市集中式饮用水水源地取水中断的。

（6）Ⅰ、Ⅱ类放射源丢失、被盗的；放射性同位素和射线装置失控导致3人以下急性死亡或者10人以上急性重度放射病、局部器官残疾的；放射性物质泄漏，造成较大范围辐射污染后果的。

（7）造成跨省级行政区域影响的突发环境事件。

3. 较大突发环境事件　凡符合下列情形之一的，为较大突发环境事件。

（1）因环境污染直接导致3人以上10人以下死亡或10人以上50人以下中毒或重伤的。

（2）因环境污染疏散、转移人员5 000人以上1万人以下的。

（3）因环境污染造成直接经济损失500万元以上2 000万元以下的。

（4）因环境污染造成国家重点保护的动植物物种受到破坏的。

（5）因环境污染造成乡镇集中式饮用水水源地取水中断的。

（6）Ⅲ类放射源丢失、被盗的；放射性同位素和射线装置失控导致10人以下急性重度放射病、局部器官残疾的；放射性物质泄漏，造成小范围辐射污染后果的。

（7）造成跨设区的市级行政区域影响的突发环境事件。

4. 一般突发环境事件　凡符合下列情形之一的，为一般突发环境事件。

（1）因环境污染直接导致3人以下死亡或10人以下中毒或重伤的。

（2）因环境污染疏散、转移人员5 000人以下的。

（3）因环境污染造成直接经济损失500万元以下的。

（4）因环境污染造成跨县级行政区域纠纷，引起一般性群体影响的。

（5）Ⅳ、Ⅴ类放射源丢失、被盗的；放射性同位素和射线装置失控导致人员受到超过年剂量限值的照射的；放射性物质泄漏，造成厂区内或设施内局部辐射污染后果的；铀矿冶、伴生矿超标排放，造成环境辐射污染后果的。

（6）对环境造成一定影响，尚未达到较大突发环境事件级别的。

上述分级标准有关数量的表述中，"以上"含本数，"以下"不含本数。

（二）生产安全事故

《生产安全事故报告和调查处理条例》根据生产安全事故（以下简称事故）造成的人员伤亡或者直接经济损失，将事故分为特别重大事故、重大事故、较大事故、一般事故，有关生产安全事故的具体内容见第一章。

第二节　制药过程风险的预防、预警与准备

一、应急演练

为提高制药企业对各类突发事件应急处置程序的熟悉程度，建立多部门应急联动机制，提高制药企业应对突发事件的风险意识和应急处置能力，应定期开展应急演练。

（一）演练目的

应急演练的目的主要是贯彻执行《中华人民共和国安全生产法》《中华人民共和国突发事

件应对法》《安全生产事故应急条例》等法律、行政法规,检查应急预案的实用性、可操作性,提高制药企业对各类突发事件应急处置程序的熟悉程度,建立多部门应急联动机制,提高制药企业应对突发事件的风险意识和应急处置能力。

根据事故风险特点,每年至少组织1次综合应急预案演练或者专项应急预案演练,每半年至少组织1次现场处置方案演练。

(二)演练分类

一般应急演练分为桌面演练和实战演练。

1. 桌面演练　是指参与演练人员在非实战的环境下,利用地图、沙盘、计算机模拟、视频会议等辅助手段,采用口头或书面叙述的方式,针对事先假定的制药生产过程安全事故情景,推演安全事故应急处置过程,检验应急预案是否有针对性、可操作性,同时促进相关人员掌握应急预案中锁定的职责和程序,提高安全事故应急决策和协同配合能力。桌面演练通常在室内完成。

2. 实战演练　是指参与演练人员在接近实际安全事故情况的环境下,针对预先设定的安全事故情景,利用应急处置涉及的设备和物资,针对事先设置的突发事件情景及其后续的发展情景,通过实际决策、行动和操作,完成真实应急响应的过程,从而检验和提高相关人员的临场组织指挥、队伍调动、应急处置技能和后勤保障等应急能力。实战演练通常要在特定的场所完成。演练完成后,除采取口头评论外,还应提交正式的书面报告。

按内容划分,应急演练可分为单项演练和综合演练。按目的与作用划分,应急演练可分为检验性演练、示范性演练和研究性演练。不同类型的演练相互组合,可以形成单项桌面演练、综合桌面演练、单项实战演练、综合实战演练、示范性单项演练、示范性综合演练等。

(三)应急演练组织机构

应急演练应在相关预案确定的应急领导机构或指挥机构领导下组织开展。演练组织单位要成立由相关单位领导组成的演练领导小组,通常下设策划部、保障部和评估组;对于不同类型和规模的演练活动,其组织机构和职能可以适当调整。根据需要,可成立现场指挥部。

(四)应急演练准备

应急演练的准备主要包括制定演练计划、编写演练脚本、演练动员与培训、应急演练保障等。

演练部门在开展演习准备工作前应先制定演练计划,一般包括演练目的、演练方式、演练范围、演练地点、演练内容、参与演练人员、日程安排和保障措施等。

演练部门要组织编写演练脚本,描述演练事件场景、处置行动、执行人员、指令与对白、视频背景与字幕、解说词等。

在演练开始前要进行演练动员与培训,确保所有演练参与人员掌握演练规则、演练情景和各自在演练中的任务。所有演练参与人员都要经过应急基本知识、演练基本概念、演练现场规则等方面的培训。

应急演练保障主要包括人员保障、经费保障、场地保障、物资保障、通信保障、安全保障等。

（五）应急演练实施

演练正式启动前一般要举行简短的仪式，由演练总指挥宣布演练开始并启动演练活动。应急指挥机构指挥各参演队伍和人员开展对模拟演练事件的应急处置行动，完成各项演练活动。

在演练实施过程中，演练组织单位可以安排专人对演练过程进行解说。

（六）演练结束与终止

演练完毕，由总策划发出结束信号，演练总指挥宣布演练结束。演练结束后所有人员停止演练活动，按预定方案集合进行现场总结讲评或者组织疏散。保障部负责组织人员对演练场地进行清理和恢复。

（七）应急演练评估与总结

演练评估是在全面分析演练记录及相关资料的基础上，对比参演人员表现与演练目标要求，对演练活动及其组织过程给出客观评价，并编写演练评估报告的过程。

演练总结报告的内容包括演练目的、时间和地点，参演单位和人员，演练方案概要，发现的问题与原因，经验和教训，以及改进有关工作的建议等。

二、应急培训

应急培训的目的是提高制药企业应急管理人员的工作能力和水平，提高应对安全事故的应急处置能力。

《中华人民共和国突发事件应对法》第二十五条专门就应急管理培训制度作出规定，即要求各地要结合实际，开展应急管理培训，不仅要培训应急管理骨干，也要对消防、安全监管等有关部门、企业负责人和社会公众进行应急培训。

应急培训与教育的目的，一是提升制药企业应急管理人员的工作能力和管理水平，促进各岗位间应急工作的沟通与交流，进一步加强全国应急管理工作；二是开展应急专题研究，加强对危险化学品各类突发事件的监测、控制与处置；三是积极加强国际合作，学习国内、国际先进的应急工作。

应急培训的方式主要包括专题培训、在线学习、远程教育、网络视频会议等。

应急管理培训的内容包括我国环境保护、安全生产的法律、法规的基础知识；应急管理体系现状、问题及战略思考；应急预案的编制；应急演练；突发事件的应急响应工作原则；突发事件报告与应急处置；突发事件应急法律制度；处置突发性事故的对策与预防措施；风险源排查技术等。

三、应急资源

为保证制药过程中不慎发生的突发事故能及时得到控制，人员能及时防护救治，环境能及时得到保护，应配备必要的应急资源，指定专人负责，并定期检查维护，保持完好有效。应急资源包括应急设施、应急装备、应急物资等。应急资源应根据可能发生的事故类型特点、救援要求等配备,应急物资应实用、安全、耐用。制药企业应建立应急物资位置图并张贴在醒目的位置,便于安全事件应急调配和使用。

(一)应急设施

1. 灭火救援设施　制药企业内应设置消防车道,其中高层厂房、占地面积>3 000m² 的甲、乙、丙类厂房和占地面积>1 500m² 的乙、丙类仓库应设置环形消防车道。消防车道应符合下列要求:车道的净宽度和净空高度均不应小于4.0m;转弯半径应满足消防车转弯的要求;消防车道与建筑之间不应设置妨碍消防车操作的树木、架空管线等障碍物;消防车道靠建筑外墙一侧的边缘距离建筑外墙不宜小于5m;消防车道的坡度不宜大于8%。

2. 灭火器　制药企业厂房、仓库、储罐(区)和堆场周围应设置消火栓系统以及灭火器等。灭火器配置场所的火灾种类可分为以下5类:A类火灾,固体物质火灾;B类火灾,液体火灾或可熔化固体物质火灾;C类火灾,气体火灾;D类火灾,金属火灾;E类火灾(带电火灾),物体带电燃烧的火灾。

A类火灾场所应选择水型灭火器、磷酸铵盐干粉灭火器、泡沫灭火器或卤代烷灭火器。B类火灾场所应选择泡沫灭火器、碳酸氢钠干粉灭火器、磷酸铵盐干粉灭火器、二氧化碳灭火器、灭B类火灾的水型灭火器或卤代烷灭火器。C类火灾场所应选择磷酸铵盐干粉灭火器、碳酸氢钠干粉灭火器、二氧化碳灭火器或卤代烷灭火器。D类火灾场所选择能扑灭金属火灾的专用灭火器。E类火灾场所应选择磷酸铵盐干粉灭火器、碳酸氢钠干粉灭火器、卤代烷灭火器或二氧化碳灭火器,但不得选用装有金属喇叭喷筒的一氧化碳灭火器。

3. 可燃和有毒气体检测报警装置　制药过程中,在生产或使用可燃性气体及有毒气体的工艺装置和储运设施的区域内对可能发生可燃性气体和有毒气体的泄漏进行检测时,应按规定设置可燃性气体检(探)测器和有毒气体检(探)测器。

4. 毒性气体泄漏紧急处置装置　有毒有害气体储罐和使用有毒有害气体的反应装置以及输送管道、开闭阀门和仪表接口等均有发生泄漏的可能性,应设有检测报警装置,为及时安全处置提供帮助。在发生泄漏时,首先采用关闭总阀或其他封堵方式处理;对于难以封堵的情况,可采用转移或推入水池等逐步消解方式处理。为此通常需要设有以下装置。

(1)厂区备有防止储罐、阀门、管道、生产装置等发生泄漏的专用堵漏工具。

(2)储罐泄漏进入围堰形成液池并挥发进入空气,设置移动泵,及时把泄漏的物料泵入收容器具,减少有毒有害气体的产生。

(3)生产装置管道、反应器发生泄漏排放氯气、氨、氯化氢、有机废气等污染物,通过紧急关闭泄漏设备及前段阀门,控制有毒有害气体的泄漏。

(4)氯化工艺旁设置泄漏检测、应急报警设施,配套碱液池,液氯钢瓶泄漏且堵漏失败时将钢瓶推入碱液池。

(5)氨化工艺旁设置泄漏检测、应急报警设施,并配套水喷淋设施。

5. 液体和废水泄漏紧急处置装置　液体或废水废液泄漏可依次通过截流、回收、事故排水收集、废水处理等措施,以降低或消除污染物的扩散及其引起的环境污染风险。

罐区设置防渗围堰,围堰的有效容积均不低于各储罐的最大储存容积。各生产装置和库房设置应急截流沟或导流围挡,马路两侧铺设路牙石。装置区和库房的应急截流沟、罐区围堰与事故应急池连通,围堰外设置雨水和事故水的切换阀。危险废物储存仓库地面防腐、防渗。

在厂区地势最低处设置 1 座事故应急池,事故废水能够自流进入事故应急池。事故应急池配备提升泵,可以把事故废水打入厂区废水处理设施。雨水管网设置 2 个控制闸阀,分别位于事故应急池连通管、雨水总排口。平时关闭总排口闸阀,打开与事故应急池连通闸阀。事故应急池的有效容积按《石化企业水体环境风险防控技术要求》(Q/SH 0729—2018)计算。

(二)应急装备

应急装备是指应急过程中可重复使用的设备,如应急装置和应急交通、应急通信、应急救援、应急监测等设备。

应急装置包括泵、推土机、挖掘机、无人机、收油机、投药装置。

应急交通设备包括应急指挥车、应急监测车、应急保障运输车等。

应急通信设备包括对讲机、定位仪等。

应急救援设备包括医用急救箱、应急供电设备、应急照明设备等。

应急监测设备包括便携式重金属分析仪、流量计、水质分析仪、便携式气体检测仪等。

(三)应急物资

应急物资是指应急过程中的消耗性物质资料,包括个体防护物资、围堵物资、处理处置物资等。

个体防护物资包括防毒面具、氧气呼吸器、阻燃防护服、防化学品手套、安全帽、防酸碱鞋(靴)等。

围堵物资包括沙包、沙袋、堵漏胶、围油栏等。

处理处置物资包括吸油毡、吸附剂、中和剂、固化剂、灭火器、采样容器等。

四、事前预警

国务院和中华人民共和国应急管理部都不断要求制药企业进行安全预警工作,要求企业建立完善安全生产预警机制,发现事故征兆并及时进行预警信息发布,落实预防和应急措施。

事前预警是根据安全生产的具体情况来进行的,应以制药过程安全控制指标为重点,以消除预防事故和安全隐患为目的。基于过程安全管理方法建立安全生产预警指标,应当首先识别制药过程各要素。常用的预警模型分析方法有基于模式分类的贝叶斯预警模型、人工神经网络预警模型、判别分析模型、基于支持向量机的预警模型。

(一)基于模式分类的贝叶斯预警模型

该模型从概率角度出发,研究一个模式集的分类问题,充分利用模式集的各类信息,设计出性能最优化的分类器,提出一种研究分类错误的方法及决策风险函数的概念,可实现最小风险分类和其他条件限制下的分类。但在实际操作中这是很难应用到的。

（二）人工神经网络预警模型

该模型是依据现代生物学研究基础，提出模拟生物网络系统的过程，反映人脑特征的一种计算结构。在经济学领域，该模型可以解决处理高度非线性模型定性难的问题。通过训练实现对问题的求解，输入一系列案例和理想的输出作为训练样本，依据一定的训练算法对网络进行足够的训练，通过对包含的基础原理进行训练，使人工神经网络学习。当训练完成后，该模型便可以解决相似的问题。

（三）判别分析模型

该模型是多元统计中用于判别样本所属类型的一种统计分析方法，是一种在用某种方法将样本分成若干类的情况下，确定新的样品的观测数据属于哪一类的统计分析方法。过程为已知观测量的预警分类与表明观测量特征的比率，导出判别函数，把各观测量的自变量值回带到判别函数，对所属的类别进行判别。

（四）基于支持向量机的预警模型

该模型基于统计学理论，以结构风险最小化原则为基础，根据有限样本信息，在模型的复杂性与学习能力之间寻求最佳折中，来获得最佳推广能力。由于具备严谨的理论基础、直观的集合解释、简洁的数字形式及良好的推广能力，在学习过程中能够将非线性模式转化为二次线性模式，避免了局部最优解，同时在解决小样本、非线性及局部最优和高维模式问题中展现出很多优势。

第三节　制药企业应急预案编制与管理

一、应急预案编制要求

根据《中华人民共和国安全生产法》《中华人民共和国消防法》《中华人民共和国环境保护法》等法律法规，参照《生产经营单位生产安全事故应急预案编制导则》《生产安全事故应急预案管理办法》等文件编制《制药企业生产安全事故应急预案》，并报应急局备案；参照《国家突发环境事件应急预案》《企业事业单位突发环境事件应急预案备案管理办法（试行）》《突发环境事件应急管理办法》等文件编制《制药企业突发环境事件应急预案》，并报生态环境局备案。编制的应急预案应当符合下列基本要求。

首先，要符合有关法律、法规、规章和标准的规定；符合本地区、本部门、本单位的安全生产实际情况；符合本地区、本部门、本单位的危险性分析情况。

其次，应急组织和人员的职责应分工明确，并有具体的落实措施；有明确、具体的应急程序和处置措施，并与其应急能力相适应；有明确的应急保障措施，满足本地区、本部门、本单位的应急工作需要。

最后，应急预案基本要素齐全、完整，应急预案附件提供的信息应准确。保证本单位的应急预案内容与该地区的相关应急预案相互衔接。

制药企业主要负责人负责组织编制和实施本单位的应急预案，并对应急预案的真实性和实用性负责;各分管负责人应当按照职责分工落实应急预案规定的职责。

二、应急预案分类

目前,应急预案的分类并无固定标准。根据不同的划分标准,或者应急预案管理对象不同,可分为不同的种类。

(一)按照事件发生类型分类

按照事件发生类型,制药企业应急预案可分为突发环境事件应急预案、生产安全事故应急预案。

1. 突发环境事件应急预案 制药企业突发环境事件应急预案是为了应对各类事故、自然灾害时采取紧急措施,避免或最大限度地减少污染物或其他有毒有害物质进入厂界外大气、水体、土壤等环境介质而预先制定的工作方案。

2. 生产安全事故应急预案 制药企业生产安全事故应急预案是为快速有效地处置制药企业发生的生产安全事故预先制定的工作方案。《生产安全事故应急预案管理办法》规定,生产经营单位主要负责人负责组织编制和实施本单位的应急预案,并对应急预案的真实性和实用性负责;各分管负责人应当按照职责分工落实应急预案规定的职责。

(二)按照适用范围和功能分类

按照适用范围和功能分类,制药企业应急预案可分为综合应急预案、专项应急预案、现场处置预案。

综合应急预案是企业总体预案,从总体上阐述制药企业应急组织机构及职责、应急响应流程、应急处置思路等。

专项应急预案在综合应急预案的基础上,充分结合特定安全事故的特点,对应急组织机构、应急处置措施、应急响应流程等进行更具体的阐述,针对性较强。专项应急预案是针对制药生产过程中发生的某种特定的安全事故制定的,如中毒事件。

现场处置预案是在专项应急预案的基础上,针对特定场所、装置或设施制定的应急处置措施。对指导现场的具体应急救援更具有针对性和可操作性。

三、具体内容

(一)生产安全事故应急预案

制药企业生产安全事故应急预案可按照《生产经营单位生产安全事故应急预案编制导则》(GB/T 29639—2020)、《生产安全事故应急预案管理办法》等文件要求进行编制、备案管理等。

1. 综合应急预案 综合应急预案包括总则、应急组织机构及职责、应急响应、后期处置、应急保障等部分,各部分的具体内容如下。

(1)总则:总则中应明确综合应急预案的适用范围、事故响应分级等。

1)适用范围:说明综合应急预案的适用范围。

2）响应分级：依据事故危害程度、影响范围和企业控制事态的能力，对应急事故响应进行分级，明确分级响应的基本原则。

（2）应急组织机构及职责：明确应急组织形式及构成单位的应急处置职责。应急组织机构可设置相应的工作小组，各小组的具体构成、职责分工及行动任务应以工作方案的形式作为附件。

（3）应急响应：应急响应包括信息报告、预警、响应启动、应急处置、应急支援等。

1）信息报告：①信息接报。明确应急值守电话，事故信息接收、内部通报程序、方式和责任人，向上级主管部门、上级单位报告事故信息的流程、内容、时限和责任人，以及向本单位以外的有关部门或单位通报事故信息的程序、方式和责任人。②信息处置与研判。第一，明确响应启动的程序和方式。根据事故性质、严重程度、影响范围和可控性，结合响应分级明确的条件，可由应急领导小组作出响应启动的决策并宣布，或者依据事故信息是否达到响应启动的条件自动启动。第二，若未达到响应启动条件，应急领导小组可作出预警启动的决策，做好响应准备，实时跟踪事态发展。第三，响应启动后，应注意跟踪事态发展，科学分析处置需求，及时调整响应级别，避免响应不足或过度响应。

2）预警：①预警启动，明确预警信息发布渠道、方式和内容；②响应准备，明确作出预警启动后应开展的响应准备工作，包括队伍、物资、装备、后勤及通信；③预警解除，明确预警解除的基本条件、要求及责任人。

3）响应启动：确定响应级别，明确响应启动的程序性工作，包括应急会议召开、信息上报、资源协调、信息公开、后勤及财力保障工作。响应的工作程序包括接报、确认、报告、预警、启动应急预案、成立应急指挥部、现场指挥、开展应急处置、应急终止等。

4）应急处置：制药过程会发生火灾、爆炸、化学品泄漏、中毒等突发事故，根据事件类型采取相应的处置措施。同时明确事故现场的警戒疏散、人员搜救、医疗救治、现场监测、技术支持、工程抢险及环境保护方面的应急处置措施，并明确人员防护的要求。

5）应急支援：在明确当事态无法控制的情况下，向外部（救援）力量请求支援的程序及要求、联动程序及要求，以及外部（救援）力量到达后的指挥关系。

6）响应终止：明确响应终止的基本条件、要求和责任人。通常企业可以从以下几个方面明确终止条件，包括事故现场得到控制，事故条件得到消除；风险源的泄漏或释放已得到完全控制；事件已造成的危害已彻底消除，无继发可能；事故现场的各种专业应急处置行动无继续的必要等。

（4）后期处置：明确污染物处理、生产秩序恢复、人员安置方面的内容。如伤亡救援人员、遇难人员补偿，亲属安置，征用物资补偿，救援用支付，污染物收集、处理等事项，消除事故影响，安抚受害人员和家庭及社会影响等。

（5）应急保障：应急保障包括通信与信息保障、应急队伍保障、物资装备保障、其他保障等。

1）通信与信息保障：明确应急保障的相关单位及人员通信联系方式和方法，以及备用方案和保障责任人。

2）应急队伍保障：应急队伍保障包括相关的应急人力资源，包括专家、专／兼职应急救援队伍及协议应急救援队伍。

3）物资装备保障：根据可能发生的事件类型，配备相应的物资装备，包括个人防护类、器材工具类、照明设备、工程材料类等。要对应急物资和装备的类型、数量、性能、存放位置、运输及使用条件、更新及补充时限、管理责任人及其联系方式，并建立台账。

4）其他保障：根据应急工作需求而确定的其他相关保障措施，如能源保障、经费保障、交通运输保障、治安保障、技术保障、医疗保障及后勤保障。

2. 专项应急预案　专项应急预案包括适用范围、应急组织机构及职责、响应启动、处置措施、应急保障等部分，具体内容如下。

（1）适用范围：说明专项应急预案的适用范围，以及与综合应急预案的关系。专项应急预案在综合应急预案的基础上，充分结合特定安全事故的特点，对应急组织机构、应急处置措施、应急响应流程等进行更具体的阐述，针对性较强。

（2）应急组织机构及职责：指应急组织形式（可用图示）及构成单位（部门）的应急处置职责。应急组织机构以及各成员单位或人员的具体职责。应急组织机构可以设置相应的应急工作小组，各小组的具体构成、职责分工及行动任务建议以工作方案的形式作为附件。

（3）响应启动：表明响应启动后的程序性工作，包括应急会议召开、信息上报、资源协调、信息公开、后勤及财力保障工作。

（4）处置措施：针对可能发生的事故风险、危害程度和影响范围，明确应急处置指导原则，制定相应的应急处置措施。具体处置措施可参考第四节内容。

（5）应急保障：根据应急工作需求明确保障的内容，包括应急物资、人员、资金等。

3. 现场处置预案　现场处置预案是在专项应急预案的基础上，针对特定场所、装置或设施制定的应急处置措施。包括事故风险描述、应急工作职责、应急处置等内容。

（1）事故风险描述：根据制药企业可能发生的事故类型，简述事故风险评估的结果，可用列表的形式列在附件中。

（2）应急工作职责：应急工作职责部分应介绍应急组织的分工和职责。

（3）应急处置

1）应急处置程序：根据可能发生的事故及现场情况，明确事故报警、各项应急措施启动、应急救护人员的引导、事故扩大及同生产经营单位应急预案的衔接程序。

2）现场应急处置措施：针对可能发生的事故，从人员救护、事故控制、消防、现场恢复等方面制定明确的应急处置措施。

3）明确报警负责人、报警电话及上级管理部门，相关应急救援单位的联系方式和联系人，事故报告的基本要求和内容。

（4）注意事项：包括人员防护和自救互救、装备使用、现场安全等方面的内容。

（二）突发环境事件应急预案

制药企业突发环境事件应急预案可按照《国家突发环境事件应急预案》《企业事业单位突发环境事件应急预案备案管理办法（试行）》《突发环境事件应急管理办法》等文件要求进行编制、备案管理等。应急预案应包括的主要内容有总则、应急组织体系、应急响应、后期处置、应急保障措施、预案管理和预案附则及附件等。

1. 总则

（1）编制目的：通常编制目的是健全企业突发环境事件应急机制，做好应急准备，提高企业应对突发环境事件的能力，确保突发环境事件发生后，企业能及时、有序、高效地组织应急救援工作，防止污染周边环境，将事件造成的损失与社会危害降到最低，保障公众生命健康和财产安全，维护社会稳定。并实现企业与地方政府及其相关部门现场处置工作的顺利过渡和有效衔接。

（2）编制依据：编制依据包括国家及地方法律法规、规章制度，部门文件，有关制药行业技术规范标准，以及企业关于应急工作的有关制度和管理办法等。

（3）适用范围：明确应急预案的适用对象、范围。有固定场所的企业制订应急预案，应细化到各生产班组、生产岗位和员工个人应急处置卡。通常应急预案适用于制药企业内发生或可能发生的突发环境事件的预警、信息报告和应急处置等工作。超出企业自身应对能力时，则与所在地县级人民政府发布的相关应急预案衔接。

（4）工作原则：通常在应急预案实施过程中应遵循以人为本、减少危害；科学预警、做好准备；高效处置、协同应对；统一领导、分工负责等原则。

（5）应急预案关系说明：说明突发环境事件应急预案与企业内部的其他预案的关系，重点明确突发环境事件应急预案与企业内部的其他预案在应急组织体系、信息报告与通报、生产安全事故发生后预警、切断与控制污染源等方面的内容。

明确企业应急预案和政府及有关部门应急预案的关系，重点明确在政府及有关部门介入后企业内部指挥协调、配合处置、参与应急保障等工作任务和责任人等方面的相关内容。辅以预案关系图，表述预案之间的横向关联及上下衔接关系，明确企业环境综合应急预案、专项应急预案和现场处置预案的关系。

2. 应急组织体系　企业的应急组织体系包括企业内部应急组织机构和外部应急救援机构。

明确企业内部应急组织机构的构成、责任人和联系方式、日常职位、应急状态的工作职责和日常的应急管理工作职责，发生变化时及时进行更新。

通常应急组织机构包括应急指挥部（包括总指挥、副总指挥和应急办公室）、综合协调组、现场处置组、应急监测组、应急保障组、专家组以及其他必要的行动组。如图 3-1 所示。

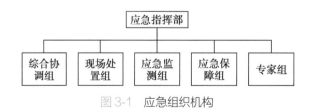

图 3-1　应急组织机构

明确突发环境事件时可请求支援的外部应急救援机构及其可保障的支持方式和支持能力，并定期更新相关信息。外部应急救援机构主要包括上级主管部门、专业公司或与企业签订应急联动协议的企业或单位。按照应急预案附件要求在预案中列出协议单位及其联系方式。

3. **应急响应** 根据突发环境事件的发展态势、紧急程度和可能造成的危害程度,结合企业自身应急响应能力等,建立应急响应机制,并配以应急响应流程图。一般情况下,企业突发环境事件应急响应可分为两种情况,一是接到报警时生产安全等事故未发生,可以通过发布预警采取预警行动予以应对,根据事态发展调整或解除预警;二是接到报警时生产安全等事故已发生,需要立即采取应急处置措施。

(1)预警:按照早发现、早报告、早处置的原则,根据可能引发突发环境事件的因素和企业自身实际,建立企业突发环境事件预警机制,明确接警、预警分级、预警研判、发布预警和预警行动、预警解除与升级的责任人、程序和主要内容。

(2)信息报告:明确信息报告与通报的责任人、程序、时限和内容等。

通常企业的信息报告包括企业内部信息报告、通知协议单位协助应急救援、向当地人民政府和环保部门报告和向邻近单位通报四种情况。

(3)应急处置

1)分级响应:根据事故的影响范围和可控性,以及事件分级情况,将响应级别分为以下四级。Ⅰ级,完全紧急状态;Ⅱ级,紧急状态;Ⅲ级,有限的紧急状态;Ⅳ级,潜在的紧急状态。

2)现场处置:制药企业应充分梳理国内外同行业企业发生突发环境事件的类型,根据风险评估报告确定企业可能发生的突发环境事件情景,制定现场处置措施。

企业的现场处置预案应明确在政府及有关部门介入后企业内部指挥协调、配合处置、参与应急保障等工作任务和责任人等方面的相关内容,例如提供大气污染范围、敏感点信息、疏散建议等供有关部门进行现场处置时参考。

3)应急监测:根据不同事故情景下产生的特征污染物种类、数量、可能的影响范围和程度以及周边环境的敏感点分布情况等,结合自身环境监测能力,特别是快速环境监测能力,制订企业内部应急监测方案,为应急决策提供依据。

(4)应急终止:结合企业实际,明确应急终止责任人、终止条件和应急终止程序;同时在明确应急状态终止后,应继续进行环境跟踪监测和评估。企业应急终止的同时预警自动解除。

通常企业可以从以下几个方面明确终止条件:事故现场得到控制,事故条件得到消除;污染源的泄漏或释放已得到完全控制;事件已造成的危害已彻底消除,无继发可能;事故现场的各种专业应急处置行动无继续的必要;采取了必要的防护措施以保护公众免受再次危害,并使事件可能引起的中长期影响趋于合理并且尽可能低的水平;根据环境应急监测和初步评估结果,由应急指挥部决定应急响应终止,下达应急响应终止指令。

4. **后期处置** 企业要明确突发环境事件后期处置各项工作的责任人、具体任务和工作要求等。

明确事后恢复的责任人、程序、时限和内容等。通常包括现场污染物的后续处理;环境应急相关设施设备的维护;配合开展环境损害评估、赔偿、事件调查处理等。

5. **应急保障措施** 明确应急预案的应急资源、应急通信、应急技术、人力资源、财力、物资以及其他重要设施的保障措施。

6. 预案管理 预案管理包括预案培训、预案演练、预案修订和预案备案。

（1）预案培训：明确开展的预案培训计划、方式和要求。如果预案涉及相关方，应明确宣传、告知等工作。

（2）预案演练：预案演练章节包括应急演练的方式、频次等内容，制订企业预案演练的具体计划，并组织策划和实施，适时组织专家对应急演练进行观摩和交流，演练结束后做好总结。企业应当建立应急演练制度，坚持每年至少开展1次演练，根据实际情况采取实战演练、桌面推演等方式，组织开展人员广泛参与、处置联动性强、形式多样、节约高效的应急演练。

（3）预案修订：预案修订章节要明确应急预案修订、变更、改进的基本要求及时限，以及采取的方式等内容。

（4）预案备案：包括预案备案的方式、审核要求、报备部门等内容。

7. 预案附则及附件 预案附则及附件包括企业基本信息、环境风险信息、企业周边敏感受体信息、应急组织机构及职责等，以附件的形式列出。

四、编制案例

制药企业安全环保事故主要包括火灾爆炸、危险化学品泄漏以及伴生的人员伤亡、水污染事故、空气污染事故。针对上述事故，应制定专项应急预案，包括事件分级、应急响应、信息报告、应急抢险人员分工、应急处置流程以及应急处置措施等。以火灾爆炸事故为例，编制应急预案。

（一）可能发生的事故装置及事故类型

1. 可能发生的事故装置及危险性 各生产装置、罐区发生火灾伴生环境事件。

2. 事故发生类型 包括大气污染事故和水污染事故。发生火灾伴生环境事件，可能产生一氧化碳、碳酰氯（俗称光气）、氯化氢、氮氧化物、二氧化硫、烟尘等污染物。发生火灾环境事件，产生消防废水进入雨水管网，污染河流等地表水。

（二）预警与响应

1. 预警分级 预警级别由低到高，颜色依次为蓝色、黄色、红色。根据事态的发展情况和采取措施的效果，预警颜色可以升级、降级或解除。

（1）一级预警：火灾导致消防废水、有毒化学品进入外部水体，火灾伴生有毒废气导致人员中毒、伤亡现象，环境状态特别严重。用红色表示。

（2）二级预警：发生火灾，事故废水、有毒化学品不能全部进入事故应急池，但也未排入外部水体；火灾伴生大量有毒废气，但未导致人员中毒、伤亡现象。用黄色表示。

（3）三级预警：发生火灾，事故废水、有毒化学品能够全部截流；火灾产生面积小、短时间被扑灭，火灾未伴生大量有毒废气，对环境的影响轻微。用蓝色表示。

2. 响应流程 响应流程按照第四节中的应急响应流程进行处置。

（三）信息报告

一旦发生险情或事故，现场人员立即将事故情况报告部门负责人，由部门负责人报告公司领导，也可越级上报。生产现场带班人员、班组长和调度人员在遇到险情时第一时间有下达停产撤人命令的直接决策权和指挥权。

1. Ⅲ级事故的报告程序　判断为Ⅲ级事故时,立即启动相应的现场处置方案进行处置,同时及时向车间主任报告。

2. Ⅱ级事故的报告程序　判断为Ⅱ级事故时,现场处置人员及时向车间主任及指挥中心报告情况,根据指挥中心的指挥程序进行处置。

3. Ⅰ级事故的报告程序　判断为Ⅰ级事故或当Ⅱ级事故没有得到有效控制,有扩大化的迹象时,事故所在车间负责人除组织处置外,及时向指挥中心、公司领导汇报,请求支援。接到报告的公司领导应立即采取应急措施。当应急救援指挥中心认为事故较大,有可能超出本级处置能力时,应在发现事件后的 1 小时内向园区管委会、当地生态环境局报告。紧急情况下,可以越级上报。

(四)现场处置

火灾爆炸事故不仅涉及人员安全,而且还涉及有机物和药物等的泄漏和扩散以及灭火过程产生的废水及其产生的污染物,需要全面应对。

火灾爆炸事故处置的一般原则与常用的主要技术措施如下。

1. 扑灭现场明火应坚持先控制后扑灭的原则。依据危险化学品的特性和火灾大小采用冷却、堵截、突破、夹攻、合击、分割、围歼、封堵等方法进行控制与灭火。

2. 根据危险化学品的特性选用正确的灭火剂。禁止用水、泡沫等含水灭火剂扑救遇湿易燃物品、自燃物品火灾;禁止用直流水冲击扑灭粉末状、易沸溅危险化学品火灾;禁止用砂土盖压扑灭爆炸物火灾;宜使用低压水流成雾状水扑灭腐蚀品火灾;禁止对液态烃强行灭火。

3. 有关生产部门监控装置工艺变化情况,做好应急状态下生产方案的调整和相关装置的生产平衡。优先保证应急救援所需的水、电、气,以及交通运输车辆和工程机械。

4. 根据现场情况和预案要求,及时决定有关设备、装置、单元或系统紧急停车,避免事故扩大。

(五)注意事项

开展救援的目的是降低危害、减少损失、避免发生二次事故以及类似事故,因此要做好自身防护并为事故调查尽可能保存证据。

1. 采取救援对策或措施方面的注意事项　救援人员不得冒险救援,首先要做好自身防护,并做好应急监测,重点关注大气应急监测因子如一氧化碳、碳酰氯($COCl_2$)、氯化氢、氮氧化物、二氧化硫、烟尘等污染物。同时,做好抢险时的消防水收集,以防止安全事故引发的环境污染事故的发生。当事故威胁到抢修人员安全时,应立即撤离。

2. 应急救援结束后的注意事项　当救援结束时,要做好抢险器材的清点检查和恢复,并及时做好事故物证的保护。

3. 其他需要特别警示的事项　各类事故废水不得随意排放,应统一收集排入事故应急池,再经厂区污水处理站处理达标后方可排放。应急过程中,要采取措施防止废液对土壤和地下水造成污染。

第四节　制药过程应急响应

制药过程会发生火灾、爆炸、化学品泄漏、中毒等突发事故,应急响应的工作程序包括接报、确认、报告、预警、启动应急预案、成立应急指挥部、现场指挥、开展应急处置、应急终止等。

一、制药过程应急响应内容及程序

(一)应急响应内容

发生突发事故的制药企业应立即启动本单位的突发事故应急预案,迅速开展先期处置工作,并按规定及时报告。应急响应内容包括:

1. 立即组织制药企业应急救援队伍营救受害人员,疏散可能受到威胁的人员到企业上风向。

2. 控制危险源,封锁危险场所,采取相关应急处置措施,防止危害扩大。

3. 立即采取减轻污染的相关措施。

4. 向当地政府和有关部门报告,并及时通报可能受到影响的单位及群众。

5. 政府机关介入后,在政府的统一指挥下开展应急处置工作。

6. 接受有关部门的调查处理,并承担法律规定的赔偿责任。

(二)应急响应程序

应急响应的工作程序包括接报、确认、报告、预警、启动应急预案、成立应急指挥部、现场指挥、开展应急处置、应急终止等。如图3-2所示。

二、制药过程事故应急处置措施

制药过程会发生火灾、爆炸、化学品泄漏、中毒等安全事故,应急处置措施如下。

(一)化学品泄漏事故应急处置措施

进入泄漏现场进行处理时应注意安全防护,进入现场的救援人员必须配备必要的个体防护器具。

泄漏物如属于易燃、易爆品,事故中心区应严禁火种,切断电源,禁止车辆进入,周边设置警戒线,撤离波及区人员。应急处理严禁单独行动,须有两人以上,必要时用消防栓水幕掩护。

泄漏物如属于强酸性或腐蚀性,进行处理时应注意安全防护,救援人员必须配备必要的个体防护器具,应根据其化学性质采取相应措施,严禁盲目操作。

泄漏物如属于强刺激毒性气体,进行处理时救援人员必须配备全套的防化服、头戴防毒面具,按既定的应急预案操作,严禁单独行动,须有两人以上,视泄漏量大小在周边逐级设置警戒线,撤离波及区人员,必要时用消防栓水幕掩护。

控制泄漏源,关闭阀门,停止作业。

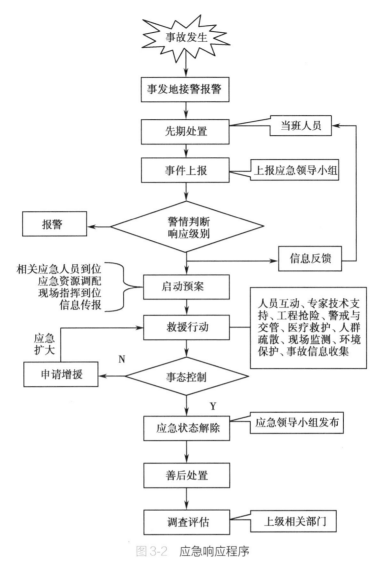

图 3-2　应急响应程序

泄漏物的处理措施如下。

（1）稀释与覆盖：①液体泄漏，为降低物料向大气中蒸发的速度，用泡沫或其他覆盖物品覆盖外泄的物料，抑制其蒸发；②气体泄漏，采取消防栓水幕喷淋，以降低大气中的有毒气体浓度。

（2）收集：小量泄漏物用沙子、吸附材料、中和材料等吸收中和。

（3）废弃：将收集的泄漏污染物运至废物处理场所处置。

（二）火灾事故应急处置措施

发现火情时，第一目击人应大声呼喊，使用附近的消防器材采取有效措施进行先期处置，按响周围最近的火警按钮开关，必要时可直接拨打 119 火警电话报警，向消防部门说清楚单位的地址、名称，并对火势进行简单介绍，需要时需到单位路口安排人员负责消防人员的引路工作并及时向车间负责人报告。

车间负责人应立即报告事故应急领导小组，同时下达指令切断电源，迅速组织扑救。

事故应急领导小组接到报告后，应立即赶赴现场组织指挥应急处置，并及时向集团公司应急领导小组报告。火情较重时立即拨打 119 报警，发生人员受伤及时拨打 120 救助。火灾无法控制、危及人员安全时，事故应急领导小组应组织疏散人员和车辆至上风向，实行现场警戒，并派专人引导消防车辆进入现场。

消防部门到达现场后，事故应急领导小组应配合做好应急处置工作。

应急处置结束后，事故应急领导小组应在公安、消防等部门勘察完现场后，迅速组织清理现场，核实损失，做好恢复生产和善后处置工作。

（三）爆炸事故应急处置措施

第一发现人员及时报告事故应急领导小组，并根据情况对受伤人员进行自救，可直接通知消防大队和急救中心。

车间负责人应立即报告事故应急领导小组，同时下达指令切断电源，迅速组织扑救。

事故应急领导小组接到报告后，应立即赶赴现场组织指挥应急处置，并及时向应急领导小组报告。爆炸情况较重时立即拨打 119 报警，发生人员受伤及时拨打 120 救助。爆炸引起火灾和坍塌并有可能二次爆炸，现场无法控制、危及人员安全时，事故应急领导小组应组织疏散人员和车辆至安全区域，实行现场警戒，并派专人引导消防车辆进入现场。

事故中心区的救援人员需要戴好防护面具，救援工作包括切断事故源、抢救伤员、保护和转移其他危险化学品、清除渗漏的液态毒物、进行空间洗消及封闭现场。非抢险人员撤离中心区域以外后清点人数，进行登记，事故中心区域边界设警戒标志。

消防部门到达现场后，事故应急领导小组应配合做好应急处置工作。财产面临重大安全危险或出现人员伤亡时，事故应急领导小组按规定及时向地方政府报告。

应急处置结束后，事故应急领导小组应在公安、消防等部门勘察完现场后，迅速组织清理现场，核实损失，做好恢复生产和善后处置工作。

（四）中毒事故应急处置措施

首先将患者转移到安全地带，解开领扣，使其呼吸通畅，让患者呼吸新鲜空气；脱去污染的衣服，并彻底清洗污染的皮肤和毛发，注意保暖。

对于呼吸困难或呼吸停止者，应立即进行人工呼吸，有条件时给予吸氧和注射兴奋呼吸中枢的药物。

心搏骤停者应立即进行心肺复苏。现场抢救成功的心肺复苏患者或重症患者，如昏迷、惊厥、休克、深度青紫等应立即送医院治疗。

不同类别中毒的救援如下。

（1）吸入刺激性气体中毒的救援：应立即将患者转移，离开中毒现场，给予 2%~5% 碳酸氢钠溶液雾化吸入、吸氧；应预防感染，警惕肺水肿的发生；气管痉挛，应酌情给解痉药物雾化吸入；有喉头痉挛及水肿时，重症者应及早实施气管切开术。

（2）口服毒物中毒的救援：须立即引吐、洗胃及导泻，如患者清醒而又合作，宜饮大量清水引吐，亦可用药物引吐。对引吐效果不好或昏迷者，应立即送医院用胃管洗胃。

催吐的禁忌证包括昏迷状态；中毒引起抽搐、惊厥未控制之前；服用腐蚀性毒物，催吐有引起食管及胃穿孔的可能性；食管静脉曲张、主动脉瘤、溃疡病出血等。孕妇慎用催吐救援。

第五节　事后处理

制药企业发生突发事件后,事后处理主要包括事后评估、责任追究、恢复重建等。

一、事后评估

事故的事后评估是对事件造成的影响进行定性、定量评价。对事件造成的损失进行币值量化评估,对事件发生的原因以及制药企业各部门在应急响应、应急处置中的流程、措施等是否得当进行评估。评估的主要内容包括:

1. **事件损失价值评估**　评估安全事故危害程度,计算财务损失、人员伤亡情况等,为善后赔偿和处罚提供依据。

2. **应急全过程评估**　评估先期处置情况及事故信息接收、流转与报送情况,应急预案实施情况,组织指挥情况,现场应急救援队伍工作情况,现场管理和信息发布情况,应急资源保障情况,防控环境影响措施执行情况等是否得当,并调查事件发生的原因。

二、责任追究

企业是安全生产事故防范处置工作的第一责任主体,所有企业在新建和改、扩建项目时都要切实落实安全"三同时"的要求。《中华人民共和国安全生产法》第九十五条规定,生产经营单位的主要负责人未履行本法规定的安全生产管理职责,导致发生生产安全事故的,由应急管理部门依照下列规定处以罚款:

(一)发生一般事故的,处上一年年收入百分之四十的罚款。

(二)发生较大事故的,处上一年年收入百分之六十的罚款。

(三)发生重大事故的,处上一年年收入百分之八十的罚款。

(四)发生特别重大事故的,处上一年年收入百分之一百的罚款。

三、恢复重建

《突发事件应对法》规定,突发事件应急处置工作结束后,履行统一领导职责的人民政府应当立即组织对突发事件造成的损失进行评估,组织受影响地区尽快恢复生产、生活、工作和社会秩序,制定恢复重建计划。受突发事件影响地区的人民政府应当根据本地区遭受损失的情况,制定救助、补偿、抚慰、抚恤、安置等善后工作计划并组织实施,妥善解决因处置突发事件引发的矛盾和纠纷。恢复重建主要包括损失赔偿、环境恢复、应急管理能力提升等。

1. 制药企业可能发生的突发事件类型有哪几种?

2. 制药企业应急预案可分为哪几类?

3. 制药企业应急预案包括哪几部分?

4. 制药企业应急管理培训包括哪些内容?

（王小娜　乔丽芳）

第四章　制药工业废水处理

随着社会经济的飞速发展，近年来制药行业不断壮大，已取得了重大成就，制药工业已经成为我国国民经济的重要组成部分。随着制药企业数量的增加及行业的快速发展，制药工业废水排放总量或将越来越大，成分越来越复杂，新型污染物将越来越多。同时，由于制药行业的特殊性，制药工业废水较其他废水也具备独特的性质。制药工业废水中存在大量生产过程中产生的反应物、产物、溶剂和催化剂等，导致废水存在强烈的微生物毒性，且化学需氧量（chemical oxygen demand，COD）高达几十万毫克每升，废水的 pH 呈现极端状态，水质水量也波动大，甚至某些组分可能出现阵发性产生的情况，这些现象都给治理过程带来极大的困难。2021 年 3 月，我国正式发布第十四个五年规划（简称"十四五"规划）和 2035 年远景目标纲要。"十四五"规划明确要求"推动绿色发展，促进人与自然和谐共生"，提升生态系统质量和稳定性；持续改善环境质量；加快发展方式绿色转型。其中在推动绿色发展、持续改善环境质量建设中，加强对制药工业废水的处理是重中之重，是国家以及制药行业需要重点攻克的课题之一。

第一节　水环境基本概念与制药工业废水来源

一、基本概念

（一）水环境的定义及特征

水环境是指自然界中水的形成、分布和转化所处空间的环境；是指围绕人群空间及可直接或间接影响人类生活和发展的水体，其正常功能的各种自然因素和有关社会因素的总体。也有的指相对稳定的、以陆地为边界的天然水域所处空间的环境。水环境主要由地表水环境和地下水环境两部分组成。地表水环境包括河流、湖泊、水库、海洋、池塘、沼泽、冰川等，地下水环境包括泉水、浅层地下水、深层地下水等。水环境是构成环境的基本要素之一，是人类社会赖以生存和发展的重要场所，也是受人类干扰和破坏最严重的领域。

水环境是处在不断变化之中的，但相对于大气环境来说具有相对的稳定性。水环境本身具有水体分布的不均一性、水体物质成分的差异性等诸多特点，其中对于地球环境影响最大的是水的循环性。水是处在运动之中的，不同水体之间存在着循环与交流。水体的循环与交流既可以发生在气态、液态和固态水之间，也可发生在海洋与陆地之间，还可发生在非生物与生物之间、水圈与岩石圈之间。水的循环是一个既无起点，也无终点的运动系统。

水在循环过程中产生很多的环境效应，如传送能量、运输物质、调节气候、清洁空气和净化污水等。

1. 传送能量 在地球的不同部分，太阳入射的角度是不同的，这就造成地球不同部位所接受的太阳辐射量不同，并出现太阳辐射能分布不均等的现象。通常是低纬度地区的太阳辐射能过剩，而高纬度和两极地区的太阳辐射能亏损。低纬度地区的太阳辐射能可通过水循环的途径被运输到高纬度地区。据计算，每年通过降雨的形式向南极洲输送的太阳辐射能达 4.105×10^{21}J。除了不同纬度之间的能量传送外，还有海陆之间的能量输送。据研究，每年从海洋输送到陆地的太阳辐射能达 9.912×10^{21}J，这对陆地上的生物生长起着重要作用。

2. 运输物质 水循环过程运输的物质可分为两大类，即溶解物质和碎屑（固体）物质。溶解物质包括气体、离子和胶体三类。运输这些物质的最主要的动力是地面流水，每年通过河流运输到海洋的固体物质达 200×10^8t，溶解物质超过 40×10^8t。同时，海洋的蒸发过程又把一部分盐类物质和气体送入大气圈，运输到陆地上。

3. 调节气候 水循环不仅能调节地球表面的干、湿变化，而且还调节气温变化。大气圈中的水蒸气能够阻留地球的热辐射的 60%，起到一种"温室效应"。地球表层气候的最大"调节器"是海洋，如果海水的水温降低 1℃，那么将释放出 5.53×10^{24}J 的热能，这足以使大气温度发生大幅变化。

4. 清洁空气和净化污水 一次较大的降雨过程可除去大气中的 90% 以上的粉尘和 80% 以上的污染气体。每年通过降雨的形式，从大气中除去的盐类物质达 30×10^8t 左右。天然水体具有一定的自净作用，其自净作用是指进入天然水体中的污水，通过物理的、化学的和生物的作用使污染物沉淀、扩散、稀释、吸收、分解、氧化、还原等而变成无害物质或沉淀下来，使水体净化的过程。天然水体的自净能力是有限的，不同水体的自净能力也不同。地球表面的海洋自净能力最强，被称为是最大的"天然污水处理厂"；流动水体的净化能力比静止水体强。陆地水体中的污水绝大多数最终流入海洋，在这里进行净化，最后通过水体蒸发，干净的水又回到陆地。

水环境的污染和破坏已成为当今世界的主要环境问题之一。

（二）水体污染的来源及分类

水体污染是指排入水体的污染物在数量上超过该物质在水体中的本底含量和水体的自净能力，从而导致水体的物理、化学及卫生性质发生变化，使水体的生态系统和水体功能受到破坏。可以对水体形成污染的物质很多，主要污染物类别见表4-1。

水污染主要是由人类活动产生的污染物造成的，人类在生活和生产过程中向水环境中排放污染物，具体分为工业污染源、农业污染源和生活污染源三大部分。

1. 工业废水 在工业生产中，产品加工、产品输送、产品清洗、选矿、除渣、换热等过程均会产生大量废水。产生工业废水的主要企业有初级金属加工、食品加工、纺织、造纸、开矿、冶炼、化学工业等。因为工业企业类型较多，原材料和产品不一，故而工业废水种类繁

表 4-1　水体中的主要污染物类别

类别		污染物
物理性污染	漂浮物	泡沫、浮垢、木片、树叶
	悬浮物	粉砂、砂粒、金属细粒、火山灰、细菌尸体等
	热污染	高温污水
	放射性污染	铀、镭等放射性金属
化学性污染	无机污染物	酸、碱、重金属盐、硝酸盐、磷酸盐、氰化物、硫化物等
	有机污染物	油、染料、合成洗涤剂、卤代烃、酚、羟酸、糖类
生物性污染	致病微生物	细菌、原生动物、真菌、藻类、病毒

多,污染物复杂,同时有毒有害物质及致畸、致癌、致突变物质的含量高,是一类较为难处理的废水。在废水中,工业废水占据很大的比重,同时对环境的污染更加严重,故工业废水一直是处理的重点。

2. **生活污水**　生活污水是来自家庭、机关、商业和城市公用设施及城市径流的污水。新鲜的城市污水渐渐陈腐和腐化使溶解氧含量下降,出现厌氧降解反应,产生硫化氢、硫醇、吲哚和粪臭素,使水具有恶臭。生活污水的成分 99% 为水,固体杂质不到 1%,大多为无毒物质,其中包括无机盐和有机物质如纤维素、淀粉、糖类、脂肪、蛋白质和尿素等,另外还有各种洗涤剂和微量金属;生活污水中还含有大量杂菌,主要为大肠菌群。

3. **农田水的径流和渗透**　在我国广大农村,化肥、农药的用量在迅速增加,土壤经施肥或使用农药后,通过雨水或灌溉用水的冲刷及土壤的渗透作用,可使残存的肥料及农药通过农田径流而进入地表水和地下水。农田径流中含有大量病原体、悬浮物、化肥、农药及分解产物。农药种类繁多、性质各异,故毒性大小也不同,有的农药无毒或基本无毒,有的可引起急、慢性中毒,有的可能致癌、致突变和致畸,有的对生殖和免疫功能有不良影响。

此外,废物的堆放、掩埋和倾倒可以因雨水淋湿或刮风等原因被带入水体中,一些废弃物经人为倾倒进入水体,一些难以处置的废弃物被人们掩埋在地下深层,但如地下处置工程设置不当或不加任何处理填埋,会影响处置地区周围的地质与环境,使被处置的污染物进入水体,引起水体污染。

污染会通过不同的表现方式影响水质特性,通常用人体感官、物理指标、化学指标来评价水体污染,同时各类指标也是衡量水质标准的重要手段。通常评价水体污染的指标如下。

（1）臭味:是判断水质优劣的感官指标之一。清洁水是无臭的,受到污染后才产生臭味。

（2）水温:是水体的一项物理指标。污水的水温变化会影响污水生物处理的效果。

（3）浑浊度:地表水浑浊主要是泥土、有机物、微生物等物质造成的。浑浊度升高表明水体受到胶体和悬浮固体物质污染。我国规定饮用水的浑浊度不得超过 5 度。

（4）pH:是水中氢离子活度的负对数,pH 为 7 表示水为中性,pH>7 的水呈碱性,

pH<7 的水呈酸性。清洁天然水的 pH 为 6.5~8.5，pH 异常表示水体受到酸碱性的污染。

（5）电导率：是测定水中盐类含量的一个相对指标。溶解在水中的各种盐类都是以离子状态存在的，因此具有导电性，所以电导率的大小反映水中可溶性盐类含量的多少。

（6）氰化物：剧毒物质，人体摄入的致死量是 0.05~0.12g。氰化物在污水中的存在形式常是无机氰化物（如 HCN、CN^-）及有机氰化物（称为腈，如丙烯腈）。

（7）砷化物：砷会在人体内积累，属于致癌物。砷化物在水中的存在形式为无机砷化物和有机砷化物。

（8）重金属离子：指原子序数在 21~83 的金属或者相对密度>4 的金属。生活污水中的重金属主要来源于人体排泄物；冶金、电池、玻璃等工业废水均含有不同的重金属离子。微量重金属离子会对动植物、微生物有益，但超出一定浓度会产生毒害作用。

（9）溶解性固体：主要是溶于水中的盐类，也包括溶于水中的有机物、能穿透过滤器的胶体和微生物，因此溶解性固体的大小反映上述物质溶于水中的量。

（10）悬浮性固体：包括不溶于水的淤泥、黏土、有机物、微生物等细微物质。悬浮物的直径一般大于 0.1μm，它是造成水质浑浊的主要来源，是衡量水体污染程度的指标之一。

（11）总氮：是水中含有机氮、氨氮、亚硝酸盐氮和硝酸盐氮的总量，简称总氮，主要反映水体受含氮物质污染的程度。

（12）总有机碳：总有机碳是指溶解于水中的有机物总量，折合成碳计算。总有机碳含量反映水中的有机物总量，是水体污染程度的重要指标。

（13）溶解氧：溶解氧（DO）是评价水体自净能力的指标。溶解氧含量较高，水体中的可降解有机物少；溶解氧含量低表示水中有可生物降解有机物，好氧微生物代谢过程消耗大量溶解氧，因此 DO 降低。

（14）生化需氧量：水中的有机物在微生物作用下进行生物氧化，从而消耗水中的氧。因此，生化需氧量（一般指五日生化需氧量，即 BOD_5）的大小能反映水体中可生物降解有机物质含量的多少，说明水体受有机物污染的程度。

（15）化学需氧量：化学需氧量（COD）是指用化学氧化剂氧化水中的需氧污染物质时所消耗的氧量，主要反映水体受还原性物质（以有机物为主）污染的程度。COD 越大，说明水体受有机物质污染越严重。

（16）细菌总数：反映水体受到生物性污染的程度。细菌总数增多表示水体的污染状况恶化。

（17）大肠菌群：表示水体受人畜粪便污染的程度。大肠菌群越高，水体污染越重。

（18）氨氮：是指以氨或铵离子形式存在的化合氮，即水中以游离氨（NH_3）和铵离子（NH_4^+）形式存在的氮。氨氮是水体中的营养素，可导致水富营养化现象产生。

（19）总磷：总磷是水样经消解后将各种形态的磷转变成正磷酸盐后测定的结果。水体中的磷是藻类生长需要的一种关键元素，过量磷是造成湖泊富营养化和海湾赤潮的主要原因。

不同废水表征出的污染物类型不尽相同，例如化工废水通常 COD 极高、BOD 低、色度高、盐度高、有毒与有害物质多；造纸废水的 BOD 高、色度高、悬浮物多；食品加工废水的有机物质和悬浮物含量高、总氮和氨氮高。通过以上指标数值的分析可以判断水污染情况,并推知污染来源的种类。

二、制药工业废水的来源及特点

制药行业已被国家规划列入重点治理的 12 个行业之一,制药工业废水已成为国家环境监测治理的重中之重。不同于其他行业,制药行业产品种类繁多、生产工艺复杂多样,药物产品不同、生产工艺不同而差异较大,此外制药过程通常是采用间歇式生产方式,这就导致制药工业废水污染物种类多、成分复杂、生物毒性大、有机物含量高、难生物降解、水质水量波动大,是工业废水中较难处理的一种。

按照医药产品特点和水质特点不同,主要分为化学合成类制药工业废水、发酵类制药工业废水、中药类制药工业废水、提取类制药工业废水、生物工程类制药工业废水、混装制剂类制药工业废水。

(一)化学合成类制药(简称合成制药或化工制药)工业废水

合成制药是指利用有机或无机原料通过化学反应制备药品或其中间体的过程,可分为纯化学合成和半合成制药。合成制药的生产流程比较长,反应步骤多,原料利用率低,使得该废水的化学成分较复杂,可生化性较差,生物处理的难度较大。化学合成类制药工业废水一般由四类废水组成:①工艺废水,包括各种结晶母液、转相母液、吸附残液等;②冲洗废水,包括过滤机械、反应容器、催化剂载体、树脂、吸附剂等设备及材料洗涤水;③回收残液,包括溶剂回收残液、前体回收残液、副产品回收残液等;④辅助过程排水。如图 4-1 所示。

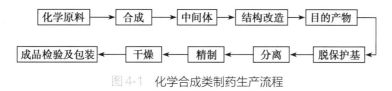

图 4-1 化学合成类制药生产流程

其废水特征归纳如下。

(1)废水水量较小,并且污染物明确,种类也相对较少。

(2)废水污染物成分复杂、浓度高。废水含有残余的生成物、反应物、催化剂、溶剂等,COD 在 4 000~32 000mg/L,BOD_5/COD 值(或称为 B/C 值)一般小于 0.3。现代制药企业强调清洁生产,经中间产物或副产品的回收利用,出水的 COD 可降至 2 000mg/L 左右。

(3)含盐量高。无机盐往往是合成反应的副产物,残留在母液中。

(4)废水中的某些成分具有生物毒性,废水的可生化性差。

(5)色度高。化学合成类制药工业废水中往往含有核黄素磷酸钠等高色度物质。

(二)发酵类制药工业废水

发酵类制药是通过微生物的作用,将粮食等原料通过发酵、过滤、提炼等工艺而制成药品。此类药物主要包括抗生素类、维生素类、氨基酸类、激素、免疫调节物质以及其他生理活性物质。

发酵类制药工业废水一般由三类废水组成：①主工艺排水,主要包括废滤液、母液、溶剂回收残液等；②辅工艺排水,主要包括冷却水、水环式真空设备排水、蒸馏设备冷凝水等；③冲洗水,主要包括设备冲洗水、地面冲洗水等。

发酵类制药的典型生产工艺与废水产生环节如图4-2所示。

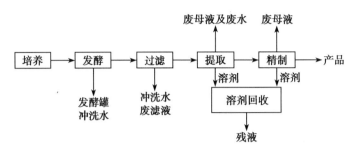

图4-2　发酵类制药的典型生产工艺与废水产生环节

其废水特征归纳如下。

（1）产污节点多,不同工段所产废水的污染物含量不同,有利于清污分流、分质处理。

（2）污染物浓度高,如废滤液、母液的COD一般都在10 000mg/L以上。

（3）废水间歇排放,水质水量波动较大。

（4）废水中往往含有难降解物质、对微生物活性有抑制作用的物质。

（5）含氮量高、C/N值低。发酵类制药工业废水中的氮主要以有机氮和氨氮的形式存在,发酵废液的BOD_5/N值一般在1~4,这与生物处理的营养需求（好氧为20∶1,厌氧为40∶1~60∶1）有较大的差距,严重影响微生物的生长与代谢。

（6）硫酸盐浓度高。硫酸铵是发酵过程所需的氮源之一,硫酸是提炼与精制过程中重要的pH调节剂,大量使用的硫酸铵与硫酸造成废水中的硫酸盐浓度过高,给厌氧生物处理带来困难。

（7）发酵类制药工业废水的色度一般较高,经过普通的生物二级处理后,色度一般不能实现达标排放,仍需深度处理。

（三）中药类制药工业废水

中药类制药工业废水就是中药加工过程中产生的废水。中药废水成分复杂,主要含有木质素、色素、蛋白质、氨基酸、糖类、酚类、醇类、萜类、鞣质及生物碱等。不同的原材料及加工工序使得不同种类的中药废水水质差异较大。中药类制药工业废水的主要来源有三个方面：①工艺废水,即各工序的生产废水；②提取废液,即提取等工序排放的有机废液,提取车间排放的有机废液是中药废水有机污染物的主要来源；③冲洗水,即清洗设备和地板产生的废水。

水提和醇提工艺流程及排污节点见图4-3。

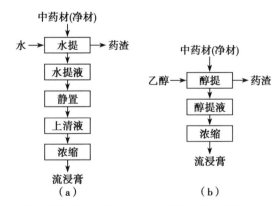

（a）水提生产工艺流程；（b）醇提生产工艺流程。

图4-3　提取工艺流程

其废水特征归纳如下。

（1）成分复杂。中药原材料基本为天然有机物，经过复杂的加工程序，使得大量复杂的有机物及各种中间产物随废水排出。

（2）水质水量波动大。中药加工企业生产作业是按批次计划生产，各工序排水多是间歇排水，导致中药废水的水质水量波动较大。

（3）中药提取过程需要添加大量有机溶剂，如乙醇、乙醛等，连同大量浓缩的有机药液随清洗废水流出，导致中药废水中的有机物浓度非常高。化学需氧量（COD）一般为 3 000~8 000mg/L，最高可达几十万毫克每升。

（4）中药废水一般含有大量纤维素等难降解物质，甚至含有一些具有生物毒性的中间产物，可生化性一般较低，因加工原材料不同，中药废水的可生化性差异也较大。

（5）中药废水中含有大量清洗原材料的泥沙，另外提取过程中会产生大量药渣进入废水，所以中药废水中的悬浮颗粒物浓度较高。

（6）有些中药加工工序需要做酸处理或碱处理，另外清洗罐体需要添加大量碱，导致中药废水的 pH 变化较大。

（7）中药加工过程中需要高温煎煮，导致中药废水的水温较高，有一定的中草药气味，且中药废水的色度较高。

（四）提取类制药工业废水

提取类制药是指运用物理的、化学的、生物化学的方法，将生物体中起重要生理作用的各种基本物质经过提取、分离、纯化等手段制造药物的过程。提取类制药工艺大体可分为六个阶段：原料的选择和预处理、原料的粉碎、提取、分离纯化、干燥及保存、制剂。提取过程可分为酸解、碱解、盐解、酶解及有机溶剂提取等。精制过程可为盐析法、有机溶剂分级沉淀法、等电点沉淀法、膜分离法、层析法、凝胶过滤法、离子交换法、结晶和再结晶等几种工艺的组合。

提取类制药生产企业排放的废水主要有以下几种：①原料清洗废水，主要污染物为悬浮物（suspended solid, SS）、动植物油等；②提取废水，通过提取装置或有机溶剂回收装置排放，废水中的主要污染物为提取后的产品、中间产品以及溶解的溶剂等，是提取类制药的主要废水污染源；③精制废水，提取后的粗品精制过程中会有少量废水产生，水质与提取废水基本相同；④设备清洗水，每个工序完成一次批处理后，需要对本工序的设备进行一次清洗工作，清洗水的水质与提取废水类似，一般浓度较高，为间歇排放；⑤地面清洗水，地面定期清洗排放的废水。提取类制药的主要生产工艺及污染物排放节点见图4-4。

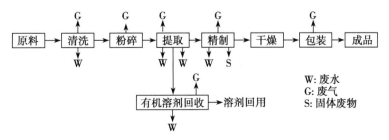

图 4-4　提取类制药的排污节点

（五）生物工程类制药工业废水

生物工程类制药主要以微生物、寄生虫、动物毒素、生物组织等为原料,采用现代生物技术方法(主要是基因工程技术等)进行生产。制备基因工程药物的一般流程见图4-5。

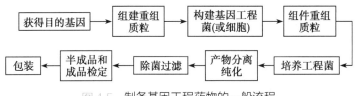

图4-5　制备基因工程药物的一般流程

生物制剂产生的废水包括:①固体制剂类洗瓶过程中产生的清洗废水和生产设备冲洗水、厂房地面冲洗水、包装容器清洗废水,污染物浓度极低;工艺设备清洗废水,废水的 COD 较高,但数量不大,部分企业将第一遍清洗后的高浓度废水收集后送去焚烧;地面清洗废水,污染物浓度低,主要污染指标为 COD、SS 等。②注射剂类的主要废水污染源为纯化水和注射用水制备过程中产生的部分酸碱废水、生产设备和包装容器洗涤水、厂房地面冲洗水。洗涤用水量大且水质较好,集中过滤后可作原水的补充水。

生物工程类制药的高浓度废水出现在发酵环节,但相比传统抗生素发酵,生物工程类制药的发酵规模比较小,废水产生量小得多。根据企业调研,该部分废水通常作为废液委托有资质的单位处理,一般不在厂内处理。在基因工程制药中,由于盐析、沉淀、酸化等是通常必需的步骤,所以酸洗废水是其重要废水。除此之外,生产工艺的设备洗涤水、反应过程的产生水、冻干粉针剂生产中的水蒸气冷凝水作为废水排放。

第二节　水污染防治法律法规与制药工业排放标准

一、水污染防治法

从治理淮河的"零点行动"到工业废水的处理,到推行清洁生产、发展循环经济,再到环境保护法的完善、"水十条"的颁布,在这其中"法治"起到了很大的作用。目前,我国现行有效的生态环保类法律有30余部、行政法规100多件、地方性法规1 000余件,初步构建起以环境保护法为统领,涵盖水、气、声、渣等各类污染要素和山、水、林、田、湖、草、沙等各类自然生态系统,务实管用、严格严密的生态环境保护法律体系。

《中华人民共和国水污染防治法》(简称《水污染防治法》)自1984年颁行以来,曾经历1996年、2008年和2016年三次修改。第三次修改后的该法已于2017年6月由十二届全国人大常委会第28次会议通过,自2018年1月1日起施行。《水污染防治法》一共分为8章,共103条,主要包括的内容如下。

（1）总则:主要对本法的立法目的、使用范围,以及水污染防治的基本原则、基本制度、基本权利与义务等作出了规定。

（2）水污染防治的标准和规划:主要对国家和地方的水环境质量标准和水污染物排放标

准的制定权限进行了划分。

（3）水污染防治的监督管理：规定了各级政府部门防治水污染的职责，以及水污染防治中的环境影响评价制度、排污收费制度、总量控制制度、限期治理制度和淘汰制度等。

（4）水污染防治措施：防止地表水污染，主要是地表水污染防治的一般规定，以及对于工业水、城镇水、农业和农村水、船舶水等各种不同类型污水排放的限制规定。

（5）饮用水水源和其他特殊水体保护：主要对于一些饮用水源地以及风景区等特殊环境的污染活动作出了限制和禁止。

（6）水污染事故处置：主要是对发生水污染事故后的各种响应机制以及应急方案编制。

（7）法律责任：主要规定了违反《水污染防治法》的各种行为应承担的法律责任。

（8）附则：主要对水污染、水污染物、有毒污染物、污泥、渔业水体等概念进行了解释说明。

中国水污染物排放标准实行浓度与总量控制相结合的原则，实行以污染物综合排放标准为主、行业排放标准为辅的污染物标准体系。

其中，制药工业废水属于工业废水，《水污染防治法》中的相关条款主要为第四十五条：排放工业废水的企业应当采取有效措施，收集和处理产生的全部废水，防止污染环境。含有毒有害水污染物的工业废水应当分类收集和处理，不得稀释排放。工业集聚区应当配套建设相应的污水集中处理设施，安装自动监测设备，与环境保护主管部门的监控设备联网，并保证监测设备正常运行。

向污水集中处理设施排放工业废水的，应当按照国家有关规定进行预处理，达到集中处理设施处理工艺要求后方可排放。

此外，第八十二条、第八十三条和第八十五条则规定了对违反法律规定不处理或者偷排工业废水行为的处罚措施。

二、制药工业水污染排放标准

（一）制药工业水污染排放标准概述

在 2008 年以前，制药行业没有全国统一的排污标准，执行的是 1996 年版《污水综合排放标准》。2002 年，中国环保局发布医药原料药生产废水生化需氧量 BOD_5 的排放标准参照味精、酒精行业的排放标准值执行，并针对 1998 年 1 月 1 日起建设的单位在《污水综合排放标准》中规定了部分医药原料药的最高允许排水量，重点是对抗生素废水量的限制，除医药原料药有 COD、BOD_5、氨氮规定的标准值外，其他医药子行业均按其他排污单位执行。

为适应环境管理需要，2008 年 8 月 1 日国家环保部发布的《制药工业水污染物排放标准》（以下简称标准）正式实施。这是国家首个专门针对制药工业废水排放发布的环境新标准，是国家强制性标准，该标准适用于企业直接向环境水体排放的行为。此系列标准共分六大类，分别是发酵类、化学合成类、提取类、中药类、生物工程类和混装制剂类，具体为《发酵类制药工业水污染物排放标准》（GB 21903—2008）、《化学合成类制药工业水污染物排放标准》（GB 21904—2008）、《提取类制药工业水污染物排放标准》（GB 21905—2008）、《中药类制药工业水污染物排放标准》（GB 21906—2008）、《生物工程类制药工业水污染物排放标准》（GB 21907—2008）、《混装制剂类制药工业水污染物排放标准》（GB 21908—2008）；此系列排放标准规定了不同类型的制药企业排放污染物的种类、浓度要求以及用水量要求等，根据企业生产的药物种类执行不同的排放标准。

本系列标准除前言外主要由六部分构成，分别是，①适用范围：主要介绍标准适用于哪类企业及适用条件；②规范性引用文件：该部分主要介绍相应标准制定过程中引用及参考的其他文件标准等；③术语和定义：介绍标准中相应的专业术语及词汇；④污染物排放控制要求：主要是指此类企业现有企业（2008年1月1日前）和新建企业，以及特别保护地区企业的常规污染物和特征污染物允许排放的浓度；⑤污染物监测要求：主要介绍各类污染物监测时遵循的检测手段；⑥实施与监督：介绍标准执行过程中的主要监管方式及部门。

对于该系列标准，需要注意的是不同种类的废水所执行的标准不同，故而首先需要对照标准中的1和3.1（定义）确定是否适用于该标准。例如维生素C制药废水属于发酵类制药工业废水，执行《发酵类制药工业水污染物排放标准》（GB 21903—2008），而不执行《生物工程类制药工业水污染物排放标准》（GB 21907—2008），因为《生物工程类制药工业水污染物排放标准》（GB 21907—2008）在适用范围中明确指出该标准不适用于利用传统微生物发酵技术制备抗生素、维生素等药物的生产企业。

该标准针对不同废水的特性限定不同的污染指标，筛选对环境有较大影响的指标进行控制，指标具体可分为常规污染物和特征污染物，其中化学合成类包含25项，其重金属指标和有毒有机物指标多于其他子行业；发酵类12项，提取类10项，中药类12项，混装制剂类9项，生物工程类包含15项；此外还增加了粪大肠菌群数、总余氯指标。在污染物排放限值方面，各子行业的常规污染物限值稍有差别，其中发酵类和化学合成类的允许排放值较高，混装制剂类产污量小，其允许的常规污染物排放值最低，但若涉及同一特征污染物限值则同样严格。

另外，对于不同时间段建设的企业采取不同的政策，现有企业和新建企业的污染物控制指标相同，但现有企业的指标排放限值较为宽松，在一定时间的过渡期后，要求现有企业执行新建企业的排放标准，体现新老企业的公平原则，并促进现有企业的生产工艺和污染治理技术进步，推动产业升级和结构调整。

在浓度控制与总量控制相结合的原则下，取消了按照环境功能区划分标准等级划分排放标准，避免了低环境功能区由于污染物排放限值宽松引起的水环境质量下降，也体现了排放标准对同行业企业间的公平公正性。考虑到太湖地区防治污染和保障饮用水安全的需要，以及在国土开发密度较高，环境承载能力开始减弱，或环境容量较小、生态环境脆弱，容易发生严重环境污染问题而需要采取特别保护措施的地区，标准还增加了更为严格的水污染物特别排放限值的规定。

以《化学合成类制药工业水污染物排放标准》（GB 21904—2008）为例，其针对现有企业、新建企业、采取特别保护措施的地区的化学制药企业建立了不同的标准,具体如表4-2、表4-3和表4-4所示。通过对比分析,可以发现不同情况企业排放选取的指标是一致的,但是排放限值不同,现有企业的标准最为宽松,采取特别保护措施的地区的标准最为严格。此外排放标准中还指定污染物排放监控的位置,对于不同的指标,分别在企业废水总排放口和车间或生产设施废水排放口取样判定;以及对于同时生产化学合成类原料药和混装制剂的生产企业,有更为严格的排放数据(括号内数据)。其他废水标准可以参考相应的规范。

表 4-2　现有企业水污染物排放限值

序号	污染物项目	排放限值 /(mg/L)	污染物排放监控位置
1	pH	6~9(无单位)	企业废水总排放口
2	色度(稀释倍数)	50(无单位)	
3	悬浮物	70	
4	五日生化需氧量(BOD₅)	40(35)	
5	化学需氧量(CODcr)	200(180)	
6	氨氮(以N计)	40(30)	
7	总氮	50(40)	
8	总磷	2.0	
9	总有机碳	60(50)	
10	急性毒性(HgCl₂毒性当量计)	0.07	
11	总铜	0.5	
12	挥发酚	0.5	
13	硫化物	1.0	
14	硝基苯类	2.0	
15	苯胺类	2.0	
16	二氯甲烷	0.3	
17	总锌	0.5	
18	总氰化物	0.5	
19	总汞	0.05	
20	烷基汞	不得检出*	车间或生产设施废水排放口
21	总镉	0.1	
22	六价铬	0.5	
23	总砷	0.5	
24	总铅	1.0	
25	总镍	1.0	

注:*烷基汞的检出限为10ng/L;括号内的排放限值适用于同时生产化学合成类原料药和混装制剂的生产企业。

表 4-3 新建企业水污染物排放限值

序号	污染物项目	排放限值 /(mg/L)	污染物排放监控位置
1	pH	6~9（无单位）	企业废水总排放口
2	色度（稀释倍数）	50（无单位）	
3	悬浮物	50	
4	五日生化需氧量（BOD_5）	25(20)	
5	化学需氧量（CODcr）	120(100)	
6	氨氮（以 N 计）	25(20)	
7	总氮	35(30)	
8	总磷	1.0	
9	总有机碳	35(30)	
10	急性毒性（$HgCl_2$ 毒性当量计）	0.07	
11	总铜	0.5	
12	挥发酚	0.5	
13	硫化物	1.0	
14	硝基苯类	2.0	
15	苯胺类	2.0	
16	二氯甲烷	0.3	
17	总锌	0.5	
18	总氰化物	0.5	
19	总汞	0.05	
20	烷基汞	不得检出 *	车间或生产设施废水排放口
21	总镉	0.1	
22	六价铬	0.5	
23	总砷	0.5	
24	总铅	1.0	
25	总镍	1.0	

注：* 烷基汞的检出限为 10ng/L；括号内的排放限值适用于同时生产化学合成类原料药和混装制剂的生产企业。

表 4-4 水污染物特别排放限值

序号	污染物项目	排放限值 /(mg/L)	污染物排放监控位置
1	pH	6~9（无单位）	企业废水总排放口
2	色度	30（无单位）	
3	悬浮物	10	
4	五日生化需氧量（BOD_5）	10	
5	化学需氧量（CODcr）	50	
6	氨氮（以 N 计）	5	

序号	污染物项目	排放限值/(mg/L)	污染物排放监控位置
7	总氮(以N计)	15	
8	总磷(以P计)	0.5	
9	总有机碳	15	
10	急性毒性(HgCl₂毒性当量计)	0.07	
11	总铜	0.5	
12	挥发酚	0.5	
13	硫化物	1.0	
14	硝基苯类	2.0	
15	苯胺类	1.0	
16	二氯甲烷	0.2	
17	总锌	0.5	
18	总氰化物	不得检出[①]	
19	总汞	0.05	
20	烷基汞	不得检出[②]	车间或生产设施废水排放口
21	总镉	0.1	
22	六价铬	0.3	
23	总砷	0.3	
24	总铅	1.0	
25	总镍	1.0	

注:①总氰化物的检出限为 0.25mg/L;②烷基汞的检出限为 10ng/L。

(二)基准水量排放浓度换算

为减少水资源浪费以及杜绝废水稀释排放,同时更为精准地计算企业生产多种产品时废水是否超标,新标准启用"基准排水量"来确定排放是否达标。当企业同时生产多种药品,将产生的废水混合处理排放时,环保部门仍可按公式换算出水污染物基准水量排放浓度,判断排污是否超标,这为大型制药企业废水处理提出更加精准严格的要求。

在企业的生产设施同时生产两种以上产品、可适用不同排放控制要求或不同行业国家污染物排放标准,且生产设施产生的废水混合处理排放的情况下,应执行排放标准中规定的最严格的浓度限值,并按式(4-1)换算水污染物基准水量排放浓度。

$$C_{基} = \frac{Q_{总}}{\sum(Y_i \cdot Q_{i基})} C_{实} \qquad 式(4\text{-}1)$$

式(4-1)中,$C_{基}$ 为水污染物基准水量排放浓度,单位为毫克每升(mg/L);$Q_{总}$ 为排水总量,单位为立方米(m³);Y_i 为某产品产量,单位为吨(t);$Q_{i基}$ 为某产品的单位产品基准排水量,单位为立方米每吨(m³/t);$C_{实}$ 为实测水污染物浓度,单位为毫克每升(mg/L)。

若 $Q_{总}$ 与 $\sum(Y_i \cdot Q_{i基})$ 的比值<1，则以水污染物实测浓度作为判定排放是否达标的依据。

在不同的规范中给出了不同制药企业单位产品的基准水量，如表 4-5 给出发酵类制药工业企业单位产品基准排水量。

有关制药工业水污染排放标准的内容也可参考第八章。

表 4-5 发酵类制药工业企业单位产品基准排水量

序号	药物种类		代表性药物	单位产品基准排水量 /(m³/t)
1	抗生素	β- 内酰胺类	青霉素	1 000
			头孢菌素	1 900
			其他	1 200
		四环素类	土霉素	750
			四环素	750
			去甲基金霉素	1 200
			金霉素	500
			其他	500
		氨基糖苷类	链霉素、双氢链霉素	1 450
			庆大霉素	6 500
			大观霉素	1 500
			其他	3 000
		大环内酯类	红霉素	850
			麦白霉素	750
			其他	850
		多肽类	卷曲霉素	6 500
			去甲万古霉素	5 000
			其他	5 000
		其他类	林可霉素、多柔比星、利福霉素等	6 000
2	维生素		维生素 C	300
			维生素 B_{12}	115 000
			其他	30 000
3	氨基酸		谷氨酸	80
			赖氨酸	50
			其他	200
4	其他			1 500

注：排水量计量位置与污染物排放监控位置相同。

第三节　废水处理技术概述

废水处理方式的选择取决于废水的性质和废水出路。对于不同的进出水水质,选择的工艺是不同的。不同的处理方法具有不同的废水处理和使用环境的特点,工业废水的处理需要根据实际情况进行具体分析。由于工业废水中污染物种类较多,单一的处理方法很难对所有污染物进行去除;随着对排水要求的不断提高,通常几种方法联用处理废水,形成废水处理系统。

一般来说,工业废水处理系统分为三级,一级处理主要针对废水中的大颗粒悬浮物,保障后续处理能够顺利进行;二级处理是从废水中去除有机物质、氮、磷等营养物质,通常是通过生物方法实现的;三级处理又称为深度处理,主要是将二级处理中难以降解的有机物、可溶性盐等去除,以进一步降低废水中的污染物,使其达到排放或回用标准。

物理法:沉淀法、过滤、隔油、气浮、离心分离、磁力分离。

化学法:混凝法、中和法、氧化还原法、化学沉淀法。

物理化学法:吸附法、离子交换法、萃取法、吹脱、汽提。

生物法:活性污泥法、生物膜法、厌氧工艺、生物脱氮除磷工艺。

一、物理法

物理法是指利用物理作用进行废水处理。废水的物理处理法的去除对象是废水中的漂浮物和悬浮物,在处理过程中废水的化学性质不发生改变。主要工艺有筛滤截留、重力分离(自然沉淀和上浮离心分离)等,使用的处理设备和构筑物有格栅和筛网、沉砂池和沉淀池、气浮装置、离心机、旋流分离器等。采取的主要方法有筛滤截留法——筛网、格栅、过滤等;重力分离法——沉砂池、沉淀池、隔油池、气浮池等;离心分离法——旋流分离器、离心机等。

1. 格栅　通常由一组或数组平行的金属栅条、塑料齿钩或金属筛网、框架及相关装置组成,一般作为整个废水处理工艺的起点,倾斜安装在废水渠道、泵房集水井的进口处或废水处理厂的前端,用来截留废水中较粗大的漂浮物和悬浮物,如纤维、碎皮、毛发、木屑、果皮、蔬菜、塑料制品等,防止堵塞曝气器、管道阀门、处理构筑物配水设施、进出水口,保证废水处理设施的正常运行。按照格栅形状可分为平面格栅(图4-6)、曲面格栅、阶梯式格栅 [图 4-7(a)];按

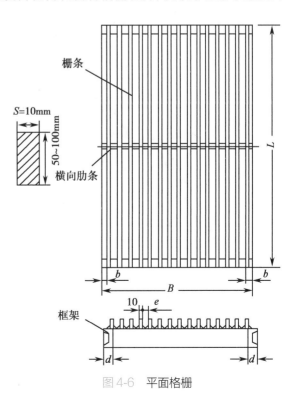

图 4-6　平面格栅

照栅条间隙可分为粗格栅（50~100mm）、中格栅（10~40mm）和细格栅（3~10mm）三种；按栅渣清除方式，可分为人工清渣格栅、机械清渣格栅和水力清渣格栅。人力清渣格栅适用于小型污水处理厂，当栅渣量>0.2m³/d时，为了改善劳动和卫生条件，都应采用机械清渣格栅。

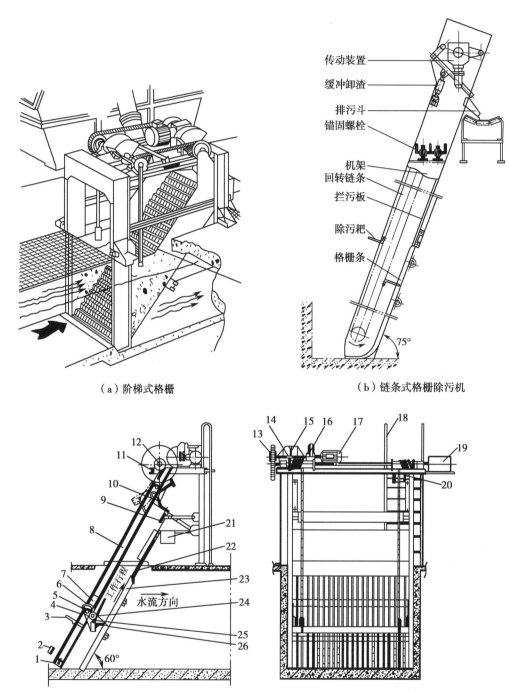

（a）阶梯式格栅　　　　　　　　　　　　（b）链条式格栅除污机

1. 滑块行程限位螺栓；2. 除污耙自锁机构开锁撞块；3. 除污耙自锁拴；4. 耙臂；5. 销轴；6. 除污耙摆动限位板；
7. 滑块；8. 滑块导轨；9. 刮板；10. 抬耙导轨；11. 底座；12. 卷筒轴；13. 开式齿轮；14. 卷筒；15. 减速机；
16. 制动器；17. 电动机；18. 扶梯；19. 限位器；20. 松绳开关；21、22. 上、下溜板；23. 格栅；24. 抬耙滚子；
25. 钢丝绳；26. 耙齿板。

（c）钢丝绳牵引滑块式格栅除污机

图4-7　几种常用的格栅及格栅除污机

常用的机械清渣格栅有链条式格栅除污机,如图4-7(b)所示,其工作原理是经传动装置带动格栅除污机上的两条回转链条循环转动,固定在链条上的除污耙在随链条循环转动的过程中将格栅条上截留的栅渣提升上来后,由缓冲卸渣装置将除污耙上的栅渣刮下掉入排污斗排出。链条式格栅除污机适用于较小的中小型污水处理厂。还有循环齿耙除污机、转臂式弧形格栅、钢丝绳牵引滑块式格栅[图4-7(c)]等多种机械清渣格栅。

2. 沉砂 以重力分离为基础,通过控制进入沉砂池的废水流速使比重大的无机颗粒(砂砾、煤渣等)下沉,而有机悬浮颗粒则随水流被带走。沉砂池一般设于泵站、倒虹管前,以减轻无机颗粒对水泵、管道的磨损;也可以设于初次沉淀池前,以减轻后续处理构建物的处理负荷。根据水流的方向,沉砂池分为平流沉砂池、曝气沉砂池、旋流沉砂池等。

3. 沉淀 以重力分离为基础,利用水中悬浮颗粒的可沉降性能,控制停留时间和流速,将比水重的沉降颗粒去除,达到固液分离的一种过程。该工艺通常在废水处理工艺中有初沉池(主要用以沉淀水中的胶体物质和悬浮物,减少后续生物处理负荷)、二沉池(用于分离生物处理工艺中产生的生物膜、活性污泥等)两种应用方式。而根据其进出水类型可分为平流式、竖流式和辐流式,辐流式沉淀池的进水方式有中心进水和周边进水两种,工艺构造见图4-8,此外在初沉池还可以采用斜管(斜板)沉淀池。

4. 隔油 隔油池为自然上浮的油水分离装置,以重力分离为基础,利用油与水的比重差

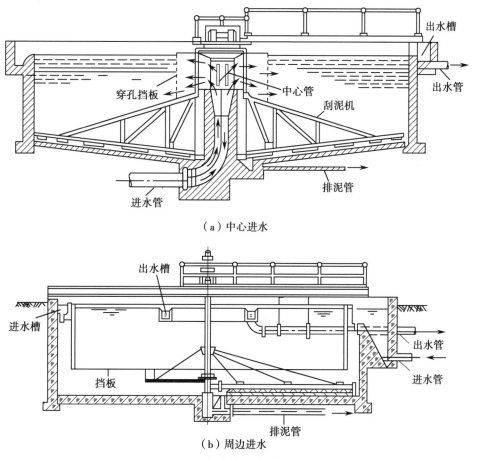

(a)中心进水

(b)周边进水

图4-8 辐流式沉淀池工艺图

异,分离去除废水中颗粒较大的悬浮油,常用的隔油池有平流式与斜板式两种形式。以我国使用较为广泛的平流式隔油池为例,如图4-9所示,废水从池的一端流入池内,从另一端流出。在隔油池中,由于流速降低,相对密度<1.0而粒径较大的油珠上浮到水面上,相对密度>1.0的杂质沉于池底。在出水一侧的水面上设集油管。集油管一般用直径为200~300mm的钢管制成,沿其长度在管壁的一侧开有切口,集油管可以绕轴线转动,平时切口在水面上,当水面浮油达到一定的厚度时,转动集油管,使切口浸入水面油层之下,油进入管内,再流到池外。

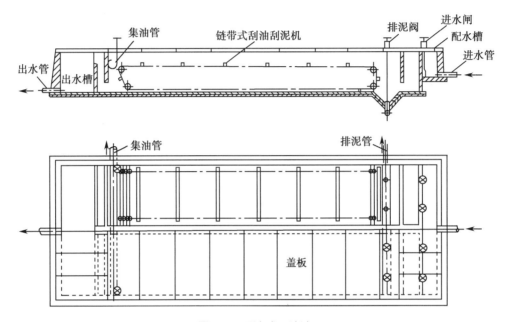

图4-9 平流式隔油池

5. 气浮 采用一定的方法使水中产生大量微气泡,以形成水、气及被去除固相物质的三相混合体,在界面张力、气泡上升浮力和静水压力差等多种力的共同作用下,促进微小颗粒污染物黏附微细气泡上后,因黏合体密度小于水而上浮到水面,形成浮渣而被刮除,从而使水中的细小颗粒被分离去除,可用于固液分离或液液分离。气浮池通常分为浅层气浮、涡凹气浮、平流气浮。产生微气泡的方法常用的有曝气气浮法和溶气气浮法两种。曝气气浮法又称为分散空气气浮法,又分为微孔曝气和剪切气泡(依靠水流的机械剪切力碎细空气,使其成为微细的气泡而扩散于水)。溶气气浮法是在一定的压力下让空气溶解在水中,然后在减压条件下析出溶解空气,形成微气泡。另外,还有不常用的电解法,将正、负相间的多组电极浸泡在废水中,当通以直流电时,废水电解,正、负两极间产生氢气和氧气的细小气泡。

6. 过滤 过滤是利用过滤材料截留水中的悬浮杂质,从而使水澄清的工艺过程,用于水处理中悬浮物和胶态杂质的去除,同时对水中的COD、BOD、磷、重金属、细菌及病毒等也都有一定的去除作用。通过堆积滤料的细小孔道截留吸附水中的污染物,进而实现净水作用。按照滤速的大小可分为快滤池和慢滤池,滤料通常为粒状材料,如石英砂、砾石、陶粒、活性氧化铝球、沸石及纤维球等。此外,还有滤布、过滤网等。

二、化学法

废水的化学处理法是向废水中投加化学物质,利用化学反应来分离回收废水中的污染物,或使其转化为无害的物质。常用的化学处理法如下。

1. 混凝法 混凝法是向废水中投加一定量的药剂,经过脱稳、架桥等反应过程,使水中的胶体污染物凝聚并沉降。

混凝剂主要分为两类:无机盐类混凝剂和有机高分子混凝剂。常用的无机盐类混凝剂有硫酸铝、碱式氯化铝、硫酸亚铁、三氯化铁等,有机高分子混凝剂则有聚合硫酸铝、聚丙烯酰胺等。混凝的机制涉及的因素很多,总结为主要三个方面的作用:压缩双电层作用、吸附架桥作用、网捕作用。

水中呈胶体状态的污染物质通常带有负电荷,胶体颗粒之间互相排斥形成稳定的混合液,若水中有带相反电荷的电介质(即混凝剂)则可使废水中的胶体颗粒改变为呈电中性,并在分子引力作用下凝聚成大颗粒下沉。吸附架桥作用是指混凝剂溶于水后,经水解和缩聚反应形成具有线性结构的高分子聚合物,其线性长度较大且能够在两端分别吸附胶粒,在相距较远的两胶粒间进行吸附架桥,使颗粒逐渐变大,形成肉眼可见的粗大絮凝体。网捕作用是指三价铝盐或铁盐等水解生成沉淀物,沉淀过程中卷集、网捕水中的胶体等微粒,使胶体黏结。无机盐类混凝剂是三个方面的共同作用,吸附架桥作用可能是有机高分子混凝剂的主要作用机制。该法用于处理含油废水、染色废水、洗毛废水等,可独立使用,也可与其他方法配合使用,可以作为预处理、中间处理和深度处理等。

2. 中和法 用化学方法消除废水中过量的酸和碱,使其 pH 达到中性左右的过程称为中和法。中和的方法有三种:酸碱废水互相中和法、药剂中和法和过滤中和法(仅用于酸性废水,酸性废水流过碱性滤料)。处理含酸废水以碱为中和剂,处理含碱废水以酸和酸性氧化物为中和剂,也可以吹入含 CO_2 和 SO_2 的烟道气进行中和。酸或碱均指无机酸和无机碱,一般应依照"以废治废"的原则,亦可采用药剂中和处理,可以连续进行,也可间歇进行。

3. 氧化还原法 废水中呈溶解状态的有机污染物和无机污染物在投加氧化剂和还原剂后,由于电子的迁移而发生氧化和还原反应改变水中某些有毒有害化合物中元素的化合价以及分子结构,使有害的化合物变为无害的化合物,使难于生物降解的有机物转化为可生物降解的有机物。常用的氧化剂有空气中的氧、漂白粉、臭氧、二氧化氯、氯气等,氧化法多用于处理含酚废水、含氰废水。常用的还原剂则有铁屑、硫酸亚铁、亚硫酸氢钠等,还原法多用于处理含铬废水、含汞废水。以下简要介绍常见的化学氧化法。

4. 铁碳法 当将铁和碳共同浸入含有电解质的溶液中时,由于铁和碳之间存在 1.2V 的电极电位差,因而会形成无数的微电池系统,在其作用空间构成一个电场,阳极反应生成大量 Fe^{2+} 进入废水,进而氧化成 Fe^{3+},形成具有较高吸附絮凝活性的絮凝剂。铁碳反应铁屑对絮体的电附集和对反应的催化、电池反应、产物混凝、新生絮体的吸附和床层的过滤等作用的综合效应的结果。其中,主要作用是氧化还原和电附集,阴极反应产生大量新生态 [H] 和 [O],在偏酸性条件下,这些活性成分均能与废水中的许多组分发生氧化还原反应,使有机大分子发生断链降解,从而消除有机物尤其是印染废水的色度,提高废水的可生化性,且阴极反应消耗

大量 H^+ 生成大量 OH^-，这使得废水的 pH 也有所提高。

当废水与铁碳接触后发生如下电化学反应：

$$阳极：Fe-2e^- \rightarrow Fe^{2+} \quad E_0(Fe/Fe^{2+})=0.4V$$

$$阴极：2H^++2e^- \rightarrow H_2 \quad E_0(H^+/H_2)=0V$$

当有氧存在时，阴极反应如下：

$$O_2+4H^++4e^- \rightarrow 2H_2O \qquad E_0(O_2)=1.23V$$

$$O_2+2H_2O+4e^- \rightarrow 4OH^- \quad E_0(O_2/OH^-)=0.41V$$

在实际工作应用中，一般都将废水调节至酸性，这样可以增强微电解的效果。由于反应生成羟基自由基，因此微电解出 H_2O 时的 pH 会升高，废水中原本的 Fe^{2+} 经过反应被氧化成 Fe^{3+}，继而形成具有强吸附能力的 $Fe(OH)_3$。$Fe(OH)_3$ 是一种胶体絮凝剂，可以有效地吸附水中的污染物质，提高系统的处理效果。

5. 芬顿反应法 芬顿反应（Fenton reaction）法起源于 19 世纪 90 年代中期，反应大都在酸性条件下进行，其核心反应式为 $Fe^{2+}+H_2O_2 \rightarrow Fe^{3+}+OH^-+\cdot OH$，$\cdot OH$ 与污染物发生链式反应，从而使有机物降解。芬顿反应法在处理一些难降解有机物（如苯酚类、苯胺类）方面显示出一定的优越性。随着人们对芬顿反应法研究的深入，近年来又把紫外光（UV）、草酸盐等引入芬顿反应法中，使芬顿反应法的氧化能力大大增强。

6. 臭氧氧化法 臭氧氧化体系具有较高的氧化还原电位。臭氧是一种强氧化剂，能够氧化废水中的大部分有机污染物，广泛应用于工业废水的处理中。臭氧能氧化水中的许多有机物，例如蛋白质、氨基酸、有机胺、链式不饱和化合物、芳香化合物和杂环化合物、木质素、腐殖质等。臭氧不仅能氧化有机物，也会氧化废水中的无机物。例如氰与臭氧反应：

$$KCN+O_3 \rightarrow KCNO+O_2$$

$$2KCNO+H_2O+3O_3 \rightarrow 2KHCO_3+N_2 \uparrow +3O_2 \uparrow$$

但臭氧与有机物的反应是有选择性的，而且不能将有机物彻底分解为 CO_2 和 H_2O，臭氧氧化后的产物往往为羧酸类有机物。且臭氧的化学性质极不稳定，尤其在非纯水中，氧化分解速率以分钟计。在废水处理中，臭氧氧化通常不作为一个单独的处理单元，通常会加入一些强化手段，如光催化臭氧化、碱催化臭氧化和多相催化臭氧化等。

7. 湿式氧化技术 又称为湿式燃烧，是处理高浓度有机废水的一种行之有效的方法。其基本原理是在高温、高压条件下通入空气，使废水中的有机污染物被氧化。按处理过程有无催化剂，可将其分为湿式氧化法和催化湿式氧化法两类。湿式氧化（wet air oxidation，WAO）法是在高温（125~320℃）、高压（0.5~20MPa）条件下以空气或氧气作为氧化剂，使废水中的高分子有机物直接氧化降解为无机物或小分子有机物。但由于该技术要求高温、高压，所需设备投资较大，运转条件苛刻，难于被一般企业接受。因而配合使用催化剂，从而降低反应温度和压力或缩短反应停留时间的催化湿式氧化法近年来更是受到广泛的重视与研究。催化湿式氧化（catalytic wet oxidation，CWAO）法是在传统的湿式氧化处理工艺中加入适宜的催化剂使氧化反应能在更温和的条件下和更短的时间内完成，从而可降低反应的温度和压力、提高氧化分解能力、加快反应速率、缩短停留时间，也因此可减轻设备腐蚀、降低运行费用。催化湿式氧化法的关键问题是高活性易回收的催化剂。催化湿式氧化法的催化剂一般分为金属盐、氧化物和复合氧化物3类，按催化剂在体系中存在的形式，又可将催化湿式氧化法分为均相湿式催化氧化法和非均相湿式催化氧化法。

除此之外，还有光催化氧化技术、超声波氧化技术等多种新型废水处理技术，但是由于技术上未完全成熟，在大型工程中应用较少。

8. 电解法（电化学法）　电解质溶液在电流作用下发生电化学反应，在废水中插入电极并通过电流，废水中的有毒物质在阴极接受电子、在阳极放出电子；阳极发生氧化作用，阴极发生还原作用。该法的可控性强、反应条件温和、常温常压、操作简单，还能避免引起二次污染；此外，因为阴、阳极可以发生多种化学反应，电化学技术兼具气浮、絮凝、消毒作用。另外，当废水中含有金属离子时，阴、阳极可同时起作用。该技术的缺点是用电量大、效率不高、经济上不合理，此外电极寿命问题也影响该技术的工程应用。

三、物理化学法

物理化学法处理是指利用物理作用和化学反应综合过程处理废水的方法。常见的方法有吸附法、离子交换法、萃取法、吹脱、汽提等。物理化学法处理既可以是独立的处理系统，也可以是生物处理前后的预处理、深度处理设施，其工艺处理流程的选择取决于废水水质、排放或回收利用的要求、处理费用等。其优点是占地少，出水水质好，效果稳定，灵活性高；但通常运转费用较高，能源和物料消耗多。

1. 吸附法　废水吸附处理主要是利用固体物质表面对废水中污染物质的吸附。吸附可分为物理吸附、化学吸附和生物吸附等。物理吸附是吸附剂和吸附质之间在分子力作用下产生的，不产生化学变化；而化学吸附则是吸附剂和吸附质在化学键力作用下起吸附作用的，因此化学吸附的选择性较强。在废水处理中常用的吸附剂有活性炭、磺化煤、焦炭等。由于吸附法对进水的预处理要求高，吸附剂的价格昂贵，因此在废水处理中，吸附法主要用来去除水中的微量污染物，以达到深度净化的目的；或是从高浓度的废水中吸附某些物质达到资源回收和治理的目的。如废水中少量重金属离子的去除、有害的难生物降解有机物的去除、脱色除臭等。

2. 离子交换法　是利用交换剂与溶液中的离子发生交换进行分离的方法，使用的离子交换剂分为无机离子交换法、有机离子交换法。实际应用中最主要的类别是离子交换树脂，采用离子交换树脂处理废水时必须考虑树脂的选择性。树脂对各种粒子的交换能力是不同的，这主要取决于各种离子对该种树脂亲和力的大小，又称为选择性的大小。离子交换树脂使用一段时间后，吸附的杂质接近饱和状态，就要进行再生处理，用化学药剂将树脂所吸附的离子和其他杂质洗脱除去，使之恢复原来的组成和性能。离子交换法主要用于去除废水中的金属离子。离子交换法在处理电镀行业的含铬废水、含镍废水、含铜废水及含金废水方面得到广泛的应用。

3. 吹脱法　将气体（载气）通入水中，使之相互充分接触，使水中溶解的气体和挥发性物质穿过气液界面，向气相转移，从而达到脱除污染物的目的。常用空气作为载气。吹脱法用于脱除水中溶解的气体和某些挥发性物质，例如去除高浓度的氨氮。吹脱效果受温度、气液比、pH影响，而水中如含有油类物质和表面活性剂会影响吹脱效果。

4. 膜分离技术（纳滤、微滤、超滤、反渗透、渗析法、电渗析法） 膜分离技术是一种以具有选择透过性的膜为分离介质对水中的污染物进行分离的技术。通常是以多孔膜为过滤介质，根据孔径大小可分为纳滤膜、微滤膜、超滤膜、反渗透膜；根据材料不同可分为无机膜和有机膜，无机膜只有微滤级别的膜，主要是陶瓷膜和金属膜。膜分离技术的发展史如图4-10：

20世纪30年代 微孔过滤 ⇒ 40年代 透析 ⇒ 50年代 电渗析 ⇒ 60年代 反渗透 ⇒ 70年代 超滤 ⇒ 80年代 气体分离 ⇒ 90年代 渗透汽化 ⇒ 21世纪 推广应用

图4-10 膜分离技术的发展史

不同膜分离技术的比较见表4-6。

表4-6 不同膜分离技术的比较

类型	隔离的物质	孔径大小/nm	应用场景
浅层过滤	肉眼可见的杂质	$10^3 \sim 10^6$	—
微滤	细菌、胶体等	$100 \sim 1\,000$	化学工业水、溶剂、酸、碱等化学品过滤；生物化工菌体浓缩分离；电子工业超纯水制备；医疗领域无热原纯净水制备等
超滤	病毒、胶体、蛋白质、微生物等	$10 \sim 1\,000$	水处理中超纯水和无菌水制造、高浓度活性污泥法（MBR）去除细菌及悬浮物；化学工业中胶体回收；生物化工发酵产品浓缩精制；医药生理活性物质分离和精制等
纳滤	小分子有机物、糖类、农药、杀虫剂、重金属等	$1 \sim 10$	脱除溶液中的盐类及低分子物质；电子工业超纯水制备；食品果汁高浓度浓缩；医药生理活性物质浓缩、分离和精制等
反渗透	原子、小分子、离子、溶解盐	$0.1 \sim 1$	海水淡化；下水的脱氮、脱磷、脱盐，水回收利用；化学工业石化废水处理；医药无菌水制造；农畜水产蛋白质回收；食品加工鱼油废水处理等

其中，微滤的主要应用范围是从气相和液相中截留微粒、细菌及其他污染物，以达到净化、分离、浓缩的目的。超滤是介于微滤和纳滤之间的一种膜过程，当水流过膜表面时，只允许水及比膜孔径小的小分子物质通过，达到溶液净化、分离、浓缩的目的。膜的截留特性以对标准有机物的截留分子量来表征，通常截留分子量范围在 $1\,000 \sim 300\,000$，故超滤膜能对大分子有机物（如蛋白质、细菌）、胶体、悬浮固体等进行分离。纳滤是介于超滤与反渗透之间的一种膜分离技术，其截留分子量范围在 $80 \sim 1\,000$，孔径为几纳米，因此称为纳滤；纳滤膜能对小分子有机物等与水、无机盐进行分离，实现脱盐与浓缩同时进行。反渗透是利用反渗透膜只能透过溶剂（通常是水）而截留离子物质或小分子物质的选择透过性，以膜两侧的静压为推动力，从而实现对液体混合物分离的膜过程。分离对象是所有离子，仅让水透过膜，出水为无离子水。反渗透法能去除可溶性金属盐、有机物、细菌、胶体粒子、发热物质，也即能截留所有离子，在生产纯净水、软化水、无离子水及产品浓缩、废水处理方面已经得到广泛的应用，如垃圾渗滤液的处理。人们发现某些动物膜，如膀胱膜、羊皮纸（一种把羊皮刮薄做成的纸）有分隔水溶液中的某些溶解物质（溶质）的作用。例如食盐能透过羊皮纸，而糖、淀粉、树胶等则不能。如果用羊皮纸或其他半透膜包裹着一个穿孔杯，杯中盛满盐和糖的混合液，放在一

个盛满清水的烧杯中,盐的分子能够透过羊皮纸或半透膜进入清水,而糖不能,通过不断地更换烧杯中的清水,就能把穿孔杯中混合液内的食盐基本上都分离出来,使混合液中的糖和盐得到分离,这种方法称为渗析法。这种对溶质的渗透性有选择作用的薄膜称为半透膜。电渗析是指在直流电场作用下,溶液中的离子有选择性地透过离子交换膜的迁移过程。膜分离技术去除杂质的范围见图4-11。

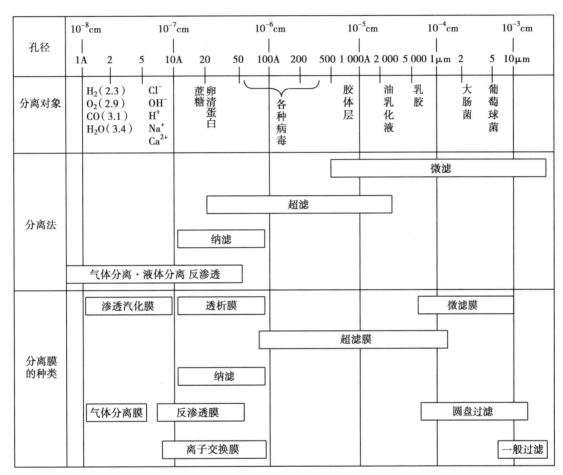

图 4-11 膜过滤图谱

四、生物法

废水成分复杂,除了难降解物质外,水中还含有大量碳、氮、磷营养元素,具备微生物生长和繁殖的条件,因而微生物能从废水中获取养分,同时降解和利用水中的污染物,从而使废水得到净化。废水生物处理是利用微生物的生命活动,对水中呈溶解态或胶体状态的有机污染物进行降解,从而使废水得到净化的一种处理方法。废水生物处理技术以其消耗少、效率高、成本低、工艺操作管理方便可靠和无二次污染等显著的优点而备受人们的青睐。

根据微生物对氧气的需求不同,废水生物处理可分为好氧生物处理和厌氧生物处理两大类。按照微生物生长方式可分为活性污泥法和生物膜法。

(一)好氧生物处理
好氧生物处理是在水中有溶解氧存在的条件下,借助好氧微生物和兼性厌氧微生物(其中主要是好氧菌)的作用来进行的。在处理过程中,绝大多数有机物都能被相应的微生物氧化分解。整个好氧分解过程可分为两个阶段,第一阶段主要是有机物转化为 CO_2、H_2O、NH_3 等,第二阶段主要是 NH_3 转化为 NO_2 和 NO_3。用好氧法处理废水,基本上没有臭气,处理所需的时间比较短,如果条件适宜,一般可去除 BOD_5 达 80%~90% 及以上。根据处理构筑物的不同,好氧生物处理的方法可分为活性污泥法、生物膜法、氧化塘法等。其中,活性污泥法和生物膜法的应用最广泛。活性污泥的主体是菌胶团,它是由细菌及其分泌的胶质物质组成的细小颗粒,污泥的吸附性能、氧化分解能力及凝聚沉降等性能均与菌胶团有关。

1. 活性污泥法 活性污泥法是一种应用最广泛的废水好氧生物处理技术,以"活性污泥"为主体处理手段。将经过沉淀处理后的生活污水注入沉淀管中,注入空气对污水进行曝气,并使生活污水保持水温 20℃,溶解氧含量介于 1~3mg,pH 为 6~8,每日保留沉淀物并更换污水,再注入沉淀处理后的新鲜生活污水,持续这种操作 10 天 ~2 周,污水中将形成一种黄褐色絮凝体,它主要由大量繁殖的以细菌为主体的微生物组成,这即是活性污泥。活性污泥通常为黄褐色(有时呈铁红色)絮绒状颗粒,也称为"生物絮凝体",其基干部分是由以千万个细菌为主体结合形成的称为"菌胶团"的团粒。有些细菌在一定的环境条件下可形成一层黏液性物质,当黏液层呈现均匀的厚度时则称为荚膜;有些细菌的黏液层能黏结起来,使许多细菌呈团块状生长,称为菌胶团,此类细菌称为菌胶团细菌。菌胶团对活性污泥的形成以及其各项功能的发挥起着十分重要的作用,只有在菌胶团发育正常的条件下,活性污泥絮凝体才能很好地形成。

活性污泥法通常由曝气池、二次沉淀池、曝气系统及污泥回流系统等组成。第一阶段,废水经初次沉淀池后与二次沉淀池底部回流的活性污泥同时进入曝气池,通过曝气,活性污泥呈悬浮状态,并与废水充分接触。废水中的有机污染物被活性污泥颗粒吸附在菌胶团的表面上,这是由于其巨大的比表面积和多糖类黏性物质。同时,一些大分子有机物在细菌胞外酶作用下分解为小分子有机物。第二阶段,微生物在氧气充足的条件下吸收这些有机物,并氧化分解,形成二氧化碳和水,一部分供给自身的增殖繁衍。活性污泥反应进行的结果是废水中的有机污染得到降解而去除,活性污泥本身得以繁衍增长,废水则得以净化处理。经过活性污泥净化作用后的混合液进入二次沉淀池,混合液中悬浮的活性污泥和其他固体物质在这里沉淀下来与水分离,澄清后的废水作为处理水排出系统。经过沉淀浓缩的污泥从沉淀池底部排出,其中大部分作为接种污泥回流至曝气池,以保证曝气池内的悬浮固体浓度和微生物浓度;增殖的微生物从系统中排出,称为"剩余污泥"。事实上,污染物很大程度上从废水中转移到了这些剩余污泥中。

为了强化与提高活性污泥处理系统的净化效果,必须考虑影响活性污泥反应的各项因素,充分发挥活性污泥微生物的代谢功能。以下为一些影响活性污泥的环境因素。

(1)BOD 负荷率:BOD 负荷率为 F/M 值,也称为有机负荷率,以 Ns 表示。活性污泥反应系统的核心是活性污泥微生物,参与反应的物质则有作为活性污泥微生物载体的活性污泥量(此值以 M 表示)和作为活性污泥微生物营养物质的有机污染物量(此值以 F 表示)。F/M 值是影响活性污泥增长、有机基质降解的重要因素,它表示曝气池中单位质量的活性污泥在单位时间内承受的有机物(BOD_5)的量,单位为 kg/(kg·d)。提高 F/M 值,曝气池中的有机营养物质(F 值)充沛,可加快活性污泥增长速率及有机基质降解速率,缩小曝气池容积,有利于减少基建投资;若 F/M 值过低,微生物生长环境食物不足,细菌数量太少,则有机基质降解速率过低，从而处理能力降低，曝气池的容积加大，导致基建费用升高，也是不可取的。因此，F/M 值应控制在合理的范围内，使微生物处于通过内源代谢获得能量的内源呼吸期，动能很低，能够形成颗粒较大的活性污泥絮凝体。在活性污泥工艺设计中，BOD 负荷率一般取 0.15~0.44kg/(kg·d)。同时，处理目标不同，处理系统的负荷也是不同的，如对去除有机物和达到硝化，去除 N、P 和达到污泥稳定化等不同的要求所采用的负荷是不同的。

（2）水温：活性污泥微生物的生理活动与周围的温度关系密切。在 15~30℃ 的温度范围内，微生物的生理活动频繁。在此温度范围外，均会导致活性污泥反应程度受到某些不利影响。例如当温度高于 35℃ 或低于 10℃ 时，微生物对有机物的代谢功能会受到一定程度的不利影响。在我国北方地区，大中型活性污泥处理系统也可露天建设，但小型活性污泥处理系统则可以考虑建在室内。而当温度高于 35℃ 或低于 5℃ 时，反应速率会降至最低程度，甚至完全停止反应。因此，一般活性污泥反应进程的最高及最低极限温度分别控制在 35℃ 及 10℃。

（3）pH：活性污泥中最适宜微生物生长的 pH 介于 6.5~8.5。丝状菌中的真菌类，其适宜生长的 pH 范围是 4.5~6.5。当 pH 低于 6.5 时，有利于真菌的生长繁殖；当 pH 低于 4.5 时，原生动物完全消失，大多数微生物不适应。活性污泥混合液本身具有一定的缓冲作用，因为微生物的代谢活动能改变环境的 pH。如微生物对含氮化合物的利用，由于脱氮作用而产生酸，降低环境的 pH；由于脱羧作用而产生碱性胺，可使 pH 上升。在活性污泥的培养、驯化过程中，如果将 pH 的因素考虑在内，逐渐升高或降低 pH，则活性污泥也能逐渐适应。但 pH 发生急剧变化，即在有冲击负荷时，活性污泥的净化效果将大大降低。因此，酸碱废水是否需要进行中和处理，应根据实际情况而定。

（4）溶解氧：活性污泥中的微生物均是好氧菌，所以在混合液中保持一定浓度的溶解氧是非常重要的。对混合液的游离细菌而言，溶解氧保持在 0.2~0.3mg/L 的浓度即可满足要求。但是由于活性污泥是由微生物群体构成的絮凝体，溶解氧必须扩散到活性污泥絮体的内部，为使活性污泥系统保持良好的净化功能，溶解氧需要维持在较高的水平。一般要求曝气池出口处的溶解氧浓度不小于 1~2mg/L。溶解氧浓度过高时，氧的转移效率降低，动力费用过高，在经济上不适宜；溶解氧浓度过低时，丝状菌在系统中占优势，微生物的净化功能降低，容易诱发污泥膨胀。

（5）营养平衡：微生物细胞的组成元素主要有碳、氢、氧、氮等几种，占 90%~97%，其余 3%~10% 为无机元素，其中磷元素的含量占 50%。活性污泥中的微生物在进行各项生命活动中，必须不断地从环境中摄取各种营养物质。为使活性污泥保持良好的沉降性能，必须使废水中供微生物生长的基本元素——碳、氮、磷达到一定的浓度值，并保持一定的比例关系。其中，元素碳的量在废水中以 BOD 表示。对于活性污泥微生物来说，一般以 BOD∶N∶P 的比值来表示废水中营养物质的平衡。活性污泥微生物对 N、P 的需要量可按 BOD∶N∶P=100∶5∶1 来计算。当废水中营养元素 N、P 的含量供不应求时，宜向曝气池反应器内补充 N、P，以保持废水中的营养平衡。可以投加氨水、硫酸铵、硝酸铵、尿素等以补充 N，投加过磷酸钙、磷酸等以补充 P。

（6）有毒物质：有些化学物质可能对微生物的生理功能有毒害作用，如重金属及其盐类均可使蛋白质变性或与酶的巯基结合而使酶失活；醇、醛、酚等有机化合物能使蛋白质发生变性或使蛋白质脱水而使微生物致死。另外，某些元素是微生物生理上所需要的，但当其浓度达到一定程度时,就会对微生物产生毒害作用。因此,首先要了解各种元素及化学物质对微生物的生理功能产生毒害作用的最低限值,即阈值。当物质的浓度高于此值时,就会对微生物的生理功能产生毒害作用,如抑制微生物增殖,甚至可使微生物灭绝。

活性污泥处理系统有较长的历史,在长期的工程实践过程中,根据水质的变化、微生物代谢活性的特点和运行管理、技术经济及排放要求等方面的情况,又发展成为多种运行方式和池型。其中,按运行方式可分为普通曝气法、渐减曝气法、阶段曝气法、吸附再生法(即生物接触稳定法)、高速率曝气法等;按池型可分为推流式曝气池、完全混合曝气池;此外,按池深及曝气方式及氧源等,又有深水曝气池、深井曝气池、射流曝气池、纯氧(或富氧)曝气池等。随着电子计算机的飞跃式发展与应用,序批式活性污泥法(SBR)系列工艺迅速得到开发和应用。

2. 序批式活性污泥法 SBR 是一种按间歇曝气方式来运行的活性污泥废水处理技术。与传统废水处理工艺不同,SBR 采用时间分割的操作方式替代空间分割的操作方式,以非稳定生化反应替代稳态生化反应,以静置理想沉淀替代传统的动态沉淀。SBR 的运行一般采用多个 SBR 反应器并联间歇运行的方式。对于单一 SBR 反应器,每个运行周期包括 5 个阶段:进水期、反应期、沉淀期、排水排泥期、闲置期。进水期可以采用限制曝气或非限制曝气,废水连续进入 SBR 反应器,此时活性污泥对有机污染物进行吸附去除,有机污染物浓度达到最大值,当废水到达预设水位后,停止进水开始曝气,反应期随即开始。该阶段有机污染物被活性污泥充分去除,BOD、COD 不断减小,当有机污染物浓度降低到适当值时,停止曝气,随即进入沉淀期。该阶段依靠重力作用,使混合液中的活性污泥不断沉降,达到高效的泥水分离效果。在进入排水排泥期后,上清液通过滗水器排出,剩余污泥也通过排泥系统排出。当进入闲置期后,活性污泥处于一种营养物质饥饿状态,单位质量的活性污泥具有很大的吸附表面积,当进入下个运行期的进水期时,活性污泥便可以充分发挥初始吸附去除作用。SBR 工艺流程图如图 4-12 所示。

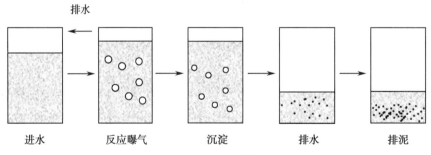

图 4-12　SBR 工艺流程

SBR 的主要特征是在运行上的有序和间歇操作。SBR 的核心是 SBR 反应池,其集均化、初沉、生物降解、二沉等功能于一池,无污泥回流系统。相对于活性污泥法,SBR 理想的推流过程使生化反应推动力增大,池内厌氧、好氧处于交替状态,净化效果好;运行效果稳定,废水在理想的静止状态下沉淀,需要时间短、效率高、出水水质好;耐冲击负荷,池内有滞留的处理水,对废水有稀释、缓冲作用,有效抵抗水量和有机污物的冲击;工艺过程中的各工序可根据水质、水量进行调整,运行灵活;工艺流程简单,主体设备只有一个序批式间歇反应器,无二沉池、污泥回流系统,调节池、初沉池也可省略,布置紧凑、节省占地面积。

3. 生物膜法 生物膜法是与活性污泥法并列的一类废水好氧生物处理技术,是一种固定膜法,是水体自净过程的人工化和强化,主要去除废水中溶解性的和胶体状的有机污染物。在废水处理构筑物内设置微生物生长聚集的载体(一般称为填料),在充氧条件下,微生物在填料表面附着形成生物膜,经过充氧(充氧装置由水处理曝气风机及曝气器组成)的废水以一定的流速流过填料时,生物膜中的微生物吸收分解水中的有机物,使废水得到净化。由于生物膜的吸附作用,其表面存在一层薄薄的水层,水层中的有机物已经被生物膜氧化分解,生物膜上的微生物在有溶解氧的条件下对有机物进行分解和机体本身进行新陈代谢。处理技术有生物滤池(普通生物滤池、高负荷生物滤池、塔式生物滤池)、生物转盘、生物接触氧化设备和生物流化床等。

4. 膜生物反应器 膜生物反应器(membrane bioreactor,MBR)工艺的基础来自生物处理技术中的活性污泥法及物化处理技术中的膜分离法,是活性污泥法和膜处理技术的结合,最大的特点便是用膜组建代替传统工艺中的二沉池进行固液分离以得到澄清的出水。MBR 既可以用于常规活性污泥法难以处理的高浓度、难降解有机工业废水的处理,又可以用于生活污水和一般工业废水的净化。在 MBR 中,由于膜组件对于反应池中的微生物,尤其是对于世代周期较长的硝化、反硝化菌种及存在于小污泥颗粒中的微生物具有相当好的截留作用,因此提高微生物种群的丰富性对缓解水体富营养化具有极大的优势;同样由于膜的截留,MBR 体系中活性污泥可以高达 8 000~15 000mg/L,远远高于常规活性污泥法(3 000~4 000mg/L),对污染物的去除效率高,处理出水水质好,不仅对悬浮物(SS)、有机物的去除效率高,出水的悬浮物和浊度可以接近 0,而且可以去除细菌、病毒等可以作为废水深度处理及资源化技术。同时,由于膜的高效截留作用,实现反应池内水力停留时间(HRT)和污泥停留时间(SRT)的完全分离,即使进水量突然增大,整个反应器内部的生物性状也能保持在一个比较稳定的状态;同时,由于污泥浓度的提高,强化了活性污泥的吸附作用;而且在膜的截留作用下,未被微生物降解的大颗粒污染物也不会随着出水排出,能够留在反应器内部慢慢处理,直到被分解后才透过膜排出。基于以上几点,整个反应器运行控制将会更加灵活、出水水质更加稳定。

因此,膜生物反应器系统克服了当系统水力负荷和有机负荷发生变化时传统水处理工艺出现污泥膨胀等问题。膜生物反应器水处理技术除了作为废水深度处理及资源化技术之外,还可以作为一种减少剩余污泥排放的重要技术途径。国外文献及小规模工程经验显示,膜生物反应器的污泥排放量很小,甚至可以做到不产泥。污泥自降解和污泥水解可减少传统水处理系统的效率反应器在高容积负荷、低污泥负荷、长泥龄的情况下运行,完全可以实现较长周期内(如 6 个月或者更长时间)不排泥或者排泥量很小、剩余污泥排放量很小,甚至不产泥。同时,还兼具系统设备简单紧凑、节省占地面积,以及易实现自动化控制、维护简单、节省人力的特点。

(二)厌氧生物处理

厌氧生物处理是在无氧条件下,借助厌氧微生物和兼性厌氧微生物(其中主要是厌氧菌)的作用来分解废水中的有机物,也称为厌氧消化或厌氧发酵。有机物的厌氧分解过程是由三类生理上完全不同的细菌分三个阶段完成的。第一阶段,复杂的有机物如纤维素、蛋白质、脂肪等在微生物作用下降解为简单的有机物如糖类、有机酸、醇等,是水解、发酵阶段;第二阶段,由产氢产乙酸细菌群将有机酸等转化成乙酸、H_2 及 CO_2,为产氢产乙酸阶段;第三阶段,在产甲烷细菌作用下将乙酸及甲酸、CO_2、H_2 转化为 CH_4,是产甲烷阶段。厌氧生物处理主要应用于有机污泥和高浓度有机废水的处理。由于是密闭发酵,所以在处理过程中不影响周围环境;同时隔绝空气又加以高温发酵,可以杀死寄生虫卵和致病菌;并且可以产生生物能源甲烷。因此,厌氧法近年来渐渐受到重视。常见的厌氧生物处理工艺有升流式厌氧污泥床(upflow anaerobic sludge bed, UASB)、内循环厌氧反应器、厌氧颗粒污泥膨胀床(expanded granular sludge bed, EGSB)反应器等。

1. 升流式厌氧污泥床　升流式厌氧污泥床(upflow anaerobic sludge blanket, UASB)的基本构造如图4-13所示,它由配水系统、污泥反应区、三相分离器、沉淀区、出水系统以及沼气收集系统组成。废水自底部进入,通过配水系统尽可能均匀地将废水分布于反应器底部,废水自下而上通过UASB反应器。反应器的底部有一个高浓度、高活性的污泥床,废水中的大部分有机污染物在此处经过厌氧发酵降解为甲烷和二氧化碳。废水从污泥床的底部流入,与颗粒污泥混合接触,污泥中的微生物分解有机物,同时产生的微小沼气气泡不断放出。微小气泡在上升过程中不断合并,逐渐形成较大的气泡,部分附着在颗粒污泥上。在颗粒污泥层的上部,因水流和气泡的搅动,形成一个污泥浓度较小的悬浮污泥层,可进一步分解有机物。气、固、液混合体逐渐上升经三相分离器后,其沼气进入气室,污泥在沉淀区进行沉淀,并经回流缝回流到污泥床。经沉淀澄清后的废水作为处理水排出反应器。经过40余年的发展,UASB反应器已经成为运用最为广泛、技术最为成熟的厌氧反应器。到目前为止,UASB技术已成功应用于造纸、食品加工、酒类酿造、垃圾渗滤处理以及医药化工等诸多行业的废水处理中。

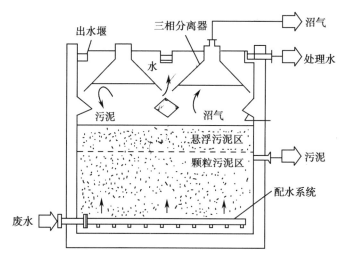

图4-13　升流式厌氧污泥床(UASB)的基本构造

2. 内循环厌氧反应器　内循环厌氧反应器(internal circulation anaerobic reactor)是基于UASB反应器颗粒化和三相分离器的概念而改进的新型反应器,可以看成是由两个UASB反应器的单元相互重叠而成的。反应器由下而上共分为5个区:混合区、第一厌氧区、第二厌氧区、沉淀区和气液分离区。它的特点是在一个高的反应器内将沼气的分离分为两个阶段,底部处于一个极端的高负荷,上部处于一个低负荷,见图4-14。从工作原理可见,反应器通过两层三相分离器来实现SRT>HRT,获得高污泥浓度;通过大量沼气和内循环的剧烈扰动,使泥水充分接触,获得良好的传质效果。内循环厌氧反应器的构造特点是具有很大的高径比,一般可达到4~8,高度可达16~25m,节省基建投资,占地面积小。由于内循环厌氧反应器的容积负荷率高,故对于处理相同COD总量的废水,其体积仅为普通UASB的30%~50%,降低

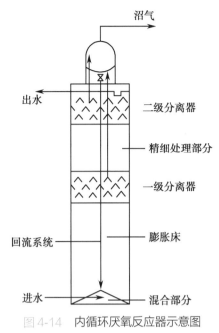

图4-14　内循环厌氧反应器示意图

图中标注（从上到下）：沼气、出水、二级分离器、精细处理部分、一级分离器、回流系统、膨胀床、进水、混合部分

了基建投资。EGSB 处理技术从问世以来，已成功应用于土豆加工、啤酒生产、养殖和造纸等多种工业废水处理中。

厌氧反应相对于好氧反应其条件更为苛刻，必须考虑影响反应的各项因素，以保障微生物的正常生理代谢。以下为一些影响活性污泥的环境因素。

（1）温度：按三种不同的嗜温厌氧菌，分为低温厌氧（15~20℃）、中温厌氧（30~35℃）和高温厌氧（50~55℃）。温度对厌氧反应尤为重要，当温度低于最优下限温度时，每下降 1℃，效率下降 11%；在上述范围内，温度在 1~3℃的微小波动对厌氧反应的影响不明显，但温度变化过大（急速变化）时则会使污泥活力下降，产生酸积累等问题。

（2）pH：完全厌氧反应需严格控制 pH，产甲烷反应控制 pH 范围在 6.5~8.0，最佳范围为 6.8~7.2，pH 低于 6.3 或高于 8.2 时甲烷化速度降低。

（3）氧化还原电位：产甲烷阶段的最优氧化还原电位为 -400~-150mV。因此，应控制进水带入的氧的含量，不能对厌氧反应器造成不利影响。

（4）营养物质：厌氧反应池的营养物质比例为 C∶N∶P=（350~500）∶5∶1。

（5）有毒有害物质：抑制和影响厌氧反应的有害物质有三种，其中无机物有氨、无机硫化物、盐类、重金属等，特别是硫酸盐和硫化物的抑制作用最为严重；有机化合物包括非极性有机化合物，含挥发性脂肪酸（VFA）、非极性酚类化合物、单宁类化合物、芳香族氨基酸、焦糖化合物五类；生物异型化合物，含氯化烃、甲醛、氰化物、洗涤剂、抗生素等。

第四节　制药工业废水处理工艺

尽管针对制药工业废水处理工艺的开发研究已近百年，但随着制药工业的迅猛发展，制药工业废水的水质越来越复杂多变，因此必须对传统废水处理技术进行改进并组合，根据特定的制药工业废水类型及其特点设计废水处理工艺流程。

制药工艺复杂，各个不同工艺段产生的废水种类多，各类废水的污染程度不一，成分复杂；而且排放节点多，大多可以分开收集。因此，根据不同的水质特点分类收集、分类处理是制药工业废水处理的核心思路。发酵类废水中的废母液，化学合成类废水中的母液、回收残液，提取类废水中的精制废水等一般排放水量不大，但 COD 高达几万至几十万毫克每升，属于高浓度难降解有机废水，通常需要进行预处理。提高 BOD/COD 值后，再进行生化处理。对于毒性较小、易生物降解的废水，一般可混合后采用厌氧生化（或水解酸化）+ 好氧生化 + 后续深度处理的工艺处理方式。

一、化学合成类制药工业废水处理工艺

在工程实践中,对化学合成类废水一般先采用高、低浓度废水混合调节。由于化学合成类制药工业废水的污染物主要是常规化合物,生化技术仍为此类废水处理的主体工艺。然而,许多化学合成类制药工业废水在生化系统中,化合物对单位体积生物量的浓度太高或毒性太大,在处理之前应进行物理化学预处理,然后再进行厌氧生化(或水解酸化)- 好氧生化 - 物理化学法后续处理。图 4-15 所示为常见的化学合成类制药工业废水处理工艺流程图。

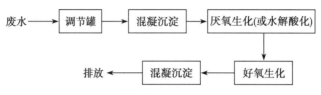

图 4-15　化学合成类制药工业废水处理工艺流程

厌氧生物处理装置多采用升流式厌氧污泥床(UASB)、厌氧复合床(UASB+AF)反应器、厌氧颗粒污泥膨胀床(EGSB)反应器等形式;好氧生物处理装置 20 世纪 80 年代至 90 年代初期以活性污泥法、深井曝气法、生物接触氧化法为主,近年来则以水解 - 好氧生物接触氧化法以及不同类型的序批式活性污泥法居多。

图 4-16 为目前国内大部分化学合成类制药企业大多采用的水解酸化 - 好氧法处理工艺流程图。该工艺在采用生化法高效处理有机污染物的同时,加强预处理和后处理。废水通过细格栅去除漂浮物和固体砂砾,进入调节池调节水量、均化水质后入反应沉淀池,加药絮凝,再进入厌氧水解(酸化)池进行水解酸化,流入氧化池进行氧化反应,在池内曝气充氧。废水流出氧化池、进入二沉池沉淀后清水排放,污泥排至污泥池,经机械脱水干化,制成泥饼外运。该处理工艺兼有生物膜法和活性污泥法两者的优点,工艺流程简单,操作、维护、管理方便,经济节能。经水解处理后 BOD_5/COD 值升高,可生化性强,处理时间短,净化率高。

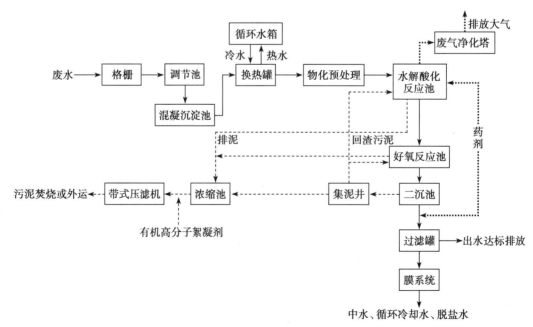

图 4-16　水解酸化 - 好氧法处理化学合成类制药废水工艺流程

高温深度氧化处理技术包括湿式氧化(WAO)技术、超临界水氧化(SCWO)技术和焚烧技术。WAO技术是在高温(150~250℃)和高压(0.5~20MPa)下,以空气或纯氧化剂将有机污染物氧化分解为无机物或小分子有机物的化学过程,该技术的COD去除率为60%~96%。SCWO技术利用超临界水极性低、氢键弱、介电常数低、可溶解有机物和大多数气体等物理与化学性质使有机废弃物与氧化剂互溶于超临界水中,形成均一相,减少反应过程中相间的阻力,提高废弃物氧化分解的速率,进而有效地将有机废弃物彻底氧化分解,图4-17为SCWO技术用于处理化学合成类制药工业废水的工艺流程图。SCWO技术对有机物的去除率可达99%,并且在氧化过程中能产生大量热能,反应热不仅能满足废水加温的需要,还可以用于生产。焚烧技术是将高浓度有机废水在高温下进行氧化分解,其过程为将化学合成类制药工业废水精滤后喷入焚烧炉中,在1 200℃以上的高温下水雾完全气化,有机物焚烧,焚烧产生的烟气经吸收、洗涤后排放。该处理方法无须后续处理。

目前对污染物的COD高、较难降解的化学合成类制药工业废水,除以上工艺外,国内外还有采用如电解、超声波破碎、O_2氧化、化学沉淀法等物理化学法进行处理的实例,但在具体应用前应当研究实际处理效果。

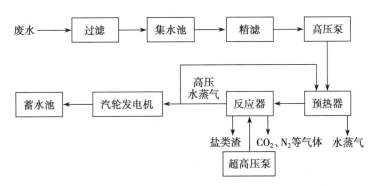

图4-17　超临界水氧化法处理化学合成类制药工业废水工艺流程

二、发酵类制药工业废水处理工艺

对于抑制性、毒性较小,相对较易生物降解的发酵类制药工业废水(如维生素C制药废水等),可直接采用调节预处理-厌氧消化-好氧生物处理的流程,废水的CODcr去除率一般可以达到93%~95%。常见的维生素制药废水处理工艺流程图如图4-18所示。

对于抑制性、毒性较强,相对较难生物降解的发酵类制药工业废水(如青霉素、土霉素制

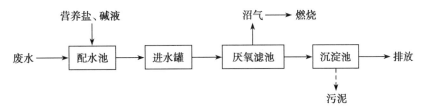

图4-18　维生素制药废水的处理工艺流程

药废水等），以混凝沉淀或气浮法预处理改善可生化性后，再进行水解酸化 - 好氧生化 - 后续物理化学法的流程处理，CODcr 去除率一般可达到 93%；再采用生物炭或曝气生物滤池进行深度生化处理，CODcr 去除率可以进一步提高。图 4-19 所示为发酵类制药工业废水带有混凝 / 气浮池的处理工艺流程图。

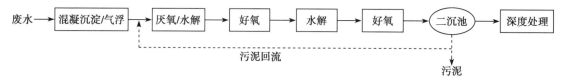

图 4-19 "预处理 + 二级组合生化 + 深度处理"处理工艺流程

对于难生物降解的发酵类制药工业废水，采用氧化絮凝预处理 - 水解酸化 - 好氧生化 - 后续物理化学法的流程处理，废水的 CODcr 去除率一般可达到 95%~97%；但氧化絮凝处理过程较普通预处理过程成本高，在具体废水处理工艺选择中，应根据废水处理效率及成本进行综合权衡。

抗生素综合废水处理工程采用复合水解酸化 - 复合好氧生物处理技术。由于生产废水中所含污染物的数量和种类差异较大，尤其是难生物降解物质的含量相差明显，因此将废水分流为中、高质量浓度两种废水分别进入污水处理厂的复合式水解酸化反应器，两种质量浓度废水按不同的运行参数分别进行（厌氧、微氧）水解酸化处理，水解处理后废水混合进入复合好氧生物处理反应器，该好氧反应器是本工程的主体处理设施和研究的重点对象。处理工艺流程图如图 4-20 所示。

此外，常见的混合发酵类废水处理工艺流程图如图 4-21 所示。

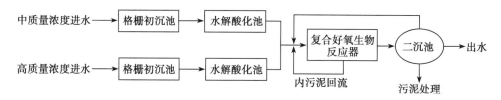

图 4-20 复合好氧生物法处理制药工业废水工艺流程

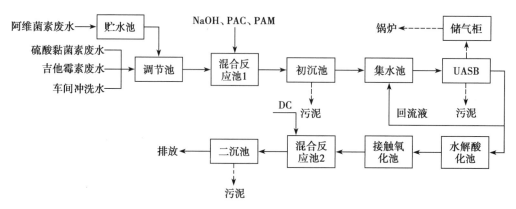

图 4-21 混合发酵类废水处理工艺流程

三、提取类与中药类制药工业废水处理工艺

提取类药物与中药的原料大多来自天然存在的物质,并且制药工艺相近,尤其在原料的清洗阶段及提取阶段是两种制药工业相同的废水排放节点。因此,提取类与中药类制药工业废水处理工艺也存在相似之处。

一般而言,提取类与中药类制药工业废水的污染物主要是常规污染物,即 COD、BOD_5、SS、pH、氨氮等,可生化性较好,采用各类生化处理方法即可取得良好的有机物去除效果。对于只进行精制和制剂生产的提取类与中药类制药工业废水,则可采用好氧生化作为主体处理工序。

当制药工艺中存在粗提工序时,废水污染较重,常采用"水解酸化(厌氧)-好氧生物处理"工艺,先通过水解酸化工艺使难以降解的大分子有机物开环断链,变为易于生物降解的小分子物质,改善废水的可生化性,提高后续好氧生物降解的处理效率。提取类与中药类制药工业废水处理常用的厌氧生物处理方法包括厌氧反应器(UBF)、折流式厌氧反应器(ABR)等;好氧生物处理方法包括接触氧化、SBR、改良式序批式间歇反应器(MSBR)、循环式活性污泥法(CASS)、间歇式循环延时曝气活性污泥法(ICEAS)、生物滤池、MBR 等。如图 4-22 所示的"水解酸化 -CASS"工艺以及图 4-23 所示的广西某制药公司应用的"ABR-氧化沟"工艺。

图 4-22 "水解酸化 -CASS"处理工艺流程

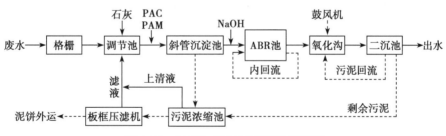

图 4-23 "ABR- 氧化沟"处理工艺流程

然而,对污染物浓度较高的提取类与中药类制药工业废水直接采取好氧或厌氧工艺处理难以达到预期效果,需增加预处理或前处理以提高废水的可生化性。预处理或前处理可去除废水中的分散颗粒和胶体物质,以降低色度和 COD,提高废水的可生化性。一般采用混凝、气浮、破乳、中和、电絮凝、微电解、铁屑还原等物理化学法将废水中的固体有机物凝聚沉降或上浮分离,以尽可能减少后续生化处理的有机负荷。物理化学法除用作预处理或前处理以外,必要时也可增设在生化处理后进一步去除污染物。如图 4-24 所示的提取类制药工业废水利用絮凝气浮池作为前处理,同时使用 UASB 作为厌氧生物处理工艺,利用 UASB 反应器处理负荷高、结构简单、运行稳定等优点,结合好氧生物处理方法,对 COD、BOD_5 的去除率可以达到 95% 以上。

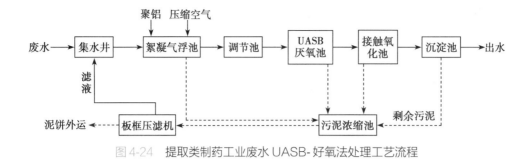

图 4-24　提取类制药工业废水 UASB-好氧法处理工艺流程

四、生物工程类制药工业废水处理工艺

目前生物工程类制药工业废水处理工艺常用物化处理技术、厌氧生物处理技术、好氧生物处理技术及其联用技术。此外,考虑到生物工程类制药工业废水中可能残留活性菌种等因素,具有一定的急、慢性毒性,并可能带来生物入侵风险,应增加消毒工艺,所以生物工程类制药工业废水的最佳实用技术是"二级生化 + 消毒"的组合工艺。另外,生物工程制药发酵工序产生的废液浓度高,但其生产量很少,通常作为危险废物交由有资质的单位处理。图 4-25 为杭州某生物工程制药公司处理生产废水的工艺流程图。

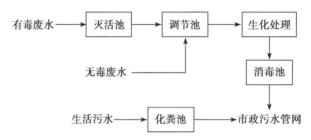

图 4-25　杭州某生物工程制药公司生产废水处理工艺流程

生物工程类制药工业废水来源复杂,包括酒精回收车间、制剂车间与动物实验室等。其中,制剂车间所排放的废水量巨大,且排放时间集中,是废水处理的重难点;酒精回收车间所回收的液体为酒精回收后的残液,总量少,但是浓度高;而动物实验室废水的水量、水质则相对稳定。因此,可以将三种来源的废水在水解酸化池内进行混合,不仅能够稀释酒精回收车间的高浓度废水,也能补充酒精回收车间废水中 P、N 等营养物质不足的问题。图 4-26 所示为废水处理工艺流程图,水解酸化池有效调整了水质、水量,使得中、低温度下的厌氧生物催化水解酸化预处理成为可能,能够加快制药车间与酒精回收车间废水中的大分子分解,为下一阶段的 SBR 处理奠定基础。在经过水解酸化池处理后,清液进入 SBR 池内,SBR 池中的丝状菌繁殖可以得到有效抑制,大大降低了发生污泥膨胀等问题的概率。

图 4-27 提供了另外一种已经投入实际运行的生物工程类制药工业废水处理工艺流程,采用 UASB-兼氧-接触氧化-气浮处理工艺。UASB 单元采用厌氧细菌降解废水中的有机物,同时将有机物分解成沼气;兼氧生化池单元中,在缺氧条件下大多数有机物转化为甲烷的形式,只有很少部分用于合成细胞物质,厌氧系统的污泥产率很低;接触氧化池是处理生物工

程制药高浓度废水的主要方法,在曝气条件下,废水与污泥在池内循环流动,处于完全混合状态,接触效果较好,生化反应完全;气浮技术则有效去除水中的悬浮物质,使水质得到进一步的净化。该工艺流程在实际生物工程类制药工业废水处理应用中,对COD、BOD$_5$和SS的去除率均高于98%。因此UASB-兼氧-接触氧化-气浮处理工艺不仅对生物工程类制药工业废水具有很好的处理效果,而且系统稳定、产生的污泥量少,同时能产生沼气可作为热能被再利用。

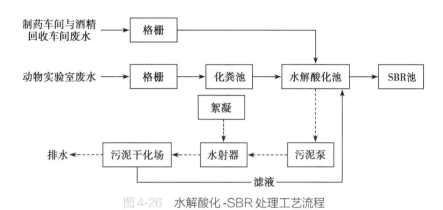

图 4-26 水解酸化-SBR 处理工艺流程

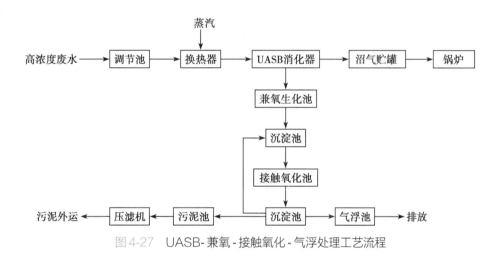

图 4-27 UASB-兼氧-接触氧化-气浮处理工艺流程

五、混装制剂类制药工业废水处理工艺

混装制剂类制药工业废水的污染物成分相对较简单,属于中、低浓度有机废水,因此混装制剂类制药工业废水一般经预处理后,再采用好氧生物技术处理即可达标排放。常用的物理化学法如简单沉淀物理化学法,可去除废水中的COD至500mg/L以下;另有高效气浮物理化学法,处理出水的COD低于150mg/L。一些发展成熟的好氧生物技术如活性污泥法、生物接触氧化法、SBR等均能使最终出水的COD<100mg/L,符合《污水综合排放标准》(GB 8978—1996)的一级排放标准。其中,好氧活性污泥法适用于进水稳定、抑制性污染物浓度较低的中低浓度有机废水,如图4-28所示为天津某制药公司采用好氧活性污泥法处理混装制剂类制药工业废水的工艺流程图;生物接触氧化法适用于可生化性

较好(BOD$_5$/COD 值 >1/3)的混装制剂类制药工业废水(图 4-29 为生物接触氧化池在混装制剂类制药工业废水处理工艺中的应用),而对于可生化性较差的制药工业废水通常在生物接触氧化法前增加水解酸化池,使大分子难降解的有机污染物水解成小分子易于生化处理的 COD,提高后续好氧生物对有机物的去除能力;SBR 则适用于水量小且间歇排放的混装制剂类制药工业废水,图 4-30 为 SBR 处理混装制剂类制药工业废水的工艺流程图。

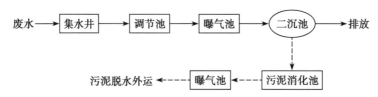

图 4-28　好氧活性污泥法处理混装制剂类制药工业废水工艺流程

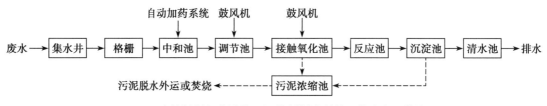

图 4-29　生物接触氧化法处理混装制剂类制药工业废水工艺流程

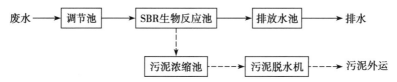

图 4-30　SBR 法处理混装制剂类制药工业废水工艺流程

目前,国内混装制剂类制药工业废水处理模式有以下两种:①各种废水经收集后进入企业的集中废水处理设施,经过一系列预处理、生化处理设施后直接排入河道、湖泊等水体中;②企业经过简单的调节中和、沉淀工序预处理,然后排入城市污水处理厂和工业废水处理厂进行二级处理。图 4-31 所示为广州某制药工厂生产废水经 ABR- 生物接触氧化 -沉淀过滤一体化装置处理后与制药的反渗透膜工艺产生的废水一起排放到市政管网进行处理。

常见国内制药工业废水处理工艺流程及效果如表 4-7 所示。

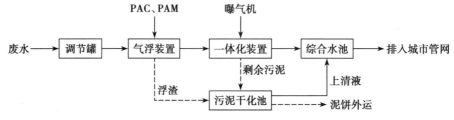

图 4-31　ABR- 生物接触氧化法处理后进入城市管网

表 4-7 国内制药工业废水处理工艺流程

制药企业	制药工业废水类型	处理量/(m³/d)	处理前的浓度			处理后的浓度			处理工艺	工程投资/(万元)	运行费用/(元/m³)
			COD/(mg/L)	BOD₅/(mg/L)	SS/(mg/L)	COD/(mg/L)	BOD₅/(mg/L)	SS/(mg/L)			
浙江省东阳市某生物制药公司	抗生素类制药工业废水	200	650~1 100	550~6 500	60~400	46.2~51.5	2.53~6.60	28~37	调节池-混凝反应池-沉淀池-浸没式中空纤维膜处理池	352	4.46
台州某甲壳素生产企业	提取类制药工业废水	25	10 000~11 000	80~85	250~260	60~70	10~15	60~70	格栅-调节池-絮凝沉淀池-水解厌氧池-好氧池 MBR	35	9
北京某制药厂	中药类制药工业废水	120	1 470~4 650	670~1 950	230~460	135~370	6~52	16~74	格栅-SBR反应池-清水池	88	1.97
河南某制药公司	中药类制药工业废水	2 500	4 075	821	534	73	15	55	粗格栅集水井-细格栅-预曝气调节池-UASB反应器-预曝气沉淀池-CASS反应器	408.06	0.62
安徽某药业有限公司	中药类制药工业废水	400	3 000	1 200	400	90	16.8	32	调节池-涡凹气浮-水解酸化池-生化处理池-二沉池	130	1.78
通化某制药有限公司	中药提取类制药工业废水	1 000	5 630	3 800	300	100	20	50	格栅-初沉池-调节池-配水井-PEIC厌氧反应器-高效接触式活性污泥池-平流式二沉池	498.57	0.78
杭州某制药企业	生物工程类制药工业废水	300	292~330	148~160	20~27	174~183	71.2~91.2	10~15	灭活池-调节池-生化处理-消毒池	250	3.7
江苏某生物制药公司	生物工程类制药工业废水	9 000	3 876.5	232.5	42.1	8.5			中和罐-沉砂池-隔油池-调节池-一级厌氧池-二级厌氧池-初沉池-一级好氧池-臭氧催化氧化池-缺氧池-二级好氧池-三沉池-氧化沉淀池-曝气生物滤池-多个质滤池	4 000	4.12

制药企业	制药工业废水类型	处理量/(m³/d)	处理前的浓度			处理后的浓度			处理工艺	工程投资/(万元)	运行费用/(元/m³)
			COD/(mg/L)	BOD₅/(mg/L)	SS/(mg/L)	COD/(mg/L)	BOD₅/(mg/L)	SS/(mg/L)			
华东地区某生物医药园区	生物工程类制药工业废水	2 000	150	60	250	20	8	5	细格栅调节池-混凝沉淀-AAO和MBR池-臭氧接触氧化池-高效气浮池-活性炭吸附罐-接触消毒池	4 941.27	13.88
浙江某生物制药公司	生物工程类制药工业废水	100	7 332	2 825		86	3.9		浓废水调节池-气浮池-综合调节池-复试兼氧池-MBR	112.8	10.88
东北某制药集团	混装制剂类制药工业废水	4 500	230~790	140~380	40	100	20	70	格栅-沉砂池-隔油池-调节池/事故池-复合折流式水解酸化池-接触氧化池-二沉池	1 800	
湖南某药业有限公司	化学合成类制药工业废水	60	6 000~12 000	2 010~5 000	2 000~3 000	80~100	15~20	10~20	铁碳池-中和池-溶气罐-气浮池-UASB厌氧池-中间水池-压力曝气生物反应器-消毒氧化池	127	3.45
江西某医药原材料有限公司	化学合成类制药工业废水	150	3 000	750	1 200	64.8	15.36	37.8	格栅-调节池-pH调节池-微电解塔-芬顿池-中和反应池-初沉池-水解酸化池-生物接触氧化池-絮凝反应池-二沉池	94.81	2.32
上海某新药开发有限公司	化学合成类制药工业废水	200	3 958			268			微电解池-调节池-混凝沉淀池-高负荷好氧池-二沉池-厌氧水解池-二级好氧池-终沉池	230	7
宁夏某制药公司	兽用原料药	120	35 000		439	75		35	溶气气浮-Fe/C微电解-芬顿氧化-混凝沉淀-水解酸化池-ABR组合单元-好氧池-二沉池-氧还混凝沉淀池-中间水池-砂滤罐-清水池	405	10.74

第五节　制药工业废水处理案例

一、山东某公司制药工业废水

山东某制药有限公司生产制剂产品 39 个，在产原料药产品 14 个。原料药主要产品有芬布芬、地西泮、阿普唑仑、艾司唑仑、劳拉西泮、替米沙坦、盐酸胺碘酮、奥扎格雷等。

企业设有 5 个生产车间（1 个固体制剂车间和 4 个原料药车间）。固体制剂主要采用湿法制粒、蒸汽烘干箱干燥工艺生产，生产工序主要为制粒、压片（胶囊灌装）、包衣、内包、外包；原料药主要采用搪玻璃反应罐、不锈钢反应罐生产，反应罐型号主要为 2 000L、1 000L、500L、300L 和 200L 等。生产模式采用合同订单式生产，大部分原料药品种采用阶段性生产，制剂为常年生产。

企业设生产给水管道和雨水排泄管网；废水主要来自生产处理废水、清洗反应容器用水、地面清洁用水及生活用水等，生产中工艺用水量较小，大部分为清场用水和冷却循环用水，其中冷却水循环使用，其他废水处理后经由污水管网排入平原县污水处理厂。其中，生产废水水量为 50m³/d，浓度很高；生活污水、清洗水水量为 250m³/d，浓度较低。

根据高浓度废水水质水量测算，设计高浓度废水进水水质，低浓度废水则采用生活污水水质，具体水质指标见表 4-8。出水水质执行《化学合成类制药工业水污染物排放标准》（GB 21904—2008）。工艺流程图如图 4-32 所示。各单元功能见表 4-9。

表 4-8　本案例工艺进出水水质指标

项目	CODcr/(mg/L)	BOD₅/(mg/L)	TP/(mg/L)	pH	色度/倍
进水（高浓）	100 000	20 000	10.0	6~9	500
进水（低浓）	500	250	5.0	6~9	100
出水水质	400	300	3.0	7.5~8.5	50

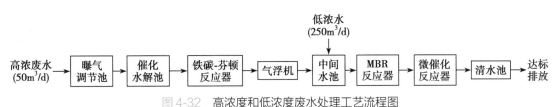

图 4-32　高浓度和低浓度废水处理工艺流程图

表 4-9　本案例工艺流程各单元功能

序号	单元名称	主要功能
1	曝气调节池	调节水质水量
2	催化水解池	调变水性
3	铁碳-芬顿反应器	解决生物抑制和难生物降解生化物质
4	气浮机	固液分离
5	MBR 反应器	生物降解有机物
6	微催化反应器	剩余难降解有机物的矿化

本案例的核心工艺为铁碳 - 芬顿反应器。铁碳芬顿是指在铁碳反应后加 H_2O_2，阳极反应生成的 Fe^{2+} 可作为后续催化氧化处理的催化剂，即 Fe^{2+} 与 H_2O_2 构成芬顿试剂氧化体系，产生 •OH（羟基自由基）。阴极反应生成的新生态 [H] 能与废水中的许多组分发生氧化还原反应，破坏难降解物质。通过铁碳曝气反应，消耗大量氢离子，使废水的 pH 升高，为后续催化氧化处理创造条件。此外，二价和三价铁离子是良好的絮凝剂，特别是新生的二价铁离子具有更高的吸附 - 絮凝活性，调节废水的 pH 可使铁离子变成氢氧化物的絮状沉淀，吸附水中的悬浮或胶体态的微小颗粒及有机高分子，可进一步去除部分有机污染物质，使废水得到净化。各单元水质预测见表4-10。

表4-10　本案例工艺流程各单元出水水质预测

处理单元	CODcr/(mg/L)	BOD$_5$/(mg/L)	TP/(mg/L)	色度 / 倍
进水	100 000	20 000	10	500
曝气调节池	100 000	200 000	10	500
催化水解池	60 000	19 000	10	300
铁碳 - 芬顿反应器	21 000	9 000	1.0	50
MBR 反应器	900	100	1.0	50
微催化反应器	300	80	0.5	10
出水标准	400	300	3.0	50

二、宁夏某制药公司废水改造项目

宁夏某制药公司主要致力于动物原料药、预混剂和饲料添加剂的研发、生产和销售，主要生产的药品有泰乐菌素、泰妙菌素和维生素 B$_{12}$。目前，该制药公司的出水水质不能稳定达到排放标准要求，且运行成本较高，所以需要进行改造设计。

因该企业已运行多年，其稳定排放水量为 5 000m^3/d，出水按照《发酵类制药工业水污染物排放标准》（GB 21903—2008）执行。进出水水质指标见表4-11。

表4-11　本案例进出水水质指标

项目	CODcr/ (mg/L)	BOD$_5$/ (mg/L)	NH$_3$-N/ (mg/L)	TP/ (mg/L)	pH	色度 / 倍
进水水质	10 000	4 000	500	3.0	6~9	200
出水水质	120	40	10	1.0	6~9	40

现阶段采用工业废水混合处理，主体工艺为厌氧生物处理 + 好氧生物处理，但是无法达到排放标准，其主要问题如下。

（1）废水混合处理：三种废水没有根据水质情况做有针对性的分质处理，而是混合处理。泰乐菌素和维生素 B$_{12}$ 制药废水的生物毒性较低，但泰妙菌素制药废水的可生化性极差并且废水中含有对苯甲磺酰氯和二乙胺基乙硫醇等有机化工原料，对微生物有强烈的抑制生长和毒害作用。三种废水混合处理,对生化处理系统有较强的生物毒性,使生化处理系统不能稳定运行。

泰妙菌素制药废水由五部分组成,分别为发酵液废水、萃取废水、磺化工段废水、氨化工段废水、酸洗工段废水。其中,发酵液废水和萃取废水的可生化性较好,可直接排入现污水处理站调节池;磺化工段废水、氨化工段废水和酸洗工段废水的生物毒害性极大、极难生物降解且浓度超高,需单独进行预处理,才能保证后续生化处理顺利进行。

(2)硫酸根、氯离子及其他无机盐等含量高:废水中的硫酸根含量高达 2 600mg/L,硫酸根进入厌氧系统,会在硫酸盐还原菌作用下还原为硫化氢,硫化氢会对产甲烷菌造成严重的毒害抑制性,导致厌氧反应器无法正常运行。

废水中的总含盐量>15 000mg/L,对正常的生化处理系统有较强的抑制作用,是本项目设计的关键难点之一。

(3)氮含量高:维生素 B_{12} 制药废水的进水氨氮可达 850mg/L 以上,综合废水氨氮也达 500mg/L,氨氮、总氮的去除是本项目设计的关键难点之二。

(4)色度高:混合废水的色度高达 200~300 倍,如何保证出水的最直接的感官指标合格是本项目设计的关键难点之三。

针对以上问题,选择将泰妙菌素制药废水单独预处理,具体工艺流程图如图 4-33 所示;将综合废水混合处理,具体工艺流程图如图 4-34 所示。

经过工艺设计改造,催化水解池改造完成投入运行后,原有厌氧系统的处理能力从 0.5kg/(m^3·d)提高至约 1.0kg/(m^3·d),处理能力极大提高,极大地降低了后续生化处理负荷,并提升了处理水量。生物强化缺氧/好氧生物法(A/O)投入运行后,A/O 池出水的 COD 低于 500mg/L、氨氮低于 10mg/L,项目总出水的 COD 低于 100mg/L、氨氮低于 5mg/L、总磷低于 0.5mg/L。

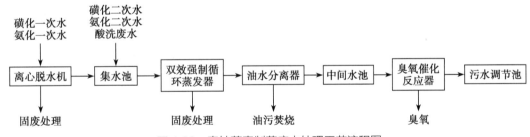

图 4-33　泰妙菌素制药废水处理工艺流程图

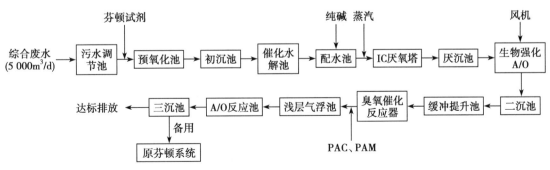

图 4-34　综合废水混合处理工艺流程图

三、吉林某制药企业废水深度处理工程

吉林某制药企业是生产青霉素钠盐和6-氨基青霉烷酸(6-APA)产品的企业,根据开发区与其达成的协议,该药企排放废水需达到 COD<500mg/L 后排入开发区污水厂,但是由于多种原因,开发区污水厂建成后无法达到设计要求,故而在开发区污水处理厂增设制药工业废水深度处理工程。

该企业已运行多年,其稳定排放水量为 3 000m³/d,原本处理工艺可以达到 COD 低于500mg/L 的水平,经过与开发区污水处理厂协议,要求深度处理工艺出水的 COD 低于 50mg/L,其余水质指标达到《发酵类制药工业水污染物排放标准》(GB 21903—2008)中的"表2 新建企业水污染物排放限值"标准。

通过对现阶段工艺进行分析,可以发现其中的主要问题如下。

(1)工艺选择和运行问题:预处理原设计采用澄清池和铁碳内电解反应(部分改为芬顿处理工艺)思路,实际工程发现,前端某企业未采用清污分流和高浓度废水多效蒸发处理工段,出水含有大量无法生物降解的胶体物质和蛋白质,在酸性微电解的情况下,铁碳表面很快附着板结,因此微电解方法并不适合抗生素废水深度处理。

(2)好氧系统效率低下:由于进水水质不稳定、预处理添加药剂等因素,对好氧系统的冲击较大;某企业氧化沟系统停留时间很长(1 个月),硝化反应完全,能够生物降解的有机物基本降解完毕,而预处理不能很好地完成提高 B/C 值,为系统提供不了充足的营养物质,使好氧污泥量增长不上去;进水的含盐量高达 15 000mg/L 左右,对生物处理造成极大的负荷。

青霉素和6-APA制药废水水质复杂,污染物质含量高、COD 高、有毒有害物质多、难生物降解物质多,处理难度非常大。根据目前国内已建本类型污水厂及综合园区污水处理厂的经验,在未经过前端清污分流和四效蒸发处理的基础上,尚未有达一级 A 的成功案例。

该企业后端为了达到 COD 低于 500mg/L 目标,在现有处理的基础上增加后端化学氧化处理工艺(芬顿处理工艺),如还采用铁碳及芬顿技术,氧化效率和效果会下降,同时还需投加大量药剂,造成含盐量增加,会对后续生化处理系统造成影响。

现有的好氧生物处理系统效率低下,需要提高,主要手段包括前端臭氧预氧化及增加水解催化氧化、提高曝气效果和冬季保证、增加填料提高生物量和去除效率。

工艺流程图如图 4-35 所示。

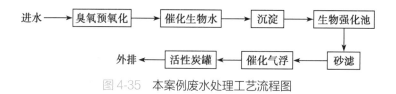

图 4-35 本案例废水处理工艺流程图

工程改造完成后,进水的 COD 低于 320mg/L,色度<300 倍,氰化物低于 0.042mg/L,TP低于 0.60mg/L,臭氧投加量为 30~50mg/L;在臭氧反应器停留时间为 15 分钟的条件下,出水的 COD 为 46mg/L,色度<5 倍,氰化物低于 0.01mg/L,TP 低于 0.26mg/L,改造效果理想。

四、四川某中成药生产企业废水处理工程

四川某中成药生产企业主要生产中药片剂和方剂,废水主要由提取龙胆花、大黄、干姜等的废水和洗涤废水组成,其中同时含有少部分乙醇。

该制药企业排放水量为 600m³/d;进水水质的 COD 低于 5 000mg/L,色度<1 000 倍,总溶解性固体低于 10 000mg/L;出水需要达到《中药类制药工业水污染物排放标准》(GB 21906—2008)。

经过分析,中药废水排放有一定的间断性。中药废水的特点在于主要污染物为悬浮物,可生化性较好,同时其中还含有少量的 N、P 等营养物质供微生物增长和繁殖,因此在去除悬浮物后,采用生物处理工艺是最有效和经济的处理方法。工艺选择气浮池去除水中的悬浮物,随后采用厌氧 + 好氧的生物处理工艺处理其中的有机物。工艺流程如图 4-36 所示。

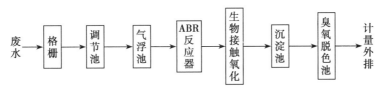

图 4-36　本案例废水处理工艺流程

思考题

1. 水环境的特点有哪些? 水污染会对环境造成什么影响?

2. 简要说明制药工业废水的分类,以及各类废水的排放标准。

3. 废水的生化处理技术有哪些? 厌氧生物处理和好氧生物处理的主要区别有哪些?

4. 各种膜过滤有哪些区别? 它们主要用于处理哪类污染物?

5. 发酵类制药工业废水处理技术主要有哪些?

6. 查阅文献,举例说明化工废水处理方案。

（邱　珊　乔丽芳）

第五章　制药工业废气处理

大气环境是与人类生产生活密切相关的环境介质。良好的空气质量是最普惠的民生福祉。近年来，我国先后开启了"大气污染防治行动计划""蓝天保卫战"等行动，旨在全面改善我国空气质量。"十四五"期间，我国提出尽可能消除掉人为造成的重污染天气的目标。这些变化对制药工业大气污染控制提出了新的要求。本章介绍制药工业主要的大气污染物种类、来源、特点及其控制技术。

第一节　大气环境基本概念与制药工业废气来源

一、基本概念

（一）大气环境

大气是与人类活动关系最密切的环境介质。广义上的大气是指地球表面全部大气的总和；狭义上的大气是指环境空气，人类与动植物及下垫面所暴露于其中的空气环境。大气污染是指由于人类活动或自然过程引起某些物质进入大气中，呈现出足够的浓度，到达足够的时间，并因此而危害人体的舒适、健康和福利或危害生态环境。自然过程例如森林火灾、火山活动等造成的大气污染会因大气自身的自净能力而得到恢复，而人类活动包括生产活动和生活活动是造成大气污染的主要原因。

（二）大气的组成

大气是多种气体的混合物，主要包括干洁空气、水蒸气和杂质。干洁空气主要由氮气（78.08%）、氧气（20.95%）、氩气（0.93%）和二氧化碳（0.033%）组成。干洁空气无色、无味，平均相对分子质量为28.966，标准状况下（273.15K，101 325Pa）密度为1.293kg/m³。大气中的平均水蒸气含量约为0.5%，并随季节、气象条件、地点的不同而有较大的变化，变化范围是0.01%~4%。大气中的杂质可分为气态物质和悬浮颗粒物。其中，气态物质包括硫氧化物、氮氧化物、一氧化碳、臭氧、硫化氢、氨、甲烷和挥发性有机物等。

（三）大气的垂直分层

1. 对流层　对流层是大气圈中距离地面最近的一层。对流层的厚度随纬度变化而变化，在低纬度地区由于太阳直射角较大、热量交换大，因此对流强烈。随着纬度增加，对流强度逐渐减弱，对流层的厚度随之减小。对流层大气的主要特点：①大气温度随高度升高而降低，垂直高度每升高100m，气温约下降0.65℃。这是由于对流层中大气的热量主要依靠地面的长波辐射,越靠近地面,从地面获得的热量越高。②气温的垂直变化及下垫面受热不均匀导致对流层空气具有强烈的对流运动。③温度和湿度的水平分布因下垫面不同而不同,海洋上空的空气湿润,内陆上空的空气相对干燥。同纬度地区,内陆上空的空气温度变化较海洋上空剧烈。

受人类活动及大气运动特点的影响,大气污染现象主要发生于对流层以下,因此大气污染的研究内容也主要集中于这一区域。

2. **平流层** 从对流层顶到距离下垫面 50~55km 高度的一层称为平流层。从对流层顶到 35~40km 的一层,气温几乎保持一致,为 -55℃,这一部分称为同温层。同温层以上至平流层顶,气温随高度升高而增高,也称为逆温层。

3. **中间层** 从平流层顶到距离下垫面 85km 高度的一层称为中间层。这一层中没有能够吸收太阳短波辐射的气体,因此气温随高度升高而迅速降低,其顶部气温达到 -83℃以下。这一温度垂直分布导致大气的对流运动强烈,垂直混合明显。

4. **电离层** 从中间层顶到距离下垫面 800km 高度的一层称为电离层(又称为暖层)。其特点是在强烈的太阳紫外线和宇宙射线作用下再度出现逆温现象。电离层中的气体分子处于高度电离状态,存在大量离子和电子。电离层能够反射无线电波,对无线通信起到重要作用。

5. **外逸层** 电离层以上的大气统称为外逸层。它是大气的最外层,气温很高,空气极为稀薄,空气粒子具有较高的运动速度,能够摆脱地心引力而外逸到外太空。

大气的垂直分层示意图如图 5-1 所示。

(四)主要的气象要素

表示大气状态的物理量和物理现象统称为气象要素,主要包括气温、气压、湿度、风和能见度。

1. **气温** 气温用来描述大气的冷热程度。气象站的标准测试方法为将温度计放置于距离地面 1.5m 高处的百叶箱中。常用于表示气温的单位包括摄氏度(℃)、华氏度($°F$)和开氏度(K)。

2. **气压** 气压是指大气因自身重力而产生的压强。气压随大气垂直方向高度增加而降低。常用的气压单位包括帕斯卡(Pa)、巴(bar)、毫米汞柱(mmHg)和米水柱(mH_2O)。1 个标准大气压为 101 325Pa。

3. **湿度** 湿度通常用空气湿度来表示,是描述空气中含有水蒸气多少的物理量。通常有绝对湿度、相对湿度、含湿量和水蒸气体积分数四种表示方法。绝对湿度是指单位体积的湿空气中所含有的水蒸气质量。相对湿度是空气绝对湿度占同温度下空气中水蒸气饱和时绝对湿度的百分比,日常生活中的湿度计测量的即为相对湿度数值。含湿量是指单位质量的干空气中所含有的水蒸气质量。

4. **风** 风是指大气的水平运动。太阳辐射是形成风的动力之源。风形成的直接原因是在水平气压差作用下,形成由高压指向低压的水平气压梯度力,空气在水平气压梯度力作用下流动,从而产生风。风一旦形成后,在运动过程中还会受到科里奥利力(又称为地转偏向力)、近地面摩擦力的作用。科里奥利力始终与风的运动方向垂直,因此该力只改变风向,不影响风速。近地面摩擦力与风的运动方向相反,影响风速。在气象学中,风速的大小通常用"级"来表示,风速分为 0~12 级共 13 个等级。

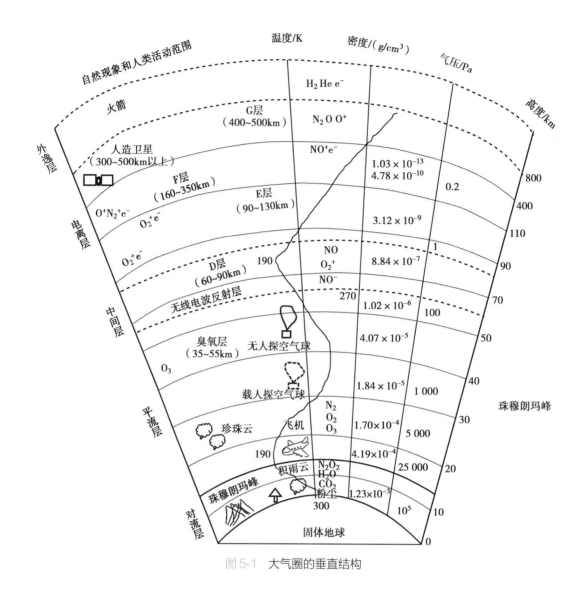

图 5-1 大气圈的垂直结构

5. 能见度 能见度是指视力正常的人从天空背景中看到或辨认出目标物的最大水平距离，单位为米（m）或千米（km）。能见度是衡量大气清洁度、透明度的物理量，观测值通常分为 0~9 级共 10 个等级，如表 5-1 所示。值得注意的是，能见度为 0 级并不意味着目视的最大距离是 0m。

表 5-1 大气能见度分级

能见度 / 级	最大目视距离 /m	能见度 / 级	最大目视距离 /m
0	<50	5	2 000~<4 000
1	50~<200	6	4 000~<10 000
2	200~<500	7	10 000~<20 000
3	500~<1 000	8	20 000~<50 000
4	1 000~<2 000	9	≥50 000

（五）大气的稳定度与逆温

大气的稳定度是指大气在垂直方向发生对流的难易程度。对流越强烈，大气越不稳定。

大气的稳定度会影响污染物的迁移、扩散和稀释。当大气不稳定时,垂直方向的对流运动强烈,污染物容易迁移、稀释与扩散。大气的稳定度分为 A~F 六个等级,A 为强不稳定,B 为不稳定,C 为弱不稳定,D 为中性,E 为较稳定,F 为稳定。大气的稳定度与平均风速、云量、太阳高度角和辐射强度有关。

逆温是指气温随垂直高度增加而增加的现象。具有逆温层的大气层处于极稳定状态。逆温层阻碍气流的垂直运动,会像盖子一样阻挡污染物穿过,导致污染物只能在逆温层以下聚集。逆温是一种极不利于大气污染物扩散的气象条件,逆温情况下极易出现严重的大气污染现象。我国北方冬季出现逆温时,容易导致雾霾天气。

二、制药工业废气的来源及特点

我国制药工业经过 60 多年的发展,已基本形成较为完善的制药工业体系,成为国民经济的重要组成部分。近年来,我国制药行业迅猛发展,化学原料药产量已居世界首位,产品种类日益丰富,在产生巨大社会经济效益的同时也给环境带来污染。

(一)制药工业废气的来源

制药行业排放的大气污染物种类众多,包括制药过程中产生的粉尘颗粒物、行业常用有机溶剂挥发逸散出的挥发性有机物(VOC),还涉及氯化氢、氨、氰化物等有毒有害的无机污染物,主要源自生产过程和污染治理过程。以下分别对不同种类的污染物来源进行介绍。

1. 粉尘颗粒物 制药厂排放废气中的颗粒污染物主要来源于粉碎、碾磨、筛分等单元操作,以及锅炉燃烧产生的烟尘。

2. 挥发性有机物 制药行业是我国挥发性有机物排放的重点管控行业之一。制药工艺中往往需要采用沸点低、易挥发的有机溶剂(如丙酮、乙酸乙酯、二氯甲烷等)对药品进行分离和提取,溶剂的挥发导致 VOC 污染。因此,VOC 是制药工业中最重要的大气污染物之一。

制药行业的 VOC 主要产生于以下生产环节:①有机溶剂的回收蒸馏和精馏环节;②生产过程中产生的气体副产物;③物料干燥;④离心过程;⑤物料输送环节;⑥仓储存放或物料转运过程中会产生呼吸尾气;⑦废水处理环节产生的臭气。

3. 无机污染物 在生产工艺中涉及的酸解、碱解、废水处理等单元,常常会产生氯化氢、氨、氰化物等有毒有害的无机污染物。

(二)各类制药工艺产生的废气种类

制药行业及其子行业主要包括化学药品原料药制造(包括发酵类、化学合成类、半合成类和提取类)、化学药品制剂制造、中药制造、兽用药品制造、生物药品制造,以及卫生材料及医药用品制造、药用辅料及包装材料制造等多个行业。在不同的子行业中,大气污染排放情况不同,通常化学原料药和医药中间体生产的大气污染较重,而制剂和中药生产工艺中排放的污染物种类较少、排放量也较低。

发酵类药物生产过程产生的废气主要包括发酵尾气、含溶媒废气、含尘废气、酸碱废气及废水处理装置产生的恶臭气体。发酵尾气(包括发酵罐消毒灭菌排气)的主要成分为空气和二氧化碳,同时含有少量培养基物质以及发酵后期细菌开始产生抗生素时菌丝的气味。分离提取精制等生产工序产生的有机溶媒废气(如甲苯、乙醇、甲醛、丙酮等)是主要的 VOC 排放来源。

化学合成类制药行业的主要废气污染源包括蒸馏、蒸发浓缩工段产生的有机不凝气;合成反应、分离提取过程产生的有机溶剂废气;使用盐酸、氨水调节 pH 产生的酸碱废气;粉碎干燥排放的粉尘;污水处理厂产生的恶臭气体。化学合成工序的主要大气污染物包括颗粒物、氨化气和氨等无机物,以及化学合成使用的有机原料和有机溶剂如苯、甲苯、氯苯、三氯甲烷、丙酮、苯胺、二甲基亚砜、乙醇、甲醇、甲醛等。

提取类生产过程中的大气污染物主要来自清洗粉碎、干燥和包装时产生的粉尘;在提取工段中常用的溶剂包括水、稀盐、稀碱、稀酸、有机溶剂(如乙醇、丙酮、三氯甲烷、三氯乙酸、乙酸乙酯、草酸乙酸等),在提取、沉淀、结晶过程中均会涉及有机溶剂的挥发,在酸解、碱解、等电点沉淀、pH 调节等过程中还会涉及酸碱废气的挥发。

生物工程类生产工艺废气主要来自溶剂的使用,包括甲苯、乙醇、丙醇、丙酮、甲醛和乙腈等。主要的污染点源分布在瓶子洗涤、溶剂提取、多肽合成仪的排风排气和制剂过程中的药尘等。发酵过程中也会产生少量细胞呼吸气,主要成分是 CO_2 和 N_2。

中成药生产废气主要为药材粉碎等工序产生的药物粉尘以及制药过程中使用的部分 VOC 的挥发,如乙醇等。

制剂药物按剂型可分为固体制剂类、注射剂类和其他制剂类等。固体制剂类和注射剂类生产过程中的废气污染源主要为粉尘。

(三)制药工业废气的特点

制药行业属于精细化工行业,其特点是生产的品种多,生产工序长,使用的原料种类多、数量大,原材料利用率低,导致制药行业生产过程中产生的废气量大、废气成分复杂、废气具有一定的毒性以及废气产生的污染源分散等特点。

1. 废气中的污染物种类繁多,排放量大　近年来,我国化学原料药产量已居世界首位,产品种类日益丰富,目前我国有能力生产约 1 700 种化学原料药、4 000 种化学制剂、9 000 种中成药。由于药品种类众多,不同药品所用的原辅料和溶剂各不相同,甚至同一药品的不同合成路线所用的原料和溶剂也不同,因此制药工业涉及的大气污染物种类繁多。尽管目前我国原料药品种多达千种,但大多数品种的产量很小,年产量超过 5 000t 的品种不足 30 种。产品得率较低,在生产过程中会消耗大量易挥发或极易挥发的溶剂,因此废气排放量大。

2. 废气排放不连续、不稳定　绝大部分制药生产工艺都采用间歇式生产方式,进出料、开停工、检维修、清洗和消毒等操作频繁,造成大部分制药工艺废气的排放都是不稳定、不连续的。另外,生产线存在根据订单调整产量的情况,生产排放的废气在排放强度上变化和波动较大。

3. 排放位点分散且存在无组织排放　化学原料药的生产工艺主要有生物发酵工艺、化学合成工艺、提取工艺。不同品种的产品采用不同的技术工艺,生产步骤也不同。有的产品几个工艺步骤即可完成,有的需要经过十几甚至几十步的加工步骤才能完成。生产工艺越复杂、工艺路线越长、反应步骤越多,废气排放节点越多。另外,不同企业对于同一产品的生产,由于装备级别不同、设备布局不同、工艺控制点位不同,其废气排放节点及数量也不同。

制药企业在有机溶剂储存、运输、生产使用及废水处理过程中均不可避免地存在 VOC 的无组织排放。例如挥发性有机溶剂在储存、运输过程中产生间歇无组织排放;物料在不同的设备中多次流转,不能做到全封闭,从而造成无组织排放;生产过程中的多个环节和设备泄漏而产生的无组织排放,如过滤、离心分离、真空、结晶、干燥、溶剂回收等设备;有机溶剂进入废水后,在车间废水沟管和收集池、调节池、曝气池等存在的无组织排放;固体废物储存运输过程中造成的 VOC 无组织逸散或排放。

4. 废气的毒性高 制药企业排放的 VOC 普遍具有光化学活性,是形成 PM2.5 和臭氧的重要前体物质,不少 VOC 还能增强温室效应,有些还具有累积性和持久性等特点。此外,某些 VOC 对人体有较大的危害,有些物质是已经确定的致癌物,对人体有不可逆的慢性毒性,甚至遗传毒性,长期接触会严重影响人体健康。研究发现,人类能够凭借嗅觉分辨出的有机废气大约有 4 000 种,其中由制药工业生产过程中产生的有机废气就超过百种。它们一般都能刺激人类的感官,让人产生恶心的症状。

5. 生产事故风险大 由于制药工艺使用的物料的物化性质和生产过程进行复杂的物理化学反应,制药有机废气往往具有易燃、易爆、有毒、易挥发等特点,生产事故风险大。所涉及的化合物包括乙酸乙酯、乙醇、烷烃类化合物等。因此,制药工业废气处理技术的选择需要综合考量废气的特点和来源、产生过程的温度和压力、组成成分、废气的浓度和排量等因素,科学合理地选择适当的有机废气处理技术。

第二节　大气污染防治法律法规与制药工业排放标准

一、大气污染防治法

为保护和改善环境,防治大气污染,保障公众健康,推进生态文明建设,促进经济社会可持续发展,我国制定并出台了《中华人民共和国大气污染防治法》。《中华人民共和国大气污染防治法》主要规定,防治大气污染,应当以改善大气环境质量为目标,坚持源头治理,规划先行,转变经济发展方式,优化产业结构和布局,调整能源结构。防治大气污染,应当加强对燃煤、工业、机动车船、扬尘、农业等大气污染的综合防治,推行区域大气污染联合防治,对颗粒物、二氧化硫、氮氧化物、挥发性有机物、氨等大气污染物和温室气体实施协同控制。

我国第一部《中华人民共和国大气污染防治法》于 1987 年 9 月 5 日发布,于 1988 年 6 月 1 日生效。1995 年 8 月 29 日《中华人民共和国大气污染防治法》第一次修正且实施。2000 年 4 月 29 日《中华人民共和国大气污染防治法》第一次修订,并于 2000 年 9 月 1 日起施行。2015 年 8 月 29 日《中华人民共和国大气污染防治法》第二次修订,并于 2016 年 1 月 1 日起施行。

2018年10月26日《中华人民共和国大气污染防治法》第二次修正且实施(最新)。法律不断修订,也反映了大气污染物的不断变化。

最新版《中华人民共和国大气污染防治法》第四十八条对制药企业大气污染防治作出了明确规定:"钢铁、建材、有色金属、石油、化工、制药、矿产开采等企业,应当加强精细化管理,采取集中收集处理等措施,严格控制粉尘和气态污染物的排放。工业生产企业应当采取密闭、围挡、遮盖、清扫、洒水等措施,减少内部物料的堆存、传输、装卸等环节产生的粉尘和气态污染物的排放。"

二、制药工业大气污染排放标准

为贯彻《中华人民共和国环境保护法》《中华人民共和国大气污染防治法》,防治环境污染,改善环境质量,促进制药工业的技术进步和可持续发展,生态环境部印发了《制药工业大气污染物排放标准》(GB 37823—2019)。

新建企业自2019年7月1日起,现有企业自2020年7月1日起,其大气污染物排放控制按照该标准的规定执行,不再执行《大气污染物综合排放标准》(GB 16297—1996)中的相关规定。各地可根据当地环境保护需要和经济与技术条件,由省级人民政府批准提前实施本标准。该标准是制药工业大气污染物排放控制的基本要求。地方省级人民政府对该标准未作规定的项目,可以制定地方污染物排放标准;对该标准已作规定的项目,可以制定严于本标准的地方污染物排放标准。

该标准适用于现有制药工业企业或生产设施的大气污染物排放管理,以及制药工业建设项目的环境影响评价、环境保护设施设计、竣工环境保护验收、排污许可证核发及其投产后的大气污染物排放管理。该标准也适用于供药物生产的医药中间体企业及其生产设施,以及药物研发机构及其实验设施的大气污染物排放管理。

《制药工业大气污染物排放标准》(GB 37823—2019)对大气污染物排放限值及其他污染控制要求如表5-2所示。

重点地区的企业执行表5-3规定的大气污染物特别排放限值及其他污染控制要求,执行的地域范围和时间由国务院生态环境主管部门或省级人民政府规定。

车间或生产设施排气中非甲烷总烃(nonmethane hydrocarbon, NMHC)初始排放速率≥3kg/h时,应配置VOC处理设施,处理效率不应低于80%。对于重点地区,车间或生产设施排气中NMHC初始排放速率≥2kg/h时,应配置VOC处理设施,处理效率不应低于80%。

废气收集处理系统应与生产工艺设备同步运行。废气收集处理系统发生故障或检修时,对应的生产工艺设备应停止运行,待检修完毕后同步投入使用;生产工艺设备不能停止运行或不能及时停止运行的,应设置废气应急处理设施或采取其他替代措施。

VOC燃烧(焚烧、氧化)装置除满足表5-2或表5-3的大气污染物排放要求外,还需对排放烟气中的二氧化硫、氮氧化物(NO$_x$)和二噁英类进行控制,达到表5-4规定的限值。利用锅炉、工业炉窑、固体废物焚烧炉焚烧处理有机废气的,还应满足相应排放标准的控制要求。

表 5-2　大气污染物排放限值

序号	污染物项目	化学药品原料药制造、兽用药品原料药制造、生物药品制造、医药中间体生产和药物研发机构工艺废气/(mg/m³)	发酵尾气及其他制药工艺废气/(mg/m³)	污水处理站废气/(mg/m³)	污染物排放监控位置
1	颗粒物	30[a]	30	—	
2	非甲烷总烃（NMHC）	100	100	100	
3	TVOC[b]	150	150		
4	苯系物[c]	60	—		
5	碳酰氯（光气）	1	—		
6	氰化氢	1.9	—		车间或生产设施排气筒
7	苯	4	—		
8	甲醛	5	—		
9	氯气	5	—		
10	氯化氢	30	—		
11	硫化氢	—		5	
12	氨	30	—	30	

注：a. 对于特殊药品生产设施排放的药尘废气，应采用高效空气过滤器进行净化处理或采取其他等效措施。高效空气过滤器应满足《高效空气过滤器》（GB/T 13554—2008）中 A 类过滤器的要求，颗粒物处理效率不低于 99.9%。特殊药品包括青霉素等高效致敏性药品、其他 β- 内酰胺结构类药品、避孕药品、激素类药品、抗肿瘤药品、强毒微生物及芽孢菌制品、放射性药品。b. 根据企业使用的原料、生产工艺过程、生产的产品、副产品，结合《高效空气过滤器》（GB/T 13554—2008）中附录 B 和有关的环境管理要求等，筛选确定计入总挥发性有机化合物（total volatile organic compound, TVOC）的物质。c. 苯系物包括苯、甲苯、二甲苯、三甲苯、乙苯和苯乙烯。

表 5-3　大气污染物特别排放限值

序号	污染物项目	化学药品原料药制造、兽用药品原料药制造、生物药品制造、医药中间体生产和药物研发机构工艺废气/(mg/m³)	发酵尾气及其他制药工艺废气/(mg/m³)	污水处理站废气/(mg/m³)	污染物排放监控位置
1	颗粒物	20[a]	20	—	
2	NMHC	60	60	60	
3	TVOC[b]	100	100		
4	苯系物[c]	40	—		
5	碳酰氯	1	—		
6	氰化氢	1.9	—		车间或生产设施排气筒
7	苯	4	—		
8	甲醛	5	—		
9	氯气	5	—		
10	氯化氢	30	—		
11	硫化氢	—		5	
12	氨	20	—	20	

注：a. 对于特殊药品生产设施排放的药尘废气，应采用高效空气过滤器进行净化处理或采取其他等效措施。高效空气过滤器应满足《高效空气过滤器》（GB/T 13554—2008）中 A 类过滤器的要求，颗粒物处理效率不低于 99.9%。特殊药品包括青霉素等高效致敏性药品、其他 β- 内酰胺结构类药品、避孕药品、激素类药品、抗肿瘤药品、强毒微生物及芽孢菌制品、放射性药品。b. 根据企业使用的原料、生产工艺过程、生产的产品、副产品，结合《高效空气过滤器》（GB/T 13554—2008）中附录 B 和有关的环境管理要求等，筛选确定计入 TOVC 的物质。c. 苯系物包括苯、甲苯、二甲苯、三甲苯、乙苯和苯乙烯。

表 5-4 燃烧装置大气污染物排放限值

序号	污染物项目	排放限值 /(mg/m³)	污染物排放监控位置
1	SO₂	200	
2	NOₓ	200	燃烧（焚烧、氟化）装置排气筒
3	二噁英类 ᵃ	0.1ng-TEQ/m³	

注：a.燃烧含氯有机废气时,需监测该指标。

第三节　废气处理技术概述

一、源头控制

（一）挥发性有机物的源头控制

制药工业挥发性有机（VOC）废气排放的根源是易挥发物料的使用。源头控制必须进行工艺优化,通过减少反应步长,寻找低毒性、低臭、低挥发性的非敏感物料替代,减少敏感物料的用量。此外,VOC 存放、转移过程中的蒸发过程也是源头控制的关键,其控制技术主要包括固定顶灌、浮顶罐技术和蒸气回收系统。

1. **固定顶罐**　对呼吸损耗,可通过在容器出口处安装真空压力阀控制,即将容器制作为压力容器,即固定顶罐。当压力变化差异较小时,阀门是关闭的。只有当充分倒空、外界温度气压引起容器内较大压力变化时,才会发生明显的蒸气流出损失现象。

2. **浮顶罐技术**　浮顶罐的浮顶是一个漂浮在贮液表面上的浮动顶盖,随着贮液的输入或输出而上下浮动,浮顶与罐壁之间的环形空间内布置一个密封装置,使罐内的液体在顶盖上下浮动时与大气隔绝,从而大大减少贮液的呼吸蒸发损失。采用浮顶罐贮存油品时,可比固定顶罐减少油品损失 80% 左右。

3. **蒸气回收系统（vapor recovery unit，VRU）**　为回收积累在挥发性溶剂贮罐中的有机蒸气,可将蒸气在低压条件下从贮罐中抽出,经管路输入一个分离器（如吸入洗涤器）中以收集凝析出来的液体。在这个分离器中,蒸气流经一个为 VRU 系统提供低压吸入的压缩机,为防止当排出贮液或贮液液面下降时在贮罐顶部产生真空,VRU 系统还配置一个控制导阀以关闭压缩机并允许蒸气回流到贮罐中。收集的凝析液通常反向循环回到贮罐中,而烃蒸气则从 VRU 系统排入使用设备。该系统可有效回收 95% 的有机蒸气。

4. **制药行业 VOC 物料储存无组织排放控制要求**　除挥发性有机液体贮罐外,制药行业 VOC 物料储存无组织排放控制要求应符合《挥发性有机物无组织排放控制标准》（GB 37822—2019）规定。对于制药行业挥发性有机液体贮罐,当储存真实蒸气压≥76.6kPa 的挥发性有机液体时,应采用低压罐、压力罐或其他等效措施;储存真实蒸气压≥10.3kPa 但 <76.6kPa 且贮罐容积≥30m³ 的挥发性有机液体贮罐应符合下列规定之一。

（1）采用浮顶罐:对于内浮顶罐,浮顶与罐壁之间应采用浸液式密封、机械式鞋形密封等高效密封方式;对于外浮顶罐,浮顶与罐壁之间应采用双重密封,且一次密封应采用浸液式密封、机械式鞋形密封等高效密封方式。

(2)采用固定顶罐:排放的废气应收集处理并满足表5-2和表5-3的要求,或者处理效率不低于80%。

(3)采用气相平衡系统。

(4)采取其他等效措施。

(二)二氧化硫的源头控制

制药行业的二氧化硫(SO_2)主要产生于燃煤锅炉。SO_2的源头控制技术聚焦于煤的脱硫,主要包括煤炭洗选、煤的转化和型煤固硫。

1. 煤炭洗选　煤炭洗选是利用煤和杂质的物理、化学性质差异,通过物理、化学或微生物分选的方法使煤和杂质有效分离,并加工成质量均匀、用途不同的煤炭产品的一种加工技术。按选煤方法的不同,可分为物理选煤、物理化学选煤、化学选煤及微生物选煤等。

(1)物理选煤:根据煤炭和杂质的物理性质(如粒度、密度、硬度、磁性及电性等)差异进行分选。广泛采用的物理选煤方法是重力选煤,包括跳汰选煤、重介质选煤、斜槽选煤、摇床选煤、风力选煤等。分选后原煤的含硫量降低40%~90%。硫的净化效率取决于煤中黄铁矿的硫颗粒大小及无机硫含量。在有机硫含量较大或煤中黄铁矿嵌布很细的情况下仅用重力脱硫法,精煤硫分不能达到环境保护条例的要求。

(2)物理化学选煤:浮游选煤(简称浮选)是一种物理化学选煤过程,依据煤和矿物表面物理化学性质的不同而分选。

(3)化学选煤:是借助化学反应使煤中的有用成分富集,除去杂质和有害成分的工艺过程。目前在实验室中常用化学选煤的方法脱硫。根据常用的化学药剂种类和反应原理不同,可分为碱处理、氧化法和溶剂萃取等。

(4)微生物选煤:是用某些自养型微生物和异养型微生物,直接或间接地利用其代谢产物从煤中溶浸硫,达到脱硫的目的。

2. 煤的转化　煤的转化是指用化学方法对煤进行脱碳或加氢,将煤炭转化为清洁的气体或液体燃料。主要包括煤炭气化和煤炭液化。

(1)煤炭气化:是指在一定的温度和压力下,通过加入气化剂使煤转化为煤气的过程。它包括煤的热解、气化和部分燃烧三种化学反应行为。煤炭气化所用的原料煤可以是褐煤、烟煤和无烟煤。气化剂主要有空气、氧气和水蒸气,近年来也开始用氢气以及这些成分的混合物作气化剂。生成气体的成分包括一氧化碳、二氧化碳、氢气、甲烷和水蒸气等,气化剂为空气时还带入氮气。煤炭气化过程中,煤中灰分以固态或液态废渣的形式排出,硫则主要以硫化氢的形式存在于煤气中。随着煤炭气化技术的发展,目前已形成不同的气化方法,可分为固定床、流化床、气流床、熔融床四类。

(2)煤炭液化:是指将煤在适宜的反应条件下转化为洁净的液体燃料和化工原料的过程。煤和石油都以碳和氢为主要元素成分,不同之处在于煤中的氢元素含量只有石油中的一半左右,相对分子质量大约是石油的10倍或更高。如褐煤的含氢量为5%~6%,而石油的含氢量高达10%~14%。所以从理论上讲,旨在使煤转化为液态的人造石油的煤炭液化只需改变煤中氢元素的含量,即向煤中加氢使煤中的碳氢比降低到接近石油中的碳氢比,使原来煤中含氢少的高分子固体物质转化为含氢多的液态、气态化合物。实际上,由于实现提高煤中含氢量的过程不同,从而产生不同的煤炭液化工艺,大体分为直接液化、间接液化和由直接液化派生出的煤油共炼三种。

3. **型煤固硫** 型煤固硫是另一条控制 SO_2 污染的经济有效的途径。将不同的原料煤经筛分后按一定的比例配煤,粉碎后同经过预处理的黏结剂和固硫剂混合,经干馏成型或直接压制成型及干燥,即可得到具有一定强度和形状的成品工业固硫型煤。选用不同的煤种,以无黏结剂法或以沥青等为黏结剂,用廉价的钙系固硫剂制得多种型煤。美国型煤加石灰固硫率达 87%,烟尘减少 2/3;日本蒸汽机车用石灰石型煤固硫率达 70%~80%,脱硫费用仅为选煤的 8%。我国研究成功并已投产的型煤工艺有十大类(以黏结剂分类)。民用蜂窝煤加石灰固硫率可达 50% 以上,工业锅炉型煤加石灰固硫(或其他固硫剂)对解决高硫煤地区硫污染也有重要意义。

二、过程削减

(一)二氧化硫的过程削减

1. **流化床燃烧脱硫** 在流化床锅炉中,固硫剂可与煤粒混合一起加入锅炉,也可单独加入锅炉。流化床燃烧方式为炉内脱硫提供理想的环境,其原因是床内流化使脱硫剂和 SO_2 能充分混合接触,燃烧温度适宜,不易使脱硫剂烧结而损失化学反应表面;脱硫剂在炉内停留的时间长,利用率高。广泛采用的脱硫剂主要有石灰石($CaCO_3$)和白云石 $[CaMg(CO_3)_2]$,它们大量存在于自然界中,而且易于采掘。当石灰石或白云石脱硫剂进入锅炉的灼热环境时,其有效成分 $CaCO_3$ 遇热发生煅烧分解,煅烧时 CO_2 的析出会产生并扩大石灰石中的孔隙,从而形成多孔状、富孔隙的 CaO。随后 CaO 与 SO_2 作用形成 $CaSO_4$,从而达到脱硫的目的。影响流化床燃烧脱硫的因素主要包括钙硫比(脱硫剂所含钙与煤中硫的摩尔比,Ca/S)、煅烧温度、脱硫剂的颗粒尺寸和孔隙结构以及脱硫剂的种类。

2. **干法喷钙脱硫** 干法喷钙脱硫以芬兰某公司开发的 LIFAC 工艺为代表,炉内喷钙、炉后活化脱硫工艺是在传统炉内喷钙工艺的基础上发展起来的石灰石喷射脱硫工艺。传统炉内喷钙工艺的脱硫效率很低,仅为 20%~30%。LIFAC 工艺在除尘器前加装了一个活化反应器,喷水增湿,使未反应的石灰转化成 $Ca(OH)_2$,因此加快了脱硫反应速率,使烟气的脱硫效率提高到 70%~80%。LIFAC 工艺相对简单,基建投资费用一般比湿法烟气脱硫工艺低 50%,吸收剂价格低廉、储量丰富,有效降低了运行费用。

(二)氮氧化物的过程削减

制药工业氮氧化物的来源主要是燃料的燃烧,其过程削减技术包括低氮氧化物燃烧技术和炉内喷射脱硝技术。

1. **低氮氧化物燃烧技术** 燃烧过程中的氮氧化物是在高温下,助燃空气中的氮气与氧气通过化合反应而生成的。因此,可通过改变燃烧条件及燃烧器结构的方法来减少 NO_x 的生成。目前应用最广泛、相对简单、经济并且有效的方法包括低氧燃烧、空气分级燃烧、燃料分级燃烧、烟气再循环、低 NO_x 燃烧器等方法,这些方法一般可使烟气中的 NO_x 降低 20%~60%。

2.炉内喷射脱硝技术　炉内喷射脱硝实际上是在炉膛上部喷射某种物质,使其在一定的温度条件下还原已生成的 NO_x,以降低 NO_x 的排放量。它包括喷水、喷二次燃料和喷氨等,但喷水和喷二次燃料的方法尚存在如何将 NO 氧化为 NO_2 和解决非选择性反应的问题。氨的喷入位置一般在炉膛上部烟气温度在 950~1 050℃的区域内,采用该法要解决好两个问题,一是氨的喷射点选择,要保证在锅炉负荷变动的情况下,喷入的氨均能在 950~1 050℃的范围内与烟气反应;二是喷氨量的选择要适当。采用该法一般可使 NO_x 降低 30%~70%。

以上两种方法在技术上简单易行、投资少,适合用于对 NO_x 排放的初步控制。但在控制燃烧过程中会降低热效果,使燃料不完全燃烧且 NO_x 减少率有限。

三、末端治理技术

(一)颗粒物的末端治理技术

颗粒物一般是指所有大于分子的颗粒物,但实际的最小界限为 0.01μm 左右。颗粒物既可单个分散于气体介质中,也可因凝聚等作用使多个颗粒集合在一起,成为集合体的状态。将颗粒物从气流中分离的过程又称为除尘过程。从气体中去除或捕集固态或液态微粒的设备称为除尘装置或除尘器。根据主要除尘机制,目前常用的除尘器可分为:①机械除尘器;②电除尘器;③袋式除尘器;④电袋复合除尘器;⑤湿式除尘器等。

下面分别介绍几种常用的除尘装置。

1.机械除尘器　机械除尘器通常指利用重力、惯性力和离心力等的作用使颗粒物与气流分离的装置,包括重力沉降室、惯性除尘器和旋风除尘器等。机械除尘器结构简单、造价低、维护方便,但缺点是除尘效率不高。

(1)重力沉降室:主要优点是结构简单,投资少,压力损失小(一般为 50~130Pa),维修管理容易。但它的体积大、效率低,因此只能作为高效除尘器的预除尘装置,除去较大和较重的粒子。重力沉降室分为层流式重力沉降室和湍流式重力沉降室。

层流式重力沉降室设计的简单模式是假定在沉降室内的气流为柱塞流,流动状态保持在层流范围内,颗粒均匀地分布在烟气中。粒子的运动由两种速度组成。在垂直方向,忽略气体的浮力,仅在重力和气体阻力作用下,每个粒子以一定的沉降速度独立沉降,在废气流动方向,粒子和气流具有相同的速度。粒子在重力沉降室内做类平抛运动,即水平方向与垂直方向运动的时间相等,粒子在水平方向运动至出口前,垂直方向运动进入灰斗的粒子即可被去除。重力沉降室设计的另一种模式是假定沉降室中的气流为湍流状态,在垂直于气流方向的每个横截面上粒子完全混合,即各种粒径的粒子都均匀分布于气流中。提高沉降室除尘效率的主要途径为降低沉降室内的气流速度、增加沉降室长度或降低沉降室高度。

(2)惯性除尘器:是利用惯性力的作用,使含尘气体与挡板撞击或者急剧改变气流方向,借助尘粒本身的惯性使其与气流分离的装置。惯性除尘器多用于一级除尘器或高效除尘器的预除尘和用来捕集 10~20μm 以上的粗尘粒。对于黏结性和纤维性粉尘,易产生堵塞,不宜采用惯性除尘器。

（3）旋风除尘器：是惯性除尘器的典型代表，它是利用旋转气流产生的离心力使尘粒从气流中分离的装置。它的设备结构简单，体积小，造价低，维护、管理方便，适用于处理净化密度大、粒径较粗（>5μm）的粉尘，不宜用于处理气体量波动很大的场合，不宜净化黏结性粉尘。它对于较细及纤维性粉尘的净化效率低，在80%左右，一般用作预除尘。旋风除尘器是干法清灰，有利于回收有价值的粉尘。

普通旋风除尘器由进气管、筒体、锥体和排气管等组成，气流流动状况如图5-2所示。含尘气流由切线进口进入除尘器，沿外壁由上向下做螺旋运动，称为外涡旋。当它到达锥体底部后，转而向上，沿轴心向上旋转，最后经排出管排出。当气流做旋转运动时，尘粒在惯性离心力的推动下要向外壁移动，到达外壁的尘粒在气流和重力的共同作用下沿壁面落入灰斗。

影响旋风除尘器效率的因素有二次效应、比例尺寸、烟尘的物理性质和操作变量。①二次效应：即被捕集粒子重新进入气流。在较小粒径区间内，理应逸出的粒子由于聚集或被较大尘粒撞向壁面而脱离气流获得捕集，实际效率高于理论效率。在较大粒径区间内，实际效率低于理论效率，这是因为理应沉降入灰斗的尘粒却随净化后的气流一起排走，其起因主要为粒子被反弹回气流或沉积的尘粒被重新吹起。通过环状雾化器将水喷淋在旋风除尘器内壁上，能有效地控制二次效应。②比例尺寸：高效旋风除尘器的各个部件都有一定的尺寸比例，这些比例是基于广泛调查研究的结果。某个比例关系的变动能影响旋风除尘器的效率。③烟尘的物理性质：各种物理性质都影响旋风除尘器的效率，如气体的密度和黏度、尘粒的大小和相对密度、烟气含尘浓度等。④操作变量：提高烟气入口流速，旋风除尘器的分割直径变小，能使除尘器的性能改善。

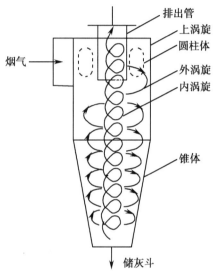

图5-2　旋风除尘器结构示意图

（图中标注：排出管、上涡旋、圆柱体、外涡旋、内涡旋、锥体、储灰斗、烟气）

2. 电除尘器　电除尘器是含尘气体在通过高压电场进行电离的过程中使尘粒荷电，并在电场力作用下使尘粒沉积在集尘极上，将尘粒从含尘气体中分离出来的一种除尘设备。电除尘过程与其他除尘过程的根本区别在于分离力（主要是静电力）直接作用在粒子上，而不是作用在整个气流上，这就决定了它具有分离粒子耗能小、气流阻力也小的特点。由于作用在粒子上的静电力相对较大，所以即使对亚微米级的粒子也能有效地捕集。电除尘器的主要优点有压力损失小，一般为200~500Pa；处理的烟气量大，可达105~106m³/h；能耗低，为0.2~0.4kWh/1 000m³；对细粉尘有很高的捕集效率，可高于99%；可在高温或强腐蚀性气体下操作。电除尘器工作面的三个基本过程为悬浮粒子荷电；带电粒子在电场内迁移和捕集；捕集物从集尘表面上清除。

3. 袋式除尘器　袋式除尘器属于过滤式除尘，虽然它是最古老的除尘方法之一，但由于除尘效率高（一般可达99%以上）、性能稳定可靠、操作简单、适应浓度范围大、规格多样、使用灵活、便于回收物料、不产生污泥和污水、维护简单,因而获得越来越广泛的应用。但同时它的应用范围受滤料耐温、耐蚀性限制,吸附性强和露点高的烟气容易对其造成堵塞。此外,还存在占地面积较大、滤袋易损坏等缺陷。

简单的机械振动袋式除尘器如图 5-3 所示。含尘气流从下部孔板进入圆筒形滤袋内,在通过滤料的孔隙时,粉尘被捕集于滤料上,透过滤料的清洁气体由排出口排出。沉积在滤料上的粉尘可在机械振动作用下从滤料表面脱落,落入灰斗中。颗粒因截留、惯性碰撞、静电和扩散等作用,逐渐在滤袋表面形成粉尘层,常称为粉

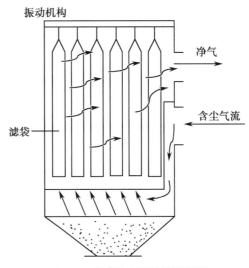

图 5-3 袋式除尘器结构示意图

尘初层。初层形成后,它成为袋式除尘器的主要过滤层,提高除尘效率。滤布只不过起着形成粉尘初层和支撑它的骨架作用,但随着颗粒在滤袋上积聚,滤袋两侧的压力差增大,会把有些已附在滤料上的细小粉尘挤压过去,使除尘效率下降。另外,若除尘器压力过高,还会使除尘系统的处理气体量显著下降,影响生产系统的排风效果。因此,除尘器压力损失达到一定数值后,要及时清灰。

袋式除尘器的清灰不能过分,即不应破坏粉尘初层,否则会引起除尘效率显著降低。对于粒径为 0.1~0.5μm 的粒子,清灰后滤料的除尘效率在 90% 以下;对于 1μm 以上的粒子,效率在 98% 以上。当形成颗粒层后,对所有粒子的效率都在 95% 以上;对于 1μm 以上的粒子,效率高于 99.6%。

另一个影响袋式除尘器效率的因素是过滤速度。它定义为烟气实际体积流量与滤布面积之比,所以也称为气布比。过滤速度是一个重要的技术经济指标。从经济上考虑,选用高的过滤速度,处理相应体积烟气所需的滤布面积小,则除尘器体积、占地面积和一次性投资等都会减小,但除尘器的压力损失却会加大。从除尘机制来看,过滤速度主要影响惯性碰撞和扩散作用。选取过滤速度时还应当考虑欲捕集粉尘的粒径及其分布。一般来说,除尘效率随过滤速度增加而下降。

4. 电袋复合除尘器 电袋复合除尘器是将电除尘技术和袋式除尘技术结合起来的一种新型高效除尘器,收尘效率一般可达 99.9% 以上。目前电袋复合除尘技术种类较多,在工业领域获得应用的主要有串联式电袋复合除尘器和混合式电袋复合除尘器两种形式。

串联式电袋复合除尘器是将前级电除尘和后级袋式除尘串联成一体的电袋结合形式。根据电除尘和袋式除尘的连接方式,串联式电袋复合除尘器又可分为分体式和一体式两种结构形式。

分体式结构的基本构思比较简单,就是在电除尘器的下游加一台袋式除尘器,来捕集电除尘器未能捕集的微细粉尘,使粉尘排放浓度能满足相关法规要求。如图 5-4 所示。

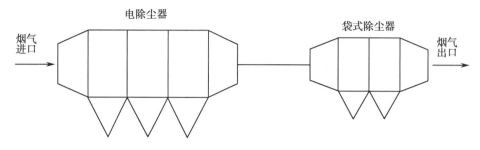

图 5-4　分体式串联式电袋复合除尘器结构示意图

一体式的结构如图 5-5 所示,含尘气体首先进入进口喇叭,经过气流分布板均流后进入电除尘区,在高压电场作用下尘粒荷电,并在电场力作用下使大部分尘粒沉积在收尘极上;余下的少量荷电粉尘进入袋式除尘区,通过滤袋的过滤作用而被收集下来。

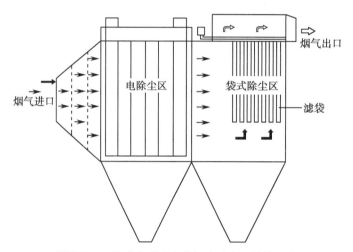

图 5-5　一体式串联式电袋复合除尘器结构示意图

混合式电袋复合除尘器的内部构造如图 5-6 所示。电除尘的放电极和收尘极与袋式除尘的滤袋交错排列,放电极、收尘极和滤袋布置在同一个单元内。含尘气体首先被导向电除尘区,将 90% 左右的粉尘去除,然后含有剩余粉尘的气体通过多孔收尘极板上的小孔流向袋式除尘区的滤袋,经滤袋的过滤作用,捕集剩余的粉尘。

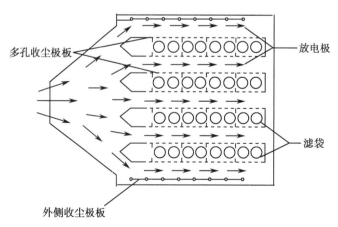

图 5-6　混合式电袋复合除尘器结构示意图

在滤袋清灰时,脱离滤袋的部分粉尘经过多孔收尘极板的小孔进入电除尘区,在该区域被再次捕集,这样就大大减少了粉尘重返滤袋的机会;同样,收尘极板振打清灰时的二次扬尘也会经过小孔进入袋式除尘区,被滤袋捕集;多孔收尘极板除了捕集荷电的尘粒外,还能保护滤袋免受电晕放电的危害。

混合式电袋复合除尘器的主要技术特点和收尘原理与串联式相似,但前者的结构更为紧凑;在降低滤袋清灰时的粉尘再吸附等方面也要优于后者,但结构较为复杂。

5. 湿式除尘器 湿式除尘器是使含尘气体与液体(一般为水)密切接触,利用水滴和颗粒的惯性碰撞及其他作用捕集颗粒,或使粒径增大的装置。湿式除尘器可以有效地将直径为 $0.1\sim20\mu m$ 的液态或固态粒子从气流中除去,同时也能脱除气态污染物。它具有结构简单、造价低、占地面积小、操作和维修方便及净化效率高等优点,能够处理高温、高湿的气流,将着火、爆炸的可能性减至最低。但采用湿式除尘器时要特别注意设备和管道腐蚀,以及污水和污泥的处理等问题。湿式除尘过程也不利于副产品的回收。如果设备安装在室外,还必须考虑在冬天设备可能冻结的问题。此外,要使去除微细颗粒的效率也较高,则须使液相更好地分散,但能耗就会相应增大。

在工程上使用的湿式除尘器形式很多,总体上可分为低能和高能两类。低能湿式除尘器的压力损失为 0.2~1.5kPa,包括喷雾塔和旋风洗涤器等,一般对 10μm 以上颗粒的净化效率可达 90%~95%;高能湿式除尘器的压力损失为 2.5~9.0kPa,净化效率可达 99.5% 以上,如文丘里洗涤器等。

根据湿式除尘器的净化机制,可以将其大致分为八类:重力喷雾洗涤器、喷雾塔洗涤器、旋风洗涤器、自激喷雾洗涤器、板式洗涤器、填料洗涤器、文丘里洗涤器、机械诱导喷雾洗涤器。重力喷雾洗涤器和文丘里洗涤器的结构如图 5-7 和图 5-8 所示。

（二）二氧化硫的末端治理技术

锅炉尾气排放的烟气通常含有较低浓度的 SO_2。根据燃料硫含量的不同,燃烧设施直接排放的烟气中的 SO_2 浓度范围为 $10^{-4}\sim10^{-3}$ 数量级。由于 SO_2 浓度低,烟气流量大,烟气脱硫通常是十分昂贵的。

烟气脱硫方法可分为两类:抛弃法和再生法。抛弃法即在脱硫过程中将形成的固体产物废弃,这需要连续不断地加入新鲜的化学吸收剂。再生法,顾名思义,与 SO_2 反应后的吸收剂可连续地在一个闭环系统中再生,再生后的脱硫剂和由于损耗需补充的新鲜吸收剂再回到脱硫系统循环使用。

烟气脱硫也可按脱硫剂是否以溶液(浆液)状态进行脱硫而分为湿法或干法脱硫。湿法是指利用碱性吸收液或含触媒粒子的溶液吸收烟气中的 SO_2;干法是指利用固体吸附剂和催化剂在不降低烟气温度和不增加湿度的条件下除去烟气中的 SO_2。喷雾干燥法工艺采

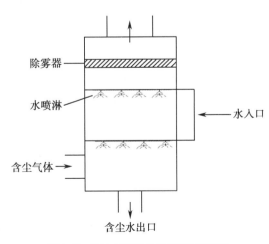

图 5-7 重力喷雾洗涤器结构示意图

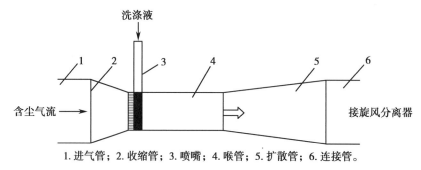

1.进气管；2.收缩管；3.喷嘴；4.喉管；5.扩散管；6.连接管。

图 5-8　文丘里洗涤器结构示意图

用雾化的脱硫剂浆液进行脱硫,但在脱硫过程中雾滴被蒸发干燥,最后的脱硫产物也呈干态,因此常称为湿干法或半干法。

目前正在发展和应用的主要烟气脱硫技术分为四类:湿法抛弃系统、湿法回收系统和干法抛弃系统、干法回收系统。其中,湿法抛弃系统包括石灰石/石灰法、双碱法、加镁的石灰石/石灰法、碳酸钠法、海水法;湿法回收系统包括氧化镁法、钠碱法、柠檬酸盐法、氨法、碱式硫酸铝法;干法抛弃系统包括喷雾干燥法、炉后喷吸附剂增湿活化、循环流化床法;干法回收系统包括活性炭吸附法。

1. 石灰石/石灰法湿法烟气脱硫技术　石灰石/石灰法湿法烟气脱硫是采用石灰石或者石灰浆液脱除烟气中的 SO_2 的方法。该法开发较早、工艺成熟、吸收剂廉价易得,因而应用广泛。主要工艺参数包括 pH、石灰石粒度、液气比、钙硫比、气体流速、浆液的固体含量等。

石灰石/石灰法湿法烟气脱硫技术的化学反应原理如下。

（1）石灰石

总反应: $CaCO_3+SO_2+0.5H_2O \rightarrow CaSO_3 \cdot 0.5H_2O+CO_2$

溶解反应: $SO_2(g)+H_2O \rightarrow SO_2(1)+H_2O$

$\quad\quad\quad\quad SO_2(l)+H_2O \rightarrow H_2SO_3$

$\quad\quad\quad\quad H_2SO_3 \rightarrow H^++HSO_3^- \rightarrow 2H^++SO_3^{2-}$

离解反应: $H^++CaCO_3 \rightarrow Ca^{2+}+HCO_3^-$

吸收反应: $Ca^{2+}+SO_3^{2-} \rightarrow CaSO_3$

$\quad\quad\quad\quad Ca^{2+}+HSO_3^-+2H_2O \rightarrow CaSO_3 \cdot 2H_2O+H^+$

中和反应: $H^++HCO_3^- \rightarrow H_2CO_3$, $H_2CO_3 \rightarrow CO_2+H_2O$

（2）石灰

总反应: $CaO+SO_2+0.5H_2O \rightarrow CaSO_3 \cdot 0.5H_2O$

溶解反应: $SO_2(g)+H_2O \rightarrow SO_2(l)+H_2O$

$\quad\quad\quad\quad SO_2(l)+H_2O \rightarrow H_2SO_3$

$\quad\quad\quad\quad H_2SO_3 \rightarrow H^++HSO_3^- \rightarrow 2H^++SO_3^{2-}$

离解反应: $CaO+H_2O \rightarrow Ca(OH)_2$, $Ca(OH)_2 \rightarrow Ca^{2+}+2OH^-$

吸收反应: $Ca^{2+}+SO_3^{2-} \rightarrow CaSO_3$

$\quad\quad\quad\quad Ca^{2+}+HSO_3^-+2H_2O \rightarrow CaSO_3 \cdot 2H_2O+H^+$

中和反应: $H^++OH^- \rightarrow H_2O$

然后亚硫酸钙氧化成硫酸钙。

石灰石系统中最关键的反应是 Ca^{2+} 的形成,因为 SO_2 正是通过 Ca^{2+} 与 HSO_3^- 反应而得以从溶液中除去的。这一步也突出了石灰石系统与石灰系统的一个重要区别:石灰石系统中 Ca^{2+} 的产生与 H^+ 浓度和 $CaCO_3$ 的存在有关,而石灰系统中 Ca^{2+} 的产生仅与氧化钙的存在有关。石灰石系统的最佳操作 pH 为 5.8~6.2,石灰系统约为 8。

石灰石/石灰法洗涤面临的问题有设备腐蚀、结垢和堵塞、除雾器堵塞、脱硫剂的利用率、固液分离、固体废弃物的处理处置。

2. 喷雾干燥法烟气脱硫技术　喷雾干燥法是 20 世纪 80 年代迅速发展起来的一种半干法脱硫工艺。喷雾干燥法是目前市场份额仅次于湿钙法的烟气脱硫技术,其设备和操作简单,可使用碳钢作为结构材料,不存在有微量金属元素污染的废水。目前,喷雾干燥法主要用于低硫煤烟气脱硫,用于高硫煤的系统只进行了示范研究,尚未工业化。

喷雾干燥法的工艺过程主要包括吸收剂制备、吸收和干燥、固体废物捕集及固体废物处置四个主要过程。喷雾干燥法烟气脱硫的工艺操作参数:①吸收塔烟气出口温度(接近绝热饱和温度的程度);②吸收剂的钙硫比;③ SO_2 入口浓度。

喷雾干燥法烟气脱硫技术的反应原理如下。

总反应: $Ca(OH)_2+SO_2+H_2O=CaSO_3 \cdot 2H_2O$

$$CaSO_3 \cdot 2H_2O+0.5O_2=CaSO_4 \cdot 2H_2O$$

3. 氧化镁湿法烟气脱硫技术　氧化镁湿法烟气脱硫技术分为再生法、抛弃法、氧化回收法。

(1)再生法:基本原理为用 MgO 浆液吸收 SO_2,生成含水亚硫酸镁和少量硫酸镁,然后送流化床加热,当温度约在 1 154K 时释放出 MgO 和高浓度的 SO_2。再生的 MgO 可循环利用,SO_2 可回收制酸。

(2)抛弃法:又称为氢氧化镁法。其脱硫工艺与再生法相似,所不同的是在再生法中为了降低脱硫产物的煅烧分解温度,要防止脱硫吸收液的氧化;而抛弃法则须进行强制氧化以促使亚硫酸镁全部或大部分转变为硫酸镁。

(3)氧化回收法:是指将脱硫产物氧化成硫酸镁再予回收。其脱硫工艺流程与抛弃法类似,同样利用亚硫酸镁易氧化和硫酸镁易溶解的特点,对脱硫液进行强制氧化并生成高浓度的硫酸镁溶液;不同之处在于回收法将强制氧化后的硫酸镁溶液进行过滤以除去不溶性杂质,再浓缩后结晶生成 $MgSO_4 \cdot 7H_2O$。氧化回收法氧化镁脱硫工艺主要由脱硫系统和硫酸镁回收系统两部分组成。

4. 海水法烟气脱硫技术　海水脱硫工艺装置主要由烟气系统、供排海水系统、海水恢复系统、电气、热工控制系统等组成,其中海水恢复系统的主体结构是曝气池。海水脱硫工艺的主要流程:锅炉排出的烟气经除尘器后,由系统增压风机送入气-气换热器的热侧降温,然后进入吸收塔,在吸收塔中被来自循环冷却系统的部分海水洗涤,烟气中的二氧化硫被吸收,干净的烟气通过烟气换热器升温后经烟囱排入大气;吸收塔排出的废水排入海水处理厂,与来自冷却系统的海水混合,用鼓风机对混合的海水进行强制氧化,除去亚硫酸根。等混合海水的 pH 和 COD 等指标达到要求后,排入指定海域。

5. 湿式氨法烟气脱硫技术　湿式氨法烟气脱硫技术采用一定浓度的氨水作吸收剂,最终的脱硫副产物是可作农用肥的硫酸铵,脱硫率在 90%~99%。但相对于低廉的石灰石等吸收剂,氨的价格要高得多,高运行成本及复杂的工艺流程影响氨法脱硫工艺的推广应用,但在氨来源稳定、副产品具有市场的某些地区,氨法仍具有一定的吸引力。氨法烟气脱硫主要包括 SO_2 吸收和吸收后溶液的处理两大部分。

(三)氮氧化物的末端治理技术

烟气脱硝是一个棘手的难题,主要因为要处理的烟气体积太大且氮氧化物(NO_x)的总量相对较大,如果用吸收或吸附过程脱硝,必须考虑废物最终处置的难度和费用。只有当有用组分能够回收,吸收剂或吸附剂能够循环使用时才可考虑选择烟气脱硝。

将 NO_x 催化还原或非催化还原为 N_2 的技术相对于吸收和吸附过程有明显的优势。该技术需要加入帮助 NO_x 还原的添加剂,通常为市场上可获得的气态物质,不产生任何固态或液态的二次废物。对于火电厂烟气 NO_x 污染控制,目前有两类商业化的烟气脱硝技术,分别称为选择性催化还原(selective catalytic reduction, SCR)和选择性非催化还原(selective non-catalytic reduction, SNCR)。

1. SCR 烟气脱硝技术　SCR 烟气脱硝技术是向催化剂上游的烟气中喷入氨气或其他合适的还原剂,利用催化剂(铁、钒、铬、钴或钼等碱金属)在温度为 200~450℃时将烟气中的 NO_x 转化为氮气和水。由于 NH_3 具有选择性,只与 NO_x 发生反应,基本不与 O_2 反应,故称为选择性催化还原脱硝。在通常的设计中使用液态纯氨或氨水(氨的水溶液),无论以何种形式使用氨,都应首先使氨蒸发,然后氨和稀释空气或烟气混合,最后利用喷氨格栅将其喷入 SCR 反应器上游的烟气中。

2. SNCR 烟气脱硝技术　SNCR 烟气脱硝技术是一种不需要催化剂的选择性非催化还原技术。该技术是用 NH_3、尿素等还原剂喷入炉内与 NO_x 进行选择性反应,不用催化剂,因此必须在高温区加入还原剂。还原剂喷入炉膛温度为 850~1 100℃的区域,该还原剂(尿素)迅速热分解成 NH_3 并与烟气中的 NO_x 进行 SNCR 反应生成 N_2。该法是以炉膛为反应器,在炉膛 850~1 100℃这一狭窄的温度范围内、在无催化剂作用下,NH_3 或尿素等氨基还原剂可选择性地还原烟气中的 NO_x,基本上不与烟气中的 O_2 作用。其主要反应为 NH_3 为还原剂,$4NH_3+4NO+O_2=4N_2+6H_2O$;尿素为还原剂,$NO+CO(NH_2)+0.5O_2=N_2+CO_2+H_2O$。当温度高于 1 100℃时,$NH_3$ 则会氧化为 NO,即 $4NH_3+5O_2=4NO+6H_2O$。不同的还原剂有不同的反应温度范围,NH_3 的反应最佳温度范围为 850~1 100℃。当反应温度过高时,由于氨的分解会使 NO_x 还原率降低;当反应温度过低时,氨的逃逸增加,也会使 NO_x 还原率降低,且 NH_3 是高挥发性和有毒物质,其逃逸会造成新的环境污染。SNCR 烟气脱硝技术的脱硝效率一般为 25%~50%,受锅炉结构尺寸的影响很大,多用作低 NO_x 燃烧技术的补充处理手段。

3. 吸收法净化 NO_x　吸收是利用气体混合物中的不同组分在吸收剂中的溶解度不同,或者与吸收剂发生选择性化学反应,从而将有害组分从气流中分离出来的过程。吸收过程的实质是物质由气相转移到液相的传质过程。该法具有捕集效率高、设备简单、一次性投资低等特点。

吸收分为物理吸收和化学吸收。物理吸收比较简单,可以看成是单纯的物理溶解过程。

此时吸收所能达到的限度决定于在吸收进行条件下的气液平衡关系,即气体在液体中的平衡浓度,吸收速率取决于氮氧化物转移到液相的扩散速率。但是在实际生产中,一般都采用化学吸收,此时吸收限度同时取决于气液平衡和液相反应的平衡条件,吸收速率也取决于扩散速率和液相中的反应速率。化学吸收由于化学反应的存在,提高了吸收速率,并使吸收的程度更趋于完全。因 NO_x 属于酸性气体,吸收过程多采用碱液吸收。

4. 吸附法净化 NO_x 气体混合物与适当的多孔性固体接触时,利用固体表面存在的未平衡的分子引力或者化学键力把混合物中的某一组分或某些组分留在固体表面上,这种分离气体混合物的过程称为气体吸附。由于吸附剂具有高的选择性和高的分离效果,能脱除痕量物质,所以吸附净化法常用于其他方法难以分离的低浓度有害物质和排放标准要求严格的废气处理。吸附净化法的优点是效率高,能回收有用组分,设备简单,操作方便,易于实现自动控制。

根据固体表面吸附力的不同,吸附可分为物理吸附和化学吸附。物理吸附是由分子间的引力引起的,通常称为范德瓦耳斯力。由于物理吸附物质时不发生化学反应,故是一种可逆过程。化学吸附是固体表面与被吸附物质间的化学键力作用的结果,其实质是表面化学反应。与物理吸附相比,化学吸附的热与化学反应热相近,一般为几十千焦每摩尔;物理吸附与气体的汽化热相近,为几百焦每摩尔。化学吸附具有较高的选择性,物理吸附则容易解吸。

吸附法净化 NO_x 的优点是净化效率高,无须消耗化学物质,设备简单且操作方便;缺点是由于吸附剂的吸附容量小,需要的吸附剂量大,设备庞大,需要再生处理,而且过程为间歇操作。故吸附法仅用于净化处理 NO_x 浓度较低、产生量较小的废气。

(四)挥发性有机物的末端治理技术

1. 燃烧法控制 VOC 污染 用燃烧的方法将有害气体、蒸气、液体或烟尘转化为无害物质的过程称为燃烧净化,又称为焚烧法。燃烧净化所发生的化学反应主要是燃烧氧化作用及高温下的热分解,因此这种方法只适用于净化可燃的或在高温情况下可以分解的有害物质。对制药行业的生产装置中所排出的 VOC 废气,广泛采用燃烧净化的手段。燃烧氧化能够直接将 VOC 转化为 CO_2 和 H_2O。使用这种方法不能回收有用物质。但由于燃烧时放出大量热能,排气的温度很高,所以可以回收能量。目前,在实际中使用的燃烧净化方法有直接燃烧、热力燃烧和催化燃烧。

(1)直接燃烧:又称为直接火焰燃烧。它是把废气中的可燃有害组分当作燃料直接燃烧,因此该法只适用于净化含可燃有害组分浓度较高的废气,或者用于净化有害组分燃烧时热值较高的废气,因为只有燃烧时放出的热量能够补偿散向环境中的热量时,才能保持燃烧区的温度,维持燃烧的持续。多种可燃性气体或多种溶剂蒸气混合存在于废气中时,只要浓度适宜,也可以直接燃烧。如果可燃组分的浓度高于燃烧上限,可以混入空气后燃烧;如果可燃组分的浓度低于燃烧下限,则可以加入一定数量的辅助燃料,如天然气等维持燃烧。

(2)热力燃烧:用于可燃有机物质含量较低的废气的净化处理。这类废气中可燃有机组分的含量往往很低,本身不能维持燃烧。因此在热力燃烧中,被净化的废气不是作为燃烧所用的燃料,而是在含氧量足够时作为助燃气体,不含氧时则作为燃烧的对象。在进行热力燃烧时一般是须燃烧其他燃料(如煤气、天然气、油等),把废气温度提高到热力燃烧所需的温度,使其中的气态污染物进行氧化,分解成为 CO_2、H_2O、N_2 等。热力燃烧所需的温度较直接燃烧低,在 540~820℃ 即可进行。

（3）催化燃烧:实际上是完全的催化氧化,即在催化剂作用下,使废气中的有害可燃组分完全氧化为 CO_2 和 H_2O。由于绝大部分有机物均具有可燃性,因此催化燃烧法已成为净化含碳氢化合物废气的有效手段之一。又由于很大一部分有机化合物具有不同程度的臭味,因此催化燃烧法也是消除恶臭气体的有效手段。

2. 吸收法控制 VOC 污染 溶剂吸收法是指采用低挥发性或不挥发性溶剂对 VOC 进行吸收,再利用 VOC 分子和吸收剂物理性质的差异进行分离。吸收效果主要取决于吸收剂的吸收性能和吸收设备的结构特征。

吸收所采用的设备是吸收塔。含 VOC 的气体由底部进入吸收塔,在上升过程中与来自塔顶的吸收剂逆流接触而被吸收,被净化后的气体由塔顶排出。吸收 VOC 的吸收剂通过热交换器后,进入汽提塔顶部,在温度高于吸收温度和/或压力低于吸收压力时得以解吸,吸收剂再经过溶剂冷凝器冷凝后进入吸收塔循环使用。解吸出的 VOC 气体经过冷凝器、气液分离器后以纯 VOC 气体的形式离开汽提塔,被进一步回收利用。该工艺适用于 VOC 浓度较高、温度较低和压力较高的场合。

吸收剂必须对被去除的 VOC 有较大的溶解性,同时如果需回收有用的 VOC 组分,则回收组分不得与其他组分互溶;吸收剂的蒸气压必须足够低,如果净化过的气体被排放到大气环境,吸收剂的排放量必须降到最低;洗涤塔在较高的温度或较低的压力下,被吸收的 VOC 必须容易从吸收剂中分离出来,并且吸收剂的蒸气压必须低于不污染被回收的 VOC 所需的蒸气压;吸收剂在吸收塔和汽提塔的运行条件下必须具有较好的化学稳定性及无毒无害;吸收剂的摩尔质量要尽可能低(同时需考虑低吸收剂蒸气压的要求),以使它的吸收能力最大化。

用于 VOC 净化的吸收装置多数为气液相反应器,一般要求气液有效接触面积大,气液湍流程度高,设备的压力损失小,易于操作和维修。目前,工业上常用的气液吸收设备有喷洒塔、填料塔、板式塔和鼓泡塔等。

3. 冷凝法控制 VOC 污染 物质在不同的温度和压力下具有不同的饱和蒸气压,冷凝法利用物质的这一性质,采用降低温度、提高系统的压力或者既降低温度又提高压力的方法,使处于蒸气状态的污染物(如 VOC)冷凝并与废气分离。该法特别适用于处理废气体积分数在 10^{-2} 以上的有机蒸气。冷凝法在理论上可达到很高的净化程度,但是当体积分数低于 10^{-6} 时,须采取进一步的冷冻措施,使运行成本大大提高。所以冷凝法不适宜处理低浓度的有机气体,而常作为其他方法净化高浓度废气的前处理,以降低有机负荷,回收有机物。

两种最通用的冷凝方法是表面冷凝和接触冷凝。表面冷凝的常用设备是壳管式热交换器。典型情况下,冷凝剂通过管子流动,而蒸气在管子外壳冷凝,被冷凝的蒸气在冷却管上形成液层后被排到收集槽进行贮存或处理。在表面冷凝器中,冷凝剂既不与蒸气接触,也不与冷凝物接触。与表面冷凝相反,在接触冷凝中,则是通过直接向气体中喷射冷却液的方法使 VOC 气体进行冷凝。

（1）接触冷凝:是指在接触冷凝器中,被冷凝气体与冷却介质(通常采用冷水)直接接触而使气体中的 VOC 组分得以冷凝,冷凝液与冷却介质以废液的形式排出冷凝器。接触冷凝有利于强化传热,但冷凝液须进一步处理。常用的接触冷凝设备有喷射器、喷淋塔、填料塔和筛板塔。

（2）表面冷凝:也称为间接冷却,冷却壁把冷凝气与冷凝液分开,因而冷凝液组分较为单一,可以直接回收利用。常用的间接冷凝设备有列管式冷凝器、翅管空冷冷凝器、淋洒式冷凝器和螺旋板式冷凝器等。

4. 吸附法控制 VOC 污染　含 VOC 的气态混合物与多孔性固体接触时,利用固体表面存在的未平衡的分子吸引力或化学键作用力把混合气体中的 VOC 组分吸附在固体表面,这种分离过程称为吸附法控制 VOC 污染。吸附操作已广泛应用于石油化工、有机化工的生产部门,成为一种重要的操作单元。

含 VOC 的混合气体先去除颗粒状污染物后,再经过调压器调整压力,然后进入吸附床进行吸附净化,净化后的气体排入大气环境。当吸附床内的活性炭饱和后,通过阀门转换至备用吸附床进行吸附。向饱和吸附床通入蒸气进行脱附,解吸出来的蒸气(空气)混合物冷凝后由浓缩器、分离器进行分离,脱附后的活性炭用热空气干燥后循环使用,一般可重复使用 5年。该法适用于处理中、低浓度的 VOC 尾气,吸附效果取决于吸附剂的性质,VOC 的种类、浓度、性质,以及吸附系统的操作温度、湿度、压力等因素。在一般情况下,不饱和化合物比饱和化合物吸附更完全,环状化合物比直链结构的物质更易被吸附。

研究表明,活性炭吸附 VOC 的性能最佳,原因在于其他吸附剂(如硅胶、金属氧化物等)具有极性,在水蒸气共存的条件下,水分子和吸附剂极性分子进行结合,从而降低吸附剂的吸附性能;而活性炭分子不易与极性分子结合,从而提高吸附 VOC 的能力。但是也有部分VOC 被活性炭吸附后难以再从活性炭中除去,对于此类 VOC 不宜采用活性炭作为吸附剂,而应选用其他吸附材料。

5. 生物法控制 VOC 污染　生物法控制 VOC 污染是近年发展起来的空气污染控制技术,该技术已在德国、荷兰得到规模化应用,有机物去除率大都在 90% 以上。与常规处理方法相比,生物法具有设备简单、运行费用低、较少形成二次污染等优点,尤其在处理低浓度、生物可降解性好的气态污染物时更显其经济性。

VOC 生物净化过程的实质是附着在滤料介质中的微生物在适宜的环境条件下,利用废气中的有机成分作为碳源和能源,维持其生命活动,并将有机物同化为 CO_2、H_2O 和细胞质的过程。其主要包括如下五个过程,即 VOC 从气相传递到液相,VOC 从液相扩散到生物膜表面,VOC 在生物膜内部扩散,生物膜内的降解反应,代谢产物排出生物膜。简言之,VOC 生物净化过程是吸收传质过程和生物氧化过程的结合。前者取决于气液间的传递速率,后者则取决于生物的降解能力,即该法针对水溶性好、生物降解能力强的 VOC 具有较好的处理效果。

在废气生物处理过程中,根据系统的运转情况和微生物的存在形式,可将生物处理工艺分为悬浮生长系统和附着生长系统。悬浮生长系统即微生物及其营养物存在于液体中,气相中的有机物通过与悬浮液接触后转移到液相,从而被微生物降解,其典型形式有鼓泡塔、喷淋塔及穿孔塔等生物洗涤塔。而附着生长系统中微生物附着生长于固体介质表面,废气通过由滤料介质构成的固定床层时被吸附、吸收,最终被微生物降解,其典型形式有土壤、堆肥、填料等材料构成的生物过滤塔。生物滴滤塔则同时具有悬浮生长系统和附着生长系统的特性。

（1）生物洗涤塔（悬浮生长系统）：生物洗涤塔由吸收和生物降解两部分组成。经有机物驯化的循环液由洗涤塔顶部的布液装置喷淋而下，与沿塔而上的气相主体逆流接触，使气相中的有机物和氧气转入液相，进入再生器（活性污泥池），被微生物氧化分解，得以降解。该法适用于气相传质速率大于生化反应速率的有机物降解。

（2）生物过滤塔（附着生长系统）：VOC气体由塔顶进入生物过滤塔，在流动过程中与已接种挂膜的生物滤料接触而被净化，净化后的气体由塔底排出。定期在塔顶喷淋营养液，为滤料微生物提供养分、水分并调整pH，营养液呈非连续相，其流向与气体流向相同。

生物过滤塔易于操作，而且滤料（特别是新型滤料）具有比表面积大、吸附性能高的特性，可大大减缓有机负荷变化而引起的降解效果的波动。同时，还可使微生物胞外酶、有机物在滤料和生物膜界面处浓缩，进而提高生化反应速率，使污染物得到最大程度的净化。目前较为常用的生物过滤工艺有土壤法和堆肥法。

（3）生物滴滤塔：VOC气体由塔底进入生物滴滤塔，在流动过程中与已接种挂膜的生物滤料接触而被净化，净化后的气体由塔顶排出。滴滤塔集废气的吸收与液相再生于一体，塔内增设附着微生物的填料，为微生物的生长、有机物的降解提供条件。启动初期，在循环液中接种经被试有机物驯化的微生物菌种，从塔顶喷淋而下，与进入滤塔的VOC异向流动，微生物利用溶解于液相中的有机物质，进行代谢繁殖，并附着于填料表面，形成微生物膜，完成生物挂膜过程。气相主体的有机物和氧气经过传输进入微生物膜，被微生物利用，代谢产物再经过扩散作用进入气相主体后外排。

（五）恶臭气体的末端治理技术

恶臭污染物是指一切刺激嗅觉器官，引起人们不愉快及损坏生活环境的气体物质。恶臭污染物的主要成分包括含硫化合物，如硫化氢、二氧化硫、硫醇、硫醚类等；含氮化合物，如氨、酰胺、吲哚类等；卤素及其衍生物，如卤代烃等；氧的有机物，如醇、酚、醛、酸、酯等；烃类，如烷、烯、炔烃及芳香烃等。

1. 洗涤吸收法　吸收洗涤法是指用水或酸碱作为吸收剂，将恶臭气体通过洗涤塔进行洗涤脱臭。水洗能去除可溶于或部分微溶于水的恶臭物质，如氨等；酸洗可去除氨和胺类等碱性恶臭物质；碱洗则适于去除硫化氢、低级脂肪酸等酸性恶臭物质。为达到综合治理，多采用多级洗涤串联使用。洗涤吸收法具有常温下操作，无须高温、高压等特殊条件，对低浓度、大风量恶臭气体的处理效率较高，反应速率快，占地面积较小等优点。洗涤吸收法对难溶于水，或与药剂分子难反应的臭气成分的去除效果差，需定期补充喷淋药剂，且需维护设备，运行维护费用高，易产生二次污染。

2. 生物法处理工艺　生物除臭法是通过将经驯化的微生物承载在以一定比例配制的活性介质（填料）上，利用微生物的生理代谢活动将具有臭味的物质加以转化，达到除臭的目的。其原理是利用微生物细胞对恶臭物质进行吸附、吸收、降解。除臭过程可分为三个阶段：臭气同水接触并溶解于水中；水溶液中的恶臭成分被微生物吸附、吸收；进入微生物细胞的恶臭作为营养物质被降解。生物除臭法可于常温下操作，无须高温、高压等特殊条件，去除效率高，反应速率快，不产生二次污染，对人体无害，投资相对省，运行费用低等优势。但生物除臭法的占地面积相对较大,北方冬季受温度限制较大,对于非连续运行的工况需要重新培养菌种。

3. 光催化氧化技术 通过特定波长的紫外线照射激活纳米催化剂(TiO_2),生成电子 - 空穴对,使光催化剂与 H_2O、O_2 分子发生作用,结合生成羟基自由基($\cdot OH$),利用 $\cdot OH$ 氧化分解恶臭废气中的各种有害成分,抑制细菌生长和病毒活性,从而达到除臭、消除空气污染的目的。

4. 等离子净化技术 通过高压脉冲介质阻挡放电的形式将气体激活,产生活性自由基如 $\cdot OH$ 和 $\cdot HO_2$ 等,对苯、甲苯、硫醇、氨气、硫化氢等有毒有害气体发生降解、氧化等复杂的物理和化学反应,且副产物无毒,避免二次污染,具有广谱性,可同时对各种气态污染物进行同时治理。

第四节　制药工业废气处理案例

一、制药工业废气处理工艺的设计原则与方法

制药工业生产的关键特点是整个生产过程的高毒害性、高危险性及高污染性。在制药工艺中,加工原辅料、处理中间产物等环节都会产生相应的有机废气。大部分化学原料药生产会使用具有腐蚀性、有机溶剂等原材料,原材料在一定条件下通过缩合、取代、酰化、氧化还原等化学反应得到具有一定药效的产品,再通过浓缩、结晶、分离、干燥等工序提纯得到符合指标的原料药。一般化学合成过程会产生颗粒物、VOC 和恶臭气体,浓缩、分离、干燥等过程会产生 VOC 和恶臭气体。粉碎筛分工段会产生药物粉尘颗粒物。VOC 包括酮、烃、卤代烃、醇、醛、酯、醚、酚、苯及苯系物等,恶臭气体包括硫化氢、氨及本身带异味的气体物料。针对不同环节产生的废气,有些可以直接进行处理,有些需先将有机废气进行收集、储存,最终等到该批药物制造完成后再进行统一处理。在对有机废气进行正确的处理时,应根据废气的种类、物化性质及废气量确定不同的处理工艺。在实现正常化生产的基础上,既满足有机废气处理的相关规定,又保证制药厂的经济效益。

常规处理方法有冷凝法、吸收法、燃烧法、膜分离法和吸附法等。在制药工业中,冷凝法是比较常见的废气处理技术,它采用的主要目的是回收溶剂,并作为有机废气净化的一道预处理工序。冷凝法是利用物质在不同温度下具有不同饱和蒸气压的性质,采用降低系统温度或提高系统压力的方法使处于蒸气状态的污染物冷凝下来并从废气中分离出来的过程。其特点是技术简单,受外界温度、压力的影响较小,回收效果稳定,可在常压下直接冷凝,安全性较好,无二次污染。使用冷凝法要注意以下几种情况:第一,不适用于处理溶剂的实际饱和蒸气压大于实际蒸气压力;第二,因为冷凝法是一种废气预处理方法,所以能够对含有有害物质较多的废气进行处理,避免废气在后期处理时因有害物质含量过高对处理设备运行造成压力;第三,冷凝法适用于水蒸气含量较多的废气。使用冷凝法能够大大提高回收物质的纯度,但是它同时也具有一定的缺陷,废气处理过程中会受到废气冷凝温度的影响,当一些企业排放的废气浓度较低时使用冷凝法能耗较高,所以使用冷凝法来处理废气要注意废气的实际温

度,最佳温度是-13℃左右。冷凝法工艺要求废气中的有机物浓度高,其优点是可有效回收溶剂,为企业节能;缺点是处理效率很低,而且对于混合废气的处理效果不好。

吸收法是利用废气中的各混合组分在选定的吸收剂中的溶解度不同,或其中一种或多种组分与吸收剂中的活性组分结合,将有害物质从废气中分离、净化的方法。吸收法可去除酸碱废气、VOC及恶臭气体。应用较广泛的是用水作为吸收剂,可吸收水溶性较强的酸碱废气及VOC如甲醇、乙醇、氯化氢、氨等,同时还可回收有用的有机溶剂或副产品,如水吸收乙醇达到一定浓度后,再精馏回收乙醇;氯化氢废气可用降膜法吸收得到30%左右的盐酸。该法适用于各种风量、低/中/高浓度的废气处理,吸收装置多采用填料塔。吸收效率是选择吸收塔类型的关键因素,除此之外,还需考虑设备本身的阻力及操作难易程度等。为了达到理想的效果,有时可以选择多级联合吸收。着重考虑不会造成二次污染和废弃物的再处置问题。当制药工业中产生的废气属于酸碱性及溶水性较强的气体时,吸收法是当前使用比较广泛的处理技术。吸收法的优势在于废气处理过程比较安全、运行过程相对比较简单,使得很多制药工业企业和学者进行深入探究。考虑到吸收液饱和后经解析或精馏后重新使用,吸收剂必须具有低挥发性。吸收法的优点有一次性投资低、工艺成熟、设备简单;缺点有工艺比较复杂,占地面积大,吸收效率有时不高,吸收液需再次处理,否则会造成二次污染。

从制药工业污染防治技术政策中就可以看出,对于有机废气的处理,首先要选择能够有效回收的工艺技术。不过在实际行动中,并不是所有情况都可以满足回收。针对不能回收的废气,通常采用燃烧法处理。

燃烧法是在高温下使有机废气与氧发生剧烈的化学反应生成无毒无害的CO_2和H_2O,分为直接燃烧法和催化燃烧法。直接燃烧法的主要原理是对废气中的可燃有害气体直接点燃,所以直接燃烧法适用于处理含有可燃性气体的废气,但是要考虑到可燃性气体在废气中的含量,含量较低时不适合使用该法。直接燃烧法通常需助燃剂或加热,能耗大且运行技术要求高,难以控制和掌握。催化燃烧法的原理是在一定温度下利用催化剂将废气中的有机气体进行分解,主要优点在于使用催化剂进行氧化反应是没有火焰的,所以安全性比较高;同时因为整个过程的燃点相对较低,产生的能耗不高,使得处理效果较好。但是当一些废气含有以下元素时不适合使用该法,例如硫元素、氮元素及氯元素等,催化过程会产生有毒性的氮化物、硫化物及氯化氢等,这些物质会影响催化剂的使用效果。催化燃烧法的起燃温度低、能耗小,但设备投资大、运行成本较高。由于制药工业废气组成复杂,外加我国制药工业废气排放标准制定较晚,使得制药行业有机废气综合治理技术较为滞后,在治理手段方面仍有许多技术瓶颈。因此,催化燃烧法应用于制药中挥发性有机物的净化还需探索制药行业VOC排放特征、研制可以稳定高效地净化复杂条件下的VOC的催化剂等来保证实际治理过程中的经济有效性。此外,为达到排放目标,并使废气治理费用降到最低,应将催化燃烧技术与其他治理技术相结合,研发多技术耦合工艺对制药工业废气进行综合治理。

膜分离法是利用污染物透过高分子膜的扩散速率差异而实现废气污染物分离的方法。相对于传统废气治理方法,其具有操作简单、能耗低、二次污染少和回收率高等特点,适合中、高浓度VOC的分离与回收。此外,污染物的沸点和膜透过速度成正比,沸点越高,透过速度就越快,分离效果就越好。膜分离法在制药工业VOC的回收方面具有广阔的研究前景。

常用的膜分离技术有膜接触器、蒸气渗透（VP）和气体膜分离等，其中VP过程经常与冷凝或者压缩过程集成。

吸附是利用多孔性固体吸附剂处理气态污染物，使其中的一种或几种组分在分子引力或化学键力作用下吸附在固体表面，从而达到分离的目的。其中应用最为广泛的是活性炭，其对大分子VOC的吸附能力较强，如苯及苯系物、醇（乙醇、丁醇等）、烷烃（癸烷、庚烷等）、醚、酯、卤代烃（三氯甲烷、二氯甲烷等），饱和吸附容量均大于20%；对小分子有机物如甲醇、甲酸、丙烷、丙烯、丙酮、丁酮、乙醛等的吸附量较小，饱和吸附容量均小于10%。活性炭还能去除恶臭气体，如硫化氢、甲硫醇等。吸附法多用于低浓度、小风量的有机废气处理。吸附法的优点是能耗低、污染物去除率高、工艺成熟，因此易于推广；缺点是设备庞大、流程复杂，而且吸附剂容易中毒而失去活性。

常见的吸附剂主要有分子筛、颗粒活性炭、蜂窝活性炭沸石、活性氧化铝、活性炭纤维和硅胶等。其中，活性炭基于其吸附广谱性、高吸附容量和大比表面积等特性成为最为常用的吸附剂，适用于大部分有机污染物。相关研究表明，对于部分污染物，活性炭的吸附容量可高达95%以上，特别是经过臭氧、过氧化铁等处理过后，吸附能力大大提升。分子筛是近年来在VOC处理中应用越来越广的一类吸附剂，当采用热气流脱附再生技术时，分子筛较活性炭更有优势。常见的吸附设备包括移动床（包括转轮吸附装置）、固定床和流化床。在VOC治理方面主要采用分子筛转轮吸附装置和固定床装置，传统意义上的流化床和移动床实际较为少见。

与其他行业相比，制药工业产生的废气成分更复杂且污染物浓度具有波动性，因此处理过程更复杂。其废气产生的来源主要包括研发生产车间、溶剂回收车间、研发楼、罐区和废水站等，产生的废气主要包括氨气、氯化氢、丙烷、正庚烷、甲醇、乙醇、异丙醇、乙酸乙酯、丙酮、N,N-二甲基甲酰胺（DMF）、甲基叔丁基醚（MTBE）、二氯甲烷、三乙胺、甲苯、四氢呋喃、乙腈等。对不同的气体进行合理分类收集，并采用组合工艺进行处理是有效净化制药工业废气的关键。表5-5总结了制药工业有机废气治理中的常规净化方法，以及这些净化方法分别适用的废气类型。

表5-5　有机废气治理方法

净化类型	净化方法	方法要点	选用范围
非破坏性	冷藏法	采用较高的压力和较低的温度，使有机组分冷却至暴露点以下，液化回收	适用于高浓度废气净化（不适用于沸点<38℃的有机废气）
	吸附法	常温下，选择合适的吸附剂对废气中的有机组分进行物理吸附	适用于低浓度废气净化（不适用于相对湿度>50%的有机废气）
	吸收法	常温下，选择合适的吸附剂对废气中的有机组分进行物理吸收	对废气浓度的限制较小，适用于含有颗粒物的废气净化
破坏性	燃烧法	高温下，如600~1 000℃，将废气中的有机物作为燃料燃烧掉或氧化分解	适用于中、高浓度范围无回收价值或有一定的毒性的废气净化
	催化燃烧法	温度在200~400℃时，在氧化催化剂作用下，将碳氢化合物氧化为CO_2和H_2O	适用于各种浓度的废气净化

二、颗粒物的处理及工程案例

根据医药行业生产工艺流程、产污和排污节点以及污染特征,制药工业废气中的颗粒物主要有以下几个来源:切制、粉碎等工序产生的药物粉尘;炮制过程产生的药烟等。目前,通常采用的治理方法是在筛选、切制、粉碎等易产生粉尘的操作车间安装除尘设施,在炮制车间安装除烟装置或安装烟气净化装置。如图5-9所示,其中药烟和煤烟在各自的泡沫除尘器中分别从下部向上部流动,而除尘器上部形成水帘和泡沫,并向下喷淋,对烟气进行清洗。

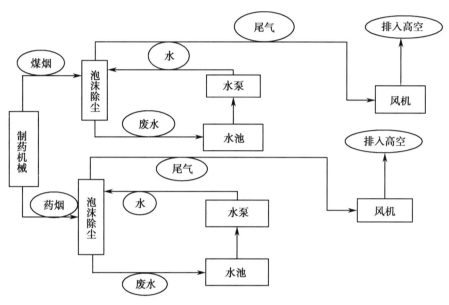

图 5-9　中药企业大气颗粒物治理工艺流程

通过对12家制药企业进行调研发现,对于工艺过程中产生的废气和尘粒,企业一般采用袋式除尘、旋风除尘和机械除尘等设施,个别厂家采用冷凝净化工艺处理工艺废气。12家制药企业的颗粒物排放量及处理设施如表5-6所示。

三、恶臭废气的处理及工程案例

制药企业通常都配套有专门的生产废水处理站,废水处理站在运行过程中不可避免地会产生恶臭气体,对周围大气环境产生影响。恶臭气体主要产生于废水调节池、物化处理单元、厌氧生物处理池、好氧生物处理池、污泥浓缩池及污泥处理设备间。恶臭气体的组分较为复杂,调节池和物化处理池的废气组分主要为废水中的挥发性有机物如芳香烃类、卤代烃类等,而来自生化处理单元的恶臭气体则以硫化氢、硫醇、硫醚及小分子脂肪酸等为主。

案例一:制药厂废水处理厂恶臭气体治理。浙江省某生物制药企业现有废水站废气处理系统的臭气浓度难以稳定达标排放,其利用现有的治理设备,对相关工艺参数进行优化调整,并对系统进行适当改造,最终实现系统排气稳定可靠达标。工艺流程图如图5-10所示。

表 5-6 12家制药企业除尘工艺统计

企业名称	排放量/(万Nm³/t)	处理前的浓度/(mg/Nm³)		处理后的浓度/(mg/Nm³)		处理设施	工程投资/万元	运行费/(元/Nm³)
		烟尘	SO₂	烟尘	SO₂			
广东某制药有限公司		43.5	1 525					
山东某制药公司				151	286	水膜除尘器	80	15万/年
佳木斯某中药有限公司	胶囊剂:3.78/万瓶 片剂:0.066/万片 蜜丸:1.58/万丸	862.44	674.17	714.28	609.52	陶瓷多管旋风除尘器	5.2	1.5
黄山市某药业有限公司	4.5/d					旋风除尘器	3	
黑龙江某制药公司		124.1	348	110	279	湿式脱硫除尘器	10	
成都某有限公司						袋式除尘器		
江苏某制药有限公司	中成药:0.548/年 膏药:0.908/年 含铝废气			111 处理后 0.3	957	多管除尘器 冷凝净化	6 12	
山西某制药公司	锅炉烟气:9 413/年 工艺废气:尘气	1 980	2 200	200 70-95	1 000	多管除尘器+碱液脱硫塔 空调机组+离心除尘装置+袋式除尘器	20 800	43万/年 60万/年
通化某药业股份有限公司	片剂:160 胶囊剂:93 颗粒剂:17			2 762		机械除尘器	6	7.5
辽宁某制药有限公司		2 172	221			振动式除尘器,麻石除尘器		
广州某药厂	片剂:4.9 颗粒剂:1.1	170	67			麻石水膜除尘器,脱硫剂,加碱	6	
华药某制药车间	中药粉尘:4 443.7					袋式除尘器	6.5	95

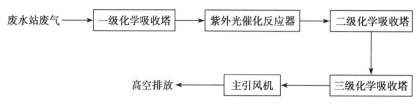

图 5-10 某生物制药企业废水站废气处理系统工艺流程

一级化学吸收塔的运行参数优化主要为药剂选择、pH 控制、运行液气比和吸收液更换周期的选择。一级化学吸收塔选择的药剂为 NaOH,将废气中的酸性物质通过中和反应进行去除,控制吸收液的 pH 在 8~9,运行液气比按照 4.0L/m³ 来运行,吸收液更换频次为每天 2 次。紫外光催化反应器前端增加填料除雾和丝网除雾器,将废气中的水雾充分去除。紫外光催化反应器的运行功率为 8kW。

二级化学吸收塔的运行参数优化主要为 pH 控制、运行液气比和吸收液更换周期的选择。二级化学吸收塔选择的药剂为 NaClO 和硫酸,将废气中的碱性及还原性物质通过氧化还原反应进行去除,控制吸收液的 pH 在 2~4,控制吸收液的氧化还原电位在 600mV 以上,运行液气比按照 4.0L/m³ 来运行,吸收液更换频次为每天 1 次。

三级化学吸收塔的运行参数优化主要为 pH 控制、运行液气比和吸收液更换周期的选择。三级化学吸收塔选择的药剂为 NaOH,将废气中的酸性物质以及二级化学吸收塔中产生的次氯酸通过中和反应进行去除,控制吸收液的 pH 在 8~9,运行液气比按照 4.0L/m³ 来运行,吸收液更换频次为每天 1 次。

为了评价改造后废气处理系统的实际运行情况及处理效果,在正常生产工况下,对系统进行连续 5 天的臭气浓度排放指标监测。根据数据可以发现,改造后的废气处理系统排放口的臭气浓度可以基本控制在 800 倍以内,臭气去除效率可以至少达到 78%,满足地方标准中臭气浓度排放限值的要求。

案例二:青霉素生产工艺恶臭气体治理。河北省化学制药工业发达,是全国重要的化学原料药生产基地,青霉素生产在国内处于领先水平。青霉素制药生产过程中产生的恶臭主要来自发酵车间、发酵渣干燥车间、提取车间、废水处理设施等。

青霉素的生产过程大体由发酵、提取及精制三步组成。发酵阶段产生的废气主要是二氧化碳、水和一些发酵代谢产物,尾气有特殊难闻的气味,必须进行治理。提取阶段溶剂回收时产生的污染物主要是乙酸丁酯,结晶、洗涤及干燥阶段产生的污染物主要是正丁醇,废气多采用冷凝法、吸附法处理,可将有用物料回收并有效净化废气。此外,原辅材料在使用、运输、储存等过程中也会造成 VOC 和恶臭气体的挥发损失,因此生产中所用的易挥发性物质均应该用储罐密封储存;生产过程中采用放料、泵料或压料等方式投加物料,以最大限度地减少溶剂的挥发;在青霉素制药工艺中需注意经常检查和更换输料泵、管道和阀门等,防止溶剂的挥发及泄漏,以降低废气的无组织排放。

四、挥发性有机物的处理及工程案例

制药企业 VOC 治理问题受到社会的广泛关注,保护环境、治理 VOC 成为医药行业的一项重要而艰巨的任务。发酵类和化学合成类制药工业是 VOC 的排放大户。制药行业排放的 VOC 主要由生产过程中使用的有机溶剂挥发产生。常用的有机溶剂有丙酮、乙酸乙酯、苯等 22 种,产生的 VOC 主要有甲醇、丙酮、苯、甲苯、二甲苯、二氯甲烷、乙酸乙酯、甲醛等 16 种,具有成分复杂、浓度高、分散、含有酸性气体、恶臭等排放特点。

发酵工艺制药生产过程中最主要的 VOC 源头是分离、提取、结晶、精制等使用有机溶剂的工序,以及有机溶剂回收工序产生的 VOC,占生产过程总废气量的 95% 以上。在其发酵工序排放的发酵尾气中也含有一定的 VOC,是生产菌在初级代谢和次级代谢中的各种中间物和产物。例如在青霉素生产过程中的废气排放节点如图 5-11 所示,其发酵尾气中含 VOC 在 0.008~0.120mg/L,在物料消毒期间的 VOC 浓度最高,瞬间可达 0.100mg/L 以上,在其他时间段发酵尾气的 VOC 平均浓度在 0.008~0.024mg/L,在提取、结晶等工序废气中的 VOC 浓度最高可达 2.000mg/L。

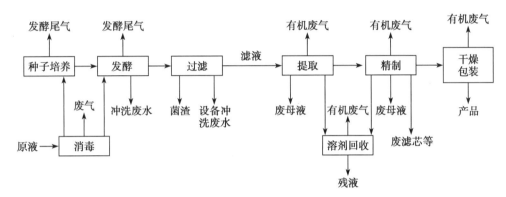

图 5-11　青霉素发酵生产工艺及废气排放节点

化学合成类制药生产工艺中的 VOC 排放主要来源于合成、提取分离过程、精制、干燥过程中的有机溶剂的挥发。此外,还有生产过程中废水和废渣产生的有机臭气的挥发等。化学合成类制药产生的有机废气中主要含有苯、二甲苯、二氯甲烷、三氯甲烷、乙酸乙酯等,具有成分复杂、排放节点分散等特点。化学合成制药生产工艺及有机废气排放节点如图 5-12 所示。其中,分离和提取过程在密闭设备中进行,一般为罐体呼吸口排气及生产线无组织废气,VOC 浓度在 0.010~0.200mg/L;精制过程排气的 VOC 浓度较高,如真空排气的 VOC 浓度高达 3.000mg/L。

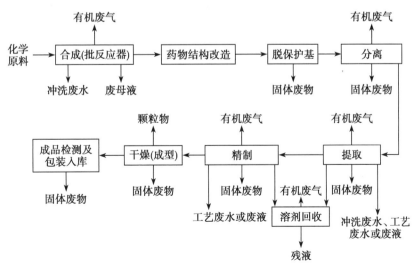

图 5-12　化学合成工艺及废气排放节点

制药行业的VOC排放一般具有以下特点：多组分，以混合物的形式排放；常含有酸性气体、普通有机物和恶臭气体，包含VOC的各种类型；由于生产工艺操作条件不同，导致排放的废气的物理参数（温度、湿度等）有较大的差异；废气排放节点一般较分散，一个企业往往有几至几十个排放节点，还有一些无组织排放节点；该行业排放的VOC一般都含有苯、乙酸乙酯、二氯甲烷等具有易燃、易爆性的物质，对生产环境有一定的危险性。针对以上特点，一般需将企业释放的废气进行预处理之后，再采用组合技术进一步集中处理。另外，由于工艺条件不同，废气排出时的物理参数（温度、湿度等）也会不同。企业在对废气综合治理之前，如果不对其进行预处理，不但会增加后续处理成本，也会加大处理难度，影响去除效率。

在VOC治理领域中，不存在某单一的技术在治理制药工业的VOC污染时占有绝对优势。在实际工程应用中，应根据污染物的性质特点（风量、浓度、温度、湿度、种类等）、技术可行性和经济效益等方面选择恰当的治理技术。目前，联合治理技术是VOC治理的主流方向，例如转轮浓缩＋蓄热式氧化炉（RTO）技术组合可以处理大风量、中/低浓度的废气，并达到很高的处理效果；冷凝＋活性炭吸附组合技术实现单一化学溶剂高效回收。如处理具有回收价值有机废气的可采用吸附回收技术、有机溶剂吸收法回收利用；如有机废气无回收价值，可采用燃烧技术/等离子技术＋溶液吸收HCl等二次产物后进行排空。

案例一：浙江某医药化工企业新建手性环氧氯丙烷生产项目VOC治理工程。该企业生产手性环氧氯丙烷和氨基甘油，生产过程中产生的废气为典型的医药化工行业废气，主要污染物为VOC、氨气和恶臭气体等。该生产项目产生的废气主要来源于手性环氧氯丙烷车间、氨基甘油车间、污水处理站和储罐区。

车间及储罐区的废气污染物主要为环氧氯丙烷、乙酸、氯甘油、氨气和甲醇。其中氯甘油、氨气、甲醇都易溶于水，因此设计第一级为水洗；环氧氯丙烷虽然难溶于水，但在酸性条件下能被氧化，因此设计第二级为酸洗氧化，即在酸性条件下加入氧化剂，如次氯酸钠会产生氯气，具有较强的氧化性，环氧氯丙烷在气相得到氧化后分解成小分子酸性物质，能溶解于水中，同时还能去除残存的氨气；乙酸为酸性气体，甲醇虽然不是酸性乙气，但可以与氢氧化钠反应，且易溶于水，因此设计第三级为碱洗，同时还能去除未被吸收以及酸洗氧化形成的小分子酸性物质，保证废气的稳定达标。最终处理工艺为"水洗＋酸洗氧化＋碱洗"。该工艺流程如图5-13所示。

图5-13 某医药化工企业废气处理系统工艺流程图

吸收液更换频次确定为水洗塔每3天1次，酸洗氧化塔每5天1次，碱洗塔每7天1次。根据对废气排放口气体污染物浓度以及厂界无组织废气浓度的监测结果可知，出口处的VOC浓度及恶臭气味大小满足排放标准要求，废气治理工艺达到预期效果。

案例二：某医药研发企业VOC治理工程。该企业的制药工业废气囊括医药行业高难度处理的各类废气。其废气产生的来源主要包括研发生产车间、溶剂回收车间、研发楼、罐区和废水站,产生的废气主要包括氨气、恶臭气体和 VOC 等。对不同的气体进行合理分类收集,并采用组合工艺进行处理是有效净化废气的关键。本案例针对医药研发企业的废气净化处理,根据废气产生的来源和分类,进行分类收集和分类处理,采用"冷凝 + 吸收 + 吸附 + 焚烧"的组合工艺进行净化处理。最终,非甲烷总烃排放质量浓度仅为 0.023 1mg/L,达到《制药工业大气污染物排放标准》(GB 37823—2019)中"表 2"的排放要求。工程实例表明,这种全系统综合考虑的废气处理方式,技术上安全可行,运行上稳定可靠。废气处理工艺流程如图5-14 所示。

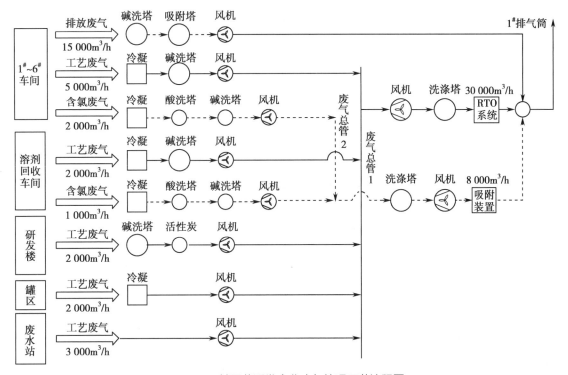

图 5-14　某医药研发企业废气处理工艺流程图

1#~6# 生产研发车间采用"碱洗 + 活性炭吸附"的处理工艺,先处理掉酸性废气和粉尘,再经过活性炭吸附难溶于水的低浓度有机物,碱洗塔顶设高效除雾器,10μm 液滴的去除率在95% 以上,以保证活性炭的吸附效果。

生产单元内的反应釜、高位槽、接收罐、离心机、真空泵等设备排出的工艺废气 VOC 污染物浓度较高,还含一定浓度的酸性物质(HCl、NO_2 等)和碱性污染物(NH_3、三乙胺等)。为了防止二恶英和高浓度氮氧化物在蓄热式氧化炉(RTO)中产生,根据含氯基(CH_2Cl_2)和含氮基(NH_3、三乙胺等)的污染物情况,将工艺废气通过管路进行分类收集,来源包含 1#~6# 生产研发车间、溶剂回收车间、研发楼、罐区、废水站。采用"冷凝 + 碱洗"的预处理方式,先通过二级冷凝将车间内的高浓废气冷凝下来,使得废气浓度低于爆炸下限,确保输送的安全性,再经过碱洗去除酸性废气,最后汇总于 RTO 终端处理装置。

经过预处理的废气,再经过 RTO 在 800~870℃下焚烧生成 CO_2 和 H_2O,洁净气体经烟囱达标排放。

本案例表明,根据废气来源和类别,采用以"冷凝 + 吸收 + 吸附 + 焚烧"工艺为主体的处理系统,对成分复杂的制药工业废气有显著的处理效果。该工艺达到预期的环境和经济效益。

案例三:浙江某制药厂在"三废"处理中设计废气处理工艺。该企业产生的废气以有机物为主,同时还有无机物,针对这一特性,采用活性炭对有机物进行吸附,无机废气属于水溶性废气,采用喷淋洗涤的方式进行去除,最后通过引风机进行高空排放。采用的废气处理工艺流程如图5-15所示。

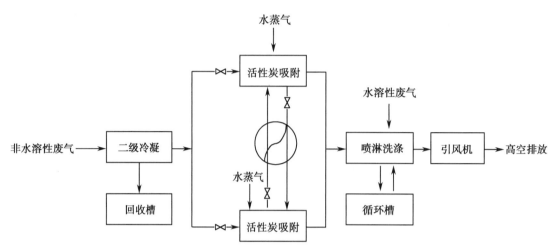

图 5-15　某制药厂废气处理工艺流程图

在化学制药过程中,有机废气与无机废气往往同时产生,因此该制药厂对废气的处理对策是根据有机废气与无机废气的特性,在处理工艺流程的不同阶段与位置采取不同的处理方法。针对一些低沸点的VOC,采用冷凝的方式使其液化,从废气中去除;对于不能冷凝的有机物,则采用活性炭吸附的方法,活性炭孔隙发达,具有很高的比表面积,能大量吸附有机物。有机物被去除后,后续采用的工艺和方法主要针对无机废气(氨气、恶臭气体等),分析无机废气的酸碱性、水溶性等,在喷淋洗涤过程中采用酸性和碱性溶液进行洗涤,对水溶性较高的无机废气采用水淋的方法进行去除。

该制药厂采用"冷凝 + 吸附"的组合技术对制药工艺中产生的废气进行回收和净化,达到保护环境、节约成本的目的。

五、"双碳"背景下制药行业发展路径

(一)"双碳"目标提出的背景

2020年9月,在第七十五届联合国大会一般性辩论上,我国明确表态,应对气候变化的《巴黎协定》代表了全球绿色低碳转型的大方向,是保护地球家园需要采取的最低限度行动,各国必须迈出决定性步伐。同时宣布,中国将提高国家自主贡献力度,采取更加有力的政策和措施,二氧化碳排放力争于2030年前达到峰值,努力争取2060年前实现碳中和。

在此后的多个重大国际场合,中国的"双碳"目标得到多次明确。特别是在2020年12月举行的气候雄心峰会上,我国宣布,到2030年,中国单位国内生产总值二氧化碳排放将比2005年下降65%以上,非化石能源占一次能源消费比重将达到25%左右,森林蓄积量将比

2005年增加60亿立方米,风电、太阳能发电总装机容量将达到12亿千瓦以上。中国历来重信守诺,将以新发展理念为引领,在推动高质量发展中促进经济社会发展全面绿色转型,脚踏实地落实上述目标,为全球应对气候变化作出更大的贡献。

"双碳"目标是我国基于推动构建人类命运共同体的责任担当和实现可持续发展的内在要求而作出的重大战略决策,展示了我国为应对全球气候变化作出的新努力和新贡献,体现了对多边主义的坚定支持,为国际社会全面有效落实《巴黎协定》注入强大动力,重振全球气候行动的信心彰显了中国积极应对气候变化、走绿色低碳发展道路、推动全人类共同发展的坚定决心。这向全世界展示了应对气候变化的中国雄心和大国担当,使我国从应对气候变化的积极参与者、努力贡献者,逐步成为关键引领者。

(二)"双碳"目标下的绿色制药

国家出台了多项碳减排、碳中和相关政策,包括《中共中央 国务院关于完整准确全面贯彻新发展理念做好碳达峰碳中和工作的意见》《国务院印发的《2030年前碳达峰行动方案》、国家发展改革委印发的《完善能源消费强度和总量双控制度方案》等。这些政策对包括医药在内的工业行业发展将产生很大的影响,对企业节能减排和可持续发展提出了更高的要求。

改革开放40多年来,中国医药产业无疑获得了前所未有的发展。经济社会快速发展对自然环境形成了巨大的压力,环境保护已经成为民生之重。医药行业提供了药品和器械等治病救人的物质基础,为人民健康提供了保障。但是,医药尤其是制药行业品种多、更新快、原辅材料用量大、"三废"排放量大、成分复杂、容易造成污染。

医药行业的绿色化不仅具有重要的经济效益,更有深远的社会和环境效益。医药行业在生产过程中实现"绿色化",同样也是保护人民健康的重要举措。所以,医药企业要在节能减排、"三废"治理上下功夫,从实现清洁生产向绿色发展转变,推动行业可持续发展。

绿色是医药产业高质量发展的底色,努力构建高效、清洁、低碳、循环的绿色制造体系是制药企业实现"双碳"目标、成功绿色转型的关键。推动绿色发展也是提升我国医药产业竞争力的必然途径。

(三)制药行业碳减排的措施

制药行业在实现"双碳"目标的进程中要不断强化科技和制度创新,深化相关领域改革,形成有效的激励约束机制,着眼于产品绿色化、资源集约化,加大技术投入,进一步优化发展结构,主动推进减排降碳、提质增效,促进碳达峰、碳中和的落地实施。

1. 高点定位、高端延展 坚持市场引领、创新驱动,进一步加大科技创新及绿色生态投入,推进新一代清洁高效可循环生产工艺、节能减碳及 CO_2 循环利用技术的探索与应用,推动产品向下游延伸、向价值链高端攀升。

2. 集聚资源、集约高效 着眼环境友好、绿色低碳,在不大量增加煤炭消耗指标的情况下,减产能耗高、附加值较低的产品,集中资源发展国家鼓励、适应市场需求的医药产品。同时,继续淘汰落后产能,严抓全过程节能管理,大力实施技术升级改造,全面提高资源综合利用效率和煤炭转化率。

3. 优化布局、优中向好 统筹存量优化、增量升级,协同所在制药工业园区或所属制药工业集群,建链、强链、扩链、延链,实现链条化发展、集群化布局、园区化生产、一体化运营,将企业做优做强、做精做细,进一步提升行业竞争力。

1．什么是逆温？逆温气象条件下是否有利于大气污染物的扩散？为什么？

2．颗粒物去除技术有哪些？各自的优缺点和适用条件是什么？

3．采用冷却法回收 VOC 时，操作温度应当更接近泡点温度还是露点温度？为什么？

4．燃烧法 VOC 控制技术分为几类？每种技术有哪些特点？

5．在湿法脱硫中，使用石灰石和生石灰作为脱硫剂时，哪种脱硫剂的 pH 适用范围更宽泛？为什么？

6．制药企业未来在生产、管理、经营等方面有哪些可行的节能、降耗、减排的措施？

7．作为一名制药工程师，在从业中怎么从技术、经济、法律、安全、人文、伦理、环保等多个角度理解什么是"会不会做""该不该做""可不可做""值不值得做"？

（赵焕新　乔丽芳）

ER6-1　第六章
制药工业废渣处理
（课件）

第六章　制药工业废渣处理

制药工业是我国国民经济的重要组成部分,但同时也是重污染行业,现已成为国家环保部门重点治理的行业之一。虽然制药工业在大气环境管理和水污染控制等方面取得了很多成绩,但固体废物管理仍面临着较大的挑战,尤其是危险废物的处理和处置方面。危险废物作为一种特殊的固体废物,存在种类复杂、特性各异、产生量大、来源广泛、管理难度大、环境危害大等特点。制药工业的多个方向均存在危险废物产生量大、危险废物识别不够全面、危险废物管理存在薄弱环节等问题。

制药工业废渣是在制药过程中产生的固体、半固体或浆状废物,是制药工业的主要污染源之一。制药工业废渣的来源很多,如活性炭脱色精制过程中产生的废活性炭、铁粉还原过程中产生的铁泥、废水处理过程中产生的剩余污泥、失活的催化剂等。本章结合制药企业的生产工艺特点,在充分阐述固体废物尤其是危险废物防治的法律法规、标准、技术措施等的基础上,解析制药企业固体废物的产生环节,并提出危险废物管理措施,提升制药企业的危险废物管理水平。

第一节　固体废物基本概念与制药工业废渣来源

一、基本概念

（一）固体废物的定义及特征

固体废物是指在生产、生活和其他活动中产生的丧失原有利用价值或者虽未丧失利用价值但被抛弃或者放弃的固态、半固态和置于容器中的气态的物品、物质,以及法律、行政法规规定纳入固体废物管理的物品、物质。经无害化加工处理,并且符合强制性国家产品质量标准,不会危害公众健康和生态安全,或者根据固体废物鉴别标准和鉴别程序认定为不属于固体废物的除外。

从广义上讲,根据物质的形态划分,废物包括固态、液态和气态废弃物。在液态和气态废弃物中,大部分为废弃的污染物质混掺在水和空气中,直接或经处理后排入水体或大气。在我国,它们被习惯性地称为废水和废气,纳入水环境或大气环境管理体系管理。其中,不能排入水体的液态废物和不能排入大气的置于容器中的气态废物由于多具有较大的危害性,在我国归入固体废物管理体系。

固体废物一词中的"废"具有鲜明的时间和空间特征。从时间方面讲,它仅仅相对于目前的科学技术和经济条件,随着科技发展,昨天的废物可能又将成为明天的资源;从空间角度看,废物仅仅相对于某一过程或某一方面没有使用价值,而并非在一切过程或一切方面都没有使用价值,某一过程的废物往往是另一过程的原料。

(二)固体废物的分类

固体废物的分类方法有多种,根据《中华人民共和国固体废物污染环境防治法》可分为工业固体废物、生活垃圾、危险废物等类型。

1. 工业固体废物 工业固体废物是指在工业、交通等生产过程中产生的固体废物。工业固体废物主要包括以下几类。

(1)冶金工业固体废物:主要包括各种金属冶炼或加工过程中产生的各种废渣,如高炉炼铁产生的高炉渣,平炉、转炉、电炉炼钢产生的钢渣,铜、镍、铅、锌等有色金属冶炼过程中产生的有色金属渣,铁合金渣及提炼氧化铝时产生的赤泥等。

(2)能源工业固体废物:主要包括燃煤电厂产生的粉煤灰、炉渣、烟道灰及采煤和洗煤过程中产生的煤矸石等。

(3)石油化学工业固体废物:主要包括石油及加工工业产生的油泥、废催化剂、废有机溶剂等,化学工业生产过程中产生的硫铁矿渣、酸渣碱渣、盐泥、釜底泥、精(蒸)馏残渣,以及医药和农药生产过程中产生的医药废物、废药品、废农药等。

(4)矿业固体废物:主要包括采矿废石和尾矿。废石是指各种金属、非金属矿山开采过程中从主矿上剥离下来的各种围岩,尾矿是指在选矿过程中提取精矿以后剩下的尾渣。

(5)轻工业固体废物:主要包括食品工业、造纸印刷工业、纺织印染工业、皮革工业等工业加工过程中产生的污泥、动物残物、废酸、废碱以及其他废物。

(6)其他工业固体废物:主要包括加工过程中产生的金属碎屑、电镀污泥、建筑废料以及其他工业加工过程中产生的废渣等。

2. 生活垃圾 生活垃圾是指在城市居民日常生活中或为城市日常生活提供服务的活动中产生的固体废物,其主要成分包括厨余物、废纸、废塑料、粪便,以及废家用什器、废旧电器、庭园废物等。生活垃圾主要产自居民家庭、城市商业、市政环卫业、文教卫生业和行政事业单位、工业企业等单位以及水处理污泥等。它的主要特点是成分复杂、有机物含量高。影响生活垃圾成分的主要因素有居民生活水平、生活习惯、季节、气候等。

3. 危险废物 危险废物是指列入《国家危险废物名录》或是根据国家规定的危险废物鉴别标准和鉴别方法认定具有危险特性的废物。

联合国环境规划署(UN Environment Programme, UNEP)在1985年12月举行的危险废物环境管理专家工作组会议上,对危险废物作出如下定义:"危险废物是指除放射性以外的那些废物(固体、污泥、液体和用容器装的气体),由于它们的化学反应性、毒性、易爆性、腐蚀性或其他特性引起或可能引起对人类健康或环境的危害。不管它是单独的或与其他废物混在一起,不管是产生的或是被处置的或正在运输中的,在法律上都称为危险废物。"

根据《国家危险废物名录》(2021年版)的定义,具有下列情形之一的固体废物(包括液态废物)称为危险废物:"具有毒性、腐蚀性、易燃性、反应性或者感染性一种或者几种危险特性的;不排除具有危险特性,可能对生态环境或者人体健康造成有害影响,需要按照危险废物进行管理的。"需要特别注意的是,具有放射性的固体废物不属于危险废物的范畴,不在《国家危险废物名录》中,也不参照危险废物管理。

表 6-1 给出该名录中有关制药工业产生的危险废物。"废物代码"是指危险废物的唯一代码，为 8 位数字。其中，第 1~3 位为危险废物产生行业代码，第 4~6 位为危险废物顺序代码，第 7~8 位为危险废物类别代码。"危险特性"是指对生态环境和人体健康具有有害影响的毒性（toxicity, T）、腐蚀性（corrosivity, C）、易燃性（ignitability, I）、反应性（reactivity, R）和感染性（infectivity, In）。

表 6-1 《国家危险废物名录》中的医药废物和农药废物

废物类别	行业来源	废物代码	危险废物	危险特性
HW02 医药废物	化学药品原料药制造	271-001-02	化学合成原料药生产过程中产生的蒸馏及反应残余物	T
		271-002-02	化学合成原料药生产过程中产生的废母液及反应基废物	T
		271-003-02	化学合成原料药生产过程中产生的废脱色过滤介质	T
		271-004-02	化学合成原料药生产过程中产生的废吸附剂	T
		271-005-02	化学合成原料药生产过程中的废弃产品及中间体	T
	化学药品制剂制造	272-001-02	化学药品制剂生产过程中原料药提纯精制、再加工产生的蒸馏及反应残余物	T
		272-003-02	化学药品制剂生产过程中产生的废脱色过滤介质及吸附剂	T
		272-005-02	化学药品制剂生产过程中产生的废弃产品及原料药	T
	兽用药品制造	275-001-02	使用砷或有机砷化合物生产兽药过程中产生的废水处理污泥	T
		275-002-02	使用砷或有机砷化合物生产兽药过程中产生的蒸馏残余物	T
		275-003-02	使用砷或有机砷化合物生产兽药过程中产生的废脱色过滤介质及吸附剂	T
		275-004-02	其他兽药生产过程中产生的蒸馏及反应残余物	T
		275-005-02	其他兽药生产过程中产生的废脱色过滤介质及吸附剂	T
		275-006-02	兽药生产过程中产生的废母液、反应基和培养基废物	T
		275-008-02	兽药生产过程中产生的废弃产品及原料药	T
	生物药品制品制造	276-001-02	利用生物技术生产生物化学药品、基因工程药物过程中产生的蒸馏及反应残余物	T
		276-002-02	利用生物技术生产生物化学药品、基因工程药物（不包括利用生物技术合成氨基酸、维生素、他汀类降脂药物、降糖类药物）过程中产生的废母液、反应基和培养基废物	T
		276-003-02	利用生物技术生产生物化学药品、基因工程药物（不包括利用生物技术合成氨基酸、维生素、他汀类降脂药物、降糖类药物）过程中产生的废脱色过滤介质	T
		276-004-02	利用生物技术生产生物化学药品、基因工程药物过程中产生的废吸附剂	T
		276-005-02	利用生物技术生产生物化学药品、基因工程药物过程中产生的废弃产品、原料药和中间体	T

废物类别	行业来源	废物代码	危险废物	危险特性
HW03 废药物、 药品	非特定 行业	900-002-03	销售及使用过程中产生的失效、变质、不合格、淘汰、伪劣的化学药品和生物制品（不包括列入《国家基本药物目录》中的维生素、矿物质类药，调节水、电解质及酸碱平衡药），以及《医疗用毒性药品管理办法》中所列的毒性中药	T
HW04 农药废物	农药制造	263-001-04	氯丹生产过程中六氯环戊二烯过滤产生的残余物，以及氯化反应器真空汽提产生的废物	T
		263-002-04	乙拌磷生产过程中甲苯回收工艺产生的蒸馏残渣	T
		263-003-04	甲拌磷生产过程中二乙基二硫代磷酸过滤产生的残余物	T
		263-004-04	2,4,5- 三氯苯氧乙酸生产过程中四氯苯蒸馏产生的重馏分及蒸馏残余物	T

二、制药工业废渣的来源及特点

制药工业废渣是在生产过程中产生的固体、半固体或浆状废物，主要包括煎煮废渣、蒸馏残渣、失活的催化剂、废活性炭、胶体废渣（如铁泥、锌泥等）、过期的药品、不合格的中间体和产品，以及用沉淀、混凝、生物处理等方法产生的污泥残渣等。制药工业废渣组成复杂，多数含有高浓度的有机污染物，有些还是剧毒、易燃、易爆物质。

有毒废物：对任何一类特定的遗传活动测定呈阳性反应的；对生活蓄积的潜在性试验呈阳性结果的；超过"特定化学制剂表列"中规定的含量的；根据所选用的分析方法或生物监测方法，超过所规定的浓度的废弃物。

易燃废物：含燃点低于 60℃ 的液态废弃物；在物理因素作用下，容易起火的含液体和气体的废弃物；在点火时剧烈燃烧，易引起火灾的和含氧化剂的废弃物等。

有腐蚀性的废物：含水废弃物、不含水但加入等量水后浸出液的 pH≤3 或 pH≥12 的废弃物。

能传染疾病的废物：医院或兽医院未经消毒排出的含有病原体的和含有致病性生物的污泥等。

有化学反应性的废物：容易引起激烈的化学反应但不爆炸的、易与水激烈反应形成爆炸性混合物的；与水混合时释放有毒烟雾的；有强烈起始源（加热或与水作用）产生爆炸性或爆炸性反应的；在常温常压下可能引起爆炸性反应或分解的；属于 A 级或 B 级的炸药（包括引火物质、自动聚合物和各种氧化剂）等。

我国生态环境部的《制药工业污染防治技术政策》（公告 2012 年第 18 号）指出，"①制药工业产生的列入《国家危险废物名录》的废物，应按危险废物处置，包括：高浓度釜残液、基因工程药物过程中的母液、生产抗生素类药物和生物工程类药物产生的菌丝废渣、报废药品、过期原料、废吸附剂、废催化剂和溶剂、含有或者直接沾染危险废物的废包装材料、废滤芯（膜）

等。②生产维生素、氨基酸及其他发酵类药物产生的菌丝废渣经鉴别为危险废物的，按照危险废物处置。③药物生产过程中产生的废活性炭应优先回收再生利用，未回收利用的按照危险废物处置。实验动物尸体应作为危险废物焚烧处置。④中药、提取类药物生产过程中产生的药渣鼓励作有机肥料或燃料利用。"从生产工艺、污染处理技术的角度，制药过程大致可分为发酵类、化学合成类、提取类、生物工程类、中药类、混装制剂类六大类。

发酵类制药是指通过微生物发酵的方法产生抗生素或其他活性成分，然后经过分离、纯化等工序生产药物的过程。发酵类制药的主要品种有抗生素类、维生素类、氨基酸类等。我国是抗生素类药物的生产大国，每年产生近千万吨含有少量抗生素及其相关代谢产物的固体废渣，如何安全合理地处理此类废渣是抗生素生产企业面临的难题。

化学合成类制药是指采用化学反应生产药物活性成分的过程。化学合成类制药的主要品种有合成抗菌药物（如喹诺酮类、磺胺类等）、麻醉药、甾体药物等 16 个种类共近千个品种。化学合成药物的品种多、更新快、生产工艺复杂、原辅材料繁多，且原辅材料和中间体中含有很多易燃、易爆、有毒性的物质。化学合成类制药产生的固体废物主要有废活性炭、工艺过程中产生的粉尘、蒸馏釜残物、精馏釜残物、废水处理产生的剩余污泥、锅炉房灰渣等。

提取类制药是指运用提取、分离、纯化等手段制造药物的过程。提取类药物主要有氨基酸类、多肽及蛋白质类药物等。提取类制药生产过程中的固体废物主要有药材提取废渣、废水处理站剩余污泥、废药品等。药材提取废渣的主要成分为残余的天然植物或动物体，一般含有大量粗纤维、粗脂肪、淀粉、粗蛋白、粗多糖、氨基酸及微量元素等。

生物工程类制药是指采用现代生物技术方法（主要是基因工程技术等）生产多肽和蛋白质类药物、疫苗等药品的过程。生物工程类制药的固体废物主要有废菌渣、废试剂、废活性炭、废实验动物尸体等，多数作为危险废物焚烧处理。

中药类制药是指以药用植物和药用动物为主要原料，根据《中华人民共和国药典》（2020年版），生产中药饮片和中成药各种剂型产品的过程。中药生产过程中产生的固体废物主要为提取过药物后的药材残渣和废水处理站污泥等。药材残渣的主要成分为残余的天然植物或动物体，一般含有大量粗纤维、粗脂肪、淀粉、粗蛋白、粗多糖、氨基酸等。

混装制剂类制药是指用药物活性成分和辅料通过混合、加工和配制，形成各种剂型药物的过程。混装制剂类制药的固体废物主要有废试剂原料、废药品、废活性炭、废包装等，多数作为危险废物交由有资质的单位处理。

第二节　固体废物污染防治法律法规与标准

一、固体废物污染环境防治法

1995 年 10 月 30 日，《中华人民共和国固体废物污染环境防治法》（简称《固体废物污染环境防治法》）在第八届全国人民代表大会常务委员会第十六次会议上获得通过，自 1996 年 4 月 1 日起施行。该法的实施为固体废物管理体系的建立和完善奠定了法律基础，它首先确立了固体废物污染防治的"三化"原则,即固体废物防治的"减量化、资源化、无害化"原则。

减量化是指减少固体废物的产生量和排放量。如果能够采取措施,最小限度地产生和排放固体废物,就可以从"源头"上直接减少或减轻固体废物对环境的危害,可以最大限度地合理开发利用资源和能源。减量化是防止固体废物污染环境的优先措施。

资源化是指采取管理和工艺措施从固体废物中回收物质和能源,加速物质和能量的循环,创造经济价值的广泛的技术方法。物质回收、物质转换、能量转换是资源化的三个方面。物质回收是指处理废物并从中回收指定的二次物质,物质转换是指利用废物制取新形态的物质,能量转换是指从废物处理过程中回收热能或电能。

无害化是指对已产生又无法或暂时尚不能综合利用的固体废物,经过物理、化学或生物学方法,进行对环境无害或低危害的安全处理、处置,达到废物的消毒、解毒或稳定化,以防止并减少固体废物的污染危害。

《中华人民共和国固体废物污染环境防治法》确立了对固体废物进行全过程管理的原则。所谓全过程管理是指对固体废物的产生、收集、运输、利用、贮存、处理和处置的全过程及各个环节都实行控制管理和开展污染防治。对危险废物,包括对其鉴别、分析、监测、实验等环节;对其处理、处置,包括废物的接收、验查、残渣监督、操作和设施的关闭各个环节的管理,如"国务院生态环境主管部门应当会同国务院有关部门制定国家危险废物名录,规定统一的危险废物鉴别标准、鉴别方法、识别标志和鉴别单位管理要求。国家危险废物名录应当动态调整。""对危险废物的容器和包装物以及收集、贮存、运输、利用、处置危险废物的设施、场所,应当按照规定设置危险废物识别标志。"危险废物种类繁多、性质复杂,危害特性和方式各有不同,应根据不同的危险特性与危害程度,采取区别对待、分类管理的原则。对具有特别严重危害性质的危险废物,要实行严格控制和重点管理,如"从事收集、贮存、利用、处置危险废物经营活动的单位,应当按照国家有关规定申请取得许可证。许可证的具体管理办法由国务院制定。""禁止无许可证或者未按照许可证规定从事危险废物收集、贮存、利用、处置的经营活动。""跨省、自治区、直辖市转移危险废物的,应当向危险废物移出地省、自治区、直辖市人民政府生态环境主管部门申请。移出地省、自治区、直辖市人民政府生态环境主管部门应当及时商经接受地省、自治区、直辖市人民政府生态环境主管部门同意后,在规定期限内批准转移该危险废物,并将批准信息通报相关省、自治区、直辖市人民政府生态环境主管部门和交通运输主管部门。未经批准的,不得转移。"这些原则确立了我国固体废物管理体系的基本框架。

《固体废物污染环境防治法》是我国固体废物环境管理的重要基础和主要依据。《固体废物污染环境防治法》于1995年颁布,历经2次修订和3次修正,逐步由防治环境污染和保障人体健康向维护生态安全、推进生态文明建设、促进经济社会可持续发展的方向完善。

2020年9月,新修订的《固体废物污染环境防治法》正式生效,实现了固体废物污染防治相关制度的全面完善。这是依法推动打赢打好污染防治攻坚战的实际行动,也是坚持和完善生态文明制度体系的重要举措。此次《固体废物污染环境防治法》的修订是从生态文明建设和经济社会可持续发展的全局出发,健全生态环境保护法律制度,完善固体废物管理法规体系,落实环境污染防治责任,统筹推进各类固体废物综合治理,强化危险废物全过程精细化管理,旨在用最严格的制度和最严密的法治保护生态环境。

2020年版《固体废物污染环境防治法》的主要修订内容:在总结固体废物污染防治工作经验的基础上,以解决重点问题、难点问题、关键问题为导向,主要从转变发展方式、落实污染责任、统筹综合治理等方面,补齐固体废物污染防治短板,深入推进固体废物减量化、资源化、无害化,全面确保生态安全。

制药企业是固体废物产生者之一,2020年版《固体废物污染环境防治法》强化了产生者的固体废物处理处置责任。

(1)产生工业固体废物的单位需执行排污许可管理制度:排污许可证中纳入了环境影响评价文件及批复中与污染物排放相关的主要内容,成为企事业单位在生产运营期接受环境监管和环境执法部门实施监管的主要依据。排污许可管理制度是"控制污染物区域总量"向"监管单一固定源排放"的精细化管理转变的体现。虽然生态环境部门有意将固体废物环境管理纳入排污许可管理,但是由于固体废物来源广泛、种类繁多、特性迥异、鉴别专业技术要求高等特点,若企业不如实申报,则很难摸清其固体废物的种类、数量、流向、贮存、利用、处置等情况。因此,固体废物环境管理暂未纳入排污许可证,实行"一证式"管理。2020年版《固体废物污染环境防治法》要求产生工业固体废物的单位应当取得排污许可证,并执行排污许可管理制度的相关规定,如实提供固体废物环境管理相关资料,为探索实现固体废物的"一证式"管理提供了上位法支撑。

(2)产生工业固体废物和危险废物的单位要建立管理台账:相较于旧版《固体废物污染环境防治法》,新版不仅要求建立工业固体废物和危险废物管理台账,还对未建立者制定了具体的罚则。台账记录了固体废物的种类、数量、流向、贮存、利用、处置等信息,是追溯和查询固体废物处理处置情况的重要依据。管理台账与管理计划、信息申报、排污许可等制度相互配合,从产生源对数量记录与处理流向进行规范,进一步提升了固体废物环境管理水平。

(3)突出违法者需要承担的法律责任

1)补充完善查封扣押措施:2020年版《固体废物污染环境防治法》赋予了环境监管部门查封和扣押设施、设备、场所、工具、物品的权利,突出了对固体废物污染环境行为的零容忍。当出现"可能造成证据灭失、被隐匿或者非法转移"或者"造成或者可能造成严重环境污染"的情况,负有固体废物污染环境防治监管职责的部门即可对违法收集、贮存、运输、利用、处置的固体废物及设施、设备、场所、工具、物品予以查封、扣押。此规定中的"可能"能够降低固体废物环境污染范围和污染程度的扩大。

2)新增按日连续处罚:对于违法排放固体废物受到罚款处罚的单位,若在行政机关组织复查时发现其继续实施违法行为,则按照《中华人民共和国环境保护法》的规定,自责令改正之日的次日起,按照原处罚数额按日连续处罚。此规定有利于督促企业及时整改固体废物违法行为。

3)对企业和负责人实行双处罚:旧版《固体废物污染环境防治法》主要是对违法企业进行处罚,而2020年版《固体废物污染环境防治法》根据违法内容和程度,增加了对法定代表人、主要负责人、直接负责的主管人员、其他责任人员等个人的罚款、拘留、刑事责任追究。此款将具体责任落实到人,有效避免了企业通过破产而逃避惩罚的行为。

4）严厉打击环境犯罪：2020年版《固体废物污染环境防治法》在内容和法律责任上，与《中华人民共和国刑法》《最高人民法院、最高人民检察院关于办理环境污染刑事案件适用法律若干问题的解释》《环境保护行政执法与刑事司法衔接工作办法》等衔接紧密，拓宽了处罚种类，提高了处罚额度，严惩重罚固体废物环境违法行为。针对不同的环境犯罪行为，对应了污染环境罪、非法经营罪、走私废物罪、非法处置进口的固体废物罪、擅自进口固体废物罪等多种罪责。此外，《中华人民共和国刑法》中的共同犯罪对应于《固体废物污染环境防治法》中明知他人无危险废物许可证而向其提供或者委托其收集、贮存、利用、处置危险废物，严重污染环境的行为。

2020年版《固体废物污染环境防治法》完善了工业固体废物和危险废物环境管理。危险废物环境管理是固体废物环境管理的重中之重。我国在该领域已建立了名录和鉴别、管理计划、申报登记、转移联单、经营许可、应急预案、标识、出口核准、豁免等多项制度，并配套有40余项标准、指南和规范性文件，形成了较为完善的危险废物环境管理法律制度和标准规范体系。2020年版《固体废物污染环境防治法》通过强化危险废物分级分类管理、信息化监管体系应用、区域性集中处置设施场所建设，提升全过程管控效率，防范危险废物环境风险。此后，危险废物环境管理不再仅仅是从摇篮到坟墓的全过程严格管理，更是应用现代信息技术和方法的高水平精细化管理。

危险废物产生后，实行产生、收集、贮存、转移、运输、利用、处置的全过程管理。若属于危险废物，则应从收集行为开始，按照危险废物的特性进行源头分类，不可与其他废物混合，也不可将危险废物混入非危险废物中贮存。贮存场所需符合《危险废物贮存污染控制标准》（GB 18597—2001）的要求，贮存容器、包装物、设施、场所应设置或张贴已准备好的标识。

需转移危险废物的，应按《危险废物转移管理办法》填写、运行、保存转移联单；若为跨省、自治区、直辖市贮存或处置，则需要得到省级生态环境部门的同意批准；若为跨省、自治区、直辖市利用，则只需向省级生态环境部门备案。在运输过程中，应采取防止污染环境的措施，并遵守《危险货物道路运输安全管理办法》的规定。

不能自行利用处置的危险废物需全部交由有资质的单位处理。有资质的单位一般是指领取了"危险废物经营许可证"的从事危险废物收集、贮存、利用、处置等经营活动的单位。危险废物利用后的产物和废物属性界定问题，需根据《固体废物鉴别标准 通则》（GB 34330—2017）和《危险废物鉴别标准 通则》（GB 5085.7—2019）的相关要求予以判定。危险废物处置需要满足《危险废物焚烧污染控制标准》（GB 18484—2020）和《危险废物填埋污染控制标准》（GB 18598—2019）的要求。

整个危险废物管理过程中，应建立危险废物管理台账，如实记录有关信息，并通过全国固体废物管理信息系统向所在地生态环境部门申报危险废物的种类、产生量、流向、贮存、处置等有关资料。此外，还应该依法及时公开固体废物污染环境防治信息，主动接受社会监督。

危险废物环境管理一直是固体废物环境管理的重中之重。2020年版《固体废物污染环境防治法》在对危险废物实行全过程严格管理的基础上，逐步向高水平精细化管理的方向发展。确保工业企业严格按照各项环境管理要求，实行全过程精细化管理，是防范危险废物环境风险、保障环境安全的最直接也是最有效的措施。制药企业每年产生大量危险废物，在危险废物管理方面,应全面解读 2020 年版《固体废物污染环境防治法》,落实企业的管理责任。

二、固体废物控制相关标准概述

有关固体废物的国家标准基本由中华人民共和国生态环境部和中华人民共和国住房和城乡建设部在各自的管理范围内制定,生态环境部制定有关污染控制、环境保护、分类、监测方面的标准,住房和城乡建设部制定有关垃圾清扫、运输、处理处置方面的标准。

有关固体废物的标准主要分为固体废物分类标准、固体废物监测标准、固体废物污染控制标准和固体废物综合利用标准等。

固体废物分类标准主要包括上文中的《国家危险废物名录》(2021 年版)、《危险废物鉴别标准》(GB 5085.1~7—2007)、住房和城乡建设部颁布的《生活垃圾分类标志》(GB/T 19095—2019)等。

根据《国家危险废物名录》(2021 年版):"经鉴别具有危险特性的,属于危险废物,应当根据其主要有害成分和危险特性确定所属废物类别,并按代码"900-000-××"(×× 为危险废物类别代码)进行归类管理。经鉴别不具有危险特性的,不属于危险废物。"《国家危险废物名录》(2021 年版)共涉及 50 类废物,该名录中未限定危害成分的含量,需要一定的鉴别标准鉴别其危害程度。随着经济和科学技术的发展,《国家危险废物名录》将持续不定期修订。

《危险废物鉴别标准 通则》(GB 5085.7—2019)指出,"依据法律规定和 GB 34330,判断待鉴别的物品、物质是否属于固体废物,不属于固体废物的,则不属于危险废物。经判断属于固体废物的,则首先依据《国家危险废物名录》鉴别。凡列入《国家危险废物名录》的固体废物,属于危险废物,不需要进行危险特性鉴别。未列入《国家危险废物名录》,但不排除具有腐蚀性、毒性、易燃性、反应性的固体废物,依据 GB 5085.1、GB 5085.2、GB 5085.3、GB 5085.4、GB 5085.5 和 GB 5085.6,以及 HJ 298 进行鉴别。凡具有腐蚀性、毒性、易燃性、反应性中一种或一种以上危险特性的固体废物,属于危险废物。对未列入《国家危险废物名录》且根据危险废物鉴别标准无法鉴别,但可能对人体健康或生态环境造成有害影响的固体废物,由国务院生态环境主管部门组织专家认定。"

固体废物监测标准主要是关于固体废物的样品采制、样品处理,以及样品分析方法的标准。此外,由于固体废物对环境的污染主要是通过渗滤液和散发气体等释放物进行的,因此对这些释放物的监测仍然应该遵照废水、废气的监测方法进行。

固体废物污染控制标准是固体废物管理标准中最重要的标准,是环境影响评价、"三同时"、限期治理、排污收费等一系列管理制度的基础。此类标准可分为两大类:废物处置控制标准,即对某种特定废物的处置标准、要求;设施控制标准,目前已经颁布或正在制定的标准大多属于这类。废物处置控制标准中比较典型的有《含多氯联苯废物污染控制标准》(GB 13015—2017),此标准首次发布于 1991 年,2017 年第一次修订,其规定了含多氯联苯废物的类别,以及含多氯联苯废物的清理、收集、包装、运输、暂存、贮存即无害化处理处置全过程的环境保护要求。设施控制标准比较多,如《生活垃圾填埋场污染物控制标准》(GB 16889—2008)、《生活垃圾焚烧污染控制标准》(GB 18485—2014)、《一般工业固体废物贮存和填埋污染控制标准》（GB 18599—2020）、《危险废物填埋污染控制标准》（GB 18598—2019）、《危险废物焚烧污染控制标准》（GB 18484—2020）、《危险废物贮存污染控制标准》（GB 18597—2001）。这些标准一般规定了各种处置设施的选址、设计与施工、入场、运行、封场的技术要求和释放物的排放标准以及监测要求，是固体废物管理的最基本的强制性标准。标准颁布后，各类新建的处置设施如果达不到相应要求将不能运行；旧有的处置设施若达不到相应要求将被要求限期整改，并收取排污费。

　　固体废物综合利用标准也是有关固体废物标准中的重要组成部分，根据 2020 年版《固体废物污染环境防治法》的"三化"原则，固体废物资源化将是非常重要的。为大力推行固体废物综合利用技术并避免在综合利用过程中产生二次污染，国家相关部门制定了一系列有关固体废物综合利用的规范、标准。《工业固体废物综合利用术语》（GB/T 34911—2017）界定了工业固体废物综合利用相关术语和定义，适用于工业固体废物管理、处理处置与利用等工艺与技术。《工业固体废物综合利用产品环境与质量安全评价技术导则》（GB/T 32328—2015）规定了工业固体废物综合利用产品环境安全与质量安全有关的评价原则、评价指标体系、评价方法和程序。《工业固体废物综合利用技术评价导则》（GB/T 32326—2015）规定了工业固体废物综合利用技术评价的指标体系、评价程序和评价方法。

第三节　废渣处理技术概述

一、废渣的收集和预处理

　　制药工业废渣的收集和运输要采用对药品生产和环境安全危害最小的形式，运输或处理的过程须符合相关法律规范的要求。药渣的收集过程中需做好分类拣选、登记、储藏、运输和处理，尤其要注意区分一般工业固体废物和危险废物。危险废物在分类收集时必须进行危险特性标记，如毒性、腐蚀性、易燃性、反应性和感染性。危险废物产生后，必须备有安全存放此类废物的装置，如钢圆筒、钢罐或塑料制品。所有装满废物的容器或储罐均应清楚标明内容物类别、危害说明、数量、日期等信息。危险废物的包装应足够安全，并经过周密检查，严防在装载、移动或运输中出现渗漏、溢出、挥发等情况。危险废物的产生者应妥善保管相应的容器或储罐，直至它们被运出产地进行进一步的储存、处理或处置。

　　制药工业废渣的种类多样，为了便于后续处理处置，就需要对其进行适当的预处理。预处理措施主要包括对固体废物的压实、破碎、分选等操作。对于需要填埋的废物，压实处理可以减小体积，降低运输过程中的难度，在填埋时也可降低占据空间的体积。对于需要焚烧处理的废物，破碎处理可以更方便下一步的焚烧。本节对常见的预处理措施进行简要介绍。

　　1. 固体废物的破碎　　破碎分为干式破碎、湿式破碎和半湿式破碎三种。干式破碎分为机械能破碎（压碎、劈碎、折断、磨碎和冲击）和非机械能破碎（低温破碎、热力破碎、减压破碎及超声破碎）两类；湿式破碎主要是纸浆、纤维等调浆破碎；半湿式破碎是利用不同物质强度和脆性的差异，在一定湿度下将其破碎成不同粒度的碎块，然后通过不同孔径的筛网加以分类回收。在进行废物破碎设备的设计时应考虑两个方面的因素,一是处理废物的量,二是设备的动力消耗。

2. 固体废物的分选 分选的基本原理是利用物料的某些性质作为识别标志,然后用物理、机械或电磁等分选装置加以选别,达到分离的目的。例如磁性和非磁性的识别、粒径大小的识别、浮选性能的识别等。根据不同的性质与原理形成了多种多样的分选方法,包括手工拣选、筛选、风力分选、跳汰机、浮选、溜槽、摇床、色泽分选、磁选、涡流分选、静电分选、磁液分选、摩擦分选、光电分选等。

二、固化/稳定化处理

(一)固化/稳定化技术概述

危险废物固化/稳定化的主要途径:①将污染物通过化学转变,引入某种稳定固体物质的晶格中去;②通过物理过程把污染物直接掺入惰性基材。固化(solidification)技术即在危险废物中添加固化剂,使其转变为非流动型的固态物或形成紧密的固体物。由于产物是结构完整的块状密实固体,可以方便地进行运输。稳定化(stabilization)技术即将危险废物的有毒有害污染物转变为低溶解性、低迁移性及低毒性的物质。稳定化一般可分为化学稳定化和物理稳定化。化学稳定化是通过化学反应使有毒物质变成不溶性化合物,使之在稳定的晶格内固定不动;物理稳定化是将污泥或半固体物质与疏松物料(如粉煤灰)混合生成一种粗颗粒、有土壤状坚实度的固体,这种固体可以用运输机械送至处置场。实际操作中,这两种过程是同时生成的。

固化/稳定化技术可以处理不同种类的危险废物,但是迄今尚未研究出一种适于处理任何类型废物的最佳固化/稳定化方法,目前所采用的各种固化/稳定化技术往往只能适用于处理一种或几种类型的废物。根据固化基材及固化过程,目前常用的固化/稳定化技术主要有:①水泥固化;②石灰固化;③塑性材料固化;④有机聚合物固化;⑤自胶结固化;⑥熔融固化(玻璃固化);⑦化学稳定化。

无机废物固化法的主要优点:①设备投资费用及日常运行费用低;②所需的材料比较便宜而丰富;③处理技术比较成熟;④材料的天然碱性有助于所含酸度的中和;⑤由于材料含水并能在很大的含水量范围内使用,而不需要彻底的脱水过程;⑥借助有选择性地改变处理剂的比例,处理后产物的物理性质可以从软性黏土一直变化到整块石料;⑦用石灰作基质的方法可在一个单一的过程中处置两种废物;⑧用黏土作基质的方法可用于处理某些有机废物。主要缺点:①需要的原料量大;②原料(特别是水泥)是高能耗产品;③某些废物,如含有机物的废物在固化时会有一些困难;④处理后产物的重量和体积均有较多的增加;⑤处理后的产物容易被浸出,尤其容易被稀释酸浸出,因此可能需要额外的密封材料;⑥稳定化机制有待深化研讨。

有机废物包容法的主要优点:①污染物迁移率一般要比无机固化法低;②与无机固化法相比,需要的固定程度低;③处理后材料的密度较低,从而可降低运输成本;④有机材料可在废物与浸出液之间形成一层不透水的边界层;⑤该法可包容较大范围的废物;⑥对大型包容法而言,可直接应用现代化的设备喷涂树脂,无须其他能量开支。主要缺点:①所用的材料比较昂贵;②用热塑性及热固性包容法时,干燥、熔化及聚合化过程中的能源消耗大;③某些有机聚合物是易燃的;④除大型包容法外,各种方法均需要熟练的技术工人及昂贵的设备;⑤材料是可降解的,易于被有机溶剂腐蚀;⑥某些这类材料在聚合不完全时自身会造成伤害。

(二)危险废物的固化/稳定化技术

危险废物种类繁多,并非所有危险废物都适于用固化处理。固化技术最早是用来处理放射性污泥和蒸发浓缩液的。近年来,此技术得到迅速发展,被用来处理电镀污泥、铬渣等危险废物。日本法规规定应用固化/稳定化技术固化处理的危险废物包括含汞燃料残渣,含汞飞灰,含汞水泥,特定下水污泥,含 Cd、Pb、Cr^{6+}、As、多氯联苯的污泥,含氰化物的污泥,其中特别适于固化含重金属的废物。表 6-2 为某些废物对不同固化/稳定化技术的适用性,可供参考。

表6-2　不同类型废物的固化/稳定化技术适用范围

废物成分		处理技术			
		水泥固化	石灰等材料固化	热塑性微包容法	大型包容法
有机物	有机溶剂和油	影响凝固,有机气体挥发	影响凝固,有机气体挥发	加热时有机气体会逸出	先用固体基料吸附
	固态有机物（如塑料、树脂、沥青等）	可适用,能提高固化体的耐久性	可适用,能提高固化体的耐久性	有可能作为凝结剂使用	可适用,可作为包容材料使用
无机物	酸性废物	水泥可中和酸	可适用,能中和酸	应先进行中和处理	应先进行中和处理
	氧化剂	可适用	可适用	会引起基料的破坏,甚至燃烧	会破坏包容材料
	硫酸盐	影响凝固,除非使用特殊材料,否则引起表面剥落	可适用	会发生脱水反应和再水合反应而引起泄漏	可适用
	卤化物	很容易从水泥中浸出,妨碍凝固	妨碍凝固,会从水泥中浸出	会发生脱水反应和再水合反应	可适用
	重金属盐	可适用	可适用	可适用	可适用
	放射性废物	可适用	可适用	可适用	可适用

表 6-3 列举了不同种类固化/稳定化技术的适用对象和评估。可以看出,为经济有效地处理危险废物,以水泥和石灰固化/稳定化技术较为适用,因其在处理程序的操作上不需要特殊设备和专业技术,一般的土木技术人员和施工设备即可进行。其固化/稳定化的效果,不仅结构强度可满足不同处置方式的要求,也可满足固化体浸出试验的要求。需要指明的是,在评定不同的固化/稳定化技术时,尚需综合考虑处理程序、添加剂的种类、废物性质、施工操作的所在位置等条件。

表 6-3　不同固化/稳定化技术的适用对象和优缺点

技术分类	适用对象	优点	缺点
水泥固化	重金属、废酸、氧化物	①水泥搅拌,处理技术已相对成熟。 ②对废物中化学性质的变动具有相应的承受力。 ③由水泥与废物的比例来控制固化体的结构强度与不透水性。 ④不需要特殊设备,处理成本低。 ⑤废物可直接处理,无须前处理	①废物中若含有特殊的盐类,会造成固化体破裂。 ②有机物的分解造成裂隙,增加渗透性,降低结构强度。 ③大量水泥的使用导致固化体的体积和重量增加
石灰固化	重金属、废酸、氧化物	①所用的物料价格便宜,容易购得。 ②操作不需要特殊设备及技术。 ③在适当的处置环境中,可维持波索来反应持续进行	①固化体的强度较低,且需较长的养护时间。 ②有较大的体积膨胀,增加清运和处置难度
塑性材料固化	部分非极性有机物、废酸、重金属	①固化体的渗透性较其他固化法低。 ②对水溶液有良好的阻隔性	①需要特殊设备和专业操作人员。 ②废物中若含有氧化剂或挥发性物质,加热时可能会着火或逸散。 ③废物需先干燥,破碎后才能进行操作
熔融固化	不挥发的高危害性废物、核能废料	①玻璃体的高稳定性,可确保固化体长期稳定。 ②可利用废玻璃屑作为固化材料。 ③对核能废料的处理已有相当成功的技术	①对可燃或具挥发性的废物不适用。 ②高温热融需消耗大量能源。 ③需要特殊设备及专业人员
自胶结固化	含有大量硫酸钙和亚硫酸钙的废物	①烧结体的性质稳定,结构强度高。 ②烧结体不具有生物反应性及着火性	①应用面较为狭窄。 ②需要特殊设备及专业人员
化学稳定化	重金属	①稳定化产物具有较高的稳定性。 ②工艺简单,稳定化产物增容率低	①对于含水量较高的废物需添加水泥或石灰减少产物含水率。 ②对于络合态的重金属稳定化效果欠佳

(三) 化学稳定化技术

化学稳定化技术种类很多,主要包括 pH 控制技术、氧化/还原电势控制技术、沉淀技术等。

1. pH 控制技术　pH 控制技术是一种最普遍、最简单的方法。其原理为加入碱性药剂,将废物的 pH 调节至能使重金属离子具有最小溶解度的范围内,从而实现其稳定化。常用的 pH 调节剂有石灰 [CaO 或 $Ca(OH)_2$]、苏打(Na_2CO_3)、氢氧化钠(NaOH)等。另外,除了这些常用的强碱外,大部分固化基材如普通水泥、石灰窑灰渣、硅酸钠等也都是碱性物质,它们在固化废物的同时,也有调节 pH 的作用。另外,石灰及某些类型的黏土也可用作 pH 缓冲材料。

2. 氧化/还原电势控制技术　为了使某些重金属离子更易沉淀,常要将其氧化/还原为最有利的价态,最典型的是把六价铬(Cr^{6+})还原为三价铬(Cr^{3+})、三价砷(As^{3+})氧化为五价砷(As^{5+})。常用的还原剂有硫酸亚铁、硫代硫酸钠、亚硫酸氢钠、二氧化硫等;常用的氧化剂有臭氧、过氧化氢、二氧化锰等。

3. 沉淀技术　常用的沉淀技术包括氢氧化物沉淀、硫化物沉淀、硅酸盐沉淀、磷酸盐沉淀、碳酸盐沉淀、共沉淀、无机络合物沉淀和有机络合物沉淀等。

（1）硫化物沉淀：在重金属稳定化技术中有三类常用的硫化物沉淀剂，即可溶性无机硫沉淀剂、不溶性无机硫沉淀剂和有机硫沉淀剂（表6-4）。

表6-4　常用的硫化物沉淀剂

种类	名称	分子式
可溶性无机硫沉淀剂	硫化钠	Na_2S
	硫氢化钠	$NaHS$
	硫化钙（低溶解度）	CaS
不溶性无机硫沉淀剂	硫化亚铁	FeS
	单质硫	S
有机硫沉淀剂	二硫代氨基甲酸盐	$[-R-NH-CS-S]^-$
	硫脲	$H_2N-CS-NH_2$
	硫代酰胺	$R-CS-NH_2$
	黄原酸盐	$[-RO-CS-S]^-$

1）无机硫化物沉淀：除了氢氧化物沉淀外，无机硫化物沉淀是应用最广泛的一种重金属化学稳定化方法。与前者相比，其优势在于大多数重金属硫化物在所有 pH 下的溶解度都大大低于其氢氧化物。这里需要强调的是，为了防止 H_2S 的逸出和沉淀物的再溶解，仍需要将pH 保持在 8 以上。另外，由于易与硫离子反应的金属种类很多，硫化剂的添加量应根据所需达到的要求由实验确定，而且硫化剂的加入要在固化基材添加之前，这是因为废物中的钙、铁、镁等会与重金属竞争硫离子。

2）有机硫化物沉淀：理论上讲，有机硫沉淀剂有很多无机硫沉淀剂所不具备的优点。由于有机硫化物普遍具有较高的分子量，因而与重金属形成的不溶性沉淀具有相当好的工艺性能，易于沉降、脱水和过滤等操作。在实际应用中，它们也显示出独特的优越性，例如可以将废水或固体废物中的重金属浓度降至很低，而且适应的 pH 范围也较大等。在美国，这种稳定剂主要用于处理含汞废物；在日本，主要用于处理含重金属的粉尘（焚烧灰及飞灰）。

（2）硅酸盐沉淀：溶液中的重金属离子与硅酸根之间的反应并不是按单一的比例形成晶态的硅酸盐，而是生成一种可看作由水合金属离子与二氧化硅或硅胶按不同比例结合而成的混合物。这种硅酸盐沉淀在较宽的 pH 范围（2~11）内有较低的溶解度。这种方法在实际处理中应用并不广泛。

（3）磷酸盐沉淀：用磷酸盐对重金属危险废物进行稳定化处理的机制主要有吸附作用和化学沉淀作用两种。可溶性磷酸盐（如磷酸钠）的处理机制主要是化学沉淀作用，即通过加入磷酸盐药剂及溶剂水，使可溶的重金属离子转化为难溶或溶解度很小的稳定的磷酸盐，从而达到稳定重金属的目的。而一些磷矿石（如磷灰石）的处理机制则是吸附反应和化学沉淀反应同时进行。研究表明，磷灰石与铅离子的相互作用属于广义的吸附作用，包括两种主要机制，即矿物水界面的表面吸附作用与固相的三维生长，而通常所说的吸附作用往往指的是表面吸附作用。目前，对于羟基磷灰石除去水溶液中铅离子的机制的研究较为深入，已有直接的微观证据证明其机制以溶解-沉淀作用为主。

（4）碳酸盐沉淀：一些重金属如 Ba、Cd、Pb 的碳酸盐的溶解度低于其氢氧化物，但碳酸盐沉淀法并没有得到广泛的应用。原因在于当 pH 低时二氧化碳会逸出，即使最终的 pH 很高，最终产物也只能是氢氧化物而不是碳酸盐沉淀。

（5）共沉淀：在非铁二价重金属离子与 Fe^{2+} 共存的溶液中投加等当量的碱调 pH，则由以下反应生成暗绿色的混合氢氧化物。

$$xM^{2+}+(3-x)Fe^{2+}+6OH^-\rightarrow M_xFe_{(3-x)}(OH)_6$$

再用空气氧化使之再溶解并络合，发生以下反应。

$$M_xFe_{(3-x)}(OH)_6+\frac{1}{2}O_2\rightarrow M_xFe_{(3-x)}O_4+3H_2O$$

由此而生成黑色的尖晶石型化合物（铁氧体）$M_xFe_{(3-x)}O_4$。在铁氧体中，三价铁离子和二价金属离子（也包括二价铁离子）之比是 2：1，故可试以铁氧体的形式投加 Mn^{2+}、Zn^{2+}、Ni^{2+}、Mg^{2+}、Cu^{2+}。

（6）无机络合物沉淀和有机络合物沉淀：这是一个尚需探索发展的领域，但若溶液中的重金属与若干络合剂可以生成稳定可溶的络合物的形态，这将给稳定化带来困难。若废水中含有络合剂，如磷酸酯、柠檬酸盐、葡萄糖酸、甘氨酸、乙二胺四乙酸（EDTA）及许多天然有机酸，它们将与重金属离子配位形成非常稳定的可溶性络合物。由于这些络合物不易发生化学反应，很难通过一般的方法去除。这个问题的解决方法有①加入强氧化剂，在较高的温度下破坏络合物，使金属离子释放出来；②由于一些络合物在高 pH 条件下易被破坏，还可以用碱性的 Na_2S 去除重金属；③使用含有高分子有机硫稳定剂，由于它们与重金属形成更稳定的络合物，因而可以从络合物中夺取重金属并进行沉淀。

有机络合物沉淀对 Pb^{2+}、Cd^{2+}、Ag^+、Ni^{2+} 和 Cu^{2+} 5 种重金属离子都有非常好的捕集效果，去除率均达到 98% 以上；对 Co^{2+} 和 Cr^{3+} 的捕集效果较差，但去除率也在 85% 以上。其稳定化处理效果优于无机硫沉淀剂 Na_2S 的处理效果，得到的产物能在更宽的 pH 范围内保持稳定，且从有效溶出量试验的结果来看，具有更高的长期稳定性。

以上可以大规模应用的重金属稳定化的方法是比较有限的，但由于重金属在危险废物中存在形态千差万别，具体到某一种废物，根据所需达到的处理效果，处理方法和实施工艺的选择是很值得研究的。

固化/稳定化处理的基本要求：①固化过程所得到的产品应该是一种密实的、具有一定的几何形状和较好的物理性质、化学性质稳定的固态物；②处理过程必须简单，应有有效措施减少有毒有害物质的逸出，避免对工作场所和环境造成污染；③最终产品的体积应尽可能小于掺入的固体废物的体积；④产品中有毒有害物质的量或其他指定浸提剂所浸提出的量不能超过允许水平（或浸出毒性标准）；⑤处理费用低廉；⑥对于固化放射性废物的固化产品，还应有较好的导热性和热稳定性，以便用适当的冷却方法防止放射性衰变热使固化体温度升高，避免产生自熔化现象,同时还要求产品具有较好的耐辐照稳定性。

以上要求大多是原则性的,实际上没有一种固化/稳定化方法和产品可以完全满足这些要求。但如果综合比较效果尚优,在实践中就可应用。

（四）固化体的质量鉴别指标

通常采用下述物理、化学指标鉴别固化/稳定化产品的优劣程度。

1. 浸出率 将有毒危险废物转变为固体形式的基本目的是减少其在贮存或填埋处置过程中污染环境的潜在危险。污染扩散的主要途径是有毒有害物质溶解进入地表或地下水环境中,因此固化体在浸泡时的溶解性能,即浸出率是鉴别固化体产品性能的最重要的一项指标。测量和评价固化体浸出率的目的:①在实验室或不同的研究单位之间,通过固化体难溶性程度的比较,可以对固化方法及工艺条件进行比较、改进或选择;②有助于预计各种类型的固化体暴露在不同环境中时的性能,可用于估计有毒危险废物的固化体在贮存或运输条件下与水接触所引起的危险大小。

2. 体积变化因数 体积变化因数定义为固化/稳定化处理前后危险废物的体积比,即

$$C_R = \frac{V_1}{V_2} \hspace{3cm} 式（6-1）$$

式(6-1)中,C_R为体积变化因数;V_1为固化前危险废物的体积;V_2为固化后产品的体积。

体积变化因数在文献中有多种名称,如减容比、体积缩小因数、体积扩大因数,这是针对不同的物料而言。体积变化因数是鉴别固化方法好坏和衡量最终处置成本的一项重要指标,它的大小实际上取决于能掺入固化体中的固化剂量和可接受的有毒有害物质的水平。因此,也常用掺入固化剂量的百分数来鉴别固化效果。对于放射性废物,C_R还受辐照稳定性和热稳定性的限制。

3. 抗压强度 为使固化体能安全贮存,它们必须具有一定的抗压强度,否则会出现破碎和散裂,从而增加暴露的表面积和污染环境的可能性。

对于一般的危险废物,经固化处理后得到的固化体如进行处置或装桶贮存,对其抗压强度的要求较低,一般控制在1~5Mpa;如用作建筑材料,则对其抗压强度的要求较高,应大于10Mpa。对于放射性废物,其固化产品的抗压强度,英国要求达到20Mpa。表6-5和表6-6列出一种以水泥为固化基材的专利产品的不同养护期的典型抗压强度变化及不同水泥制品的典型抗压强度变化。

表6-5 以水泥为固化基材的固化产物的典型抗压强度变化

固化产物	抗压强度/Mpa		
	3天后	7天后	28天后
一种含砷废物		0.63	5.25
一种废液的固化产物	1.35	2.31	4.27
一种含铬废物		0.76	1.54
一种含铬废物		1.09	21.70

表6-6　不同水泥制品的典型抗压强度变化

水泥制品	抗压强度/(N/cm²)
由普通泥沙、砂及石子按标准拌合的混凝土,28天后	4 500±1 000
由普通泥沙及砂按标准拌合的砂浆,3天后	2 100
用作填空隙、土壤稳定化、容器底部水泥涂盖物以及现场作业的工业水泥砂浆,28天后	77~616
以水泥为固化基材的固化产物,28天后	200~800

三、生物处理技术

(一)生物处理技术概述

固体废物中含有多种有害污染物,有机物是其中主要的一种,对于中药药渣来说尤其如此。生物处理就是以固体废物中的可降解有机物为对象,通过生物的好氧或厌氧作用,使之转化为稳定产物、能源和其他有用物质的一种处理技术。

固体废物的生物处理方法有多种,例如堆肥化、厌氧消化、纤维素水解等。其中,堆肥化作为大规模处理固体废物的常用方法得到广泛的应用,并已取得较成熟的经验。厌氧消化也属古老的生物处理技术,早期主要用于粪便和污泥的稳定化处理,近年来随着对固体废物资源化的重视,在城市生活垃圾和污水处理厂剩余污泥的处理中的应用日益增加。其他生物处理技术尽管尚不能满足大规模固体废物减量化的需求,但是作为从废物中回收高附加值生物制品的重要手段,也有多个方面的研究。

好氧生物处理工艺或厌氧生物处理工艺都能有效地处理有机固体废物,不过各有其特点和应用条件,见表6-7。一般来说,厌氧生物处理工艺的运行要比好氧过程复杂得多。然而,厌氧消化可以将潜存于废弃有机物中的低品位生物能转化为可以直接利用的高品位能源——沼气。好氧生物处理工艺由于需要对废物进行强制通风而需要消耗能量,但是其运行比厌氧消化要相对简单,而且如果操作合理,能对废物中的有机组分起到明显的减量化效果。

表6-7　好氧生物处理工艺和厌氧生物处理工艺的比较

处理工艺	是否能回收能源	最终产物	减量化效果	处理时间/d	主要目标	次要目标
好氧生物处理工艺	否	腐殖质、H_2O、CO_2	约50%	20~30	减量化	生产堆肥
厌氧生物处理工艺	是	污泥、CH_4、CO_2	约50%	20~40	能源回收	减量化、废物的稳定性

(二)固体废物生物处理的基本条件

1. 微生物生长所需的营养条件　微生物必须自外界获取能源、碳源以及无机盐,如含N、P、S、K、Ca、Mg等元素的氧化物,有时还需有多种生长因子,方能维持正常的新陈代谢和生长繁殖功能。微生物所需的这类物质随微生物种类的不同而有所差异。

最常见的碳源是有机碳和 CO_2 两种。从 CO_2 到细胞物质的转化属于还原反应,需要吸收能量。自养型微生物在合成时要比异养型微生物消耗更多的能量,因而前者的生长速率往往较低。

合成细胞的能源可以是太阳光,也可以是某个化学反应所产生的能量。能利用太阳光作为能源的生物称为光能自养型微生物。光能自养型微生物可以是异养型微生物(通常是硫细菌),也可以是自养型微生物(藻类和光合细菌)。利用化学反应来获得能量的称为化能营养微生物。与光能自养型微生物一样,化能营养微生物既有异养型微生物(原生动物、真菌和大部分细菌),又有自养型微生物(硝化细菌)。化能自养型微生物能氧化一定的无机物(如氨、亚硝酸盐、硫离子等),利用所产生的化学能可使 CO_2 还原,并合成有机物。化能异养型微生物则利用有机物作为生长所需的能源和碳源。

除能源和碳源以外,无机盐往往也是微生物生长的限制因素。微生物所需的主要无机盐元素包括 N、S、P、K、Mg、Ca、Fe、Na 和 Cl,以及一些微量元素如 Zn、Mn、Mo、Se、Co、Cu、Ni 和 W 等。

除了上述无机盐以外,一些微生物在生长过程中还需要某些不能自身合成的,同时又是生长所必需的由外界供给的营养物质,把这类物质称为生长因子。生长因子可分为 3 类:氨基酸类、嘌呤和嘧啶类、维生素类。

2. 微生物的代谢类型 根据代谢类型和对分子氧的需求可将化能异养型微生物进行进一步的分类。好氧呼吸的作用过程:首先在脱氢酶作用下,基质中的氢被脱下,同时氧化酶则活化分子氧,而从基质中脱下的电子通过电子呼吸链的传递可与外部电子受体分子氧结合成水,并放出能量。在厌氧呼吸作用过程中,由于没有分子氧的参与,厌氧呼吸作用所产生的能量少于好氧呼吸作用。这也是异养型厌氧微生物的生长速率低于异养型好氧微生物的缘故。在好氧呼吸作用中,电子受体是分子氧。只能在分子氧存在的条件下依靠好氧呼吸方能生存的微生物称为绝对好氧微生物。有些好氧微生物在缺氧时可以利用一些氧化物(如硝酸根离子、硫酸根离子等)作为电子受体来维持呼吸作用,其反应过程称为厌氧过程。

只能在无分子氧的条件下通过厌氧代谢来生存的微生物称为专性厌氧微生物。还有另外一种微生物既可以在有氧环境中生存,也可以在无氧环境中生存,这种微生物称为兼性微生物。根据代谢过程的不同,兼性微生物又可分为两种:真正的兼性微生物能在有氧环境下进行好氧呼吸,而在无氧环境下则进行厌氧发酵;另外有一种兼性微生物实际上是厌氧微生物,这类微生物始终进行严格的厌氧代谢,只是对分子氧的存在具有较强的忍耐能力。

3. 微生物的种类 根据细胞结构和功能的不同,微生物可分为原核细胞型和真核细胞型。原核细胞型微生物主要包括细菌和蓝藻,真核细胞型微生物主要包括真菌(霉菌、酵母菌)、藻类和原生动物。在有机废物的生物反应过程中,起主要作用的是细菌和真菌(霉菌、酵母菌)。

细菌是微小的、单细胞体、没有真正细胞核的原核生物。根据外形,细菌可分为三类:球菌、杆菌和螺旋菌。球菌的直径一般为 0.5~4μm;杆菌长 0.5~20μm,宽 0.5~4μm;螺旋菌的长度一般大于 10μm,宽约 0.5μm。细菌在自然界中广泛存在,不管是在有氧环境中还是在无氧环境中。由于细菌所能利用的无机物和有机物的种类非常多,因此在工业生产中细菌得到广泛的应用,以获得细菌代谢过程中特定的中间产物和最终产物。细菌细胞中最重要的组分是水,约占细胞总重量的80%;干物质约占20%。干物质中有机物约占90%,另外约10%为无机盐。细菌有机质化学组成的近似分子式为$C_5H_7O_2$,根据这个分子式,可知细菌有机质中约有53%为碳。无机盐按化学组成包括P_2O_5(50%)、CaO(9%)、Na_2O(11%)、MgO(8%)、K_2O(6%)、Fe_2O_3(1%)等。由于所有这些元素和化合物都来源于外部环境,因此若基质中缺乏这些物质,就会限制甚至在一定条件下改变细菌的生长性能。

霉菌是多细胞的真菌,属于异养型微生物,不能进行光合作用。与细菌不同,绝大多数霉菌在水分很少时也能生存。绝大部分霉菌的最佳pH约为5.6,但在pH为2~9时也能存在。这种微生物的代谢类型是好氧呼吸。霉菌具有丝状的菌丝,宽4~20μm。由于霉菌能够在恶劣的环境条件下降解多种有机化合物,在工业生产中,霉菌被广泛地应用于高附加值化合物的合成,如有机酸(柠檬酸、葡萄糖酸等)、各种抗生素(青霉素、灰黄霉素等)以及酶(纤维素酶、蛋白酶、淀粉酶等)。

酵母菌是单细胞的真菌。其菌体呈圆形,直径为8~12μm;或呈椭圆形,长8~15μm,宽3~5μm。在工业生产中,一般将酵母菌分为"野生的"和"驯化的"两类。前者几乎没有实用价值,但经过驯化的酵母菌广泛地应用于使碳水化合物发酵为乙醇和二氧化碳。

放线菌的性质介于细菌和霉菌之间,有时将其归于细菌或真菌。放线菌的形状和生长特性与霉菌相似,不过宽度为0.5~1.4μm。由于放线菌对极难溶解的高分子有机物如蛋白质、纤维素等有降解能力,所以在堆肥过程中有重要作用,不过习惯上仍将其视为细菌。

4. 微生物生长所需的环境条件 环境条件(包括温度和pH)对微生物的生长具有重要作用。尽管微生物往往能够在某个特定的温度和pH范围内生存,但是最适宜于微生物生长的温度和pH范围却很窄。在最适宜温度下,其对细菌生长速率的影响要大于过高时的温度。研究发现,当温度低于最适宜温度时,温度每升高10℃,生长速率大约可增加到原来的2倍。根据最适宜温度的不同,细菌可分为嗜冷细菌、嗜温细菌和嗜热细菌三类。

在中性pH 6~9的条件下,微生物生长较好,且这时pH不是微生物生长的重要影响因素。一般来说,细菌生长的最适pH为6.5~7.5。当pH>9.0或pH<4.5时,未降解的弱酸或弱碱分子比氢离子或氢氧根离子更易进入细菌细胞内部,从而改变细胞内部的pH,导致细胞质的破坏。

对于微生物的生长而言,水分是另外一个非常重要的环境因素。在对有机废物进行生物处理之前,必须知道它的含水率。在很多堆肥工艺中,为了保证细菌的正常活动,常需要向废物中添加水分。在厌氧消化过程中水分的添加取决于有机废物的特征和所采用的厌氧工艺的类型。

为了保证细菌的正常生长,环境中还不能含有细菌生长的抑制剂,如重金属、氨、硫离子以及其他有毒物质。

(三)固体废物堆肥

好氧堆肥是在通风条件好、氧气充足的条件下借助好氧微生物的生命活动以降解有机物。通常好氧堆肥的堆温较高,达55~66℃,极限温度可达80~90℃,所以好氧堆肥也称为高温堆肥。好氧堆肥化是应用最广的固体废物生物处理工艺,可使废物中的有机组分转化为稳定的腐殖质,得到的产品称为堆肥。能采用好氧堆肥化进行处理的废物包括庭院废物、有机生活垃圾和有机剩余污泥等。

在好氧堆肥过程中,有机废物中的可溶性小分子有机物质透过微生物的细胞壁和细胞膜而为微生物所吸收和利用。其中的不溶性大分子有机物则先附着在微生物的体外,由微生物所分泌的胞外酶分解为可溶性小分子物质,再输送入其细胞内为微生物所利用。通过微生物的生命活动(合成及分解过程),把一部分被吸收的有机物氧化成简单的无机物,并提供活动中所需的能量;而把另一部分有机物转化为新的细胞物质,供微生物增殖所需。

在好氧堆肥化过程中,起主导作用的微生物是绝对好氧菌和兼性菌。在反应开始阶段,嗜温微生物最为活跃。5~10 天后,随着温度不断升高,嗜热微生物(包括各类嗜热细菌和嗜热真菌)大量繁殖。在熟化阶段,即好氧堆肥化的最后阶段,则出现放线菌和霉菌。好氧堆肥过程可大致分为如下三个阶段。

(1)中温阶段:也称为升温阶段,指堆肥过程的初期,堆层基本呈 15~45℃的中温,嗜温微生物较为活跃,主要以糖类和淀粉类等可溶性有机物为基质进行自身的新陈代谢过程。这些嗜温微生物包括真菌、细菌和放线菌。真菌的菌丝体能够延伸到堆肥原料的所有部分,并会出现中温真菌的子实体,同时螨、千足虫等也参与摄取有机废物。腐烂植物的纤维素则维持线虫和线蚁的生长,而更高级的消费者中弹尾目昆虫以真菌为食、缨甲科昆虫以真菌孢子为食、线虫及原生动物则以细菌为食。总之,本阶段所经历的时间较短,糖类、淀粉类等基质不可能全部降解,所产生的后生动物为数不多,主发酵将在下一阶段进行。

(2)高温阶段:堆温升至45℃以上时即进入高温阶段。在这一阶段,嗜温微生物受到抑制甚至死亡,嗜热微生物成为主体。堆肥中残留的和新生的可溶性有机物质继续被氧化分解,堆肥中复杂的有机物如半纤维素、纤维素和蛋白质也开始被快速分解。在此阶段,各种嗜热微生物的最适宜温度也各不相同,在温度上升过程中,嗜热微生物的类群和种群相互交替成为优势菌群。通常在 50℃左右最活跃的是嗜热真菌和放线菌;当温度上升到 60℃时,真菌则几乎完全停止活动,仅有嗜热放线菌和细菌的活动;温度升到 70℃以上时,大多数嗜热微生物已不再能适应,从而大批死亡或进入休眠状态。现代化堆肥生产的最佳温度一般为55℃,这是因为大多数微生物在 45~80℃的范围内最活跃,最易分解有机物,其中的病原菌和寄生虫大多数可被杀死。微生物在高温阶段的整个生长过程与细菌的生长繁殖规律一样,可分为 3 个时期,即对数生长期、减速生长期和内源呼吸期。在高温阶段微生物活性经历 3 个时期的变化后,堆积层内开始生成与有机物分解相对应的另一过程,即腐殖质的形成过程,堆肥物质逐步进入稳定化状态。

(3)降温阶段:在堆肥化的后期,堆肥原料中的残余部分为较难分解的有机物质和新形成的腐殖质。此时微生物活性下降,发热量减少,温度下降。嗜温微生物重新占优势,对残余较难分解的部分有机物进一步分解,随后腐殖质不断增多且趋于稳定。待堆肥进入腐熟阶段,需氧量大为减少,含水率也有所降低,堆肥化过程宣告完成。

(四)固体废物厌氧消化

厌氧消化是在缺氧条件下,将垃圾中的可降解有机物通过厌氧微生物的代谢,使其达到腐熟,其最终产物除 CO_2 和水外,还有氨、硫化氢、甲烷和其他有机酸等还原性物质,其中氨、硫化氢等还原性终产物有令人生厌的恶臭。

厌氧消化工艺是指从消化原料到产生沼气的整个过程所采用的技术和方法,包括原料的收集和预处理、接种物的选择和富集、厌氧消化装置的发酵启动和日常操作管理及其他相应的技术措施。由于厌氧消化是由多种微生物共同完成的,各种有机物质的降解及发酵过程的生物化学反应极为复杂,因而厌氧消化工艺也比其他消化工艺复杂。

由于厌氧消化的原料来源复杂,参加反应的微生物种类繁多,使得厌氧消化过程中物质的代谢、转化和各种菌群的作用等非常复杂。目前,对厌氧消化的生化过程有三种见解,即两阶段理论、三阶段理论和四阶段理论。

依据三阶段理论,厌氧消化反应分为三个阶段进行。第一阶段,微生物负责将碳水化合物、蛋白质与脂肪等大分子化合物水解与发酵转化成单糖、氨基酸、脂肪酸、甘油等小分子有机物。第二阶段,厌氧微生物将第一组微生物的分解产物转化成更简单的有机酸,在厌氧消化反应中最常见的就是乙酸。这种兼性厌氧菌组成的第二组微生物称为产酸菌。第三阶段,微生物把氢和乙酸进一步转化为甲烷和二氧化碳。这些细菌就是产甲烷菌,是绝对厌氧菌。在垃圾填埋场和厌氧消化器中许多产甲烷菌与反刍动物胃中和水体沉积物中的产甲烷菌相类似。对于厌氧消化反应而言,能利用氢和乙酸合成甲烷的产甲烷菌是产甲烷菌中最重要的一种。由于产甲烷菌的生长速率很低,所以产甲烷阶段是厌氧消化反应速率的控制因素。甲烷和二氧化碳的产生代表废物稳定化的开始。当填埋场中的甲烷产生完毕,表示其中的废物已得到稳定。

四阶段理论则将产酸阶段细化,分为酸化阶段和产乙酸阶段。在酸化阶段,水解阶段产生的小分子溶解性化合物通过细胞膜进入酸化菌的细胞内部,转化成更简单的如挥发性脂肪酸(VFA)、醇类、乳糖等末端产物并分泌到细胞外。同时,硝化菌也利用部分物质合成新的细胞物质。酸化(发酵)阶段的末端产物在厌氧微生物作用下,转化为乙酸、CO_2、H_2 以及新的细胞物质。

为了保持有机废物厌氧消化处理系统的正常运行,必须保证使产甲烷菌和其他微生物处于动态的平衡状态中。要建立并维持这样的平衡状态,反应系统中必须不含分子氧且控制微生物抑制剂(如重金属、氨和硫离子等)的浓度。同时,pH 应为 6.5~7.5,由于产甲烷菌在 pH<6.2 时就不能发挥作用,所以系统中还必须有足够的碱度以确保 pH 不低于 6.2。当消化反应正常进行时,碱度一般为 1 000~5 000mg/L 且挥发性脂肪酸<250mg/L。在高固体浓度消化反应中的碱度和挥发性脂肪酸的浓度则分别高达 12 000mg/L 和 700mg/L。在反应系统中还必须有足够的氮、磷等无机盐以保证微生物的正常生长。随着所处理的污泥或废物性质的不同,可能还需要添加适当的生长因子。温度是另外一个重要的环境条件。中温消化和高温消化的最适宜温度范围分别为 30~38℃和 55~60℃。

产甲烷反应是厌氧消化过程的控制阶段,因此在讨论厌氧生物处理的影响因素时主要讨论影响产甲烷菌生长的各项因素,主要影响因素有温度、pH、氧化还原电位、营养物质、F/M值、有毒物质等。

1. **温度** 厌氧细菌可分为嗜温细菌、嗜热细菌,相应地,厌氧消化分为中温消化(30~35℃)和高温消化(50~55℃)。高温消化的反应速率为中温消化的 1.5~1.9 倍,产气率也较高,但气体中的甲烷含量较低。厌氧消化也可以在常温条件下进行,即为常温发酵(15~20℃)。

由于甲烷菌对温度的急剧变化非常敏感,即使温度只降低2℃,也能立即产生不良影响,产气下降,温度再次上升又开始慢慢恢复活性。

2. pH和酸碱度 pH是厌氧消化过程中最重要的影响因素,产甲烷菌对pH的变化非常敏感。一般认为,其最适pH范围为6.8~7.5,在pH<6.5或pH>8.2时,产甲烷菌会受到严重抑制而进一步导致整个厌氧消化过程的恶化。

厌氧体系是一个pH缓冲体系,主要由碳酸盐体系所控制。一般来说,系统中的脂肪酸含量增加(累计),将消耗HCO_3^-,使pH下降;但产甲烷菌的作用不但可以消耗脂肪酸,而且还会产生HCO_3^-,使系统的pH回升。酸碱度保证厌氧体系具有一定的缓冲能力,厌氧体系一旦生成酸化,则需要很长的时间才能恢复。

3. 氧化还原电位 严格的厌氧环境是产甲烷菌进行正常生理活动的基本条件。非产甲烷菌可以在氧化还原电位为-100~+100mV的环境中正常生长和活动;产甲烷菌的最适氧化还原电位为-400~-150mV,在培养产甲烷菌的初期,氧化还原电位不能高于-330mV。

4. 营养物质 厌氧微生物对N、P等营养物质的要求略低于好氧微生物,其要求碳氮比为(20~30):1为宜,碳磷比为100:1为佳。多数厌氧菌不具有合成某些必要的维生素或氨基酸的功能,所以有时需要投加K、Na、Ca等金属盐类,微量元素Ni、Co、Mo、Fe等,以及有机微量物质酵母浸出膏、生物素、维生素等。

5. F/M值 F/M值表示底物量与微生物量的比值,即有机负荷率。厌氧微生物处理的有机负荷较好氧微生物更高,一般可达5~10kgCOD/(m³·d),无传氧的限制,可以积聚更高的生物量。

6. 有毒物质 常见的抑制性有毒物质有硫化物、氨氮、重金属、氰化物及某些有机物。

硫酸盐很容易在厌氧消化过程中被还原成硫化物,可溶的硫化物达到一定浓度时,会对厌氧消化过程主要是产甲烷过程产生抑制作用。投加某些金属如Fe可以去除S^{2-},从系统中吹脱H_2S则可以减轻硫化物的抑制作用。氨氮是厌氧消化的缓冲剂,但浓度过高则会对厌氧消化过程产生毒害作用。菌种驯化后,适应能力会得到加强。重金属使厌氧细菌的酶系统受到破坏。

厌氧消化工艺的分类方法众多,根据不同的分类方法,厌氧消化方法分为不同的发酵工艺。按消化温度划分,可分为高温发酵(50~55℃)、中温发酵(30~35℃)和常温发酵(15~20℃)。按进料方式划分,可分为连续发酵、半连续发酵和批量发酵。按发酵阶段划分,可分为单相发酵和两相发酵。按发酵级差划分,可分为单级厌氧消化、两级厌氧消化和多级厌氧消化。按发酵浓度划分,可分为低固体厌氧消化(干物质含量在10%以下)和高固体厌氧消化(干物质含量在20%左右)。按料液流动方式划分,可分为无搅拌发酵、全混合式发酵和塞流式发酵等。上述各种厌氧消化工艺各适用于一定原料和一定发酵条件及管理水平。同时还要考虑操作人员素质和投资、运行费用等,最后确定所要选择的工艺类型。

四、焚烧处理技术

（一）常用的热处理技术

热处理技术是在某种装有固体废物的设备中以高温使有机物分解并深度氧化而改变其化学、物理或生物特性和组成的处理技术。常用的热处理技术分为以下几类。

1. 焚烧 是一种最常用的热处理工程技术。它用加热氧化作用使有机废物转换成无机物，同时减少废物的体积。一般来说，只有有机废物或含有有机物的废物适合焚烧。焚烧缩减废物的体积，可完全灭绝有害细菌和病毒，破坏有毒的有机化合物，焚烧后的余热可作为热源再利用。

2. 热解 是在缺氧的气氛中进行的热处理过程。经过热解的有机化合物被降解，产生多种次级产物，形成可燃物，包括可燃性气体、有机液体和固体残渣等。

3. 熔融 是利用热在高温下把固态污染物熔化为玻璃状或玻璃陶瓷状物质的过程。

4. 烧结 是将固体废物和一定的添加剂混合，在高温炉中形成致密高强度固体材料的过程。

5. 其他方法 包括蒸馏、蒸发、等离子体电弧分解、微波分解等。

（二）焚烧处理技术概述

固体废物焚烧（incineration）是一种高温热处理技术，即以一定量的过量空气与被处理的有机废物在焚烧炉内进行氧化燃烧反应，废物中的有毒有害物质在高温下氧化、热解而被破坏，是一种可同时实现废物减量化、资源化、无害化的处理技术。焚烧法不但可以处理一般工业固体废物，还可以处理危险废物，如危险废物中的有机固态、液态和气态废物常常采用焚烧处理。

焚烧法适用于处理有机成分多、热值高的废物。当处理可燃有机物组分很少的废物时，需要补充大量燃料，这会使运行成本增高。焚烧技术的优点在于大大减少需要最终处置的废物量，减量、消毒作用效果明显，同时可回收部分热量。焚烧技术相对于其他处理技术而言，其主要缺点是投资费用高，操作复杂、严格，产生二次污染物如 SO_2、NO_x、HCl、二恶英和飞灰等，需要进一步处理。

判断固体废物能否采用焚烧技术进行处理，主要取决于固体废物的燃烧特性。固体废物的最主要的燃烧特性包括其三组分和热值，并可根据焚烧垃圾量核算并绘制焚烧炉燃烧图，指导焚烧炉的安全运行。

固体废物的三个组分是指废物中的水分、可燃分和灰分，是焚烧炉设计的关键因素。水分含量是指干燥某固体废物样品时所失去的质量，它与当地的气候等密切相关。水分含量是一个重要的燃烧特性，含水率太高就无法点燃。含水率越高，废物低位热值越低，燃烧效果就越差。固体废物的可燃分包括挥发分和固定碳。固定碳是除去水分、挥发性物质及灰分后的可燃烧物。测定灰分可预估可能产生的熔渣量及排气中的粒状物含量，并可依灰分的形态类别选择废物适用的焚烧炉。

热值是指单位质量（指固体或液体）或单位体积（指气体）的燃料完全燃烧，燃烧产物冷却到燃烧前的温度（一般为环境温度）时所释放出来的热量。燃料热值有高位热值与低位热值两种。高位热值（HHV）与低位热值（LHV）的区别在于燃料燃烧产物中水呈液态还是气态,水呈液态是高位热值,水呈气态是低位热值。低位热值等于从高位热值中扣除水蒸气的凝结热。

固体废物焚烧的目的有使废弃物减量;使废热释出而再利用;使废弃物中的毒性物质得以摧毁。在燃烧过程中,人们顾虑含有氯的多环芳香烃族化合物的产生使得烟道气中最终含有微量毒性物质（如二噁英等）,因此对燃烧室焚烧温度的要求日益严格。

在焚烧处理危险废物时,以有害物质破坏去除效率（destruction and removal efficiency, DRE）或焚毁去除率作为焚烧处理效果的评价指标。焚毁去除率是指某有机物经焚烧后减少的百分比,以下式表示。

$$DRE = \frac{W_i - W_0}{W_i} \times 100\%$$
式（6-2）

式（6-2）中,W_i 为加入焚烧炉内的主要有机有害组分（POHC）的质量;W_0 为烟道排放气和焚烧残余物中与 W_i 相应的有机物质的质量之和。

在焚烧垃圾及一般固体废物时,以燃烧效率（combustion efficiency, CE）作为焚烧处理效果的评价指标。燃烧效率是指烟道排出气体中的 CO_2 浓度与 CO_2 和 CO 浓度之和的百分比,以下式表示。

$$CE = \frac{[CO_2]}{[CO_2] + [CO]} \times 100\%$$
式（6-3）

式（6-3）中,[CO] 和 [CO_2] 分别为燃烧后排气中的 CO 和 CO_2 浓度。

一般法律对危险废物焚烧的破坏去除率要求非常严格,例如美国《资源保护及回收法》（*Resource Conservation & Recovery Act*, RCRA）有关危险废物陆上焚烧的规定要求 POHC 的破坏去除率达到 99.99%,二噁英和呋喃的破坏去除率达到 99.999 9%。

在我国的焚烧污染控制标准中,采用热灼减率反映灰渣中残留可焚烧物质的量。热灼减率是指焚烧残渣经灼热减少的质量与原焚烧残渣质量的百分比,以下式表示。

$$P = \frac{A - B}{A} \times 100\%$$
式（6-4）

式（6-4）中,P 为热灼减率,%;A 为（105±25）℃干燥 1 小时后的原始焚烧残渣在室温下的质量,g;B 为焚烧残渣经（600±25）℃下灼热 3 小时后冷却至室温的质量,g。

表 6-8 是我国《危险废物焚烧污染控制标准》（GB 18484—2020）对危险废物焚烧炉的技术性能指标要求。

表 6-8　危险废物焚烧炉的技术性能指标

指标	焚烧炉高温段温度 /℃	烟气停留时间 /s	烟气含氧量（干烟气,烟囱取样口）	烟气一氧化碳浓度 /（mg/m³）（烟囱取样口）		焚烧效率	焚毁去除率	热灼减率
				1 小时均值	24 小时均值或日均值			
限值	≥1 100	≥2.0	6%~15%	≤100	≤80	≥99.9%	≥99.99%	<5%

（三）影响因素

根据固体物质的燃烧动力学，影响上述废物焚烧处理效果评价指标的因素可以归纳为以下几种。

1. 物料尺寸　物料尺寸（size）越小，则所需加热和燃烧的时间越短。另外，尺寸越小，比表面积则越大，与空气的接触越充分，有利于提高燃烧效率。一般来说，固体物质的燃烧时间与物料粒度的1~2次方成正比。

2. 停留时间　停留时间（time）是指焚烧废气在燃烧室与空气接触的时间，即燃烧所产生的烟气从最后的空气喷射口或燃烧器出口到换热面（如余热锅炉换热器）或烟道冷风引射口之间的停留时间。该指标用来衡量废气中的有害物质是否完全燃烧、分解。

3. 湍流程度　湍流（turbulence）程度是指物料与空气及气化产物与空气之间的混合情况。湍流程度越大，混合越充分，空气的利用率越高，燃烧越有效。

4. 焚烧温度　焚烧温度（temperature）取决于废物的燃烧特性（如热值、燃点、含水率）以及焚烧炉的结构、空气量等。一般来说，焚烧温度越高，废物燃烧所需的停留时间越短，燃烧效率也越高。但是温度过高会对炉体材料产生影响，还可能生成炉排结焦等问题。炉膛温度最低应保持在物料的燃点以上。

在进行危险废物焚烧处理时，一般需要根据所含有害物质的特性提出特殊要求，以达到规定的破坏去除率。我国相关标准和规范规定，危险废物焚烧时，烟气在二燃室温度1 100℃以上的停留时间应大于2秒；含多氯联苯废物焚烧时，烟气在二燃室温度不低于1 200℃的停留时间不小于2秒；生活垃圾焚烧时，烟气在炉膛内850℃以上的停留时间≥2秒。

5. 过量空气　为了保证氧化反应进行得完全，从化学反应的角度应提供足够的空气。但是，过量空气（excess air）的供给会导致焚烧温度的降低。因此，空气量与温度是两个相互矛盾的影响因素，在实际操作过程中应根据废物特性、处理要求等加以适当调整。一般情况下，实际空气量应控制在理论空气量的1.7~2.5倍。过量空气一般用过量空气系数（m）和过量空气率表示。

总之，在焚烧炉的操作运行过程中，停留时间、湍流程度、焚烧温度和过量空气是四个最重要的影响因素，而且各个因素间相互依赖和影响，通常称为"3T+E"原则。过量空气率由进料速率及助燃空气供应速率决定。烟气停留时间由燃烧室的几何形状、助燃空气供应速率及废气产率决定。而助燃空气供应量亦直接影响焚烧温度和湍流程度，焚烧温度则影响废物的燃烧效率。

五、热解处理技术

（一）热解处理技术概述

热解（pyrolysis）是利用有机物的热不稳定性，在无氧或缺氧条件下对之进行加热蒸馏，使有机物产生热裂解，经冷凝后形成各种新的气体、液体和固体，从中提取燃料油、油脂和燃料气的过程。因此，也可将其定义为破坏性蒸馏、干馏或炭化过程。热解技术也称为热分解技术或裂解技术。热解技术作为一种传统的工业化作业方式，已大量应用于木材、煤炭、重油、油页岩等燃料的加工处理。例如木材通过热解干馏可得到木炭；以焦煤为主要成分通过煤的热解炭化可得到焦炭；以气煤、半焦等为原料通过热解气化可得到煤气；还有重油，也可通过热解进行气化处理；而油页岩的低温热解干馏则可得到液体燃料产品。以上诸多工艺中，以焦炉热解炭化制造焦炭技术的应用最为广泛而且成熟。

针对固体废物进行的热解技术研究，直到 20 世纪 60 年代才开始引起关注和重视，到了 70 年代初期，固体废物的热解处理才达到实际应用。固体废物经过此种热解处理除可得到便于贮存和运输的燃料及化学产品外，在高温条件下所得到的炭渣还会与物料中的某些无机物与金属成分构成硬而脆的惰性固态产物，使其后续填埋处置作业可以更为安全和便利地进行。

（二）影响因素

影响热解过程的主要因素有固体废物组分、物料预处理、物料含水率、热解温度、加热速率、固体废物停留时间和反应器类型等。

1. 固体废物组分 由于废物的组分不同而致热解的起始温度各有差异，因此对热解的产物组成及产率也有较大的影响。一般城市固体废物比大多数工业固体废物更适合用热解方法生产燃气、焦油及各种有机液体，但产生的固体残渣较多。

2. 物料预处理 物料的一些性质，如有机物成分和颗粒大小等会对热解过程产生重要影响。不同物料由于成分不同，其可热解性也不同。若物料中的有机物成分比例大、热值高，则其可热解性好、产品热值高、可回收性好、残渣也少。若物料颗粒大，则传热速率及传质速率较慢，热解二次反应增多，对产物成分有不利影响。较小的颗粒尺寸有利于促进热量传递，使高温热解反应更容易进行。因此，有必要对热解原料进行适当的破碎预处理，使其粒度既细小又均匀。

3. 物料含水率 热解过程中物料含水率的影响是多个方面的，主要表现为影响产气量、气体成分、热解内部的化学过程以及整个系统的能量平衡。通常，湿度越低，加热到工作温度所需的时间越短，干燥和热解过程的能耗就越少，物料加热速率越快，越有利于得到较高产率的可燃性气体。热解过程中的水分来自两个方面，即物料自身所含的水和外加的高温水蒸气。反应过程中生成的水分其作用更接近外加的高温水蒸气。

对于不同的物料，物料含水率（W）变化非常大。对单一物料而言，含水率就比较稳定。物料含水率增高，其可热解的干基比例就减少，以收到基为基础的有用热解产物量就少，同时要求的干燥热量增加，这就会带来两种结果，一是系统的外部热量增多，二是净产出能源减少。所以，不是任何物质进行热解处理在技术经济上都具有可行性。

水分对热解的影响还与热解方式，甚至与具体的反应器结构相关。如直接热解方式，在 800℃以上供以水蒸气，则会发生水与炭的接触反应和"水煤气反应"。从实际反应效果来看，一般应在反应器内的温度达 900℃以上时喷入水蒸气才好。进一步分析不难看出，在直接热解方式中，其热解气产生情况与物料和产气导出流向有关，是逆向流动还是同向流动是有区别的。如果导出气与物料流动方向相同，则含水分的导出气将经过高温区，此时的产气成分与逆向流动产气的成分也是不同的。

4. 热解温度 温度是热解过程中最重要的控制参数。热解过程中，热解温度与气体产量成正比，而各种酸、焦油、固体残渣却随热解温度增加呈相应减少的趋势。热解温度不仅影响气体产量，也影响气体质量。所以，应根据预期的回收目标确定适宜的热解温度。

5. 加热速率 通过综合调节加热温度和加热速率，可控制热解产物中各组分的比例。

其作用主要表现为在低温、低速加热条件下,有机物分子有足够的时间在其最薄弱的节点处分解,并重新结合为热稳定性固体而难以进一步分解,因而产物中的固体物含量增加;而在高温、高速加热条件下,有机物分子结构全面裂解,产生大范围的低分子有机物,此时热解产物中的气体量随着加热速率增加而增加,水分、有机液体含量及固体残渣相应减少。加热速率对气体成分亦有影响。

6. 固体废物停留时间 固体废物停留时间是指反应物料完成反应在炉内停留的时间。停留时间主要对固体废物热解的充分程度和装置的处理能力产生影响。固体废物由初温上升到热解温度,以及在此温度下固体废物生成热解均需一定的时间。若停留时间不足,则热解不完全;而停留时间过长,则装置的处理能力下降。

7. 反应器类型 反应器是热解反应进行的核心设备,不同的反应器有不同的热解床条件和物流方式。一般来说,固定热解床的处理量大,而流态化热解床的温度可控性能好。气体与物料逆流进行有利于延长物料在反应器内的停留时间,从而提高有机物的转化率。

8. 供气供氧量 空气或氧气作为热解反应中的氧化剂,使物料部分燃烧,提供热量以保证热解反应的进行。因此,供给适量的空气或氧气是非常重要的,也是需要严格控制的。供给的可以是空气,也可以是纯氧气。由于空气中含有较多的氮气,供给空气时产生的可燃性气体的热值较低,供给纯氧气可提高可燃性气体的热值,但生产成本也会相应增加。

热解法和焚烧法的区别在于焚烧是需氧氧化反应过程,热解则是无氧或缺氧反应过程;焚烧产物主要是 CO_2 和 H_2O,热解产物则包括可燃气态低分子物质(如氢气、甲烷、一氧化碳)、液态产物(如甲醇、丙酮、乙酸、乙醛等有机物及焦油和溶剂油等)以及焦炭或炭黑等固态残渣;焚烧是一个放热过程,热解则是吸热过程;焚烧产生的热能量大时可用于发电,热能量小时可作热源或产生蒸气,适于就近利用,而热解产生的贮存性能源产物诸如可燃气、油等可以贮存或远距离输送。

与焚烧相比,废物热解具有如下一些优点:热解将固体废物中的有机物转化为以燃料气、燃料油和炭黑为主的贮存性能源,是吸热过程;由于缺氧分解,排气量少,有利于减轻对大气环境的二次污染;废物中的硫、重金属等有害成分大部分被固定在炭黑中,挥发量少;由于保持还原性条件,Cr^{3+} 不会转化为 Cr^{6+};NO_x 产生量少;热解设备相对简单。研究报道表明,热解烟气量是焚烧的 1/2、NO 是焚烧的 1/2、HCl 是焚烧的 1/25、灰尘是焚烧的 1/2。

热解技术与焚烧技术相比也有不足之处。例如由于热解的温度低,并且是还原反应,对于废物的彻底减容与无害化较焚烧技术有一定差距;热解技术的应用范围也有一定限制,几乎所有有机物质都可以进行焚烧处理,而并非所有物质都可以进行热解处理。

第四节　制药工业废渣处理技术

一、制药工业废渣处理工艺的设计原则与方法

从生产工艺的特点来看,制药企业大致可分为发酵类、化学合成类、中药提取类、生物工

程类、中药类、混装制剂类六大类。其中，发酵类、化学合成类、中药类企业的数量较多，产生固体废物的特点也比较鲜明。

在发酵类药物中，抗生素类药物的生产规模很大。我国是抗生素类药物生产大国，每年生产超过 70 种抗生素，产生大量含有少量抗生素及其相关代谢产物的固体废物。抗生素的生产一般要经过菌种筛选、种子制备、微生物发酵、发酵液预处理和固液分离、提炼纯化、精制、干燥及包装等步骤，整个工艺过程中产生的废物主要有发酵废菌渣、分离工序的废活性炭、废水处理过程中的剩余污泥等。按照"减量化、资源化、无害化"以及固体废物分质分类处理的原则，应首先考虑减少各类废物的产生，在尽可能回收利用的情况下分质分类处理，做到无害化，如废活性炭可再生处理，不能回用的废菌渣等则可作为危险废物处置。

化学合成类制药企业是以化学原料为起始物，通过一系列化学反应得到最终产品，其过程中产生的药渣如精馏釜残一般含有多种刺激性、腐蚀性、毒性成分。此外，还有工艺过程中产生的废活性炭、废水处理过程中产生的剩余污泥等。高浓度釜残、剩余污泥等均应作为危险废物处理，废活性炭则可考虑再生处理。

中药企业产生的废渣主要源于药材原料生产、药材初加工与饮片加工、中药制剂等过程，其构成主要有各类中药材的"非药用部位"、中药制药过程中的废渣、废水处理过程中的剩余污泥等。常规处理方法有压实、破碎、分选、脱水干燥、生物转化、焚烧等。中药药渣的类型多样，不宜单独采用某一种处理模式，需根据其不同的来源特点考虑进一步的资源化利用。

二、发酵类废渣的处理

我国是抗生素生产大国，发酵类药物产品产量位居世界第 1 位，其中青霉素、头孢菌素、土霉素和链霉素的年产量均居世界前列。按照生产 1t 抗生素产生 8~10t 湿菌渣估算，抗生素菌渣的年产量巨大。菌渣一般是高含水量的黏稠物料，因其含丰富的菌丝体、有机物和无机物，极易滋长杂菌，腐败变质，并产生恶臭味。如果制药工业废渣的含水量低于 15%，在一定程度上能抑制微生物活动，防止杂菌生长，减少制药工业废渣变质，有利于制药工业废渣的再利用。

在发酵类抗生素的生产中，菌渣产生于药物有效成分的提取工序。根据抗生素发酵细菌的生化特性不同，有效成分提取有两种方式：药物有效成分从发酵液中提取，菌渣被压缩为滤饼，直接作为固体废物排出；药物有效成分从菌丝体中提取，菌渣从提取工序排出。不论何种提取工艺，抗生素菌渣的主要成分均为菌丝体、剩余培养基、代谢中间产物、有机溶媒以及少量残留的抗生素。

目前，国际上多采用焚烧技术处理制药行业产生的固体废弃物。将被处理过的可燃性固体废渣置于高温炉中，使其可燃成分充分氧化，主要用于处理有机废渣。有机物经过高温氧化分解为二氧化碳和水蒸气，并产生灰粉。对于含氮、硫、磷和卤素等元素的有机物，经焚烧后还可以产生相应的氮氧化物、五氧化二磷以及卤化氢等。焚烧法可以使废渣中的有机污染物完全氧化成无害物质，因此焚烧法适宜处理有机含量较高或是热值较高的废渣。焚烧处理效果好，解毒彻底，对环境的影响较小。但是焚烧设备结构复杂，过程中产生的废气需要进入二次燃烧炉,再次喷入燃料油和空气焚烧,以进一步除去烟气中的有害物质。尽管如此,对于一些暂时没有回收价值的可燃性废渣,特别是当用其他方法不能解决或是处理不彻底时,焚烧法都是一个有效的方法。焚烧技术的减容效果好,焚烧后抗生素菌渣的体积可降至原始量的 5% 以下。采用焚烧技术处理抗生素菌渣主要存在两个障碍:一是抗生素菌渣的焚烧温度要求达到 1 100℃以上,抗生素菌渣本身含水率高,热值较低,在焚烧过程中需要额外添加燃料,需要较高的建设成本和运行成本;二是由于抗生素菌渣中含有大量氮、硫等元素化合物,如果焚烧不当,会产生多种有害物质,造成严重的二次污染。

热解气化技术被认为是 21 世纪的新型固体废弃物处理技术,也可以用于处理抗生素菌渣。固体废渣的热解是指在缺氧或是无氧条件下,使废渣中的大分子有机物经过高温裂解成可燃性小分子燃料气体、油或是固态碳等。与焚烧法不同,焚烧过程中放热,其热量可以回收利用;而热解法则是吸热的。除此以外,焚烧法的主要产物是水和二氧化碳,并没有其他利用价值;但是热解法的主要产物是可燃性小分子化合物如气态的氢、甲烷、一氧化碳,液态的甲醇、丙酮、乙酸、含其他有机物的焦油、溶剂油等,固态的焦炭或炭黑,这些产品都可以回收再利用。在整个工艺过程中,由于采用冷凝回收技术对蒸气进行再回收利用,所以不会对空气造成二次污染。热解反应所需的能量受产物的生成比影响,而加热的速度、温度、湿度以及原料的粒度都可以决定产物的生成比。但是该工艺的技术含量较高,对反应的条件要求苛刻,处理费用较高,操作也较为复杂。抗生素菌渣的热解气化过程包含许多发生在固体表面的复杂的多相物理化学过程,在无氧或缺氧条件下,抗生素菌渣中的大分子有机物高温裂解为可燃性小分子气体、液体和固定碳。被热解气化技术处理过的抗生素菌渣,其中的抗生素等持久性有机污染物被有效去除,同时生成有价值的产物,可减轻环境负担并且实现固体废弃物能源化利用。因此,发展热解气化技术是实现抗生素菌渣无害化、资源化处理的重要途径之一。然而,抗生素菌渣热解气化处理技术尚未成熟,仍需进一步的研究。

填埋法是指将一时无法利用,又无特殊危害的废渣埋入土中,利用微生物的长期分解作用而使其中的有害物质降解。一般情况下,首先要经过减量化和资源化处理,然后才对剩余的无作用价值的残渣进行填埋处理。同其他方法相比,该法的成本较低,且简便易行,但常有潜在危险。例如废渣的渗滤液可能会导致填埋场地附近的地表水和地下水的严重污染;某些含有机物的废渣分解时会产生甲烷、氨气和硫化氢等气体,造成场地恶臭,并且甲烷的累积还可能会引起火灾或爆炸。因此,填埋场要做好设计、施工与质量保证,除做好选址外,还要有完备的接收与贮存设施、分析与鉴别系统、预处理设施、填埋处理设施、环境监测系统、封场覆盖系统等,同时应根据具体情况选择设置渗滤液和废水处理系统、地下水导排系统。例如柔性填埋场应采用双人工复合衬层作为防渗层(图 6-1),设置渗滤液收集和导排系统,包括渗滤液导排层、导排管道和集水井等。

菌渣的本质为糖、蛋白质含量高的废弃物,因此其具备很大的资源化潜力。实现抗生素菌渣价值利用的前提是消除残留的抗生素等有害物质。抗生素菌渣富含多种有机物及氮、磷、钾等多种微量元素,蛋白质含量尤高,适合生产有机肥料。当抗生素菌渣的产量较小时,可采取自然晾晒制作肥料;产量较大时,需借助肥料化技术。微生物发酵可完全破坏抗生素活性,将抗生素菌渣安全转化为有机肥料。此类有机肥不仅能提高土壤肥力,还能保证农产

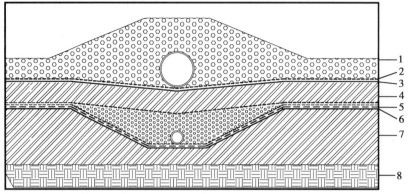

1. 渗滤液导排层；2. 保护层；3. 主人工衬层；4. 压实黏土衬层；5. 渗漏检测层；
6. 次人工衬层；7.压实黏土衬层；8.基础层。

图6-1　双人工复合衬层系统

品品质安全。目前,抗生素菌渣肥料化处理面临的主要难题是发酵菌和原料的比例控制问题、发酵缓慢问题、空气污染问题及重金属污染风险问题等,合理解决问题、优化工艺才可为抗生素菌渣肥料化技术提供发展可能性。抗生素菌渣中的有机物含量高,厌氧消化也能够消除抗生素,将低品位的抗生素菌渣转化为高品位的沼气、沼肥,得到富含氧化钾、氮等成分且无生物毒性的沼渣,作为有机肥使用。然而,抗生素菌渣的厌氧消化技术环境要求苛刻,推广难度大。

三、化学合成类废渣的处理

化学合成类制药企业在生产过程中产生的固体、半固体或浆状废物是制药工业的主要污染源之一。在制药过程中,废渣的来源很多,如活性炭脱色精制工序产生的废活性炭、铁粉还原工序产生的铁泥、锰粉氧化工序产生的锰泥,以及蒸馏残渣、失活的催化剂、过期的药品、不合格的中间体和产品等。

根据"减量化、资源化、无害化"的原则,首先应从生产工艺入手,从源头减少废渣的产生。革新工艺,采用绿色生产工艺,使原料中的每一个原子都转化成产品,不产生任何废弃物和副产物,以争取废物的零排放。其次是回收利用,让"废物"重新进入反应过程。在化学制药过程中,原辅料的反应并不完全,反应物中会含有少量未反应的原辅料。在合成过程中,初始反应物可以直接再次反应或经过适当的处理后利用。部分反应中,反应产物的分离过程并不彻底,剩下的反应物也可以重新进入反应中,进而提高产率。此外,在需要固体催化剂或活性炭的反应中,催化剂和活性炭的回收也可以减少固体废渣的产生量。

药厂废渣的成分复杂,且大多含有高浓度的有机污染物,甚至是剧毒、易燃、易爆物质,需要对其进行无害化处理。除焚烧、热解、填埋等技术外,固化/稳定化也是常用的无害化处理技术,即根据废渣中所含的污染物的化学性质,通过化学反应将其转化为稳定、安全的物质。如将氢氧化钠溶液加入含有氰化物的制药工业废渣中,用氧化剂使其转化成为无毒的氰酸钠或者加热回流后,使用次氯酸钠分解,将氰基转化成为二氧化碳和氮气,实现无害化。此外,酸碱中和法、氧化还原法、化学沉淀法,以及使用水泥、硅酸盐等材料进行化学固定均是可选方法。

四、中药提取类废渣的处理

中药药渣是中药材加工与炮制、中成药生产以及其他中药相关产品生产加工过程中的废弃物，其中以中成药生产过程中产生的中药药渣较多。随着现代工业科技的进步，中药生产的工业化、规模化程度不断加深，我国中医药事业的发展迅速，中草药生产、加工过程中产生的中药药渣废弃物日益增多。目前，中药药渣的一般处理方式是堆放、焚烧与填埋。然而，中药药渣中含有丰富的纤维、半纤维素、木质素、多糖、蛋白质等有机物以及微量元素等成分，仅仅简单地对中药药渣进行堆放、焚烧及填埋处理势必会造成中药资源的浪费。

中药药渣的综合利用是一项复杂而艰巨的任务。中药药渣一般为湿物料，长期堆置不处理极易腐坏，其味臭异，在夏季更为严重，对环境造成极大的污染。中药提取后的药渣排放和处理是中药提取车间的棘手问题。更重要的是，如果这些药渣被一些不法分子收集后，经过简单处理又廉价卖给药企进行药品生产，这将会给生产商和消费者带来严重的伤害。因此，如何科学合理地利用中药药渣成为中药制造业面临的难题。事实上，中药药渣虽然经过提取，但仍含有大量纤维素、木质素、糖类、皂苷类、黄酮类等成分及多种微量元素，极具开发利用价值。采用科学有效的技术和方法进行深加工，使未被利用的成分得到有效开发、转化和利用，变废为宝，开发成具有高附加值的产品将成为药渣处理的最佳选择。

中药药渣中含有多糖类、生物碱、挥发油类等多种提高动物免疫力的活性成分及一些药用成分，利用酶解和微生物技术，通过微生物发酵将废弃药渣转化为菌体蛋白饲料，用于畜牧业、家禽养殖业等，可有效地改善动物的食欲，增强免疫功能，提高抗应激能力，目前已成为动物饲料研究开发的热点。化肥在农业生产中发挥重要作用。我国的化肥施用量逐年递增，但过度单一施用化肥会引起土壤酸化、板结、有机质下降等现象。有关以农作物为原料堆肥促进栽培植物生长的文献报道很多，例如秸秆、压榨食用油残渣、蔬菜等。但关于中药药渣堆肥对栽培植物生长的研究较少。中药药渣经过乙醇或水的高温处理，可起到杀菌作用，经过自然发酵后，可保留植物中的有机质和多种营养元素，堆肥后还田，对提高土壤肥力、改良土壤结构具有重要作用。中药药渣经发酵后可以得到富含多糖和蛋白质的功能性饲料。中药药渣作为饲料具有调节营养、改善肉质、提高动物机体免疫力、调节动物激素水平和抗菌、抗病毒等作用。

此外，中药药渣还可以作为工程材料。中药药渣虽经煎煮，但依旧含有部分植物自身特定的组织结构，且含有纤维素、半纤维素、木质素、蛋白质和淀粉等丰富的有机成分，可以作为制备工程材料的优质原料。中药药渣中含有大量碳，通过气化或者液化过程，可以作为能源物质加以利用。将中药药渣转化为乙醇是药渣能源化利用的另一条途径。中药药渣中富含有羟基、羧基和氨基等官能团，是一种良好的重金属吸附剂，可用于废水处理、土壤改造等环境保护领域。利用中药废弃药渣还可以直接吸附废水中的重金属。

1. 危险废物的危险特性有哪些? 如何识别危险废物与一般工业固体废物?
2. 简要说明制药工业废渣的来源及特点。
3. 固体废物污染防治原则有哪些?
4. 制药工业废渣处理技术主要有哪些?
5. 焚烧与热解技术有何区别与联系?
6. 查阅文献, 举例说明制药工业废渣综合处理方案。

（胡　奇　乔丽芳）

ER7-1 第七章
制药行业职业卫生
与健康防护(课件)

第七章　制药行业职业卫生与健康防护

随着我国制药行业的飞速发展,制药企业员工的职业健康问题日益突出,成为企业可持续发展的核心问题之一。制药企业生产工艺复杂、职业病危害因素种类繁多,各种危害因素并存,严重威胁员工的身心健康。因此,制药企业的管理人员和操作人员,需要清楚掌握制药过程中存在的职业病危害因素及相应的预防和管理措施,消除和控制职业病危害,防治职业病,以保护制药企业劳动者的职业健康权。本章重点介绍制药行业职业卫生与健康防护,主要内容包括职业病危害因素的识别与评价、预防与控制,以及职业健康监护等。

第一节　制药过程常见毒物的分类与危害

一、制药企业毒物的分类及毒性

（一）制药企业毒物的分类

制药企业毒物常见于医药产品的生产过程,主要来源于原料、辅料、中间产品(中间体)、成品、副产品、夹杂物或废弃物。

1. 按照存在形态分类

（1）固态: 如氰化钠、对硝基氯苯等。

（2）液态: 如苯、甲醇、丙酮等。

（3）气态: 是指在常温常压下呈气态的物质。如一氧化碳、氯气、氨气、硫化氢等。

（4）蒸气: 在常温常压下为固体或液体的物质,由固体升华或液体蒸发而形成的气体称为蒸气。如苯蒸气、磷蒸气等。

（5）雾: 是指悬浮于空气中的液体微滴,多由蒸气冷凝或液体喷洒而形成。如各种酸蒸气冷凝的酸雾等。

（6）烟: 是指悬浮于空气中的直径 <0.1μm 的固体微粒。

（7）粉尘: 是指悬浮于空气中的直径为 0.1~10μm 的固体微粒。固体物质的机械加工、粉碎,粉状物质在混合、筛分、包装时均可产生粉尘飞扬。

（8）气溶胶: 悬浮于空气中的粉尘、烟和雾等颗粒统称为气溶胶。

2. 按照化学构成分类

（1）金属与类金属: 如铅、汞、锰、砷、磷等。

（2）有机化合物: 如苯、二硫化碳、苯胺、四氯甲烷等。

（3）高分子化合物有关单体：高分子化合物是指分子量高达几百乃至几百万的大分子量化合物。高分子化合物均由一种或几种单体经过聚合或综合而成。

3. 按照毒物的作用性质分类 制药企业毒物按照其作用性质可分为刺激性、窒息性、麻醉性、溶血性、腐蚀性、致敏性、致癌性、致畸胎性等。

（二）制药企业毒物的毒性及分级

1. 制药企业毒物的毒性及其评价指标 毒性是指某种毒物引起机体损伤的能力，用来表示毒物剂量与反应之间的关系。一种外源性化学物质对机体的损伤能力越大，则其毒性就越大。毒性大小一般以化学物质引起实验动物某种毒性反应所需要的剂量表示。使毒物经口、皮肤或呼吸道进入实验动物体内，再根据实验动物的死亡数与剂量或浓度对应作为评价指标。常用的评价指标有以下几种。

（1）绝对致死剂量或浓度（LD_{100} 或 LC_{100}）：能引起实验动物全部死亡的最小剂量或浓度。

（2）半数致死剂量或浓度（LD_{50} 或 LC_{50}）：能引起 50% 的实验动物死亡的剂量或浓度。

（3）最小致死剂量或浓度（MLD 或 MLC）：引起实验动物中的个别动物死亡的剂量或浓度。

（4）最大耐受剂量或浓度（LD_0 或 LC_0）：即使全组染毒，但实验动物全部存活的最大剂量或浓度。

上述各种剂量通常用毒物的毫克数与动物的每千克体重之比（mg/kg）来表示。吸入浓度常用每立方米空气中含毒物的质量（mg/m^3 或 g/m^3）来表示。

对于气态毒物，还常用 25℃、101.3kPa 下 100 万份空气容积中某种毒物所占容积的份数（10^6）表示。毒物在溶液中的浓度一般用每升溶液中所含毒物的质量（mg/L）来表示。毒物在固体中的浓度用每千克物质中毒物的质量（mg/kg）来表示，亦可用 100 万份固体物质中毒物的质量分数（10^6）来表示。

除用实验动物死亡情况表示毒性外，还可以用人体的某些反应来表示，如引起某种病理变化、上呼吸道刺激、出现麻醉和某些体液的生物化学变化等。

2. 制药企业毒物的毒性分级 在各种评价指标中，常用半数致死量来衡量各种毒物的急性毒性大小。急性毒性数据来自受试动物 24 小时内一次或数次接受毒物（合计量）后，观察该动物在 7~14 天内所产生的中毒效应。按照毒物的半数致死量大小，可将毒物的急性毒性分为剧毒、高毒、中等毒、低毒、微毒 5 级。见表 7-1。

表 7-1 化学物质的急性毒性分级表

毒性分级	大鼠一次经口 LD_{50}/(mg/kg)	6 只大鼠吸入 4 小时后死亡 2~4 只的浓度 /ppm	兔涂皮肤 LD_{50}/(mg/kg)	对人的可能致死量	
				单位千克体重 /(g/kg)	总量 /g（以 60kg 体重计）
剧毒	<1	<10	<5	<0.05	0.1
高毒	1~<50	10~<100	5~<44	0.05~<0.5	3
中等毒	50~<500	100~<1 000	44~<350	0.5~<5.0	30
低毒	500~<5 000	1 000~<10 000	350~<2 180	5.0~<15.0	250
微毒	≥5 000	≥10 000	≥2 180	≥15.0	>1 000

外源性化学物质毒性的高低仅具有相对意义。在一定意义上，只要达到一定的数量，任何物质对机体都具有毒性，如果低于一定数量，任何物质都不具有毒性，关键是此种物质与机体的接触量、接触途径、接触方式及物质本身的理化性质。评价外源性化学物质的毒性，不能仅以急性毒性高低来表示。有些外源性化学物质的急性毒性是属于低毒或微毒，但却有致癌性，如 $NaNO_2$；有些外源性化学物质的急性毒性与慢性毒性完全不同，如苯的急性毒性表现为中枢神经系统的抑制，但其慢性毒性却表现为对造血系统的严重抑制。

3. 制药企业毒物毒性的影响因素

（1）物质的化学结构

1）在脂肪族烃类化合物中，其麻醉作用随分子中碳原子数的增加而增加。

2）碳原子数相同时，不饱和键增加，则其毒性增加，如乙烷的毒性＜乙烯的毒性＜乙炔的毒性。

3）一般分子结构对称的化合物，其毒性大于不对称的化合物。

4）在碳氢化合物中，一般情况下，直链比支链的毒性大。

5）毒物分子中的某些元素或原子团对其毒性大小有影响。

例如烷烃类的氢用卤族元素取代时其毒性增强，对肝的毒性作用增加，且取代越多，毒性越大，如按毒性排序，$CH_3Cl<CH_2Cl_2<CHCl_3<CCl_4$。

（2）物质的物理与化学性质

1）溶解度：①毒物在水中的溶解度直接影响其毒性大小，在水中的溶解度越大，毒性越大；②影响毒性作用部位，如刺激性气体中在水中易溶解的氟化氢（HF）、氨等主要作用于上呼吸道，而不易溶解的二氧化氮（NO_2）则可深入至肺泡而引起肺水肿；③脂溶性物质易在脂肪组织中蓄积，易侵犯神经系统。

2）挥发性：毒物的挥发性越大，其在空气中的浓度越大，进入人体内的量越大，对人体的危害越大。

3）分散度：粉尘、烟、雾等状态的物质，其毒性与分散度有关。颗粒越小，分散度越大，比表面积越大，生物活性也越强。分散度还与颗粒在呼吸道内阻留有关。$>10\mu m$ 的颗粒在上呼吸道被阻；$<5\mu m$ 的颗粒可达呼吸道深部；$<0.5\mu m$ 的颗粒易经呼吸道再排出；$<0.1\mu m$ 的颗粒因弥散作用易沉积于肺泡壁。毒物颗粒的大小可影响其进入呼吸道的深度和溶解度，从而可影响毒性。

4）纯度：工业化学物一般含杂质，杂质可影响毒性，有时还会改变毒性作用性质。

（3）毒物的联合作用

1）相加作用：综合毒性表现为几种毒物作用的总和。

2）相乘作用：综合毒性大大超过几种毒物作用的总和，即起增毒作用。

3）拮抗作用：综合毒性低于几种毒物毒性的总和，如氨与氯的联合作用。

（4）生产环境和劳动强度与毒性的关系：生产环境中毒物的存在状态、浓度，人与毒物的接触机会是与生产工艺直接相关的。生产环境中的物理因素与毒物也有联合作用。劳动强度对毒物的吸收、分布、排泄都有明显影响。劳动强度大，呼吸频率高，呼吸深度大，有毒物质吸入的量也随之增多；皮肤充血、汗量增加，代谢和吸收毒物的速度加快；耗氧量增加，使人对一些导致缺氧的毒物更敏感。

（5）个体因素与毒性的关系

1）性别：一般女性比男性敏感，尤其是孕妇、哺乳期妇女、经期妇女。

2）年龄：胎儿、婴儿、儿童、青少年、老年人对毒性的耐受力差，中毒程度往往较严重；未成年人的器官尚处发育阶段，抵抗力弱，也易中毒。

3）身体状态：健康状态欠佳、营养状态不良和高敏体质也容易发生中毒。器官功能不全或已有病损，再接触毒物，则更易中毒。肝是毒物在体内转化的主要器官，肾是主要排毒途径，肝、肾功能不全者接触毒物，这两个器官更易受损。

（6）剂量、浓度和接触时间：毒物进入人体内的剂量是引起中毒的决定因素，不论毒物的毒性大小如何，都必须在体内达到一定量才会引起中毒。一般情况下，空气中毒物的浓度越高，接触时间越长，则进入人体内的总量越大，越容易发生中毒。因此，降低空气中毒物的浓度、缩短毒物的接触时间、减少毒物进入体内的量是预防职业中毒的重要环节。

二、职业性接触毒物危害程度分级

（一）职业性接触毒物对人体的危害

职业性接触毒物是指劳动者在职业活动中接触的以原料、成品、半成品、中间体、反应副产物和杂质等形式存在，并可经呼吸道、经皮肤或经口进入人体内而对劳动者健康产生危害的物质。

职业性接触毒物侵入人体后，通过血液循环扩散到全身各组织或器官。由于毒物本身的理化特征及各组织的生化、生理特点，从而破坏人体的正常生理功能而导致中毒。

1. **职业中毒的分类**　职业中毒可分为急性中毒、慢性中毒和亚急性中毒三种临床类型。

（1）急性中毒：是指毒物在短时间（几分钟至数小时）内大量进入人体内而引起的中毒。急性中毒具有发病急、变化快、病情重的特点，多数是因为生产事故或工人违反安全操作规程所引起的。

（2）慢性中毒：是指毒物少量长期进入人体内而引起的中毒。慢性中毒绝大部分是蓄积性毒物引起的，往往从事该毒物作业数月、数年或更长时间才出现症状，如慢性铅、汞、锰等中毒或肺尘埃沉着病（又称为尘肺）等。

（3）亚急性中毒：发病情况介于急性中毒和慢性中毒之间，接触浓度较高，一般在1个月内发病者称为亚急性中毒或亚慢性中毒。如亚急性铅中毒。

由于职业性接触毒物不同，作用于人体的不同系统和器官，对各系统和器官的危害也不同。

2. **职业性接触毒物对各系统的危害**

（1）对呼吸系统的危害

1）窒息状态：造成窒息的原因有两种，一种是呼吸道机械性阻塞，如氨、氯、二氧化硫急性中毒时能引起喉痉挛和声门水肿；另一种是呼吸抑制，可由于高浓度刺激性气体的吸入引起迅速的反射性呼吸抑制，麻醉性毒物以及有机磷等可直接抑制呼吸中枢，使呼吸肌瘫痪。

2）呼吸道炎症：吸入刺激性气体以及含镉、锰、铍的烟尘可引起化学性肺炎。长期接触刺激性气体引起黏膜和肺间质的慢性炎症，甚至发生支气管哮喘。

3）肺水肿：中毒性肺水肿是由于吸入大量水溶性的刺激性气体或蒸气所引起的，如氯气、氨气、氮氧化物、碳酰氯、硫酸二甲酯、三氧化硫、卤代烃、羰基镍等。

（2）对神经系统的危害

1）急性中毒性脑病：锰、汞、汽油、四乙基铅、苯、甲醇、有机磷等所谓的"亲神经性毒物"作用于人体会产生中毒性脑病，表现为神经系统症状，如头晕、呕吐、幻视、视觉障碍、复视、昏迷和抽搐等。

2）中毒性周围神经炎：慢性二硫化碳、有机溶剂、砷中毒可引起指（趾）触觉减退、麻木、疼痛和痛觉过敏，严重者会造成下肢运动神经元瘫痪和营养障碍等。

3）神经衰弱综合征：常见于某些轻度急性中毒、中毒后的恢复期，以慢性中毒的早期症状为最为常见，如头痛、头昏、倦怠、失眠和心悸等。

（3）对血液系统的危害

1）造血系统改变：如苯可以引起造血系统抑制，严重时可致白血病。

2）血红蛋白变性：如苯胺、硝基苯等可引起高铁血红蛋白血症，一氧化碳与血液中的血红蛋白结合形成碳氧血红蛋白，使组织缺氧。

3）溶血性贫血：砷化氢、苯胺、苯肼、硝基苯等中毒可引起溶血性贫血。

（4）对泌尿系统的危害：有许多毒物可引起肾损伤，尤其以氧化汞和四氯甲烷等引起的肾小管坏死性肾病最为严重。

（5）对循环系统的危害：砷、磷、四氯甲烷、有机汞等中毒可引起急性心肌损伤。汽油、苯、三氯乙烯等有机溶剂能刺激 β 肾上腺素受体而导致心室颤动。氯化钢、氯化乙基汞中毒可引起心律失常。

（6）对消化系统的危害

1）急性肠胃炎：汞、砷、铅等经消化道侵入可出现严重恶心、呕吐、腹痛和腹泻等酷似急性肠胃炎的症状，可能引起失水或电解质、酸碱平衡紊乱，甚至发生休克。

2）中毒性肝炎：有些毒物主要引起肝损伤，造成急性或慢性肝炎，这些毒物称为"亲肝性毒物"。该类毒物常见的有磷、锑、四氯甲烷、三氯甲烷及肼类化合物。

（7）对皮肤的危害：皮肤是机体抵御外界刺激的第一道防线，在从事制药生产中，皮肤接触外来刺激物的机会最多，有些毒物经口鼻吸入也会引起皮肤病变。常见的皮肤病症状有皮肤瘙痒、干燥、皲裂等。有些毒物还会引起皮肤附属器官及口腔黏膜病变，如毛发脱落、甲沟炎、牙龈炎、口腔黏膜溃疡等。

（8）对眼部的危害

1）接触性眼部损伤：化学物质的气体、烟尘或粉尘接触眼部，或其液体、碎屑飞溅到眼部，可引起色素沉着、过敏反应、刺激性炎症或腐蚀灼伤，例如对苯二酚等可使角膜、结膜染色。刺激性较强的物质短时间接触眼部，可引起角膜表皮水肿、结膜充血等。

2）中毒所致的眼部损伤：毒物侵入人体后，作用于不同的组织，对眼部有不同的损伤。如毒物作用于大脑枕叶皮质会导致黑矇；毒物作用于视网膜周边及视神经外围的神经纤维而导致视野缩小；毒物作用于视神经中枢以及黄斑会形成视中心暗点。

3. 粉尘对人体的危害 制药工业粉尘的尘粒直径在 0.4~5μm 时对人体的危害最大，可沉淀于支气管和肺泡内。直径高于此值的尘粒在空气中很快沉降，即使部分侵入呼吸系统也会被截留在呼吸道，而在打喷嚏、咳嗽时排出；直径低于此值的尘粒虽然能侵入肺中，但有大部分随同空气一起呼出，其余的被呼吸道内的黏液纤毛由细气管经喉向外排出。

粉尘对人体的危害主要表现在以下几个方面。

（1）粉尘如铅、砷、农药等能经呼吸道进入人体内而引起全身性中毒。

（2）粉尘能引起呼吸道疾病，如鼻炎、咽炎、气管炎和支气管炎等。

（3）粉尘有局部刺激作用，如能引起皮肤干燥、皮炎、毛囊炎、眼病等病变。

（4）锌烟、羽毛等能引起过敏反应。

（5）肺尘埃沉着病是指吸入生产性粉尘引起的肺组织弥漫性纤维化病变。

4. 致癌性 某些职业性接触毒物具有致癌性，可引起职业性肿瘤。职业性肿瘤多发生于皮肤、呼吸道以及膀胱，少见于肝、血液系统。我国 2013 年修订颁布的《职业病分类和目录》中规定的职业性肿瘤包括石棉所致肺癌、间皮瘤；联苯胺所致膀胱癌；苯所致白血病；氯甲醚、双氯甲醚所致肺癌；砷及其化合物所致肺癌、皮肤癌；氯乙烯所致肝血管肉瘤；焦炉逸散物所致肺癌；六价铬化合物所致肺癌；毛沸石所致肺癌、胸膜间皮瘤；煤焦油、煤焦油沥青、石油沥青所致皮肤癌；β- 萘胺所致膀胱癌。

（二）职业性接触毒物危害程度分析方法

对制药过程职业病危害因素辨识后，需对作业人员接触危害程度进行分析，对从事职业活动的劳动者接触某种或多种职业病危害因素的浓度（强度）和接触时间进行调查分析。

对于作业人员接触危害程度分析，通常通过风险评估法、类比法、现场调查法等评价方法进行综合分析、定性和定量评价。

1. 风险评估法 依据工作场所职业病危害因素的种类、理化性质、浓度（强度）、暴露方式、接触人数、接触时间、接触频率、防护措施、毒理学、流行病学等相关资料，按一定准则，对建设项目发生职业病危害的可能性和危害程度进行评估，并按照危害程度考虑有关消除或减轻这些风险所需的防护措施，使其降低到可承受水平。

2. 类比法 通过对与拟评价项目相同或相似工程（项目）的职业卫生学调查、工作场所职业病危害因素的浓度（强度）检测以及对拟评价项目有关的文件、技术资料的分析，类推拟评价项目的职业病危害因素的种类和危害程度，对职业病危害进行风险评估，预测拟采取的职业病危害防护措施的防护效果。

3. 现场调查法 通过调查项目生产制度及定员、设备名称与数量及其自动化与密闭化情况、岗位设置、作业人数、作业方式、作业时间等，分析各生产单元内主要职业病危害因素的种类及岗位接触程度。进行分析描述时，宜附图片增加描述清晰性，宜用表格归类整理增加描述简洁性。设备状况通常分为全封闭、设备局部开口有负压或无负压、设备敞开；接触方式通常分为自动化巡检、机械设备结合手工作业、手工作业。

（三）职业性接触毒物危害程度分级

职业性接触毒物危害程度分级是以毒物的急性毒性、扩散性、蓄积性、致癌性、生殖毒性、致敏性、刺激与腐蚀性、实际危害后果与预后等指标为基础的定级标准。分级原则是依据急性毒性、影响毒性作用的因素、毒性效应、实际危害后果四大类分级指标进行综合分析、计算毒物危害指数确定。每项指标均按照危害程度分 5 个等级并赋予相应的分值(轻微危害: 0分; 轻度危害: 1 分; 中度危害: 2 分; 高度危害: 3 分; 极度危害: 4 分); 同时根据各项指标对职业病危害影响作用的大小赋予相应的权重系数。依据各项指标加权分值的总和, 即毒物危害指数确定职业性接触毒物危害程度的级别。表 7-2 所列是职业性接触毒物危害程度分级和评分依据。

表 7-2　职业性接触毒物危害程度分级和评分依据

	分项指标	极度危害	高度危害	中度危害	轻度危害	轻微危害	权重系数
	积分值	4	3	2	1	0	
急性吸入 LC_{50}	气体 /(cm^3/m^3)	<100	100~<500	500~<2 500	2 500~<20 000	≥20 000	5
	蒸气 /(mg/m^3)	<500	500~<2 000	2 000~<10 000	1 000~<20 000	≥20 000	
	粉尘和烟雾 /(mg/m^3)	<50	50~<500	500~<1 000	1 000~<5 000	≥5 000	
急性经口 LD_{50}/(mg/kg)		<5	5~<50	50~<300	300~<2 000	≥2 000	
急性经皮 LD_{50}/(mg/kg)		<50	50~<200	200~<1 000	1 000~<2 000	≥2 000	1
刺激与腐蚀性		pH≤2 或 pH≥11.5; 腐蚀作用或不可逆性损伤作用	强刺激作用	中等刺激作用	轻刺激作用	无刺激作用	2
致敏性		有证据表明, 该物质能引起人类特定的呼吸系统致敏或重要脏器的变态性损伤	有证据表明, 该物质能导致人类皮肤过敏	动物实验证据充分, 但无人类相关证据	现有的动物实验证据不能对该物质的致敏性作出结论	无致敏性	2
生殖毒性		明确的人类生殖毒性: 已确定对人类的生殖能力、生育或发育造成有害效应的毒物, 人类母体接触后可引起子代先天性缺陷	推定的人类生殖毒性: 动物实验生殖毒性明确, 但对人类生殖毒性作用尚未确定因果关系, 推定对人的生殖能力或发育产生有害影响	可疑的人类生殖毒性: 动物实验生殖毒性明确, 但无人类生殖毒性资料	人类生殖毒性未定论: 现有证据或资料不足以对毒物的生殖毒性作出结论	无人类生殖毒性: 动物实验阴性, 人群调查结果未发现生殖毒性	3

分项指标	极度危害	高度危害	中度危害	轻度危害	轻微危害	权重系数
积分值	4	3	2	1	0	
致癌性	I组，人类致癌物	IIA组，近似人类致癌物	IIB组，可能人类致癌物	III组，未归入人类致癌物	IV组，非人类致癌物	4
实际危害后果与预后	职业中毒病死率≥10%	职业中毒病死率<10%；或致残（不可逆性损伤）	器质性损害（可逆性重要脏器损害），脱离接触后可治愈	仅有接触反应	无危害后果	5
扩散性（常温或工业使用时状态）	气态	液态，挥发性高（沸点<50℃）；固态，扩散性极高（使用时形成烟或烟尘）	液态，挥发性中（50℃≤沸点<150℃）；固态，扩散性高（细微而轻的粉末，使用时可见尘雾形成，并在空气中停留数分钟以上）	液态，挥发性低（沸点≥150℃）；固态，晶体、粒状固体，扩散性中，使用时能见到粉尘但很快落下，使用后粉尘留在表面	固态，扩散性低（不会破碎的固体小球/块），使用时几乎不产生粉尘	3
蓄积性（或生物半减期）	蓄积系数（动物实验，下同）<1；生物半减期≥4 000小时	1≤蓄积系数<3；400小时≤生物半减期<4 000小时	3≤蓄积系数<5；40小时≤生物半减期<400小时	蓄积系数>5；4小时≤生物半减期<40小时	生物半减期<4小时	1

注：本表引自《职业性接触毒物危害程度分级》（GBZ 230—2010）。

毒物危害指数计算公式如下。

$$\text{THI} = \sum_{i=1}^{n} (k_i \cdot F_i) \qquad \text{式}(7\text{-}1)$$

式（7-1）中，THI为毒物危害指数；k为分项指标权重系数；F为分项指标积分值。

职业接触危害程度的分级范围：轻度危害（IV级），THI<35；中度危害（III级），35≤THI<50；重度危害（II级），50≤THI<65；极度危害（I级），THI≥65。

根据《职业性接触毒物危害程度分级》（GBZ 230—2010）对项目所涉及毒物的危害程度进行分级，职业性接触毒物危害程度分为极度危害、高度危害、中度危害和轻度危害四级。以制药企业常见的有毒化学物质为例，苯、硫酸二甲酯为职业性接触毒物I级（极度危害）；苯胺、甲醛、盐酸为II级（高度危害）；氨、甲苯、二甲基甲酰胺为III级（中度危害）；甲醇、丙酮为IV级（轻度危害）。

第二节 制药行业职业病及其预防

一、职业病与职业病危害

（一）职业病

1. 职业病的定义 职业病是指用人单位的劳动者在职业活动中，因接触粉尘、放射性物质和其他有毒、有害因素而引起的疾病。职业病的分类和目录由国务院卫生行政部门会同国务院安全生产监督管理部门、劳动保障行政部门制定、调整并公布。

在制药过程中，作业人员接触药物粉尘、放射性物质和其他有毒、有害因素等，可能引发急性、慢性毒性作用，对职业健康产生危害，从而导致职业病。制药过程作业人员接触的职业病危害因素可能导致的职业病情况具体可依据中华人民共和国国家职业卫生标准《职业健康监护技术规范》（GBZ 188—2014）辨识。

2. 职业病的分类 2013 年 12 月 30 日，国家卫生和计划生育委员会公布了与人力资源社会保障部、安全监管总局、全国总工会共同印发的《职业病分类和目录》，明确了我国法定职业病共 10 类 132 种。包括职业性肺尘埃沉着病及其他呼吸系统疾病 19 种、职业性皮肤病 9 种、职业性眼病 3 种、职业性耳鼻喉口腔疾病 4 种、职业性化学中毒 60 种、物理因素所致职业病 7 种、职业性放射性疾病 11 种、职业性传染病 5 种、职业性肿瘤 11 种及其他职业病 3 种。

3. 职业病的特点

（1）病因有特异性。职业病危害因素与职业病的发生存在生物学特异性，即特定的职业病危害因素通过引起特定靶器官的病理损害而致病。控制这些致病因素，可减少或消除职业病的发生。

（2）病因大多可以检测。一般需达到一定的强度（浓度或剂量）才能致病，而发生的健康损害一般与接触水平有关，并且在一定的范围内存在剂量 - 反应关系。

（3）不同接触人群的发病特征不同。在不同职业病危害因素的接触人群中，常有不同的发病集丛；由于接触情况和个体差异的不同，可造成不同接触人群的发病特征不同。

（4）早期诊断，合理处理，预后较好。但仅指治疗患者，无助于保护仍在接触的人群健康。

（5）大多数职业病目前尚缺乏特效治疗方法。发现越晚，疗效也越差。应加强保护人群健康的预防措施。

4. 职业病的诊断

（1）诊断原则：职业病的诊断必须遵循科学、公正、及时、便民的原则。收集准确可靠的资料，按照国家颁布的职业病诊断标准、职业病诊断程序进行诊断。

（2）诊断机构：职业病诊断应当由省级以上人民政府卫生行政部门批准的医疗卫生机构承担，劳动者可以在用人单位所在地或者本人居住地依法承担职业病诊断的医疗卫生机构进行职业病诊断。承担职业病诊断的医疗卫生机构在进行职业病诊断时，应当组织三名以上取得职业病诊断资格的执业医师集体诊断。职业病诊断证明书应当由参与诊断的医师共同签署，并经承担职业病诊断的医疗卫生机构审核盖章。职业病诊断证明书应当一式三份，劳动者、用人单位各执一份,第三份由职业病诊断机构存档并永久保存。

（3）诊断标准:国家对大部分职业病制定了职业病诊断标准,职业病诊断标准对相应职业病的典型临床表现、疾病分级依据均具有详细描述,在职业病的诊断过程中,参与职业病诊断的医生应严格按照相应的职业病诊断标准进行诊断。

（4）诊断资料:职业病诊断应具备充分的资料,应当综合分析患者的职业史、职业病危害因素接触史、职业场所现场调查情况、临床表现及辅助检查结果等。职业病的诊断实质是确定疾病与接触职业病危害因素之间的因果关系,这些资料是确定因果关系成立的主要依据。没有证据否定职业病危害因素与患者临床表现之间的必然联系的,在排除其他致病因素后,应当诊断为职业病。

1）职业史、职业病危害因素接触史:内容应包括工种、工龄、接触职业病危害因素的种类和浓度或强度、接触时间、同工种人群发病情况等。有些职业病可能经过较长的潜伏期才发病,甚至在脱离接触某种危害因素很长时间后还会发病,因此还应详细了解患者的既往职业接触史。同时还要了解非职业性接触和其他生活情况等,以便判断患者接触职业病危害因素的可能性和严重程度。

2）工作场所职业病危害因素情况:即职业场所现场调查。通过现场调查证实患者确实接触了何种职业病危害因素,判断可能接触的程度。现场调查要了解生产工艺流程、操作方法、职业病危害防护设施运转状态、个体防护用品使用情况、同工种人群发病情况等。要收集工作场所历年的职业病危害因素监测、评价资料,以判断劳动者在该条件下有无发生拟诊断职业病的可能性。

3）临床表现及辅助检查:临床表现包括患者的症状与体征。根据其临床表现和患者的职业接触史、现场调查情况,有针对性地进行实验室检查并给出相应的分析。如职业病危害因素的危害作用与患者的临床表现是否相符;危害因素的浓度（强度）与疾病发病规律是否相符;患者发病过程和/或病情进展或出现的临床表现与拟诊断疾病的规律是否相符。

职业病诊断、鉴定需要用人单位提供有关职业卫生和健康监护等资料时,用人单位应当如实提供,劳动者和有关机构也应当提供与职业病诊断、鉴定有关的资料。如用人单位不提供工作场所职业病危害因素检测结果等资料,职业病诊断、鉴定机构也可结合劳动者的临床表现、辅助检查结果及职业史、职业病危害因素接触史,并参考劳动者的自述、职业安全健康监督管理部门提供的日常监督检查信息等,作出职业病诊断结论。职业病诊断机构以及职业安全健康监督管理部门也可组织现场调查,获取工作场所职业病危害因素相关资料。当事人对职业病诊断有异议的,可以向作出诊断的医疗卫生机构所在地的市人民政府卫生行政部门（地级市）申请鉴定;对鉴定结论仍有异议的,可以向省人民政府卫生行政部门申请再鉴定。

（二）职业病的预防与控制

1.职业病的预防原则　职业病的病因明确,是完全可以预防和控制的疾病,应遵循以下三级预防的原则。

（1）一级预防:又称为病因预防。即从根本上消除和控制职业病危害因素,使劳动者不接触职业病危害因素,或接触水平低于国家卫生标准。例如改革工艺、改进生产过程、制定职业接触限值、使用劳动防护用品等。一级预防是职业病预防的根本。

（2）二级预防：又称为临床前期预防。即通过早发现、早诊断、早治疗的预防措施，防止职业损伤的进一步发展。其主要手段是定期进行职业病危害因素的监测和接触者的体格检查，以早期发现病损和诊断疾病，特别是早期健康损害的发现，应及时预防和处理。

（3）三级预防：又称为临床预防。目的是使确诊的职业病患者得到及时、合理的治疗，防止病情恶化和出现并发症与继发症，防止病残，促进康复，延长寿命。三级预防的主要原则包括：①对已有健康损害的接触者应调离原工作岗位，并结合合理的治疗；②根据接触者受到健康损害的原因，对生产环境和工艺过程进行改进，既能治疗患者，又能加强一级预防；③促进患者康复，预防并发症的发生和发展。除极少数职业中毒有特殊的解毒治疗外，大多数职业病主要依据受损的靶器官或系统给予对症治疗。

三级预防体系相辅相成，一级预防最重要，针对的是整个人群；二级预防和三级预防则是一级预防的延伸和补充。全面贯彻和落实三级预防措施，做到源头预防、早期检测、早期处理、促进康复、预防并发症、改善生活质量，以保护和促进职业人群的健康。

2. 职业卫生监督 《中华人民共和国职业病防治法》规定国家实行职业卫生监督制度。职业卫生监督是职业卫生监督行政部门依据国家职业病防治法律、法规和国家职业卫生标准，运用行政管理手段和医学技术方法，对用人单位的职业卫生和职业病防治工作，对职业卫生技术服务机构的职业卫生服务行为进行的监督检查。职业卫生监督是国家行政监督的一部分，是保证职业病防治法律、法规贯彻实施的重要手段，也是维护国家法制尊严的一项基本制度。职业卫生监督对于预防和控制职业病危害、尽早发现并积极治疗职业病患者、确保职业病患者享受相应的待遇以及保护劳动者健康具有十分重要的意义。

国务院卫生健康行政部门、劳动保障行政部门依照职业病防治法和国务院确定的职责，负责全国职业病防治的监督管理工作。县级以上地方人民政府负责本行政区域内职业病防治的监督管理工作。卫生健康行政部门以及劳动保障行政部门依据职业病防治法律、法规及国家职业卫生标准要求，按照各自的职责分工，依法行使职权，承担责任。职业卫生监督的对象，一是存在职业病危害因素的用人单位，主要监督检查其贯彻实施职业病防治法律、法规，履行保护劳动者健康义务的情况；二是职业卫生技术服务机构，主要监督检查职业卫生技术服务机构的资格、服务质量和服务行为是否合法。

3. 职业卫生标准 国家职业卫生标准是根据职业病防治法的规定，按照预防、控制和消除职业病危害与防治职业病，保护劳动者健康及其相关权益的实际需要，由法律授权有关部门对国家职业病防治的技术要求作出的强制性统一规范。国家职业卫生标准是卫生法律体系的重要组成部分，是职业病防治工作标准化管理的技术规范，是衡量职业病危害控制效果的技术标准，是职业卫生监督管理的法定依据。

我国常用的职业卫生标准有《工业企业设计卫生标准》（GBZ 1—2010）、《工作场所有害因素职业接触限值 第1部分：化学有害因素》（GBZ 2.1—2019）、《工作场所有害因素职业接触限值 第2部分：物理因素》（GBZ 2.2—2007）等。

职业接触限值（occupational exposure limit, OEL）是为保护作业人员健康而规定的工作场所有害因素的接触限制量值。职业接触限值包括三个具体限值，分别为：①时间加权平均容许浓度（permissible concentration-time weighted average, PC-TWA），指以时间为权数规定的 8 小时工作日、40 小时工作周的平均容许接触浓度;②最高容许浓度(maximum allowable concentration,MAC),指在一个工作日内,任何时刻和任何工作地点有毒化学物质均不应超过的浓度;③短时间接触容许浓度(permissible concentration-short term exposure limit,PC-STEL),指在遵守时间加权平均容许浓度的前提下容许短时间(15 分钟)接触的浓度。

职业病危害因素种类繁多、层出不穷,我国目前已经颁布的职业接触限值数量还很有限,尚不能满足实际工作需要。对于国家尚未建立职业接触限值的职业病危害因素,用人单位可以自行参考其他国家职业健康管理机构发布的职业接触限值,如美国职业安全与健康管理局(Occupational Safety And Health Administration,OSHA)、英国健康与安全执行局(Health And Safety Executive,HSE),以及受广泛认可的机构如美国政府工业卫生学家会议(American Conference Of Governmental Industrial Hygienist,ACGIH)等发布的职业接触限值(OEL)。

由于药物的特殊性,国家对于具有药物活性的物质目前还没有建立职业接触限值,需要由用人单位依据相关研究和毒理学数据自行制定内部的职业接触限值或者职业接触分级(occupational exposure band,OEB),主要为各类药物粉尘(如泼尼松龙、阿莫西林、硝苯地平、他克莫司、紫杉醇等);还有些药物中间体或者处于研发阶段的创新药采用默认原则来确定其健康危害,例如默认它们处于中等或高等风险的 OEB,当有新的毒理信息时再及时进行更新 OEL 或 OEB。

4. 职业健康监护 职业健康监护是以预防为目的,根据劳动者的职业接触史,通过定期或不定期的医学健康检查和健康相关资料的收集,连续性地监测劳动者的健康状况,分析劳动者健康变化与所接触的职业病危害因素的关系,并及时将健康检查和资料分析结果报告给用人单位和劳动者本人,以便及时采取干预措施,保护劳动者健康的管理活动。职业健康监护可参照中华人民共和国国家职业卫生标准《职业健康监护技术规范》(GBZ 188—2014)等标准进行管理。职业健康监护主要包括职业健康检查和职业健康监护档案管理等内容。

(1)职业健康检查:包括上岗前、在岗期间、离岗时职业健康检查,也包括针对部分人员的离岗后健康检查和应急健康检查。职业健康检查应选择有资质的机构进行。

1)上岗前职业健康检查:上岗前职业健康检查的主要目的是确定有无职业禁忌证,建立接触职业病危害因素人员的基础健康档案。职业禁忌证是指劳动者从事特定职业或者接触特定职业病危害因素时,比一般职业人群更易于遭受职业病危害和罹患职业病或者可能导致原有自身疾病病情加重,或者在作业过程中诱发可能导致对他人生命健康构成危险的疾病的个人特殊生理或病理状态。对于有职业禁忌证的从业人员,应安排转岗,脱离原有职业病危害因素的暴露。

上岗前职业健康检查均为强制性职业健康检查,应在开始从事有害作业前完成。下列人员应进行上岗前职业健康检查:①拟从事接触职业病危害因素作业的新录用人员,包括转岗到该种作业岗位的人员;②拟从事有特殊健康要求作业的人员,如高处作业、电工作业、职业机动车驾驶作业等。

2)在岗期间职业健康检查:长期从事规定的需要开展健康监护的职业病危害因素作业的劳动者,应进行在岗期间的定期健康检查。定期健康检查的目的主要是早期发现职业病患者或疑似职业病患者或劳动者的其他健康异常改变;及时发现有职业禁忌证的劳动者;通过动态观察劳动者群体的健康变化,评价工作场所职业病危害因素的控制效果。定期健康检查的周期应根据不同职业病危害因素的性质、工作场所有害因素的浓度或强度、目标疾病的潜伏期和防护措施等因素决定。

3)离岗时职业健康检查:对准备脱离所从事的职业病危害作业或者岗位的人员,企业应在员工离岗前30日内提醒员工进行离岗时职业健康检查。离岗前90日内的在岗期间职业健康检查可视为离岗时职业健康检查。

4)离岗后健康检查:下列情况下劳动者需进行离岗后健康检查。①劳动者接触的职业病危害因素具有慢性健康影响,所致职业病或职业肿瘤常有较长的潜伏期,故脱离接触后仍有可能发生职业病;②离岗后健康检查时间的长短应根据有害因素致病的流行病学及临床特点、劳动者从事该作业的时间长短、工作场所有害因素的浓度等因素综合考虑确定。

5)应急健康检查:当发生急性职业病危害事故时,根据事故处理的要求,对遭受或者可能遭受急性职业病危害的劳动者,应及时组织健康检查。依据检查结果和现场劳动卫生学调查,确定危害因素,为急救和治疗提供依据,控制职业病危害的继续蔓延和发展。应急健康检查应在事故发生后立即开始。

(2)职业健康监护档案管理:健康监护档案是健康监护全过程的客观记录资料,是系统地观察劳动者健康状况的变化、评价个体和群体健康损害的依据,资料的完整性和连续性是其主要特征。用人单位应当建立劳动者职业健康监护档案和用人单位职业健康监护管理档案。劳动者职业健康监护档案应包括劳动者的职业史、既往史和职业病危害接触史,相应作业场所职业病危害因素的监测结果,职业健康检查结果和处理情况,职业病诊疗等劳动者健康资料等。用人单位职业健康监护管理档案包括职业健康监护委托书,职业健康检查结果报告和评价报告,职业病报告卡,用人单位对职业病患者、患有职业禁忌证者和已出现职业相关健康损害劳动者的处理和安置记录,用人单位在职业健康监护中提供的其他资料和职业健康检查机构记录整理的相关资料,卫生行政部门要求的其他资料。

职业健康监护档案应有专人严格管理,并按规定妥善保存。劳动者或者其近亲属、劳动者委托代理人、相关卫生监督检查人员有权查阅、复印劳动者职业健康监护档案,用人单位不得拒绝或者提供虚假档案材料。劳动者离开用人单位时,有权索取本人职业健康监护档案复印件,用人单位应当如实、无偿提供,并在所提供的复印件上签章。

(三)职业病危害

1. 职业病危害的定义　职业病危害是指对从事职业活动的劳动者可能导致职业病的各种危害,又称为职业病危害因素。职业病危害因素包括职业活动中存在的各种有害的化学、物理、生物因素,以及在作业过程中产生的其他职业病危害因素。广义的职业病危害因素还应考虑人机工效因素。

2. 职业病危害因素的分类　职业病危害因素按照来源可分为三大类:生产工艺过程中的职业病危害因素、劳动过程中的职业病危害因素、生产环境中的职业病危害因素。

(1)生产工艺过程中的职业病危害因素

1)化学因素:在生产中接触到的原料、中间产品、成品和生产过程中的废气、废水、废渣中的化学毒物可对健康产生损害。常见的化学性有害因素包括生产性毒物和生产性粉尘。

主要包括金属及类金属,如铅、汞、砷、锰等;有机溶剂,如苯及苯系物、二氯乙烷、正己烷、二硫化碳等;刺激性气体,如氯、氨、氮氧化物、碳酰氯、氟化氢、二氧化硫等;窒息性气体,如一氧化碳、硫化氢、氰化氢、甲烷等;苯的氨基和硝基化合物,如苯胺、硝基苯、三硝基甲苯、联苯胺等;高分子化合物,如氯乙烯、氯丁二烯、丙烯腈、二异氰酸甲苯酯及含氟塑料等;农药,如有机磷农药、有机氯农药、拟除虫菊酯类农药等;生产性粉尘,如矽尘、煤尘、石棉尘、水泥尘及各种有机粉尘等。

2)物理因素:是生产环境中的构成要素。不良的物理因素有异常气象条件(如高温、高湿、低温、高气压、低气压)、噪声、振动、非电离辐射(如可见光、紫外线、红外线、射频辐射、激光等)、电离辐射(如X射线、γ射线等),均可对人体产生危害。

3)生物因素:生产原料和作业环境中存在的致病微生物或寄生虫,如炭疽杆菌、真菌孢子(吸入霉变草粉尘可致外源性变应性肺泡炎)、森林脑炎病毒以及生物病原体等。

(2)劳动过程中的职业病危害因素:劳动过程是指生产中为完成某项生产任务的各种操作的总和。这一过程产生的影响健康的有害因素如下。

1)劳动组织、制度和劳动作息制度不合理,如超时工作、作业方式不合理等。

2)精神(心理)性职业紧张,如机动车驾驶。

3)劳动强度过大或生产定额不当,如安排的作业与生理状况不相适应等。

4)个别器官或系统过度紧张,如视力紧张、发音器官过度紧张等。

5)长时间处于不良体位、姿势或使用不合理的工具,如劳动体位不妥、人与机器之间的间距不当。

6)不良的生活方式,如吸烟或过量饮酒、缺乏体育锻炼、个人缺乏健康和预防的知识、违反安全操作规范和忽视自我保健。

(3)生产环境中的职业病危害因素:生产环境是指职业从事者操作、观察、管理生产活动所处的外环境,涉及作业场所建筑布局、卫生防护、安全条件和设施有关的因素。常见的生产环境中的有害因素如下。

1)自然环境中的因素,如炎热季节的太阳辐射、高原环境的低气压、深井的高温高湿、由于生产工艺需要而设置的冷库低温、烘房高温等。

2)厂房建筑或布局不合理、不符合职业卫生标准,如采光照明不足、通风不良、有害工序与无害工序安排在同一车间、厂房布局上把有粉尘源的车间放在常年上风口等。

3)由不合理生产过程或不当管理所致的环境污染。

3. 制药行业的职业病危害因素 在制药企业生产场所和生产过程中往往同时存在多种职业病危害因素,对制药作业人员的健康产生联合作用,加剧对制药过程作业人员的健康损害。制药企业应当组织对职业病危害因素的识别。识别工作做到识别充分、无遗漏,兼顾生产活动和非生产活动。在制药过程中,危害性较大的为生产工艺过程中的职业病危害因素,涉及的工艺流程包括称量、分装、投料、离心、干燥、研磨、出料、混合、制粒、压片、包衣、灌装、包装等。涉及的职业病危害因素包括有毒化学物质、生产性粉尘、噪声、振动、高温、微波等。其中,有毒化学物质和生产性粉尘对制药作业人员的危害最大。

有毒化学物质主要有金属与类金属(砷、锰、铬等)、有机溶剂(甲醛、丙酮、乙酸乙酯、乙酸、三氯甲烷、二甲基甲酰胺等）、苯的氨基和硝基化合物（苯胺、硝基苯等）、刺激性气体与窒息性气体（氨、盐酸、氮氧化物、硫化氢、一氧化碳等）。挥发性毒物主要通过呼吸道吸收；因工艺限制需人工投料卸料的毒物可能经皮肤吸收；除人员不慎误服外，毒物通常不会经消化道进入人体内。制药过程中的生产性粉尘多为药物粉尘，主要是混合性粉尘或有机粉尘。在制药过程中产生的药物粉尘平均粒径较小，具有较高的分散度，可长时间漂浮在车间空气中。药物粉尘经呼吸道吸入后，除可引起肺部异物反应及肺部炎症外，还可因药物过量而导致机体中毒。此外，在生物发酵制药过程中，其原料中的霉菌、发酵产生的孢子和原料药粉尘可产生急性、亚急性变态反应及慢性蓄积引起的内分泌失调等损害。

（四）职业病危害的评价

《中华人民共和国职业病防治法》明确规定建设项目必须进行职业病危害评价，对可能产生职业病危害的建设项目分为职业病危害一般、职业病危害较重和职业病危害严重三类，实行分类监督管理。建设项目职业病危害评价对于提高建设项目投产后的职业病危害防护水平，防患于未然，从而保护劳动者健康及其相关权益，促进经济发展都具有非常重要的意义。职业病危害评价包括职业病危害预评价、职业病危害控制效果评价和职业病危害现状评价。

1. 职业病危害预评价　依照国家有关职业卫生方面的法律、法规、标准、规范的要求，在建设项目可行性论证阶段，对其可能产生的职业病危害因素进行识别、分析，并将其对工作场所和劳动者健康的危害程度进行预测，对拟采取的职业病危害防护设施的预期效果进行评价，对存在的职业卫生问题提出有效的防护对策，最终作出客观、真实的预评价结论。

进行职业病危害预评价时，建设单位应当首先向委托的评价机构提供建设项目的审批文件、可行性研究资料（含职业卫生专篇）和其他有关资料。评价机构按照准备、评价、报告编制三个阶段进行职业病危害预评价，主要包括收集资料、制定预评价方案、工程分析、实施预评价、编制预评价报告等。

（1）收集资料：应全面收集建设项目的批准文件和技术资料（包括建设单位的总平面布置、工艺流程、设备布局、卫生防护措施、组织管理等），还应严格掌握国家、地方、行业有关职业卫生方面的法律法规、标准、规范。

（2）制定预评价方案：在掌握相应资料的基础上进行初步工程分析，筛选重点评价因子，确定评价单元，编制出预评价方案。

（3）工程分析：应用生产工艺、职业卫生和卫生工程等知识和技术，认真分析和明确预评价项目的工程技术特点。

（4）实施预评价：对建设项目进行预评价的核心内容包括对建设项目选址、可能产生的职业病危害因素对工作场所和劳动者健康的危害程度进行分析和评价；对拟采取的职业病危害防护设施的预期效果进行评价；对存在的职业卫生问题提出有效的防护对策。当建设项目可行性研究等技术资料不能满足评价需求时，应当根据建设项目职业病危害的特点，进一步收集有关资料，进行职业卫生类比调查，可采用检查表法、类比法与定量分级法相结合的原则进行定性和定址评价。

（5）编制预评价报告：此阶段完成汇总、分析各类资料、数据，作出评价结论，完成预评价报告。应按照规定的格式编写建设项目预评价报告，参照《建设项目职业病危害预评价技术导则》，主要内容包括职业病危害预评价目的、依据、范围、内容和方法；建设项目概况，包括建设地点、性质、规模、总投资、设计、劳动定员等；对建设项目选址和可能产生的职业病危害因素及其对作业场所、劳动者健康的影响进行分析和评价，主要包括职业病危害因素名称、主要产生环节、对人体的主要职业病危害、可能产生的浓度（或强度）及其职业病危害程度预测等；对拟采取的职业病危害防护措施进行技术分析及评价，主要包括总平面布局、生产工艺及设备布局、建筑物卫生学要求；对职业病防护设备、应急救援设施、个人使用的职业病防护用品、卫生设施、职业卫生管理等方面进行分析和评价；对存在的职业卫生问题提出有效的防护对策；评价结论，对评价内容进行归纳，指出存在的问题以及改进措施的建议，确定职业病危害类别、建设项目是否可行。

2. 职业病危害控制效果评价 依照国家职业卫生方面的法律、法规、标准、规范的要求，在竣工验收阶段对建设项目产生的职业病危害因素进行分析及确定，并将其对工作场所和劳动者健康的危害程度及职业病危害防护设施的控制效果进行评价，最终作出客观、真实的验收评价结论。

职业病危害控制效果评价的程序与预评价的程序相类似。主要包括收集资料、制定控制效果评价方案、工程分析、实施控制效果评价、编制控制效果评价报告等。

（1）收集资料：应全面收集建设项目的批准文件和技术资料（包括职业病危害预评价报告等），还应熟悉、严格掌握国家、地方、行业有关职业卫生方面的法律、法规、标准、规范。

（2）制定控制效果评价方案：评价单位依据建设项目可行性论证预评价报告内容和工程建设及试运行情况，编制竣工验收前职业病危害控制效果评价方案。

（3）工程分析：应用生产工艺、职业卫生和卫生工程等知识和技术，认真分析和明确预评价项目的工程技术特点，主要内容如下。

1）建设项目概况，包括建设地点、性质、规模、设计能力、劳动定员、总投资、职业病危害防护设施专项经费投资。

2）总平面布置。

3）生产过程拟使用的原料、辅料、中间品、产品名称、用量或产量。

4）主要生产工艺、生产设备及其布局。

5）主要生产工艺、生产设备产生的职业病危害因素种类、部位及其存在的形态。

6）采取的职业病危害防护措施。

（4）实施控制效果评价：对建设项目生产或使用过程中产生的职业病危害因素对工作场所和劳动者健康的危害程度进行分析和评价；对采取的职业病危害防护设施的控制效果进行评价；对存在的职业卫生问题提出有效的防护对策。实施过程中，评价机构必须对建设项目进行职业卫生学现场调查和现场监测，在可能的条件下进行职业健康检查。

1）现场调查：评价单位在接受评价委托后进行职业卫生学现场调查，主要包括以下方面。①生产过程卫生学调查，了解生产工艺的全过程和确定生产中存在的职业病危害因素名称、生产和使用数量、理化特性、劳动者接触方式和接触时间；②作业环境卫生学调查，包括总平面布置、生产工艺及设备布局、建筑学卫生要求、职业病防护设备、应急救援设施、个人使用的职业病防护用品、卫生设施等方面的卫生防护措施的落实情况；③调查建设项目是否严格按现行《工业企业设计卫生标准》的规定进行施工、是否落实各阶段设计审查时提出的职业卫生审查意见；④职业卫生管理调查，了解职业卫生管理机构设置情况、职业卫生规章制度和操作规程的完善情况、职业健康教育状况、职业病危害因素测定结果、健康监护情况、职业卫生资料归档情况。

2）现场监测：深入现场测定工作场所职业病危害因素的浓度（或强度）。依照国家有关职业卫生标准规定的测试方法和要求，按设计满负荷生产状况对工作场所职业病危害因素进行监测。根据生产工艺及职业病危害因素的种类、性质、变化情况和危害程度分类，采样按相应的国家职业卫生标准执行。

3）职业健康检查：对可能接触职业病危害因素的劳动者，应当进行职业健康检查。根据接触职业病危害因素的情况确定职业健康检查项目，依据职业健康检查结果评价职业病危害控制效果。

4）具体评价内容和指标：①评价选址、总平面布置是否符合国家规定要求。②工程防护设施及其效果。③计算职业病危害因素每个测试点浓度（或强度）的均值，其中粉尘浓度的测试数据计算几何平均数，毒物浓度计算算术平均数或几何平均数（其测试数据如为正态分布计算算术平均数，如为偏态分布则计算几何平均数），噪声测试数据不计算均值。每个测试点职业病危害因素的浓度（或强度）未超过标准的为合格，超过标准的为不合格。需注意根据职业病危害因素的检测结果，正确运用时间加权平均容许浓度（PC-TWA）、短时间接触容许浓度（PC-STEL）和最高容许浓度（MAC）及分级标准，进行危害程度评价。④依据上述计算结果，评价各项职业卫生工程防护设施的控制效果，包括因生产工艺或设备技术水平限制，导致一些职业病危害因素超标的岗位所采取的职业卫生防护补救措施的效果。⑤评价个人卫生防护用品、应急救援设施、警示标识配置情况。⑥评价建设项目职业卫生管理机构、人员、规章制度执行落实情况。

（5）编制控制效果评价报告：控制效果评价报告的内容包括职业病危害评价目的、依据、范围、内容和方法；建设项目及其试运行概况；职业病危害防护措施的实施情况，包括总平面布置、生产工艺及设备布局，建筑物卫生学要求、卫生工程防护设施、应急、救援措施、个体防护设施、卫生辅助用室、职业卫生管理措施的落实情况；职业病危害防护设施效果评价；评价结论及建议。

3. 职业病危害现状评价 依照国家职业卫生方面的法律、法规、标准、规范的要求，对存在职业病危害的用人单位在正常生产运行阶段存在和／或产生的主要职业病危害因素及其危害程度、对劳动者健康的影响、职业病危害防护措施及效果等进行综合的阶段性分析和评价，指出存在的主要职业卫生问题，提出改进措施和建议，为用人单位的职业病防治和职业病危害申报工作提供依据。主要包括用人单位在生产经营过程中产生的职业病危害因素种类及分布，对劳动者健康的影响程度，采取的职业病危害防护措施及效果，职业健康监护及管理情况等。

职业病危害现状评价范围应包括用人单位参与生产的全部工程内容，主要针对正常生产期间劳动者的职业病危害暴露情况和接触水平、用人单位采取的职业病危害防护措施及效果、职业健康监护及管理等情况进行评价。存在职业病危害的用人单位，一般每3年至少进行 1 次职业病危害现状评价；使用或产生高毒物质的作业场所应按照《使用有毒物品作业场所劳动保护条例》的要求，每年至少进行 1 次职业病危害现状评价。

职业病危害现状评价流程一般包括前期准备、评价实施、报告书编制、报告书评审四个阶段。评价方法包括通过对作业现场进行职业健康调查，检测职业病危害因素（或强度），收集相关数据和资料，对劳动者职业病危害接触水平及职业健康影响程度进行分析，运用检查表、定性或定量方法对作业场所职业病危害现状进行全面评价。

二、职业病危害防护设施与应急救援设施

（一）职业病危害防护设施

1. 职业病危害防护设施的定义与分类 职业病危害防护设施是指应用工程技术手段控制工作场所产生的有毒有害物质，防止发生职业病危害的一切技术措施。包括防尘；防毒；防噪声、振动；防暑降温、防寒、防潮；防非电离辐射；防电离辐射；防生物危害；人机工效学；安全标识等。具体分类见表 7-3。

表 7-3　一般常见的职业病危害防护设施

序号	防护项目	设施名称
1	防尘	集尘风罩、过滤设备（滤芯）、电除尘器、湿法除尘器、洒水器
2	防毒	隔离栏杆、防护罩、集毒风罩、过滤设备、排风扇（送风通风排毒）、燃烧净化装置、吸收和吸附净化装置、有毒气体报警器、防毒面具、防化服
3	防噪声、振动	隔音罩、隔音墙、减振器
4	防暑降温、防寒、防潮	空调、风扇、暖炉、除湿机
5	防非电离辐射（高频、微波、视频）	屏蔽网、罩
6	防电离辐射	屏蔽网、罩
7	防生物危害	防护网、杀虫设备
8	人机工效学	如通过技术设备改造，消除生产过程中的有毒有害源；生产过程的密闭、机械化、连续化措施、隔离操作和自动控制等
9	安全标识	警示标识

2. 职业病危害防护设施"三同时"制度 职业病危害防护设施"三同时"制度是指建设项目中的安全设施和职业病危害防护设施必须符合国家、行业和地方规定的标准，必须与主体工程同时设计、同时施工、同时投入生产和使用。分为职业病危害预评价、职业病危害防护设施设计、职业病危害防护设施建设与试运转、职业病危害控制效果评价与防护设施验收四个过程。

（1）职业病危害预评价：可能产生职业病危害的建设项目，在可行性论证阶段，由安全部组织公司有关人员或委托具有相应资质的职业卫生技术服务机构进行职业病危害预评价。

（2）职业病危害防护设施设计：存在职业病危害的建设项目，在设计阶段，由安全部组

织公司有关人员或委托具有相应资质的职业卫生技术服务机构按照职业病防治有关法律、法规、规章和标准的要求,进行职业病危害防护设施设计。

（3）职业病危害防护设施建设与试运转:职业病危害防护设施采购和施工管理部门应当按照评审通过的设计和有关规定组织职业病危害防护设施采购和施工。建设项目职业病危害防护设施建设期间,公司建设项目管理人员应当对其进行经常性的检查,对发现的问题及时进行整改。

建设项目完工后,其配套建设的职业病危害防护设施必须与主体工程同时投入试运行。试运行时间应当不少于30日,最长不得超过180日,国家有关部门另有规定或者特殊要求的行业除外。

（4）职业病危害控制效果评价与防护设施验收:建设项目在竣工验收前或者试运行期间,由安全部组织公司有关人员或委托具有相应资质的职业卫生技术服务机构进行职业病危害控制效果评价,编制评价报告。验收方案内容包括建设项目概况和风险类别;职业病危害预评价、职业病危害防护设施设计执行情况;参与验收的人员及其工作内容、责任;验收工作时间安排、程序等。

安全部在职业病危害防护设施验收前20日将验收方案向管辖该建设项目的安全生产监督管理部门进行书面报告。建设项目职业病危害防护设施按照规定验收合格后,方可投入生产或者使用。

（二）职业病危害应急救援设施

1. 职业病危害应急救援设施的分类 职业病危害应急救援设施根据用途和配备目的,可分为监测报警装置、强制通风设施、现场紧急处置设施、急救或损伤紧急处置用品及其他设备设施。

（1）监测报警装置:针对职业病危害应急救援用。监测报警装置通常是用于检测和/或报警工作场所空气中有毒气体的装置和仪器,由探测器和报警控制器组成,具有有毒气体自动检测和报警功能,常用有固定式、移动式和便携式检测报警仪。

（2）强制通风设施:也称为事故通风设施。用于有毒气体、易挥发性溶剂等发生逸散、泄漏等的工作场所,是为避免有害气体积聚而造成进一步的人员伤害所设置的,是与有害物质逸散、泄漏等相关联的事故通风设备设施。

（3）现场紧急处置设施:主要是指用于处置喷溅于劳动者皮肤和黏膜上的有毒有害物质,避免急性职业损伤进一步加剧的设备设施,常见的有洗眼器、喷淋装置等冲洗用设备设施。制药企业的甩干物料中含有盐酸时,有可能发生化学灼伤事故,其工作地点应设置冲洗眼睛和皮肤的事故喷淋装置,并保障常年温水供应,其服务半径(距酸作业点)<15m。

（4）急救或损伤紧急处置用品:是指劳动者发生急性职业损伤后,用于急救的药品或紧急处置劳动者伤口、损伤的皮肤和黏膜等的用品以及急救用药品等。包括针对某一类型特定化学物中毒的急救药品、剪刀、镊子、胶带、纱布、棉签、创可贴、生理盐水、医用酒精等紧急处置用品,用于中和酸碱的常用弱酸碱性药液等。一般制药企业甩料时有可能接触吡啶、氨气、酸雾等刺激性气体,其工作地点应配备应急救援设备、器材和急救药品,一旦溅到眼内或皮肤,按操作规程可及时冲洗和救治,防止或减少对眼睛和皮肤的损伤。

（5）其他设备设施：其他应急救援设备设施主要包括个体防护用品、通信设备设施、运输设备设施等。

1）个体防护用品：应急救援用个体防护用品是可能发生急性中毒等急性职业损伤时，从事现场救助的人员必须要佩戴的装备。主要是正压式空气呼吸器、逃生面罩、防化服、耐酸碱服等，常存放于有毒有害工作场所专用的气体防护柜内。

2）通信设备设施：用于发生急性职业损伤事故时指挥人员、救援人员等之间的紧急联络等。

3）运输设备设施：如担架、气防车、急救车、缓降器等，用于第一时间将受伤害人员抬离危险区域。

2. 职业病危害应急救援设施的配置要求

（1）监测报警装置的配置要求：对于监测报警装置的配置要求，《工业企业设计卫生标准》（GBZ 1—2010）的规定如下。

1）在生产中可能突然逸出大量有害物质或易造成急性中毒或易燃、易爆化学物质的室内作业场所应设置事故通风装置及与事故排风系统相连锁的泄漏报警装置。

2）应结合生产工艺和毒物特性，在有可能发生急性职业中毒的工作场所，根据自动报警装置技术发展水平设计自动报警或检测装置。

3）检测报警点应根据《工作场所有毒气体检测报警装置设置规范》（GBZ/T 223—2009）的要求，设在存在、生产或使用有毒气体的工作地点，包括可能释放高毒、剧毒气体的作业场所，可能大量释放或容易聚集的其他有毒气体的工作地点也应设置检测报警点。

4）应设置有毒气体检测报警仪的工作地点，宜采用固定式；当不具备设置固定式的条件时，应配置便携式检测报警仪。

5）毒物报警值应根据有毒气体毒性和现场实际情况至少设警报值和高报值。预报值为 MAC 或 PC-STEL 值的 1/2，无 PC-STEL 的化学物质的预报值可设在相应的超限倍数值的 1/2；警报值为 MAC 或 PC-STEL 值，无 PC-STEL 的化学物质的警报值可设在相应的超限倍数值；高报值应综合考虑有毒气体毒性、作业人员情况、事故后果、工艺设备等各种因素后设定。

（2）强制通风设施的配置要求：《工业企业设计卫生标准》（GBZ 1—2010）规定，在生产中可能突然逸出大量有害物质或易造成急性中毒或易燃、易爆化学物质的室内作业场所应设置事故通风装置及与事故排风系统。

1）事故通风宜由经常使用的通风系统和事故通风系统共同保证，但在发生事故时，必须保证能提供足够的通风量。事故通风的风量宜根据工艺设计要求通过计算确定，但换气次数不宜 <12 次 /h。

2）事故通风用通风机的控制开关应分别设置在室内、室外便于操作的地点。

3）事故排风的进风口应设在有害气体或有爆炸危险的物质放散量可能最大或聚集最多的地点。对事故排风的死角处，应采取导流措施。

4）事故排风装置排风口的设置应尽可能避免对人员的影响，应设在安全处，远离门、窗及进风口和人员经常停留或经常通行的地点；排风口不得朝向室外空气动力阴影区和正压区。

此外,在放置有爆炸危险的可燃性气体、粉尘或气溶胶等物质的工作场所,按照《工业企业设计卫生标准》(GBZ 1—2010)的规定,也应设置防爆通风系统或事故排风系统。

(3)现场紧急处置设施的配置要求:对于冲淋装置等现场紧急处置设施的配置要求,《工业企业设计卫生标准》(GBZ 1—2010)的规定如下。

1)冲淋、洗眼设施应靠近可能发生相应事故的工作地点。

2)冲淋、洗眼设施应保证连续供水。

3)应有清晰的标识,并按照相关规定定期保养维护以确保其正常运行。

此外,《化工企业安全卫生设计规定》(HG 20571—2014)要求具有化学灼伤危险的作业场所,应设计洗眼器、淋洗器等安全防护措施,淋洗器、洗眼器的服务半径应不大于 15m。淋洗器、洗眼器的冲洗水上水水质应符合现行国家标准《生活饮用水卫生标准》(GB 5749—2022)的规定,并应为不间断供水;淋洗器、洗眼器的排水应纳入工厂污水管网,并在装置区安全位置设置救护箱。生产过程中接触强酸、强碱和易经皮肤吸收的毒物(四乙基铅、丙烯腈、氢氰酸、乙腈、二甲基甲酰胺、苯酚等)的场所,应设现场人身冲洗设施和洗眼器。

(4)急救或损伤紧急处置用品的配置要求:通常集中放置于急救箱,不同类型的用人单位因其可能发生的急性职业损伤的类型不同,急救箱配置的药品可能会有所差异。对于急救箱的配备,《工业企业设计卫生标准》(GBZ 1—2010)的规定如下。

1)急救箱应当设置在便于劳动者取用的地点。

2)应有清晰的标识,并由专人负责定期检查和更新。

3)配备内容可根据企业规模、职业病危害性质、接触人数等实际需要参照该标准确定。

(5)其他设备设施的配置要求:用人单位应当根据可能产生或存在的职业病危害因素及其特点,在工作地点就近设置其他设备设施。对于容易发生急性职业中毒、化学性灼伤等急性职业损伤的场所,应根据车间(岗位)毒害情况配备防毒器具,设置防毒器具存放柜。防毒器具在专用存放柜内铅封存放,设置明显标识,并定期维护与检查,确保应急使用需要。

生产或使用剧毒或高毒物质的高风险的工业企业应根据《工业企业设计卫生标准》(GBZ 1—2010)的规定,设置紧急救援站或有毒气体防护站。

三、制药行业典型职业病危害分析

(一)化学原料药制造业职业病危害分析

化学原料药是指供进一步加工药品制剂所需的原料药物,如抗生素、内分泌品、基本维生素、磺胺类药物、水杨酸盐、水杨酸酯、葡萄糖和生物碱等。

1. 化学原料药制造业职业病危害因素 化学原料药生产由于其生产工艺的特殊性,工艺步骤繁多,生产周期较长,各工序均属间断生产,反应时间长短不一。生产工艺过程中的职业病危害因素主要包括粉尘、有毒化学物质、噪声、高温、微波等。其中,有毒化学物质的危害较大,主要有苯、甲醛、丙酮、乙酸乙酯、吡啶、乙酸、三氯甲烷、氨、二甲基甲酰胺和盐酸等。在主要生产工艺流程中均可接触有毒化学物质,如原材料的磨碎、配料、混合、干燥、筛选、包装和成品等。离心甩干是制药行业原料药生产过程中散发多种有毒化学物质并污染车间环境较为严重的工序。离心甩干工序是将物料中的液态化学品和水分甩干,为下一工序备料,是生产过程中不可缺少的一个环节。接触有毒化学物质的机会主要是因为设备和管道密闭不严、锈蚀渗漏。源自上道工序的材料、检验分析取样及出料、废弃物料排出、清洗或检修设备及管道中残存的有毒化学物质有可能污染作业环境,尤其是在离心过滤敞口甩干高温物料或边甩干边人工投加液态化学品以及敞口接收时,均有大量有害气体或蒸气逸出。离心甩干操作工人接触液态、蒸气态有毒物质的时间较长,所以呼吸道是其主要吸收途径,其次是经皮肤吸收。此外,某些制药设备运行时会产生巨大的机器噪声,如离心机自身产生的噪声以及与离心甩干设备配套的空压机、真空泵等产生的噪声,同样可对作业工人产生健康损害。化学原料药制造业各岗位存在的主要职业病危害因素及关键控制点见表 7-4。

表 7-4　化学原料药制造业各岗位存在的主要职业病危害因素及关键控制点

车间(工序)	主要职业病危害 关键控制点	主要职业病危害因素
发酵提取	配料	氨水、硫胺(维生素 B_1)、氢氧化钠、磷酸二氢钾、苯乙酸等
	消毒	噪声、高温等
	发酵	噪声、高温等
	过滤	甲醛、苯胺、乙酸、氨、二甲胺、聚丙烯酰胺、氢氧化钠、噪声等
	提取	丁酯、丁醇、炭尘、噪声、高温等
	冷冻	炭尘等
	结晶	碳酸钾、丁酯、丁醇等
	包装	药物粉尘等
化学合成	卤化	溴、氯苯、氨、甲醇、四氯甲烷、氯气、苯、甲苯、二甲苯、三氯氧磷、三氯甲烷、丙酮、碘仿、氢氧化钠、酚、溴、硝基甲苯、三氯乙烯、二甲苯胺、二氯苯、乙醇、二氯甲烷、碘、硫酸、吡啶、乙酸、氯化氢或盐酸、二甲基酰胺、二氯乙烷、硫酸二甲酯等
	磺化	甲醇、三氯甲烷、硫酸、乙酸、三甲苯、氯化氢或盐酸、1,2,4-三氯代苯、丙酮、氢氧化钠、氨、氯苯、氰化物、四氯乙烷、二氯苯、无机粉尘等
	硝化	乙苯、硝酸、硫酸、磷酸、三氯乙烷、氨、乙酸、酚、二甲苯、氯化氢或盐酸、无机粉尘等
	烃化	氢氧化钠、氨、硫酸二甲酯、甲酸、甲醛、氯化氢或盐酸、乙醇、环氧乙烷、苯胺、硝基甲苯、苯、丙烯、甲苯、酚、苯乙腈、甲醇、乙酸乙酯等
	氰化	氰化物、氢氧化钠、丙酮、硫化镍、氯化氢或盐酸、乙酸、硫酸、乙醇、丁酮、活性炭粉尘等
	酰化	乙醚、二氯乙烷、乙酸、乙酸乙酯、氢氧化钠、三氯氧磷、间苯二酚、氯化锌、丙酮、苯、硫酸二甲酯、硝基苯、氯化氢或盐酸、甲醇、吡啶、碳酰氯(俗称光气)、酚、乙醇、氨、三乙胺、三氯甲烷等
	酯化	三氯氧磷、吡啶、丙酮、苯、丁醇、硫酸、氢氧化钠、氯化氢或盐酸、甲醇、三氯乙烯、乙醇、硝酸、酚、甲酸、乙酸乙酯、二甲苯、甲苯、甲酰胺、氨、乙醚、乙酸、硝基甲烷、甲醛、磷酸、三氯甲烷、二氯甲烷、活性炭粉尘等

车间（工序）	主要职业病危害关键控制点	主要职业病危害因素
化学合成	醚化	乙酸、甲醇、氢氧化钠、乙醇、硫酸、丙酮、邻苯二酚、环氧氯丙烷、氢氧化钠、异丙胺、二甲苯、甲苯、氢氧化钾、苯、乙醇等
	胺化	乙醇、甲苯、氨、甲醇、氯化氢或盐酸、异丙胺、氢氧化钠、二乙胺、二甲胺、甲胺、二甲苯、乙酸、氯乙醇、环氧乙烷、乙二醇、吡啶等
	重氮化	氯化氢或盐酸、硝酸、氢氧化钠、对硝基苯胺、甲苯胺、溴化氢、硫酸、苯胺、乙酸、无机粉尘等
	置换	氯化氢或盐酸、乙醇、乙酸乙酯、对硝基苯胺、邻氯甲苯、氟及其化合物、甲醇、硫酸、磷酸、三乙胺、乙腈、碘、三氯乙烷、乙酸、氢氧化钠、氨、二氧化硫、三氯甲苯、氢氧化钠等
	氧化	硫酸、重铬酸盐、过氧化氢、甲醇、硝基甲苯、氨、甲苯、苯、乙醇、氢氧化钠、吡啶、氯化氢或盐酸、乙酸、乙酸丁酯、丙酮、硝酸、乙酸乙酯、五氧化二钒、苯乙烯、三氯甲烷、糖醛、无机粉尘等
	还原	异丙醇、氯化氢或盐酸、乙酸、汞化合物、硫酸、氢氧化钠、硝基苯、乙醇、甲醇、苯胺、乙醚、苯、三氯甲烷、氨、甲酸、丙酮、氯化铵、无机粉尘、活性炭粉尘等
	加成	甲醇、甲醛、二氧化硫、硫化氢、氰化物、二乙胺、锰化合物、硫酸、二氯乙烯、氯气、甲酸、环氧乙烷、氢氧化钠、乙醇、二甲苯、丙烯醛、四氯甲烷、溴、丙烯腈、乙二胺、氯化氢或盐酸、溴甲烷、丙酮、氢氧化钾、乙酸、溴化氢、氯丙烯、乙醚、甲酸甲酯、乙腈、氯乙醇、三氯乙烷、二甲胺、环氧氯丙烷、氯乙醇、苯乙烯、氯气、环戊二烯、甲苯、二甲基甲酰胺、氨、氯苯、丙烯醇、丙烯醛、丙烯酸丁酯、三氯乙烯、四氯乙烯、活性炭粉尘等
	缩合	丁醇、丙酮、乙酸、甲苯、氢氧化钠、氨、五氯化磷、苯、乙酸乙酯、二硫化碳、三氯乙烯、氯化氢或盐酸、甲醇、乙醛、硫酸、丙烯腈、乙醇、甲醛、丙酮、甲酸甲酯、二甲苯、糖醛、氢氧化钠、苯、酚、苯胺、间苯二酚、氯化锌、二氯乙烷、异丙胺、环氧氯丙烷、乙醚、甲酸乙酯、三氯氧磷、异丙醇、三氯甲烷、二甲胺、二乙胺、氯苯、萘、丁基胺、苯乙腈、氯化锌、二溴甲烷、甲硫醇、甲苯胺、二乙烯三胺、偶氮二异丁腈、乙二胺、甲胺、氯苯、二甲基甲酰胺、甲酸乙酯、三氯乙酸、甲醇、活性炭粉尘等
	环合	硫酸、乙酸、乙腈、二乙胺、甲酸甲酯、甲酰胺、氢氧化钠、二甲苯、糠醇、甲醇、氯化氢或盐酸、乙醇、三氯氧磷、甲苯、苯胺、乙二胺、二苯胺、乙二醛、二氯乙烷、三乙胺、丙二腈、二乙醇胺、氨、过氧化氢、苯、碘、丙烯酸甲酯、氯丁二烯、对苯二酚、氯乙醇、柴油、甲胺、甲醛、丙二腈、甲酰胺、二氯甲烷、氰化物、对硝基苯胺、间苯二酚等
	扩开环	氯化氢或盐酸、氯气、硫酸、三氯甲烷、铬及其化合物、乙酸、氢氧化钠、乙醇、环氧氯丙烷等
	消除	卤代烃、乙醇、氯化氢或盐酸、四氯甲烷、三氯氧磷、二氯乙烷、溴化氢、氢氧化钠、二氧化硒、甲醇、苯、乙酸丁酯、乙酸、汞化合物、环氧乙烷、甲胺、氯乙醇、五氧化二磷、四氯乙烷、乙醚、乙酸乙酯、磷酸、吡啶、丙二腈、对苯二酚、氯乙烷、三氯乙烷、活性炭粉尘、高温等
	水解	氯化氢或盐酸、氢氧化钠、乙醇、氯苯、乙醚、乙腈、甲酸、氨、氰化物、锑及其化合物、二甲苯、硫酸、甲苯、己内酰胺、甲醇、乙酸、苯、重铬酸盐、镍的化合物、二硫化碳、丁醇、苯乙腈、二氯甲烷、石灰石粉尘、淀粉粉尘、活性炭粉尘等

车间（工序）	主要职业病危害 关键控制点	主要职业病危害因素
化学合成	重排	乙酸丁酯、磷酸、吡啶、五氧化二磷、氯化氢或盐酸、苯、吡啶、乙酸、糠醛、乙醇等
	催化氢化	甲醇、镍、乙醇、硫酸、乙酸、甲醛、二甲基甲酰胺、氯化氢或盐酸、二甲胺、苯、氢氧化钠等
	酶催化	乙醛、乙酸乙酯、丙酮、乙醇、碳酸钙、氢氧化钠、镍、氯化氢或盐酸等
	硫化	乙醇、氯化氢或盐酸、二硫化碳、二苯胺、酚、氯气等
	胂化	酚、对硝基苯胺、三氧化二砷、锑及其化合物、乙醇、氢氧化钠、活性炭粉尘等
	降解	氢氧化钠、三氯甲烷、过氧化氢、乙醇、氯化氢或盐酸、甲醇、活性炭粉尘等
	环合	氯化铵、氯化氢或盐酸、硫酸、二氧化硫、甲醛甲酯、氢氧化钠、环氧乙烷、乙二醇、苯乙烯、氢氧化钾等
	裂解	丙酮、二硫化碳、对苯二酚、五氧化二磷、二氧化硫、苯、乙酸、氨、氢氧化钠、硫酸等
	缩酮	丙酮、乙酸酯、苯、乙二醇、甲醇、氰化物、甲苯、乙醇、乙酸乙酯、硫酸、氢氧化钠等
	拆分	甲醇、苯、氯化氢或盐酸、氢氧化钠、乙醇、丙酮、氨、丙酸、活性炭粉尘等
	肼化	乙酸乙酯、乙醇、二硫化碳、水合肼、乙醇、氢氧化钠、乙醚等
	异构	乙醇、氢氧化钠、溴乙烷、间苯二酚、甲醇、氢氧化钾、乙醚、三氟化硼、乙酸乙酯等
	转化	丙酮、乙醇、氧化钙、氢氧化钠、氯化氢或盐酸、硫酸、活性炭粉尘等
	肟化	硫酸、氢氧化钠、氯化氢或盐酸、丙酮、乙醚、三氯甲烷、乙醇、吡啶、苯胺、氯乙醛等
	中和成盐	氯化氢或盐酸、乙醇、甲醇、氟及其化合物、氢氧化钠、氨、丙酮、磷酸、乙酸乙酯、二乙胺、二氧化硫、乙二胺、乙醚、三氯甲烷、氯甲烷、溴甲烷、丁醇、二硫化碳、丁酮、环氧氯丙烷、硫酸、异丙醇、甲苯、二（氯甲基）醚、活性炭粉尘等
	精制	氨、氯化氢或盐酸、氢氧化钠、乙酸、二甲苯、乙醇、甲苯、乙酸乙酯、五氧化二磷、二氧化硫、对苯二酚、丙酮、磷酸、乙腈、丙腈、硫酸、乙二醇、活性炭粉尘等
	提取	草酸、苯乙烯、氨、硫酸、乙醇、乙酸丁酯、氯化氢或盐酸、丁醇、丙酮、丙烯酸、三氯甲烷、乙酸乙酯、氢氧化钠、甲苯、苯、乙酸
天然物萃取	萃取和净化	苯、石油醚、二氯甲烷、三氯甲烷、四氯甲烷、乙醚、丁醇、乙酸乙酯、高温、噪声等
	合成药提取	草酸、苯乙烯、氨、硫酸、乙醇、乙酸丁酯、氯化氢或盐酸、乙醇、丁醇、丙酮、三氯甲烷、乙酸乙酯、氢氧化钠、甲苯、苯、乙酸、乙醚、二甲苯、汽油等

2. 化学原料药制造业职业健康损害

（1）有毒化学物质的健康损害：化学原料药制造工艺过程中，如甩干物料中含有吡啶、盐酸等刺激性、腐蚀性化学物，则可能发生化学性灼伤，主要是眼、呼吸道黏膜和皮肤损伤；如氨气、酸雾等刺激性气体泄漏，则可能因吸入高浓度的刺激性气体而引起喉头水肿、气管及支气管炎、中毒性肺水肿等，严重可引起急性呼吸窘迫综合征。

（2）噪声的健康损害：作业人员长期接触噪声，如不对听力系统进行防护，可造成多种健康损害。包括听觉系统损害，如暂时性听阈位移、听力损失和噪声性聋；神经衰弱综合征，如头晕、头痛、失眠、记忆力下降等；自主神经功能紊乱，如心律失常、高血压等心血管系统改变，以及消化不良、食欲缺乏等消化系统改变。

（二）化学药品制剂制造业职业病危害分析

化学药品制剂是指根据《中华人民共和国药典》（2020 年版）、药品标准或其他适当处方，将原料药物按某种剂型制成具有一定规格的药剂，即制成的药物生物制剂。

1. 化学药品制剂制造业职业病危害因素　化学药品制剂制造业的主要职业病危害因素不仅包括化学因素如金属类（锰、铬等）、有机溶剂（苯及苯系化合物、三氯甲烷等）、刺激性气体（氯、硫酸二甲酯等）、窒息性气体（如氰化氢、一氧化碳等）、高分子化合物，还包括生产性粉尘（滑石、药物粉尘等）及物理因素如高温、噪声、振动等。化学药品制剂的常见剂型主要有固体制剂、半固体制剂、液体制剂和气体制剂等。固体制剂制造工艺过程中的主要职业病危害因素为在称量、配料、混合、制粒、压片等过程中产生的混合性粉尘及药物粉尘等，以及在粉碎、制粒、包装等过程中产生的噪声；半固体制剂制造工艺过程中的主要职业病危害因素为药物的处理和配制等过程中产生的药物粉尘，以及在搅拌、灌装、包装等过程中产生的噪声；液体制剂制造工艺过程中的主要职业病危害因素为在洗瓶、灌装等过程中产生的噪声和高温，以及在洗瓶等过程中产生的如盐酸、氢氧化钠等酸碱类有毒物质；气体制剂制造工艺过程中的主要职业病危害因素为灌装等过程中产生的噪声，以及在清洗等过程中产生的氢氧化钠。药物制剂制造业亦存在劳动过程中的职业病危害因素，如不合理的劳动制度和作息制度（夜班作业、单调作业）、劳动强度过大或生产定额不当、职业心理紧张、长时间处于不良体位或使用不合理的工具等。化学药品制剂制造业各岗位存在的主要职业病危害因素及关键控制点见表 7-5。

表 7-5　化学药品制剂制造业各岗位存在的主要职业病危害因素及关键控制点

车间（工序）		主要职业病危害关键控制点	主要职业病危害因素
固体制剂	片剂	原辅料预处理（粉碎、称量配料）	药物粉尘、噪声等
		配料	药物粉尘等
		制粒	药物粉尘、噪声等
		混合	药物粉尘等
		压片	药物粉尘、噪声等
	散剂	原辅料预处理（粉碎、称量配料）	药物粉尘、噪声等
		混合	药物粉尘等

车间（工序）		主要职业病危害关键控制点	主要职业病危害因素
固体制剂	散剂	干燥	药物粉尘、噪声等
		包装	药物粉尘、噪声等
	颗粒剂	原辅料预处理（粉碎、称量配料）	药物粉尘、噪声等
		制粒	药物粉尘、噪声等
		混合	药物粉尘等
		包衣	药物粉尘等
		包装	噪声等
	硬胶囊剂	原辅料预处理（粉碎、称量配料）	药物粉尘、噪声等
		制粒	药物粉尘、噪声等
		混合	药物粉尘等
		填充	药物粉尘、噪声等
		包装	噪声等
半固体制剂	软膏剂	配料	药物粉尘、噪声等
		灌装	噪声等
液体制剂	注射剂	洗瓶	盐酸、氢氧化钠、噪声等
		灌装	噪声等
		检验	噪声等
		制水	噪声等
	口服液	洗瓶	噪声等
		灌装	噪声等
		制水	噪声等
	糖浆剂	洗瓶	噪声等
		灌装	噪声等
		制水	噪声等
气体制剂	气雾剂	清洗	氢氧化钠等
		灌装	噪声等

2. 化学药品制剂制造业职业健康损害

（1）有毒化学物质的健康损害：以刺激性气体中毒和各种有机溶剂中毒最常见。前者多因事故所致，呈急性中毒过程；后者多为慢性中毒，其中慢性中毒主要表现为呼吸系统和神经系统症状。所加的辅料亦具有一定的毒性或者刺激性，如苯甲酸和苯甲酸钠的过敏反应和风疹样反应，羟苯甲酯、羟苯丙酯的刺激性和过敏反应，焦亚硫酸钠等亚硫酸盐的过敏反应和可能引起的支气管痉挛等反应。职业性皮肤病除可由原料引起外，中间品及成品也是引起职业性皮肤病的常见原因。主要表现为接触性皮炎和过敏性皮炎；此外，小面积化学性烧伤亦不少见。化学性眼病多见于制药操作工，如接触氯喹的工人可引起眼球色素沉着等。激素类药品生产工人可引起体内激素代谢紊乱、内分泌失调、药源性痤疮等。各种原料药、成品的粉尘和蒸气长期少量进入体内，可因药物本身的药理作用而引起相应的症状或体征。在生物制剂制造业中，除了上述常见的职业健康损害外，还有因为接触生产原料和生产环境中存在的致病微生物、寄生虫及动植物、昆虫及其所产生的生物活性物质而发生的哮喘、外源性变应性肺泡炎和职业性皮肤病等。

（2）噪声、高温等物理因素的健康损害：化学药品制剂制造业噪声的健康损害参考前文"2. 化学原料药制造业职业健康损害"。作业人员长期接触高温和热辐射，机体可出现一系列生理功能改变，主要为体温调节、水盐代谢、循环系统等方面的适应性变化，但超过生理调节范围，则对循环系统、消化系统、泌尿系统和神经系统产生不良影响，严重时可引起中暑，甚至死亡。此外，在高温环境下，动作的准确性、协调性、反应速度及注意力也会降低。

第三节　制药行业职业病危害防护

一、工程控制技术

制药行业职业卫生工程技术包括工业通风、工业除尘、空气调节与净化、噪声与振动控制等，是从根本上消除、减少或控制职业病危害因素对人体的作用和损害的工程技术措施。对产生粉尘、毒物的生产过程和设备（含露天作业的工艺设备），应优先采用机械化和自动化方式，避免直接人工操作。为防止物料跑、冒、滴、漏，其设备和管道应采取有效的密闭措施，密闭形式应根据工艺流程、设备特点、生产工艺、安全要求及便于操作、维修等因素确定，并应结合生产工艺采取通风和净化措施。对移动的扬尘和逸散毒物的作业，应与主体工程同时设计移动式轻便通风、除尘及空气净化设备。

（一）制药企业工业通风技术措施

1. 按照通风动力分类

（1）自然通风：是指依靠室外风力形成的风压与室内外空气的温差而使空气流动所形成的一种通风方式，从而保证室内的正常气候条件与新鲜洁净的空气。

（2）机械通风：是指利用通风机产生的压力，使气流克服沿程的流体阻力，沿风道的主、支网管流动，从而保证新鲜空气进入与污浊空气排出的一种通风方式。

2. 按照通风作用范围分类

（1）全面通风：又称为稀释通风。是指在一个工作场所内全面地进行通风换气，用清洁空气稀释或全部替换工作场所内的有害物质气体，保证整个工作场所内的空气环境达到卫生标准。

（2）局部通风：是指在集中产生有害物质的局部地点设置捕集装置，将有害物质排出，控制有害物质向室内扩散或在有害因素扩散前将其从发生源排出以防其沿整个工作场所扩散的通风系统。

（3）混合通风：是指全面通风与局部通风的结合使用。

在制药企业生产工艺过程中，离心甩干工作环境应采取有效的局部密闭排风和全面机械排风相结合的综合防护措施，其排毒口设于屋顶，并采用防爆轴流风机，控制工作场所空气中有害物质的浓度。离心甩干机上口设置的排气罩必须遵循形式适宜、位置正确、操作方便、风量适中、强度足够、检修方便的设计原则，罩口风速或控制点风速应足以将发生源产生的有害气体吸入罩内，确保达到高捕集效率；并在排风罩口管道处增加隔板，让各类排风管道只在使用时打开，合理调整排风量，使控制点风速达到排毒要求。在离心机下方的出口处安装密闭式溶媒接收罐，且设内吸风装置，加密闭盖、排风管和阀门，防止离心甩干时有害气体或蒸气在出料时逸出，污染车间空气。

（二）制药企业工业除尘技术措施

1. 重力除尘　如重力沉降室，通过重力作用使尘粒与气流分离。此类除尘方式的成本低、维修管理简便，但只能沉降大颗粒物粉尘、易引起二次扬尘。

2. 惯性除尘　如惯性除尘器，利用尘粒的惯性作用与气流中设置的各种形式的挡板发生碰撞而被分离。惯性除尘主要用于净化密度和粒径较大的金属或矿物性粉尘，具有较高的除尘率。

3. 离心除尘　如旋风除尘器，通过高速离心力把粉尘气体中含有的细小颗粒分离出来，对粉尘粗细分级过率有良好的效果，对 10~20μm 粉尘的净化效率可达 90% 左右。

4. 湿式除尘　如喷淋塔，是通过含尘气体与液滴或液膜的接触使尘粒从气流中分离的装置。此类净化装置不仅可以除粉尘，还可以净化空气，适用于处理有爆炸危险或同时含有多种有害物质的气体；缺点是不能用于水硬性粉尘，泥浆处理比较困难。

5. 静电除尘　如电除尘器，利用高压放电使气体电离，并在电场力作用下使尘粒沉积在集尘极上，从而使尘粒从气流中分离出来，达到净化空气的目的。静电除尘的优点是效率高、阻力小、设备运行可靠，但对粉尘的比电阻有一定的要求。

6. 过滤除尘　如袋式除尘器，是使含尘气体通过过滤材料将粉尘拦截捕集的装置。采用编织物作过滤材料的袋式除尘器对细粉尘的除尘率高，一般可达 99% 以上，可用于净化要求很高的场合。实践证明，袋式除尘器是目前控制粉尘，尤其是微细粒子的最有效的设备。

（三）制药企业空气调节与净化技术措施

1. 空气调节措施

（1）设定合理的室内温度：大部分建筑的空调温度设定在 24~28℃，而公用建筑中的空调温度设置的更低。为减少空调病的发生以及节能减排目的，在供热和供暖的情况下，降低和提高温度设置值应当以不影响舒适度为宜。

（2）设定合理的室内湿度：采用变频控制和自动智能控制系统。

（3）设定合理的新风：如果空调系统没有新风，会恶化室内卫生条件；新风过大会加大负荷且造成资源浪费，一般按总比例的 10%~20% 取用。

（4）选择合适的空气调节系统：应当综合考虑冷热源系统、空气处理系统、能量输送系统和自动控制系统的功能与作用。冷热源系统负责提供空气处理过程中所需的冷量和热量。空气处理系统和能量输送系统负责空气过滤器进行过滤处理，再经空气冷却器、空气加热器等进行空气的冷却和加热处理，然后经喷水室进行加湿或减湿处理，最后经送风管道输送到空调房间，从而实现对工作场所空气环境的调节和控制。自动控制系统负责对室内空气湿度、温度及所需的冷热源能量供给进行自动控制。

（5）按功能作用选择合适的空调设备：空调系统按照空气处理方式分类，可分为集中式（中央）空调系统、半集中式空调系统和局部式空调系统。民用建筑和工业建筑应综合考虑室内湿热负荷、制冷量、送风速度。

2. 空气净化措施

（1）物理吸附

1）吸附过滤：使用活性炭吸附过滤。活性炭是一种多孔性的含碳物质，它具有高度发达的孔隙构造，能与气体杂质充分接触，从而达到吸收杂质的目的；缺点在于不能吸附所有有毒气体，吸附率有一定限制。

2）机械过滤：采用高效微粒过滤网（HEPA 过滤网）。HEPA 过滤网由一叠连续前后折叠的亚玻璃纤维膜构成，是一种高效空气过滤器，形成波浪状垫片用来放置和支撑过滤介质，可拦截细小微粒。

3）静电式净化方式：静电除尘器的钨丝连续释放高压静电，使空气中的灰尘和细菌都带上正电荷而被负电极板吸附，从而达到杀灭细菌、吸附除尘。优点在于使用简便，性价比高，可减少二次污染。

（2）化学净化

1）光催化：空气通过光催化空气净化装置时，空气中的有害物质如甲酸、苯等在光催化作用下发生降解，生成无毒无害的物质；空气中的细菌也被紫外线除掉，空气因此得到净化；而光触媒在光的照射下自身不起变化。缺点在于净化速度慢，且对人体有一定的辐射。

2）甲醛清除剂：工作原理是化学物质与甲醛发生化学反应，从而达到清洁目的；缺点在于反应生成的物质与释放的甲醛易造成二次污染。

3）药剂催化——冷触媒净化：是一种新型空气净化材料，在常温常压下使多种有害有味的气体分解成无害无味的物质，边吸附边分解，将有害气体催化为水和二氧化碳。优点在于使用寿命长，不会造成二次污染。

4）紫外线灭菌：紫外线灭菌空气净化消毒器采用强迫室内空气流动的方式，在 C 波段紫外线的照射下，破坏和改变细菌病毒的 DNA 结构，波长范围在 200~275nm，杀菌作用最强的波段是 250~275nm。

5）综合式：将单体式空气净化的方式进行组合形成综合式空气净化器，以达到净化多种室内空气污染物的目的。常见的综合式空气净化器有静电集尘＋普通滤芯式；静电集尘＋电子集尘式；负离子＋电子集尘＋普通滤芯式；负离子＋HEPA滤芯；普通滤芯＋HEPA滤芯＋活性炭；普通滤芯＋HEPA滤芯＋活性炭＋紫外线灭菌等。

为了充分发挥空调净化系统在制药企业生产中的作用，应根据企业的实际情况对空调净化系统进行合理设计和选择，从而保证其性能满足使用需求。制药企业的空调净化系统应有足够的送风量，使工作场所中的有害因素职业接触限值符合国家卫生标准，但不应采用循环空气用于空气调节。

（四）制药企业噪声与振动控制技术措施

1. 噪声控制技术措施

（1）声源控制噪声：是最根本的噪声控制措施，减少物体振动引起的噪声，可选用低噪声的设备、吸声处理及加隔声罩等。

（2）传播途径控制噪声：根据噪声在空气或固体中随着传播距离的增加而衰减的特点，可采取吸声、隔声、隔振、阻尼、消声对噪声进行控制。

制药企业噪声控制应对生产工艺、操作维修、降噪效果进行综合分析，采用行之有效的新技术、新材料、新工艺、新方法。对于生产过程和设备产生的噪声，应首先从声源上进行控制。制药企业在引入新设备时，应优先选用新型低噪声设备或有降噪装置的设备，并对离心甩干电机等噪声设备加装基础减振垫、隔声罩及安装消声器，使作业场所的噪声强度符合《工业企业噪声控制设计规范》（GB/T 50087—2013）的要求。

2. 振动控制技术措施

（1）控制振动源：通过减振、隔振等措施减轻或消除振动源的振动是预防振动危害的根本措施。在设计、制造生产工具和机械时采用减振措施。

（2）限制作业时间和振动强度：通过研制和实施振动作业的卫生标准，限制接触振动的强度和时间，可有效地保护作业者的健康，是预防振动危害的重要措施。我国局部振动卫生标准（GB 10434—1989）规定，使用振动工具或工件的作业，工具手柄或工件的振动强度以4小时等能量频率计权加速度有效值计算，不得超过 $5m/s^2$。当暂时达不到时，可按振动强度大小相应缩短日接触振动时间。

二、车间卫生设施及管理

（一）制药企业车间卫生设施

1. **车间卫生特征分级** 《药品生产质量管理规范（2010年修订）》对药品生产企业的环境卫生、工艺卫生、厂房卫生、人员卫生等方面作出明确详细的规定。《中华人民共和国药品管理法》强调车间卫生是开办药厂的必要条件，一般的车间卫生特征分级见表7-6。

2. **车间卫生用室** 包括浴室、更/存衣室、盥洗室以及在特殊作业、工种或岗位设置的洗衣室、消毒室、生活室（休息室、就餐场所、厕所）、妇女卫生室等。制药企业各类生产车间对卫生用室的设置均有一定的要求。

表 7-6　车间卫生特征分级

卫生特征		1 级	2 级	3 级	4 级
处理物料特征	有毒物质	极易经皮肤吸收引起中毒的剧毒物质（如有机磷、三硝基甲苯等）	易经皮肤吸收或有恶臭的物质或高毒物质（如丙烯腈、吡啶、苯酚等）	其他毒物	不接触有毒物质或粉尘、不污染或轻度污染身体（如机械加工等）
	粉尘		严重污染全身或对皮肤有刺激性的粉尘	一般粉尘（如棉尘）	
	其他	传染性材料、动物原料（如皮毛等）	高温作业、井下作业	体力劳动 Ⅲ 级或 Ⅳ 级	

注: 虽易经皮肤吸收, 但易挥发的有毒物质(如苯等) 可按 3 级确定。

（1）浴室: 卫生特征 1 级、2 级的车间应设车间浴室, 3 级宜在车间附近或在厂区设置集中浴室, 4 级可在厂区或居住区设置集中浴室。因生产事故可能发生化学性灼伤及经皮肤吸收引起急性中毒的工作地点或车间应设事故淋浴, 且设不断水的供水设备。淋浴器的数量根据设计的使用人数, 应按表 7-7 的规定计算。

表 7-7　车间浴室每个淋浴器的使用人数

车间卫生特征级别	每个淋浴器的使用人数 / 人	车间卫生特征级别	每个淋浴器的使用人数 / 人
1 级	3~4	3 级	9~12
2 级	5~8	4 级	13~24

注: 1. 女浴室和卫生特征为 1 级、2 级的车间浴室不得设浴池。

2. 南方炎热地区每天洗浴者, 卫生特征为 1 级的车间, 其浴室中每个淋浴器的使用人数可按 13 人计算。

3. 体力劳动强度 Ⅲ 级或 Ⅳ 级者可设部分浴池, 其每平方米面积可按 1.5 个淋浴器换算。当淋浴器的数量少于 5 个时, 浴池每平方米面积可按 1 个淋浴器换算。

4. 淋浴室内一般按 4~6 个淋浴器设 1 具盥洗器。

（2）更 / 存衣室: 车间的更 / 存衣室因车间卫生特征级别不同而有不同的要求。

1）车间卫生特征为 1 级的更 / 存衣室, 便服、工作服应分室存放, 工作服室应有良好的通风。

2）车间卫生特征为 2 级的更 / 存衣室, 便服、工作服可同室分开存放, 以避免工作服污染便服。

3）车间卫生特征为 3 级的更 / 存衣室, 便服、工作服可同室存放, 更 / 存衣室可与休息室合并设置。

4）车间卫生特征为 4 级的更 / 存衣室, 可与休息室合并设置或在车间内的适当地点存放工作服。湿度大的低温重作业, 如冷库和地下作业等应设工作服干燥室。

（3）消毒室及洗衣室: 根据制药企业职业接触特征, 对易沾染病原体或易经皮肤吸收的剧毒或高毒物质的特殊工种和污染严重的工作场所应设置洗消室、消毒室及专用洗衣房等。

（4）盥洗室: 车间内应设盥洗室或盥洗设备。盥洗室应设洗手和消毒设施, 宜装手烘干器,水龙头开启方式以手不直接接触为宜。盥洗水龙头的数量根据设计的使用人数,应按表7-8 的规定计算。

表 7-8　盥洗水龙头的使用人数

车间卫生特征级别	每个水龙头的使用人数 / 人
2 级	20~30
3 级、4 级	31~40

注: 接触油污的车间, 有条件的可供给热水。

（5）人员净化用室和设施：洁净厂房内应设置人员净化用室和设施。人员净化用室和设施的设置和设计应符合《洁净厂房设计规范》（GB 50073—2013）的要求。洁净厂房入口处应有净鞋设施；100 级、10 000 级洁净区的人员净化用室中,外衣存衣柜和洁净工作服柜应分别设置,外衣存衣柜和洁净工作服柜按设计人数每人 1 柜；洁净区内不宜设厕所,人员净化用室内的厕所应设在前室。

（二）制药企业车间卫生管理

药品生产的卫生管理是指药品制备过程中,从原辅料的接收加工、包装直至完工的所有有关作业的卫生监督管理。生产过程是药品制造全过程中决定药品质量的最关键、最复杂的环节,药品生产的卫生管理更是重中之重,卫生管理要适用于本公司的所有药品、食品生产管理人员。加强卫生管理是防止污染和交叉污染的重要措施,也是保证产品质量和员工身体健康的主要途径。卫生管理主要分为三部分,即人员卫生、环境卫生、生产工艺卫生。

1. 人员卫生　所有人员都应当接受卫生要求的培训,企业应当建立人员卫生操作规程,最大限度地降低人员对药品生产造成污染的风险。企业应当对人员健康进行管理,并建立健康档案。直接接触药品的生产人员上岗前应当接受健康检查,以后每年至少进行 1 次健康检查。企业应当采取适当措施,避免体表有伤口、患有传染病或其他可能污染药品的疾病的人员从事直接接触药品的生产。进入洁净生产区的人员不得化妆和佩戴饰物。操作人员应当避免裸手直接接触药品、与药品直接接触的包装材料和设备表面。生产操作前要进行手的清洁和消毒,在生产过程中也必须一直保持手的卫生；在无菌生产区,为达到无菌生产要求还必须戴无菌手套。任何进入生产区的人员均应当按照规定更衣。工作服的选材、式样及穿戴方式应当与所从事的工作和空气洁净度级别要求相适应。洁净区（对药品生产环境的温度、湿度、尘埃粒子、微生物等进行控制的区域）内药品生产过程中必须戴口罩和帽子,防止口腔、鼻腔、头发等散发的污物对药品造成污染。在洁净区内人员进出次数应尽可能地少,同时在操作过程中应减小动作幅度,文明操作。尽量避免不必要的走动或移动,以保持洁净区的气流、风量和风压等,保证洁净区的净化级别。

2. 环境卫生　药品生产环境是指与药品生产相关的空气、水源、地面、生产车间、设备、空气处理系统、生产介质等。一般生产区对环境卫生的要求有窗明壁净见本色,无浮尘,无霉斑,无不清洁的死角；地面光滑、平整、清洁,无积水,无杂物；厂房严密,无啮齿动物及其他害虫；设置电子捕虫装置,防止蚊蝇进入。生产场所不得吸烟,不得吃食物,不得存放与生产无关的物品和私人杂物。过道、走廊不得放置任何生产用具或其他物品,不得堆放成品及半成品,保持运输通道的清洁、畅通。生产中的废弃物应装在密闭的容器内存放,每日必须及时清理到规定的废弃物堆放站,并立即将容器清洁干净和消毒。生产区内的各操作间应设置相应的清洁间,卫生工具齐全,消毒措施完备,通风良好,工房清洁。用具使用后及时放入清洁间处理干净,车间内不得存放清洁工具。清洁工具及清洁剂(消毒剂)要分别存放,不能造成对药品生产环境的污染。

3. 生产工艺卫生 生产工艺卫生包括物料、设备、容器工具、生产介质、工艺技术及工艺流程等卫生。

(1)物料卫生:原辅料、内包材必须经过卫生学检查并符合规定方可使用。进入洁净区物料的外包装不得有破损和泄漏,否则应退库更换。进入洁净区的物料必须经除尘清洁或脱外包处理,按物料进入程序方可由物流缓冲间进入。生产过程中盛接、倾倒、转移物料应小心谨慎,注意勿洒落地面;洒落地面的原辅料和无包装的中间产品不可拾起混入正常产品中,而须作报废处理。一般生产区使用的外包装材料应外面整洁、无霉变,外包材粘贴使用的胶水应添加适量的防腐剂,避免贮存过程中长霉而污染药品及环境。

(2)设备、模具、用具、管线、容器等的卫生要求:生产中使用的设备、模具、容器、用具等均应按照相应的清洁规程进行清洁、消毒;各区域、各操作间的工具、器具固定位置存放,专区专用,不得互相借用。设备、管线、管道应排列整齐、洁净,无油污,无跑、冒、滴、漏、脏、松、乱、锈、缺。

(3)生产过程的卫生要求:随时保持操作间的清洁整齐,生产用具、物料固定位置摆放。产尘量大的工序操作过程中应开启除尘装置,并尽量减少人员出入,以免污染洁净区的走廊。洁净区内的生产操作人员应戴口罩,并罩住口、鼻。工作时操作间的门必须关紧,出入时应随手关门,并尽量减少出入次数,以确保房间内的压差正常,以免造成交叉污染。洁净区内进行各种操作活动要稳、准、轻,不做与工作无关的动作。

(4)工艺技术卫生:一些工艺技术参数(如温度、时间、酸碱度等)和工艺流程(如过滤)也可能造成产品污染。适宜的温度是微生物繁殖的条件,如新鲜的蒸馏水自然冷却到室温就有可能被微生物污染。时间的影响如大输液从灌装结束到灭菌,存放时间不得超过 2 小时,否则可能会滋生细菌。

三、劳动防护用品

(一)劳动防护用品概述

劳动防护用品(也称为个体防护用品)是指作业者在工作过程中为防护物理、化学、生物等因素伤害所穿戴、配备和使用的各种防护用品的总称。在工作环境中尚不能消除或有效减轻职业病危害因素和可能存在的事故因素时,这是主要防护措施,属于预防职业病危害因素综合措施中的一级预防。

各种劳动防护用品都有其应当遵守的国家标准,用人单位应当根据接触风险和相关标准进行选用。企业必须建立程序,对劳动体防护用品的评估、选择、采购、培训、保管、发放、使用、维护、更换等工作进行管理,可参照《用人单位职业病防治指南》(GBZ/T 225—2010)的相关要求执行。

（二）劳动防护用品的分类

根据防护目的,劳动防护用品可分为防护工伤事故的安全防护用品和预防职业病的职业卫生专用防护用品。按照保护部位,防护用品分为头部防护类、呼吸器官防护类、防护服类、听觉器官防护类、眼面防护类、手防护类、防坠落类、皮肤防护用品类等。

1. 头、面部及眼部防护用品

（1）头部防护类:使用最广泛的头部防护用品即防护头盔,分为单纯式和组合式。一般工人佩戴的为单纯式防护头盔。某些特殊工种工人需佩戴组合式防护头盔,如防尘防噪声安全帽、防寒安全帽等。

在使用防护头盔时应注意以下事项:①使用前检查外观是否损伤,如影响防护性能应及时报废;②不得随意损伤、拆卸、改造安全帽,以免影响强度和性能;③安全帽需戴正、戴牢,不能晃动;④不能将安全帽存放在酸、碱、污染、高温、日晒以及潮湿环境中;⑤经受过冲击的安全帽不能再次使用;⑥应当在有效期内使用安全帽。

（2）眼部及面防护类

1）防护眼镜:①反射性防护镜片,在镜片上涂布金属薄膜,一般可反射多达95%的辐射线,包括红外线、紫外线、微波等;②吸收性防护镜片,采用有色玻璃制成,使其可以吸收光线,因此针对不同波长的激光需使用不同的镜片,不能错用;③复合性防护镜片,使用有色镜片,并在其上蒸镀多层反射膜,结合上述两种镜片的优点而提高了防护效果;④防冲击镜片（防冲击眼护具）,主要用来防止异物对眼部的冲击伤害,使用高强度的材料制成。

2）防固体屑末和化学溶液面罩:用轻质透明塑料或聚碳酸酯塑料制成,面罩两侧和下端分别向两耳和颊下端及颈部延伸,使面罩能全面覆盖面部,增强防护效果。

3）防热面罩:除与铝箔防热服相配套的铝箔面罩外,还有用镀铬或镍的双层金属网制成的,反射热和隔热作用良好,并能防微波辐射。

2. 防护服及防护鞋

（1）防护服:防护服是用于防止或减轻热辐射、微波辐射、X射线以及化学物污染人体而为作业者配备的职业安全防护用品,由帽、衣、裤、围裙、套袖、手套、套裤、鞋（靴）、罩等组成。选择防护服时,应识别可能接触的职业病危害因素的危害性和状态。

1）防热服:应具有隔热、阻燃、牢固的性能,应透气、舒适、容易穿脱。分为非调节防热服和空气调节防热服。

非调节防热服包括:①阻燃防热服,用阻燃处理的棉布制成,能够防静电,延缓火焰蔓延,还有隔热功能。适用于有明火、散发火花或在熔融金属附近操作以及在易燃物质并有发火危险的场所工作时穿着。②铝箔隔热服,能反射大部分热辐射而具有隔热作用,缺点是透气性差。③白帆布防热服,经济耐用,但放热效果不比上述两种。④新型防热服,使用新型耐热纤维制成。

空气调节防热服包括:①通风服,将冷却空气用压缩机压入防热服内,吸收热量后从排气阀排出。②制冷服,有液体制冷服、干冰降温服和冷冻服,防热服内分别装有防热服内分别装有低温无毒盐溶液、干冰、冰块的袋子或容器。最实用者为装有冰袋的冷冻服,在一般情况下，这种冷冻服装有 5kg 左右的冰块可连续工作 3 小时左右，用后冷冻服可在制冷环境中重新结冰备用。

2）化学防护服：用涂有对所防化学物不渗透或渗透率小的聚合物化纤和天然织物制成，并经某种助剂浸轧或防水涂层处理，以提高其抗透过能力；或以丙纶、涤纶或氯纶制成，用来防酸碱。制药生产过程中最常见的液体化学品飞溅发生在设备清洗、维护、检修时，或物料离心甩干时，或投加液态化学品物料时。因此，在制药车间中，操作人员通常都需要穿着化学防护服，一方面对操作人员的皮肤进行防护，防止药物活性粉尘黏附或液态化学品物料喷溅到皮肤上；另一方面也能防止操作人员污染药品。化学防护服可参考国家标准《防护服装化学防护服》（GB 24539—2021）进行选择。

根据防护对象和整体防护性能，化学防护服按表 7-9 分型。

表 7-9　化学防护服分型及代号

化学防护服分型		类别代号
气密型	气密型化学防护服	1（1a、1b、1c）
	气密型化学防护服 -ET	1-ET（1a-ET、1b-ET）
液密型	喷射液密型化学防护服	3
	喷溅液密型化学防护服 -ET	3-ET
	泼溅液密型化学防护服	4
固体颗粒物化学防护服		5
有限泼溅化学防护服		6
织物酸碱类化学品防护服		7

注：国际标准中的非气密型化学防护服类型（2 型和 2-ET 型）几乎没有实际应用，未来发展趋势也将被逐步取消，所以本表不再列出。

3）辐射防护服：包括微波屏蔽服和射线防护服。

4）防尘服：一般用较致密的棉布、麻布或帆布制作，需具有良好的透气性和防尘性。

（2）防护鞋：是用于防止劳动过程中足部、小腿部受各种因素伤害的防护用品。

1）防静电鞋和导电鞋：用于防止人体带静电容易发生事故的场所。

2）绝缘鞋（靴）：用于电气工作人员的保护，防止触电事故。

3）防砸鞋：由抗冲击材料制成，防止坠落物砸伤脚面。

4）防酸碱鞋（靴）：用于地面上有酸碱及其他腐蚀性液体的作业场所。

3. 呼吸防护用品　是指为了防止生产过程中的粉尘、毒物、有害气体和缺氧空气进入人体内造成损害而制作的职业安全防护用品，包括防尘口罩、防毒口罩和供氧口罩 / 面罩。呼吸防护用品可参考《呼吸防护用品的选择、使用与维护》（GB/T 18664—2002）进行选择，应根据接触的职业病危害因素的种类和接触水平选择合适的呼吸防护用品。

（1）过滤式呼吸防护器：以佩戴者的自身呼吸为动力，将空气中的有害物质予以过滤净化。只用于空气中有害物质的浓度不高，空气中的含氧量不低于 18% 的场所。可分为机械过滤式和化学过滤式。

1）机械过滤式：主要为防御各种粉尘和烟雾等质点较大的固体有害物质的防尘口罩，主要靠多孔性滤料的机械式阻挡作用来净化空气。

2）化学过滤式：即一般所说的防毒面罩，由面罩、短皮管、药罐三部分组成。

（2）隔离（供气）式防护器：此类防护器并非直接将现场空气净化，而是另行供给。可分为自带式与外界输入式两类。

1）自带式：①罐内盛放压缩氧气供吸入，呼出的二氧化碳由呼吸通路中的滤料除去，再循环吸入；②罐中盛放过氧化物及小量铜盐作触媒，借助呼出的水蒸气及二氧化碳发生化学反应，产生氧气供吸入。

2）外界输入式：①蛇管面具，由面罩和与面罩相接的长蛇管组成，最后接压缩空气机或鼓风机；②送气口罩和头盔，为一个吸入与呼出通道分开的口罩，连一段短蛇管，管尾接于供气阀。

4. 噪声防护用品　员工在噪声≥80dB 的环境中工作，应当根据需求配备合适的护听器。护听器的选择可参考国家标准《护听器的选择指南》（GB/T 23466—2009）。应认真按照说明书使用，以达到最佳防护效果。护听器主要分为耳塞、耳罩和防噪声帽盔。

（1）耳塞：常以塑料或橡胶制成，为插入外耳道或置于外耳道口的一种栓。要求有不同规格以适应各种人群，隔音效果好、佩戴舒适、易佩戴和取出、不易脱滑等。在高温、高湿环境中，耳塞的舒适度优于耳罩。

（2）耳罩：常以塑料制成矩形杯状覆于双耳。要求无明显压痛、佩戴舒适、隔音性能好。

（3）防噪声帽盔：能覆盖大部分头部，以防止强烈噪声经过骨传导到达内耳，有软式和硬式两种。软式质地较软，导热系数小，声衰减量为 24dB；硬式为塑料外壳，声衰减量可达 30~50dB。

接触噪声的劳动者当暴露于 80dB≤$L_{EX,8h}$（8 小时等效噪声）<85dB 的工作场所时，应当根据劳动者的需求为其配备适用的护听器；劳动者暴露于工作场所 $L_{EX,8h}$ 为 85~95dB 的应选用 SNR 为 17~34dB 的耳塞或耳罩；劳动者暴露于工作场所 $L_{EX,8h}$≥95dB 的应选用 SNR≥34dB 的耳塞、耳罩或者同时佩戴耳塞和耳罩，耳塞和耳罩组合使用时的声衰减值可按两者中较高的声衰减值增加 5dB 估算。

5. 皮肤防护用品　主要防护手和前臂皮肤污染。

（1）防护手套：制药企业需要根据所接触的有害物质种类和作业情况选用。如果接触的是化学因素，防护手套供应商应提供手套材质与化学品的兼容性结果，以及各种化学品对各型号手套的穿透时间。

1）耐酸碱手套：用来防护手部对酸碱溶液的接触，包括橡胶耐酸碱手套、乳胶耐酸碱手套、塑料耐酸碱手套。

2）防寒手套：有棉、皮毛、电热等几类。

3）机械危害防护手套：用来防切割、摩擦、穿刺等机械危害。

（2）防护油膏：当手套会妨碍操作时，使用膏膜防护皮肤污染。有机溶剂、油漆、燃料等可使用干酪素防护膏。对酸碱等水溶液可采用由聚甲基丙烯酸丁酯制成的胶状膜液。

1. 制药企业作业人员接触毒物危害程度分析方法有哪些?

2. 制药企业职业病危害的"三级预防"原则分别是什么?

3. 制药企业建设项目职业病危害评价方法包括哪些?

4. 简述制药企业职业病危害应急救援设施的分类。

5. 化学药品制剂制造业的主要职业病危害因素有哪些?

（王高阳）

第八章 制药工业环境健康安全管理

第一节 环境健康安全管理体系

一、ISO 14000

（一）ISO 14000 概况

ISO 14000 是国际标准化组织（ISO）为了满足各种类型的组织建立环境管理体系的需要而制定的，旨在规范各国企业和社会团体等所有类型的组织的环境行为，从而达到减少环境污染、节约资源的目的，并消除贸易壁垒，促进世界贸易发展的国际统一的环境管理标准。它用标准和指南的形式规范环境管理的内容、方式以及认证所需要的审核程序。

ISO 14000 环境管理标准的目的是规范全球企业及各种组织的活动、产品和服务的环境行为，节省资源，减少环境污染，改善环境质量，保证经济可持续发展。目前，ISO 14000 系列标准已被许多国家所采用，我国等同采用的《GB/T 24000-ISO 14000 环境管理系列标准》也于1997 年 4 月 1 日开始实施。ISO 14000 的推出迎合了绿色革命的潮流，适应了可持续发展的需要。它通过在企业内部建立高水平的环境管理体系，提高环境管理效率，进而有利于提升企业形象，提高产品竞争力，使环境效益有效转化为经济效益。

（二）ISO 14000 的主要内容

ISO 14000 系列标准是一体化的国际标准，它包括环境管理体系、环境审核、环境绩效评价、环境标志及产品生命周期评估等，具体来说包含表 8-1 所示的几个领域。

（三）ISO 14000 系列标准的特点

与以往的环境排放标准和产品技术标准等不同，ISO 14000 系列标准的主要特点如下。

表 8-1 ISO 14000 系列标准的各项内容

分类	主要内容	特点
ISO 14001	ISO 14000 系列标准中的主体标准，是制定该系列标准的指导依据	明确了组织建立环境管理体系的要求和诸要素，并根据组织确定的环境方针与目标、活动性质和运行条件，把本标准的相应要求纳入组织的环境管理体系中。该标准所提供的要素或要求适用于任何类型和规模的组织
ISO 14004《环境管理体系 原则、体系和支持技术通用指南》	为建立环境管理体系提供了具体的要素、目标和实施程序	通过向组织提供改进或保持的合理建议，调整组织内部的资源配置、职责分配以及操作惯例、程序和过程的不断评价（评审或审核）来有序地处理环境事务，从而确保组织确定并实现其环境目标，达到持续满足国家或国际要求的能力

分类	主要内容	特点
ISO 14010:1996《环境审核指南 通用原则》	定义了环境审核及有关术语,并阐述了环境审核通用原则	宗旨是向组织、审核员和委托方提供如何进行环境审核的一般原则
ISO 14011:1996《环境审核指南审核程序环境管理体系审核》	提供了进行环境管理体系审核的程序	以判定环境审核是否符合环境管理体系审核准则,适用于实施环境管理体系的各种类型和规模的组织
ISO 14012:1996《环境审核指南 环境审核员资格要求》	提供了关于环境审核员和审核组长的资格要求	内部审核员和外部审核员都需具备同样的能力,但考虑企业的实际情况,不要求必须达到本标准中规定的所有具体要求

1. 以市场驱动为前提 近年来环境意识深入人心,目前环境保护已由政府的强制手段向社会需求、相关方的要求以及市场压力转化。ISO 14000 标准正是迎合了这一趋势,用系列标准传达组织活动、产品、服务中所含有的环境信息,从而表达一个产品或组织对环境的影响与扩大市场、增进贸易的渴望。

2. 标准的预防性 环境管理体系(ISO 14001)强调的是加强企业生产现场的环境因素管理,建立严格的操作控制程序以保护企业环境目标的实现。生命周期分析和环境行为评价则将产品的设计及企业的决策也纳入环境管理之中,在产品最初的设计阶段和企业活动策划过程中比较、评价不同方案的环境特性,为决策提供支持。这种预防措施更彻底、更有效、更能对产品发挥影响力,从而带动相关产品和行业的改进和提高。标准的预防性与国际环境保护领域的发展趋势相一致,强调以预防为主,强调从污染的源头削减,强调全过程污染控制。

3. 标准的可操作性 标准提供了一整套环境管理方法,具有较强的可操作性。这套标准将近年发展起来的可持续发展战略思想融入其中,使一个组织拿到标准就知道如何开展工作。标准提供了全面的环境管理体系(environmental management system,EMS)的要求,提供了建立体系的步骤与方法,翔实而全面,便于实施。但同时标准中又没有绝对量的要求,使各类组织在实施进程中能适度应用。

4. 标准的广泛适用性 标准的内容十分广泛,可以适用于各类组织的环境管理体系及各类产品的认证。任何组织,无论其规模、性质、所处的行业领域,都可以建立自己的环境管理体系,并按标准所要求的内容实施,也可向认证机构申请认证。标准的广泛适用性还体现在其应用领域十分广泛,它涵盖企业的所有管理层次,可以将生命周期评定方法用于产品设计开发、绿色产品优选、产品包装设计;环境行为评价可以帮助企业进行决策,选择有利于环境和市场风险更小的方案,避免决策的失误;环境标志则起到改善企业社会关系、树立企业环境形象、促进市场开发的作用,而环境管理体系标准则进入企业的深层管理,直接作用于现场的操作与控制,全面提高管理人员和员工的环境意识,明确职责与分工。

5. 标准应用的自愿性原则 国际标准的应用都是基于自愿性原则,国际标准只能转化为各国的国家标准,而不等同于各国所制定的法律、法规,不可能要求组织强制实行,因而也不会增加或改变一个组织的法律责任。企业组织可根据自己的经济、技术等条件选择采用。ISO 14000 系列标准在全世界的推广势在必行，而它的应用是顺应世界经济发展与环境保护的主流，符合可持续发展的战略思想，也为企业微观环境管理提供了一整套标准化模式，对改善我国宏观环境管理及企业的微观管理将有较大的帮助，并以进一步改变我国企业的环境形象，为企业走向国际市场开了绿灯。

（四）ISO 14000 与国内环境标准

ISO 14000 系列标准的核心标准是 ISO 14001，它是建立环境管理体系及实施环境审核的基本准则。与环境标准的定量化限制指标相比，ISO 14001 是环境管理体系的规范化标准，其中包含管理要素标准化和运行规范化。ISO 14001 的最主要的要素如环境方针、环境因素、环境目标和指标、法律法规要求及运行控制及监测，这些则都要符合国家或地方的法律法规和环境标准，特别是尚未达标的企业，通过建立环境管理体系促使其完善环境管理措施，以达到使其尽快达标的目的。

（五）我国制药企业的 ISO 14000 推行情况

国内一些制药企业逐步开始意识到 ISO 14001 认证的重要意义，经过努力先后获得了 ISO 14001 认证。截至目前，获得 ISO 14001 认证的制药企业也仅仅有数百家，而全国制药企业却多达几千家。总体而言，我国制药行业的 ISO 14001 认证的总体情况仍不容乐观。

ISO 14001 环境管理体系在制药企业应用的具体措施在于以下几个方面。

1. 制药企业要更新观念，树立环境意识 随着制药企业间竞争的加剧，制药企业积极实施 ISO 14001 环境管理体系，以此来提高企业的社会经济环境效益。实施 ISO 14001 环境管理体系可以与现行全面管理体系相结合，生产过程中严格遵守相关规定使环境管理工作成为日常工作中不可缺少的一部分。制药企业不仅只强调清洁生产，而且还在积极地开展废水重复利用技术和超低排水的关键技术等，以实现节能减排与环保。

2. 组建推进 ISO 14001 环境管理体系的组织机构 制药企业实施 ISO 14001 标准认证工作时，需要制药企业从事大量与此认证相关的工作，而开展 ISO 14001 认证必须要实现企业各个生产部门的协同作业，因此制药企业要组建专门负责 ISO 14001 环境管理体系的结构或者人员。一方面制药企业的管理者要高度重视 ISO 14001 认证工作，加强对 ISO 14001 认证工作的支持力度，更要亲自参与到认证前期的准备工作中；另一方面也要加强对内审员的培训，组织内审员学习与贯彻 ISO 14001 认证标准；此外还要根据企业的实际生产现状编制具体的切实可行的 ISO 14001 环境管理体系管理文件，细化公司、车间、班组生产过程中的环境管理文件，并需要在运行中进行定期、不定期的评审和修改，以保证文件的完善和持续有效。

3. 企业要建立环保专项资金 制药企业要达到 ISO 14001 标准就必须要从源头入手整改企业生产所存在的问题，通过技术改造降低药品生产过程中产生的污染物，并且还要对排放的污染物进行技术创新，提高制药企业对污染物的二次或者多次利用率，这样才能真正实现制药企业的 ISO 14001 标准认证的本质目的，而这些都需要企业为此投入相应的资金给予支持。目前，部分制药企业单位近些年不断加大环保投入力度，建设废水、废气处理设施，升级改造能耗较大的动力设备等，随着环保法律法规的严格化和环保意识的提高，环保投资比例所占全年投资的比例越来越高。

二、环境健康安全管理体系

（一）环境健康安全（EHS）概述

EHS 是 environment（环境）、health（健康）和 safety（安全）的缩写。提升 EHS 管理水平是我国制药工业转型升级和可持续发展的需要，也是中国企业全面参与国际竞争的需要。中国医药企业管理协会定期颁布《中国制药工业 EHS 指南》，旨在为制药企业提供 EHS 管理方面的总的指导方向和行动准则，为建立更加具体的 EHS 目标提供总体框架。企业可参照该指南建立有效的 EHS 管理体系，消除环境、职业健康和安全方面的隐患，最大限度地降低环境污染、职业病和安全事故风险，进而达到提升 EHS 绩效的目的。需要注意的是，该指南不能替代相关法律法规及其他要求。企业应根据实际情况灵活应用该指南，并结合专业技术要求予以实施。如企业采用的标准与该指南要求有差异时，建议选择两者中较高的标准执行。

（二）环境健康安全体系的组织与管理

目前，国际通行的 EHS 管理体系标准主要有《ISO 14001 环境管理体系》（对应 GB/T 24001），以及 ISO 45001《职业健康安全管理体系》（对应 GB/T 45001）。同时，国家对于安全生产标准化也发布了相关标准《企业安全生产标准化基本规范》（GB/T 33000）。企业可以参考上述标准建立和完善 EHS 管理体系。

1. **组织架构与职责**　企业的最高管理者必须对 EHS 管理体系的有效性负责，其 EHS 承诺和领导作用主要体现在表8-2所示的几个方面。

表8-2　EHS 承诺和领导作用的主要内容

序号	主要内容
1	确保建立 EHS 方针与目标，并确保其与企业的战略方向及所处的环境相一致
2	确保将 EHS 管理体系要求融入企业的业务过程
3	确保提供 EHS 管理体系运行所需的资源
4	就 EHS 管理体系的重要性和符合性进行沟通，确保 EHS 管理体系实现其预期结果
5	引导/指导并支持员工对 EHS 管理体系的有效性作出贡献
6	推进管理层落实其 EHS 职责，不断提升 EHS 管理执行力，促进持续改进
7	在组织内建立、引导和促进支持 EHS 体系预期结果的文化
8	保护工作人员不因报告隐患和事故而遭受报复
9	确保建立和实施员工协商和参与机制
10	支持健康安全委员会的建立和运行

EHS 组织是 EHS 管理体系在企业得以贯彻实施的保证，企业中明晰的 EHS 职责和权限划分是 EHS 管理工作落到实处、贯彻和实现 EHS 方针与目标的保障。企业应根据实际需要和法律法规要求设置相应的 EHS 管理部门，EHS 管理机构要具备相对独立的职能。企业的

EHS 组织的人数和技能要符合法规要求。

2. **EHS 策划与辨识** 企业应确定 EHS 管理体系的边界和适用性,界定管理范围内的所有活动、产品和服务,持续进行环境因素识别和危险源辨识,并对环境、安全风险进行评价,尤其应关注变更、异常状态和紧急情况下的环境因素、危险源及其风险。

企业应获取并确定与环境因素、危险源相关的合规性义务,在建立、实施、保持和持续改进其 EHS 管理体系时必须考虑这些合规性义务,并将其要求与日常业务经营活动进行结合。合规性义务包括 EHS 相关法律、法规和其他要求,以及企业自愿遵守的相关方需求和期望。

3. **EHS 方针与目标** 企业应确定与 EHS 相关的外部和内部问题,这些问题应包括受企业影响或能够影响企业的环境状况、职业健康状况和安全状况等。最高管理者应在确定的 EHS 管理体系范围内,根据这些问题与状况建立、实施并保持 EHS 方针,并在企业内得到沟通,可为相关方(如顾客、供方、监管部门、非政府组织、投资方和员工)获取。企业应针对其相关职能和层次建立 EHS 目标,并建立、实施和保持管理方案以达到其目标。

4. **程序文件** 企业应制定程序管理 EHS 体系文件,包括文件的创建、更新、批准、发布、储存和保护、变更控制、回收及处置等。通过程序的实施,确保各关键岗位和部门无论在正常还是异常情况(包括紧急情况)下均能及时方便地获取和使用文件的现行有效版本。EHS 文件应受到充分的保护,防止失密、不当使用或完整性受损。企业应保持与 EHS 体系运行相关的所有记录。

5. **意识与能力** 企业首先应识别 EHS 管理体系涉及的相关人员(包括从高层管理者到普通从业人员)的职责和胜任力要求,特别是负有特殊职责的岗位人员,例如 EHS 专业人员、应急响应团队成员、运行值班人员、保卫人员等。根据识别出的职责和胜任力要求,对各级各类人员开展有针对性的培训,提高 EHS 意识和完成任务的能力,并对各层次和职能所需的能力进行评估,确保其意识和技能达到规定要求。

企业应确保员工充分了解和掌握 EHS 方针、目标、程序和管理体系;与其工作相关的重要环境因素、危险源及与之相关的 EHS 风险和控制;以及其在 EHS 管理体系有效运行中应承担的角色和职责,包括符合体系要求提高 EHS 绩效所获得的贡献和利益;不符合管理体系要求应承担的后果。

企业应建立一套培训管理程序,要点包括培训工作的职责分工、培训需求的确定以及培训工作计划的编制、实施、考核、评估和相关记录管理。培训课时应符合法规要求,特定人员应该按照法规要求参加法定培训,获得证书,持证上岗。

6. **管理控制与改进** 企业应根据自身情况制定 EHS 检查、检测、监测、审核方案,评估 EHS 管理体系的符合性。企业 EHS 检查应采用定期或不定期方式,检查应有明确的目的、要求、内容和计划以确保有效的结果,并对相关结果进行分析和评价,以不断改进 EHS 绩效。

企业应当对运行活动中发生的事故、事件和不符合事项进行调查分析,并将其作为 EHS 改进的着眼点和动力。企业应该定期开展内部审核和外部审核,验证 EHS 体系的适用性、充分性和有效性。审核应由内(外)部有经验、有资质的人员执行,鼓励普通员工参与各阶段的审核工作。

7. 沟通 企业应建立有效的沟通程序,确保 EHS 信息在企业内各部门、各层次之间以及内外部之间畅通有序地交流,以达到相互了解、相互信任、共同参与的目的。企业还应通过一定的渠道,如发布企业环境报告书、社会责任报告、可持续发展报告等形式向外部公开发布,建立与外部信息交流的机制。

8. EHS 文化 EHS 管理体系的持续有效运营需要 EHS 文化的支撑。EHS 文化是企业文化的有机组成部分,是对企业文化的补充和完善,特别是在企业的愿景、核心价值观中识别出企业应当具有的 EHS 文化。

9. 合规企业的合规义务 在 EHS 管理体系的"策划与辨识"环节就要识别,企业应主动识别相关监管机构及其监管内容和监管动态,监管机构和监管内容举例包括但不限于表 8-3。

表 8-3　监管机构和监管内容

监管机构	监管内容
应急管理部门	安全生产管理、消防管理、应急管理、安全评价等
卫生行政部门	职业健康管理、职业卫生评价、食品安全等
生态环境部门	环境监察执法、环境影响评价、污染物排放许可证、应急管理等
公安部门(属于治安管理范畴)	监管化学品(易制毒、易制爆、剧毒、民用爆炸品等)的采购、保管、使用和运输等
工信部门(禁化武办)	履行《禁止化学武器公约》的相关监控化学品

(三)环境健康安全体系中的环境保护

1. 环境保护概述 环境保护是指研究和防止由于人类生活、生产建设活动使自然环境恶化,进而寻求控制、治理和消除各类因素对环境的污染和破坏,并努力改善环境、美化环境、保护环境,使它更好地适应人类生活和工作需要。企业必须针对其经营实际,建立和维护有效的管理体系,以避免、减少和控制污染物或废物的产生、排放或废弃,以达到符合法规要求、实现可持续发展的目标。

企业需要建立环境风险评估制度以确定在正常运行条件下、异常运行条件下以及应急活动对环境具有或可能具有显著影响的方面,并确定纠正或控制重大环境方面的优先次序。在开展各项工作过程中,需要关注如表 8-4 所示的几点。

表 8-4　环保保护的主要关注点

分类	主要内容	举例
环境影响因素	对环境可能有影响的正常、异常运行条件下的组织活动、产品服务以及应急活动	气体排放、废水排放、噪声、非危险废物的产生和处置、危险废物的产生和处置、能源的使用、水的使用、材料的使用、化学品的使用和管理
环境影响	由组织因素引起的环境变化	空气污染、水污染、土壤和地下水污染、自然资源的影响、社区健康的影响(如水或食物供给的影响)、气味、噪声、灯光、交通等公害

除此之外,还包括为环境影响部门分配职责,确定所辖区域的活动、产品和服务,包括计划的或新开发的、新的或修改的活动、产品和服务;评估在正常、异常运行条件下的每个活动、产品或服务及应急活动相关的环境影响及其相关的控制措施;制定相关控制流程和标准,以实践环境保护计划或方案,建立环保目标及评估流程。

2. 制药工业废水管理 废水处理设施应与环境影响评价及批复中规定的废水处理设施基本一致。工业废水和生活污水的处理设计应根据废水的水质、水量及其变化幅度、处理后的水质要求及地区特点等,通过技术经济比较,确定优化处理方法和流程,采用合理的、有针对性的废水处理手段,减少污染物含量后达标排放或循环利用。拟定废水处理工艺时,应优先考虑利用废水、废气、废渣(液)等进行"以废治废"的综合治理。水质处理应选用无毒、低毒、高效或污染较轻的水处理药剂。废水处理所产生的油泥、浮渣和剩余污泥等应按要求处理或处置。废水处理产生的废气要收集、处理后达标排放。废水处理设施应配备必要的操作人员及管理人员,制定合理有效的操作规程、运行费用核算、控制指标、监测要求等规章制度,配置必要的处理过程控制监测设备等。

企业应按照环境影响评价及批复要求设置废水排放口和雨水排放口。排放口应符合相关规范要求,并设置标志牌和环境保护图形标志。企业应建立废水处理监测检测系统,确保废水处理设施平稳运行和达标排放。监测检测应保存原始记录。应根据要求安装污染物在线监测装置,并与环保行政主管部门的污染监控系统联网。

废水处理后循环再利用水质必须符合城市废水再生利用系列标准规定的使用水质标准。企业应根据企业自行监测规范的要求[例如《排污单位自行监测技术指南 总则》(HJ 819—2017)和不同工艺类型的制药工业自行监测技术指南]制定自行检测计划并实施。

3. 制药工业废气管理 废气处理设施及排放口的数量、位置要与环境影响评价及批复的要求一致。根据废气污染物种类、浓度不同及处理工艺要求,废气要分类收集、处理。废气处理工程设计应根据废气的产生量、污染物的组分和性质、温度、压力等因素进行综合分析后选择废气治理工艺路线。要考虑分类处置的原则及设施运行的稳定性及连续性,采用不同的处理方案,处理效果应该得到验证。企业应建立监测制度,按照排污许可要求和相关标准制定检测方案,对污染物排放情况及周边环境质量影响开展自行检测,保存原始监测记录,并公布检测结果。废气处理系统排气筒的高度应满足环境影响评价及批复的要求。排气筒应按照相关标准设置监测采样口、与环保管理部门联网在线监测设施以及相关标志牌和环境保护图形标志。

4. 固体废弃物管理 固体废弃物防治应符合资源化、无害化、减量化的原则。各种固体废弃物应按其性质和特点进行分类,有利用价值的采取回收或综合利用措施,没有利用价值的采取无害化堆置或焚烧等处理措施,不得以任何方式排入自然水体或任意抛弃。

固体废弃物的输送应有防止污染环境的措施。输送含水量大的废渣和高浓液时应采取措施避免沿途滴洒。有毒有害废渣、易扬尘废渣的装卸和运输应采取密闭和增湿等措施,防止发生污染和中毒事故。管道输送要考虑清洗和维修的需要。

固体废弃物的临时贮存应根据数量、运输方式、利用或处理能力等情况,妥善设置堆场、贮罐等缓冲设施,不得任意堆放。必要时采取防水、防渗漏或防止扬散的措施,设置堆场雨水、渗出液的收集处理和采样监测设施。

不同的固体废弃物应分类贮存，以便管理和利用。一般固体废物和危险废物应分开贮存。危险废物包装应贴有危险废物标签。危险废物不得露天存放，贮存期限原则上不得超过1年。危险废物储存场所还应根据废弃物的理化特性等信息，充分评估可能的安全风险，设置对应的安全防控措施。

食堂、办公区域、生产区域等区域产生的生活垃圾应委托有资质的市容环卫部门处理。煤渣、中药药渣、废包装、废纸、一般污泥等被认定的一般固体废物应委托正规公司处理，签订合法有效的委托处理合同。

对易燃、易爆、遇水反应、剧毒、遇空气自燃及有腐蚀性、强氧化性等危险废物应进行预处理，将风险降低在可控范围内。

生产和办公产生的电子废物应委托具有电子废物处理资质的处置商处理。危险废物应执行排污许可证管理制度，应委托持有有效危险废弃物经营许可证的处置单位处理。

转移危险废物必须按照国家有关规定填写危险废弃物转移报告联单。跨省转移固体废物必须得到移除地和移入地省级环境保护行政主管部门的批准。跨国转移危险废物必须按照国家环境保护行政主管部门的批准。危险货物的运输单位要有危险货物运输资质，使用危险货物专用运输车辆，危险废物的运输单位要保证驾驶员和押运员持证上岗。

禁止将危险废物混入一般固体废物中处置。禁止自行填埋危险废物。涉及生物安全性风险的固体废物应进行无害化处置。实验动物尸体应作为危险废物焚烧处置。

5. 环境噪声管理　企业应根据《中华人民共和国环境噪声污染防治法》和相关法律、法规、标准要求，开展环境噪声污染防治工作。制药生产过程需要供应水、电、气、风、冷等能源，各种能源的生产、输送和使用过程中产生不同的噪声。主要噪声来源包括锅炉鼓风机、空气压缩机、冷冻压缩机、粉碎机、风机等设备运行产生的噪声。

噪声控制设计应充分结合地形、建构筑物等声屏的作用，确定合理的方法。噪声与振动控制工程设计应符合相关标准。噪声控制应首先控制噪声源，选用低噪声的工艺和设备，必要时还应采取消声、隔声、吸声等降噪声控制措施。工艺管道设计应合理布置并采用正确的结构，防止产生振动和噪声。带压气体的放空应选择适用于该气体特征的放空消声设备。

建立厂界噪声日常监测，生产装置声源辐射至厂界的噪声不得超过厂界环境噪声排放的国家标准。

6. 土壤与地下水保护　企业要根据《中华人民共和国土壤污染防治法》和相关法律、法规、标准要求，开展土壤和地下水污染防治工作。

企业在项目建设前或购买新工厂前，需要对土壤和地下水进行本底调查，委托第三方进行检测并保留相关检测数据，以及开展定期监测计划。对地下设施应定期监测，确保土壤和地下水不受污染。采取适当措施，最大限度地减少厂内泄漏或流入下水道的排水管泄漏的可能性。数据出现异常的需要进行调查，说明是否为本企业影响所致。

企业应制定以下各项土壤污染防治措施。

（1）液态化学品贮罐：所有液态化学品贮罐都应具备有效围堰，并应确保发生泄漏时围堰有足够的空间容纳泄漏的化学品。做好存放危险化学品容器的二级防泄漏措施。

（2）固体废物临时堆放场：所有固体废物临时堆放场的地面都应有防渗漏措施、顶盖与导水渠，固体废物的渗滤液应收集处理。

（3）装置与废水：经常受有害物质污染的装置、作业场所墙壁和地面的冲洗水以及受污染的雨水应排入相应的废水管网。

（4）车间地面：制药车间、储罐区、污水处理设施的地面应采取相应的防渗、防漏和防腐措施。

（5）记录：记录新的土壤污染事故或事件，制定并执行书面的治理计划。禁止污染土壤的扩散或者将受污土壤与干净土壤混合。

企业关闭和搬迁后土地再利用之前，需要根据相关要求开展场地土壤及地下水污染调查、风险评估，根据评估结果采取相应措施，例如对于污染地块进行土壤和地下水的修复。

7. 能源管理　企业可根据 ISO 50001《能源管理体系 要求及使用指南》标准（对应 GB/T 23331）建立和运行能源管理体系，设立能源管理组织和专职或兼职能源管理人员。能源管理人员应该具有节能专业知识和实际经验。

建立节能管理制度和能源消费统计制度。建立节能工作责任体系，并进行定期考核和分析；健全能源统计台账，按照统计要求及时上报。

严格执行国家、地方和行业制定的产品能耗限额标准。对没有能耗限额的产品，要按照科学、先进、合理的原则，自行制定主要产品能耗限额标准。实施对标管理，寻找差距，提高能源管理水平。

建立主要耗能设备档案，档案内容应包括设备名称、型号、能耗及效率设计指标、年度实际运行指标、检修情况和存在的问题等。

8. 碳排放管理（温室气体排放）　温室气体（以二氧化碳为代表）排放是指由于人类活动或者自然形成的温室气体，如水蒸气（H_2O）、氟利昂、二氧化碳（CO_2）、氧化亚氮（N_2O）、甲烷（CH_4）、臭氧（O_3）、氢氟碳化物、全氟碳化物、六氟化硫等的排放。6 种主要温室气体中，CO_2 在大气中的含量最高，所以它成为削减与控制温室气体排放的重点，但是其他几种温室气体的作用也不可低估。企业应当设立和执行减排目标，开展碳排放管理，减少生产经营活动中的温室气体排放。

9. 绿色化学　绿色化学又称为环境友好化学（environmentally friendly chemistry）。即基于产品全生命周期进行过程设计，在产品的生产、使用及废弃全过程减少危险物质的使用或消除危险物质的使用以及废弃物的产生。

绿色化学以利用可持续发展的方法，把降低维持人类生活水平及科技进步所需的化学产品与所使用与产生的有害物质作为努力的目标，因而与此相关的化学化工活动均属于绿色化学的范畴。在近年来的化学制药实践中，以连续反应、酶催化、计算机选择溶剂等为代表的技术发展迅猛，作为行业标准的《化学制药行业绿色工厂评价导则》可以用来评估工厂的绿色化学指数。在此基础上，业界内总结出 9 个方面的绿色化学和化工的发展趋势：绿色化工产品设计、原料的绿色化及新型原料平台、新型反应技术、催化剂制备的绿色化和新型催化技术、溶剂的绿色化及绿色溶剂、新型反应器及过程强化与耦合技术、新型分离技术、绿色化工过程系统集成和计算化学与绿色化学化工结合。

企业在产品研发阶段就宜应用绿色化学的概念,对选择的工艺路线、反应原料和溶剂等方面开展评估,从根本上减少工业生产过程的废弃物产出量和各种资源的消耗率。

10. **新化学物质** 环境登记企业应根据《新化学物质环境登记管理办法》的要求,对进口和生产的不在《中国现有化学物质名录》中的化学品,依据《新化学物质申报登记指南》的要求进行申报。

（四）环境健康安全体系中的特殊关注物管理

1. **环境中的药物残留** 药品制造中的任何一种具有活性的物质或活性物质的混合物排放到自然界中均可能对生态产生重大影响。

企业应获取充足的数据评估生产药物对生态的影响,数据无法收集的,可依照相关标准委托有资质的实验室对药物的生态影响进行检测。同时企业应建立有效管理制度,对外排废物中的活性物质进行监控,按照化合物对于环境的安全限值(predicted environmental no effect concentration, PNEC)制定排放控制标准。相关数据无法获取的,可采用固定值 PNEC=0.1μg/L。

值得信赖的做法是,通过物料平衡计算出排放的含药物废水浓度,每个环节采用稀释倍数的方法,确认最终排放至环境的水体浓度,评估含药物废水对环境有无不利的影响。

控制药物进入水体的方法主要有源头控制,对废水进行分类处置,高浓度如一次分层废水可以浓缩作为危险废物焚烧处理;设备清洗先使用溶剂清洗,避免进入废水;选择合适的溶剂将化合物从水相中萃取出成为危险废物;生产过程控制,避免物料转移过程中洒落进水体中,接触高活物料的包装应作为危险废物处理等。

2. **消耗臭氧层物质** 企业应根据《消耗臭氧层物质管理条例》和《中国受控消耗臭氧层物质清单》等法规要求,建立管理程序和清单记录,跟踪消耗臭氧层物质(ozone depleting substance, ODS)的使用期限和更换计划,符合各地法规要求。各生产线、部门在购买制冷设备、灭火器/剂、农药、药物喷雾剂时,尽可能选择对臭氧层破坏程度与温室效应影响小的制冷剂或相关产品。使用或检修含 ODS 设备时应尽量防止 ODS 泄漏,发现泄漏应及时采取措施减少 ODS 的挥发。当含 ODS 设备淘汰时,应请有资质的单位对设备的 ODS 进行回收处理,不可随意作为普通固体废物处置。此外,还要制定含 ODS 设备的淘汰或改造计划,确保符合国家相关要求。

3. **致癌、致突变或有生殖毒性的物质** 致癌(carcinogenic)、致突变(mutagenic)、有生殖毒性(reproductive toxicity)的物质(简称 CMR)分类是按《欧洲危险物质指令》(*European Dangerous Substances Directive*, EU DSD)及其多次修改[包括按新的欧洲化学品法规《关于化学品注册、评估、许可和限制的规定》(*Registration, Evaluation, Authorisation and Restriction of Chemicals*, 简称 REACH 法规)修改]的结果、联合国新分类体系(即全球化学品统一分类和标签制度, GHS)以及其他国家的法规(如美国法规)而作出的。

企业应建立 CMR 控制程序和清单,建立物质安全技术说明书,进行风险评估,采取工程措施和管理制度,确保对其暴露程度保持在安全范围内。减少 CMR 的使用量,使用危险性较小的替代品。停止采购含石棉及多氯联苯的设备。对已存在的石棉和多氯联苯应该制定详细的记录清单,做好明确标识,安全包装并委托有资质的单位进行处理。产品中特别是中药产品含有 CMR 的应在说明书中明确风险和控制剂量。

4. **持续性、生物累积性和剧毒物质** 企业应识别生产活动中使用和产生的持续性、生物累积性和剧毒物质(PBT),减少 PBT 的使用,使用危险性较小的替代品。如果没有替代品,应进行风险评估,确定它们的安全使用并将其排放控制到最小。

在研发产品过程中进行 PBT 辨识,确认使用所导致的对人类健康和环境造成的风险能被充分控制。

(五)研发 EHS 管理

1. 概述　产品研发过程中需考虑的 EHS 的内容包括技术先进、绿色环保和安全可靠,需以相关产业政策为导向,尽量采用低毒、无恶臭物料,不得采用国家明令禁止、淘汰的工艺、装备和物料;评估工艺稳定性及工业化生产的可操作性,操作参数如温度、水分、pH、搅拌(非均项)、反应时间等对 EHS 的影响;节能降耗,特别是溶剂的回收套用,降低物料使用量,减少"三废"产生;"三废"的规范化处置,除考虑源头减量化外,还需研究废水分类处理的方法、危险固体废物无害化及废气产生收集处置等。

2. 小试阶段　制药企业应遵循实验室安全要求,制定试验方案时充分考虑原料、中间体、最终产品和副产品的有关理化特性,制定防范措施,对危害不确定的中间体或产品职业健康防护等级参照 OEB 4 级控制标准。

制药企业应研究采用工业级原料下的最佳工艺路线,对关键工艺参数进行详细的考察,合理制定关键原料和中间体的质量标准,研究避免或减少有毒有害物质原料使用,选择危险度低、产污量小的工艺路线,同时应开展破坏性试验,包括产物、反应的稳定性试验。

3. 中试阶段　企业应建立中试管理制度,建立与完善安全信息管理制度,设定可进行中试的必要条件,例如进行反应安全相关的数据测试,评估反应风险等级。高风险反应不进行中试或采用流体化学等有效降低风险的方式进行。制药企业可参照《精细化工反应安全风险评估导则(试行)》,建立评估机制和能力,对反应进行安全风险评估。应根据小试结果进行设备选择和工艺管路的改造,并在投料前检查确认完成。此过程应考虑设备管道容量、材质是否适宜,耐蚀性、加热、冷却和搅拌(类型)速度、防冲料措施、泄爆装置、废气处理等是否符合要求,物料输送、计量、加料、分离等是否得到有效控制。

新产品试制过程中涉及新化学物质的需按规申报,对新化学物质的危险性、毒性、水环境影响等应委托有资质的机构进行试验、分析,提供数据。

(六)建设项目的 EHS 管理

1. 新改扩建项目的 EHS 管理　建设项目的 EHS 设施应与主体工程同时设计、同时施工、同时投入使用(简称"三同时"),严格按照相关安全、职业卫生、环保、消防等规范和标准组织设计、施工、验收等工作。不同阶段的要求如表 8-5 所示。

2. 关厂/停用设施的 EHS 管理　对于待关闭的工厂和设施,要成立项目团队,识别行动项,建立和跟踪行动计划。环境方面要关注剩余物料和废弃物的处置,设备中残留的物料要排空,明确标识其危害性并按规定安全合法处置。拟拆除的建筑或设施中含有石棉等危险物品的,需要明确标识出来,并确定安全的拆除方案及合法的处置方案。如果监测发现有土壤和地下水污染,要向有关部门探讨土地修复方案。设备的残余能量要安全防控。特种设备的处置应按照相关法规要求。职业健康方面要做好离岗人员的职业健康监护,落实职业病和工伤人员的待遇。

表8-5　不同阶段的要求

阶段	要求
可行性设计阶段	企业应选择有资质的评价机构对建设项目的设立进行安全评价、环境影响评价、职业卫生预评价。在确定产品和生产工艺后，还应进行选址论证，对于涉及国家重点监管危险工艺或达到重大危险源标准的制药项目需入驻危化园区
概念设计阶段	应重点关注工艺流程是否存在不可控的安全风险、无法解决的"三废"排放问题，此类难题直接会影响项目的可实施性，需对工艺路线进行重大调整
基础设计阶段	需考虑完成初步危害分析，结合相关设计规范标准审查平面布置和主要工艺方案是否满足要求
详细设计阶段	在完成第1版管道及仪表流程图（PID）时，需采用危险与可操作性研究（HAZOP）等方法完成风险分析，在设计阶段落实风险控制措施
采购建设阶段	需确保采购设备符合标准，需做好工程质量保证，按要求完成设备单试，落实"三同时"要求
试车投产阶段	需开展装置开车前安全审查（PSSR）工作，完成工艺操作规程的编写、培训，编写试车方案，落实竣工验收合规性事项

（七）EHS变更管理

1. 基本责任　企业应建立、执行和维护一个书面流程，确保在研发或设计过程中及在采购之前，对全新的以及现有的工艺、设备和设施的变更进行评审和批准，以满足适用的法规要求和组织EHS标准。

2. 变更管理流程　企业应建立、执行和维护一个变更管理流程，确保所有可能对人员、设备/装置、财产以及环境产生不良影响的业务、技术、运营和行政方面的变化得到预测、评估和控制，以持续地满足适用的法规要求和组织EHS标准。变更管理流程还应该对常规变更流程范围之外的紧急变更作出规定。紧急变更应先由被授权的人员批准，然后尽快纳入常规变更流程进行正式评估和批准。

第二节　环境保护与污染控制相关国家政策与法规

一、环境法的基本原则与主要制度

环境法是指以保护和改善环境、预防和治理人为环境侵害为目的，调整人类环境利用关系的法律规范的总称。环境法的目的是保护和改善人类赖以生存的环境，预防和治理人为环境侵害；环境法的调整对象是人类在从事环境利用行为过程中形成的环境利用关系；环境法的范畴既包含直接确立环境利用行为准则的法律规范，也包括其他法律部门中有关环境保护的法律规范。

（一）环境法的基本原则

我国环境基本法《中华人民共和国环境保护法》确立了我国环境保护的基本原则和基本制度，基本原则共有以下五项：

1. **预防原则**　指对开发和利用环境行为所产生的环境质量下降或者环境破坏等应当事前采取预测、分析和防范措施,以避免、消除由此可能带来的环境损害。预防原则要求在环境利用行为实施前采取政治、法律、经济和行政等各种手段,防止环境利用行为导致环境污染或者破坏现象的发生,即所谓的"防患于未然"。

2. **协调发展原则**　指为了实现社会、经济可持续发展,必须在各类发展决策中将环境、经济、社会三个方面的共同发展相协调一致,而不至于顾此失彼。可持续发展战略将经济、社会和环境作为人类社会发展的三个重要基石,它突出强调了不仅需要关注环境方面(进而关注环境与经济问题),而且需要关注可持续性的社会方面的问题。

3. **开发者养护、污染者治理原则**　指在对自然资源与能源的开发和利用过程中,对于因开发资源而造成资源减少和环境损害以及因利用资源和能源而排放污染物造成环境污染危害等的养护和治理责任,应当由开发者和污染者分别承担。但该原则并不包括对污染损害和环境破坏所造成的被害人的损失予以赔偿。

4. **公众参与原则**　指公众有权通过一定的程序或途径参与一切与公众环境权益相关的开发决策等活动,并有权得到相应的法律保护和救济,以防止决策的盲目性,使该项决策符合广大公众的切身利益和需要。近年来我国制定和完善的大量法律中均规定了较为明确的公众参与条款,确保公众权利的实现和不受侵害。

5. **协同合作原则**　指以可持续发展为目标,在国家内部各部门之间、在国际社会国家(地区)之间重新审视既得利益与环境利益的冲突,实行广泛的技术、资金和情报交流与援助,联合处理环境问题。治理环境问题仅靠一个国家、一个部门只能是杯水车薪,应当由全地区、全世界范围的人类携手合作才能从根本上扭转环境退化的局面。由于环境保护涉及一个国家的根本利益,并且只有国家有能力从宏观上确定环境政策、调整产业的投资方向,因而世界各国均把环境保护作为国家的一项重要任务。鉴于全球环境一体性,它需要在采取对策方面协调各国、各部门的利害关系,以采取合作的方式来全面对付环境问题。

(二)环境法的主要制度

环境法的主要制度(或基本制度)是指根据环境法的基本原则,由调整特定环境社会关系的一系列环境法律规范而形成的相对完整的实施规则系统。环境法的主要制度对具体环境法律规范具有指导、整合的功能和提纲挈领的作用。

1. **环境影响评价制度**　《中华人民共和国环境影响评价法》第二条规定,"本法所称环境影响评价,是指对规划和建设项目实施后可能造成的环境影响进行分析、预测和评估,提出预防或者减轻不良环境影响的对策和措施,进行跟踪监测的方法与制度。"环境影响评价制度则是有关环境影响评价的范围、内容、程序、法律后果等事项的法律规则系统,这项制度与"三同时"制度一起,在环境法律关系的调整中处于最初始的阶段,充分体现预防为主的目的。

为贯彻《中华人民共和国环境保护法》《中华人民共和国环境影响评价法》《建设项目环境保护管理条例》,规范和指导制药建设项目环境影响评价工作,制定了《环境影响评价技术导则制药建设项目》(2011年2月11日发布,2011年6月1日实施)。该标准规定了制药建设项目环境影响评价工作的一般性原则、内容、方法和技术要求。该标准适用于新建、改建、扩建和企业搬迁的制药建设项目环境影响评价。生产兽药和医药中间体的建设项目环境影响评价可参照本标准执行,该标准为首次发布。

2.**"三同时"制度**　指一切可能对环境有影响的建设项目,其环境保护设施必须与主体工程同时设计、同时实施、同时投产使用的制度。这项制度在环境法律关系的调整时间顺序中仅次于环境影响评价制度,而先于其他制度。"三同时"制度为我国所独创,是控制新污染源的产生、实现预防为主原则的重要途径。

建设项目一般包括设计、施工和投入使用三个阶段,"三同时"制度贯穿于建设项目的全过程,而对建设项目设计、施工阶段提出了特定的管理要求。

为贯彻《中华人民共和国环境保护法》《中华人民共和国环境影响评价法》《建设项目环境保护管理条例》,落实《建设项目竣工环境保护验收管理办法》,保护生态环境,规范制药建设项目竣工环境保护验收工作,制定了《建设项目竣工环境保护验收技术规范制药(HJ 792—2016)》。该标准于2016年3月29日发布,2016年7月1日实施。该标准规定了制药建设项目竣工环境保护验收技术的工作程序、总体要求,以及验收技术方案和验收技术报告的编制要求。

3.**环境行政许可制度**　指环保行政机关对从事可能造成环境不良影响活动的开发、建设或经营者提出的申请,依法审查,通过颁发许可证、执照等形式,赋予或者确认该申请方从事该种活动的法律资格或法律权利的一系列法律制度。

根据所颁发许可证和执照的内容,我国环境行政许可制度大致可分为三类:第一类是防止环境污染的行政许可,如颁发排污许可证,危险废物收集、贮存、处置许可证,放射性同位素与射线装置生产、使用、销售许可证,危险化学品生产、经营许可证等;第二类是防止环境破坏的行政许可,如颁发取水许可证等;第三类是针对整体环境保护的行政许可,如颁发建设规划许可证等。

有关制药工业许可证的名称、主要内容实施日期如表8-6所示。

4.**环境标准制度**　环境标准是国家根据人体健康、生态平衡和社会经济发展对环境结构、状况的要求,在综合考虑本国自然环境特征、科学技术水平和经济条件的基础上,对环境要素间的配比、布局和各环境要素的组成以及进行环境保护工作的某些技术要求加以限定的规范。其主要内容为技术要求和各种量值规定,为实施环境资源法的其他规范提供准确、严格的范围界限,为认定行为的合法与否提供法定的技术依据。环境标准是环境管理的技术手段,是环境评价的技术基础和环境科学的重要组成部分,又是环境资源立法的科学基础和环境资源法规的重要组成部分。环境标准是环境资源保护的技术规范和法律规范有机结合的综合体,是环境管理的依据。环境标准制度是我国环境监督管理的重要制度。1973年8月颁布的《"工业三废"排放试行标准》是我国的第一个环境标准。

制药工业排放标准主要如表8-7所示。

表8-6　制药工业许可证的名称、主要内容实施日期

技术规范名称	主要内容	实施日期
《排污许可证申请与核发技术规范 制药工业—中成药生产》（HJ 1064—2019）	贯彻落实《中华人民共和国环境保护法》《中华人民共和国大气污染防治法》《中华人民共和国水污染防治法》《中华人民共和国土壤污染防治法》等法律法规，以及《国务院办公厅关于印发控制污染物排放许可制实施方案的通知》（国办发〔2016〕81号）和《排放许可管理办法（试行）》（环境保护部令第48号），完善排污许可技术支撑体系，指导和规范制药工业—中成药生产排污单位排污许可证申请与核发工作	2019年12月10日
《排污许可证申请与核发技术规范 制药工业—生物药品制品制造》（HJ 1062—2019）	贯彻落实《中华人民共和国环境保护法》《中华人民共和国大气污染防治法》《中华人民共和国水污染防治法》《中华人民共和国土壤污染防治法》等法律法规，以及《国务院办公厅关于印发控制污染物排放许可制实施方案的通知》（国办发〔2016〕81号）和《排放许可管理办法（试行）》（环境保护部令第48号），完善排污许可技术支撑体系，指导和规范制药工业—生物制品制造排污单位排污许可证申请与核发工作	2019年12月10日
《排污许可证申请与核发技术规范 制药工业—化学药品制剂制造》（HJ 1063—2019）	贯彻落实《中华人民共和国环境保护法》《中华人民共和国大气污染防治法》《中华人民共和国水污染防治法》《中华人民共和国土壤污染防治法》等法律法规，以及《国务院办公厅关于印发控制污染物排放许可制实施方案的通知》（国办发〔2016〕81号）和《排放许可管理办法（试行）》（环境保护部令第48号），完善排污许可技术支撑体系，指导和规范制药工业—化学药品制剂制造排污单位排污许可证申请与核发工作	2019年12月10日

表8-7　制药工业排放标准的名称、主要内容与实施日期

标准名称	主要内容	实施日期
《发酵类制药工业水污染物排放标准》（GB 21903—2008）	本标准规定了发酵类制药工业水污染物的排放限值、监测和监控要求以及标准的实施与监督等相关规定。 本标准适用于发酵类制药工业企业的水污染防治和管理，以及发酵类制药工业建设项目的环境影响评价、环境保护设施设计、竣工环境保护验收及其投产后的水污染防治和管理。 与发酵类药物结构相似的兽药生产企业的水污染防治与管理也适用于本标准。本标准适用于法律允许的水污染物排放行为。新设立的发酵类制药工业企业的选址和特殊保护区域内现有污染源的管理，按照《中华人民共和国水污染防治法》《中华人民共和国海洋环境保护法》《中华人民共和国环境影响评价法》等法律的相关规定执行。 本标准规定的水污染物排放控制要求适用于企业向环境水体的排放行为。企业向设置污水处理厂的城镇排水系统排放废水时，其污染物的排放控制要求由企业与城镇污水处理厂根据其污水处理能力商定或执行相关标准，并报当地环境保护主管部门备案；城镇污水处理厂应保证排放污染物达到相关排放标准要求。建设项目拟向设置污水处理厂的城镇排水系统排放废水时，由建设单位和城镇污水处理厂按前款的规定执行。 自本标准实施之日起，发酵类制药工业企业的水污染物排放控制按本标准的规定执行，不再执行《污水综合排放标准》（GB 8978—1996）中的相关规定。本标准为首次发布	2008年8月1日
《中药类制药工业水污染物排放标准》（GB 21906—2008）	本标准规定了中药类制药工业水污染物的排放限值、监测和监控要求以及标准的实施与监督等相关规定。 本标准适用于中药类制药工业企业的水污染防治和管理，以及中药类制药工业建设项目的环境影响评价、环境保护设施设计、竣工环境保护验	2008年8月1日

标准名称	主要内容	实施日期
《中药类制药工业水污染物排放标准》(GB 21906—2008)	收及其投产后的水污染防治和管理。本标准适用于以药用植物和药用动物为主要原料,按照国家药典,生产中药饮片和中成药各种剂型产品的制药工业企业。 藏药、蒙药等民族传统医药制药工业企业以及与中药类药物相似的兽药生产企业的水污染防治与管理也适用于本标准。当中药类制药工业企业提取某种特定药物成分时,应执行提取类制药工业水污染物排放标准。 本标准适用于法律允许的水污染物排放行为。新设立的中药类制药工业企业的选址和特殊保护区域内现有污染源的管理,按照《中华人民共和国水污染防治法》《中华人民共和国海洋环境保护法》《中华人民共和国环境影响评价法》等法律的相关规定执行。 本标准规定的水污染物排放控制要求适用于企业向环境水体的排放行为。企业向设置污水处理厂的城镇排水系统排放废水时,有毒污染物总汞、总砷在本标准规定的监控位置执行相应的排放限值;其他污染物的排放控制要求由企业与城镇污水处理厂根据其污水处理能力商定或执行相关标准,并报当地环境保护主管部门备案;城镇污水处理厂应保证排放污染物达到相关排放标准要求。建设项目拟向设置污水处理厂的城镇排水系统排放废水时,由建设单位和城镇污水处理厂按前款的规定执行。自本标准实施之日起,中药类制药工业企业的水污染物排放控制按本标准的规定执行,不再执行《污水综合排放标准》(GB 8978—1996)中的相关规定	2008 年 8 月 1 日
《提取类制药工业水污染物排放标准》(GB 21905—2008)	本标准规定了提取类制药(不含中药)工业企业水污染物的排放限值、监测和监控要求以及标准的实施与监督等相关规定。 本标准适用于提取类制药工业企业的水污染防治和管理,以及提取类制药工业建设项目的环境影响评价、环境保护设施设计、竣工环境保护验收及其投产后的水污染防治和管理。 与提取类制药生产企业生产药物结构相似的兽药生产企业的水污染防治和管理也适用于本标准。本标准适用于不经过化学修饰或人工合成提取的生化药物、以动植物提取为主的天然药物和海洋生物提取药物生产企业。 本标准不适用于用化学合成、半合成等方法制得的生化基本物质的衍生物或类似物、菌体及其提取物、动物器官或组织及小动物制剂类药物的生产企业。 本标准适用于法律允许的水污染物排放行为。新设立的提取类制药工业企业的选址和特殊保护区域内现有污染源的管理,按照《中华人民共和国水污染防治法》《中华人民共和国海洋环境保护法》《中华人民共和国环境影响评价法》等法律的相关规定执行。 本标准规定的水污染物排放控制要求适用于企业向环境水体的排放行为。企业向设置污水处理厂的城镇排水系统排放废水时,其污染物的排放控制要求由企业与城镇污水处理厂根据其污水处理能力商定或执行相关标准,并报当地环境保护主管部门备案;城镇污水处理厂应保证排放污染物达到相关排放标准要求。建设项目拟向设置污水处理厂的城镇排水系统排放废水时,由建设单位和城镇污水处理厂按前款的规定执行。自本标准实施之日起,提取类制药工业企业的水污染物排放控制按本标准的规定执行,不再执行《污水综合排放标准》(GB 8978—1996)中的相关规定	2008 年 8 月 1 日
《化学合成类制药工业水污染物排放标准》(GB 21904—2008)	本标准规定了化学合成类制药工业水污染物的排放限值、监测和监控要求以及标准的实施与监督等相关规定。 本标准适用于化学合成类制药工业企业的水污染防治和管理,以及化学合成类制药工业建设项目环境影响评价、环境保护设施设计、竣工环境	2008 年 8 月 1 日

标准名称	主要内容	实施日期
《化学合成类制药工业水污染物排放标准》（GB 21904—2008）	保护验收及其投产后的水污染防治和管理。 本标准也适用于专供药物生产的医药中间体工厂（如精细化工厂）。与化学合成类药物结构相似的兽药生产企业的水污染防治与管理也适用于本标准。 本标准适用于法律允许的水污染物排放行为。新设立的化学合成类制药工业企业的选址和特殊保护区域内现有污染源的管理，按照《中华人民共和国水污染防治法》《中华人民共和国海洋环境保护法》《中华人民共和国环境影响评价法》等法律的相关规定执行。本标准规定的水污染物排放控制要求适用于企业向环境水体的排放行为。企业向设置污水处理厂的城镇排水系统排放废水时，有毒污染物总镉、烷基汞、六价铬、总砷、总铅、总镍、总汞在本标准规定的监控位置执行相应的排放限值；其他污染物的排放控制要求由企业与城镇污水处理厂根据其污水处理能力商定或执行相关标准，并报当地环境保护主管部门备案；城镇污水处理厂应保证排放污染物达到相关排放标准要求。建设项目拟向设置污水处理厂的城镇排水系统排放废水时，由建设单位和城镇污水处理厂按前款的规定执行。自本标准实施之日起，化学合成类制药工业企业的水污染物排放控制按本标准的规定执行，不再执行《污水综合排放标准》（GB 8978—1996）中的相关规定。本标准为首次发布	2008 年 8 月 1 日
《生物工程类制药工业水污染物排放标准》（GB 21907—2008）	本标准规定了生物工程类制药工业企业水污染物的排放限值、监测和监控要求以及标准的实施与监督等相关规定。 本标准适用于生物工程类制药工业企业的水污染防治和管理，以及生物工程类制药工业建设项目的环境影响评价、环境保护设施设计、竣工环境保护验收及其投产后的水污染防治和管理。 本标准适用于采用现代生物技术方法（主要是基因工程技术等）制备作为治疗、诊断等用途的多肽和蛋白质类药物、疫苗等药品的企业。 本标准不适用于利用传统微生物发酵技术制备抗生素、维生素等药物的生产企业。 生物工程类制药的研发机构可参照本标准执行。利用相似生物工程技术制备兽用药物的企业的水污染物防治与管理也适用于本标准。 本标准适用于法律允许的水污染物排放行为。新设立的生物工程类制药工业企业的选址和特殊保护区域内现有污染源的管理，按照《中华人民共和国水污染防治法》《中华人民共和国海洋环境保护法》《中华人民共和国环境影响评价法》等法律的相关规定执行。本标准规定的水污染物排放控制要求适用于企业向环境水体的排放行为。企业向设置污水处理厂的城镇排水系统排放废水时，其污染物的排放控制要求由企业与城镇污水处理厂根据其污水处理能力商定或执行相关标准，并报当地环境保护主管部门备案；城镇污水处理厂应保证排放污染物达到相关排放标准要求。建设项目拟向设置污水处理厂的城镇排水系统排放废水时，由建设单位和城镇污水处理厂按前款的规定执行。自本标准实施之日起，生物工程类制药工业企业的水污染物排放控制按本标准的规定执行，不再执行《污水综合排放标准》（GB 8978—1996）中的相关规定	2008 年 8 月 1 日
《混装制剂类制药工业水污染物排放标准》（GB 21908—2008）	本标准规定了混装制剂类制药工业企业水污染物的排放限值、监测和监控要求以及标准的实施与监督等相关规定。 本标准适用于混装制剂类制药工业企业的水污染防治和管理，以及混装制剂类制药工业建设项目的环境影响评价、环境保护设施设计、竣工环境保护验收和建成投产后的水污染防治和管理。通过混合、加工和配制，将药物活性成分制成兽药的生产企业的水污染防治和管理也适用于	2008 年 8 月 1 日

标准名称	主要内容	实施日期
《混装制剂类制药工业水污染物排放标准》(GB 21908—2008)	本标准。 本标准不适用于中成药制药企业。 本标准适用于法律允许的污染物排放行为。新设立的混装制剂类制药工业企业的选址和特殊保护区域内现有污染源的管理,按照《中华人民共和国水污染防治法》《中华人民共和国海洋环境保护法》《中华人民共和国环境影响评价法》等法律的相关规定执行。本标准规定的水污染物排放控制要求适用于企业向环境水体的排放行为。企业向设置污水处理厂的城镇排水系统排放废水时,其污染物的排放控制要求由企业与城镇污水处理厂根据其污水处理能力商定或执行相关标准,并报当地环境保护主管部门备案;城镇污水处理厂应保证排放污染物达到相关排放标准要求。建设项目拟向设置污水处理厂的城镇排水系统排放废水时,由建设单位和城镇污水处理厂按前款的规定执行。自本标准实施之日起,混装制剂类制药工业企业的水污染物排放控制按本标准的规定执行,不再执行《污水综合排放标准》(GB 8978—1996)中的相关规定。本标准为首次发布	2008 年 8月 1 日
《制药工业大气污染物排放标准》(GB 37823—2019)	本标准规定了制药工业大气污染物排放控制要求、监测和监督管理要求。制药工业企业或生产设施排放水污染物、恶臭污染物、环境噪声适用相应的国家污染物排放标准,产生固体废物的鉴别、处理和处置适用相应的国家固体废物污染控制标准。本标准为首次发布	2019 年 7月 1 日

5. 限期治理制度   指国家法定机关对污染严重的项目、行业地域作出决定,限定其在一定期限内完成环境治理任务,达到治理目标的环境法律制度。这项制度是我国特有的一项环境法律制度,它与环境事故报告制度一起,基本属于环境保护的补救性措施,主要发生在环境保护的事后阶段。

限期治理制度加大了环境法的强制性力度,是合理解决已造成的污染的最有效的途径。这项制度的实施既有明确的时间要求,规定了完成治理任务的时间,以期限的界限作为承担法律责任的依据,又有具体的治理任务要求,将是否符合排放标准和是否达到消除或减轻污染的效果作为体现治理任务的衡量尺度,确保环境问题及时解决。

限期治理的对象指那些污染源应被纳入限期治理规范内。违反限期治理制度的行为主要指经限期治理未完成治理任务的情况,其法律后果首先是依照国家规定加收超标排污费,其次是根据所造成的危害后果可被处以罚款或者责令停业、关闭。

6. 清洁生产与循环经济制度   《中国 21 世纪议程》将清洁生产定义为既可满足人们的需要又可合理使用自然资源和能源,并保护环境的实用生产方法和措施。清洁生产不仅要求生产过程无污染、少污染,最大可能地节约原材料和能源,而且要求产品本身的绿色化,即减少产品在整个生产周期中对人类和环境的影响,当然包括产品报废后回收与处理过程的无污染。

《中华人民共和国清洁生产促进法》的立法宗旨是促进实施清洁生产,由此决定了它不同于单纯的行政管理法,而是兼具政策法与行政管理法的双重性质,是对清洁生产的政策性法律规制和管理性法律规制的结合。因而我国清洁生产立法强调企业在清洁生产实施过程中的自主性,注重政府对清洁生产行为的引导、鼓励和支持。体现在立法内容上,以促进实施清洁生产的鼓励性、促进性、倡导性法律规范为主,而不以直接行政控制和制裁性法律规范为主,主要目的是强化政府在清洁生产中的推动作用。

循环经济是一种将经济体系与环境资源紧密相结合的生态经济模式。它是建立在物质不断循环利用的基础上,要求经济运行遵循"资源 - 产品 - 再生资源"的物质反复循环流动的环境友好型的经济发展模式。循环经济有效促进了社会经济可持续发展,表现为低开发、高利用、低排放的特征。循环经济与清洁生产是紧密联系、互为支撑的。

在 2012 年 3 月 7 日实施的《制药工业污染防治技术政策》(公告 2012 年第 18 号)中专门列出,针对制药工业的清洁生产主要领域:

（1）鼓励使用无毒、无害或低毒、低害的原辅材料,减少有毒、有害原辅材料的使用。

（2）鼓励在生产中减少含氮物质的使用。

（3）鼓励采用动态提取、微波提取、超声提取、双水相萃取、超临界萃取、液膜法、膜分离、大孔树脂吸附、多效浓缩、真空带式干燥、微波干燥、喷雾干燥等提取、分离、纯化、浓缩和干燥技术。

（4）鼓励采用酶法、新型结晶、生物转化等原料药生产新技术,鼓励构建新菌种或改造抗生素、维生素、氨基酸等产品的生产菌种,提高产率。

（5）生产过程中应密闭式操作,采用密闭设备、密闭原料输送管道;投料宜采用放料、泵料或压料技术,不宜采用真空抽料,以减少有机溶剂的无组织排放。

（6）有机溶剂回收系统应选用密闭、高效的工艺和设备,提高溶剂回收率。

（7）鼓励回收利用废水中有用物质、采用膜分离或多效蒸发等技术回收生产中使用的铵盐等盐类物质,减少废水中的氨氮及硫酸盐等盐类物质。

（8）提高制水设备排水、循环水排水、蒸汽凝水、洗瓶水的回收利用率。

7. 排污收费（税）制度 指国家环境管理机关根据法律规定,对排放污染物者征收一定费用的法律制度,是运用经济手段来保护环境的一项法律制度。这项制度体现了利用经济杠杆调节经济发展与环境保护的关系,将环境保护与排污者的经济利益直接联系起来,从根本上改变了"污染有理,治理吃亏"的旧观念。此外,这项制度有利于促使排污者进行技术改造,开展综合利用,促进了对污染源的治理。目前,《中华人民共和国环境保护税法》及《中华人民共和国环境保护税法实施条例》已于 2018 年 1 月 1 日起施行,2003 年 1 月 2 日国务院公布的《排污费征收使用管理条例》同时废止。

排污费与排污税两者的不同点: 第一,增加了企业减排的税收减免档次。排污费制度只规定了一档减排费用减免。为鼓励企业减少污染物排放,参考实践中一些地方的做法,环境保护税法增设了一档减排税收减免,即纳税人排放应税大气污染物或者水污染物的浓度值低于规定标准 30% 的,减按 75% 征收环境保护税。第二,进一步规范了环境保护税征收管理程序。环境保护税由税务机关,按照本法和税收征收管理法的规定征收管理,增加了执法的规范性、刚性。

8. 环境事故报告制度 指发生事故或者其他突然事件,使环境受到或者可能受到严重污染或破坏,事故或事件的当事人必须立即采取措施处理,及时向可能受到环境污染与破坏危害的公众通报,并向当地环境保护行政主管部门和有关部报告,接受调查处理的法律制度。按照突发事件严重性、紧急程度和可能波及的范围,突发环境事件的预警分为四级,预警级别由低到高,颜色依次为蓝色、黄色、橙色、红色。

环境污染事故报告制度的意义:首先,它可以使政府和环境保护监督管理部门及时掌握环境污染与破坏事故的情况,查明事故原因,确定危害程度,便于采取有效措施,防止事故的蔓延和扩大;其次,它可以使受到环境污染和破坏威胁的公众提前采取防范措施,避免或减少损失,最大限度地降低事故的危害程度。

(三)环境法规与制药工业

为贯彻《中华人民共和国环境保护法》等相关法律法规,防治环境污染,保障生态安全和人体健康,促进制药工业生产工艺和污染治理技术的进步,我国制定了针对制药工业技术政策。其目的是鼓励制药工业规模化、集约化发展,提高产业集中度,减少制药企业数量。鼓励中小企业向"专、精、特、新"的方向发展。尤其是针对制药工业的特点,主要内容如表8-8所示。

表8-8 制药工业技术政策

分类	主要内容
药企选址	要防止化学原料药生产向环境承载能力弱的地区转移;鼓励药企工业园区创建国家新型工业化产业示范基地;新(改、扩)建制药企业选址应符合当地规划和环境功能区划,并根据当地的自然条件和环境敏感区域的方位确定适宜的厂址
药品种类	限制大宗低附加值、难以完成污染治理目标的原料药生产项目,防止低水平产能的扩张,提升原料药深加工水平,开发下游产品,延伸产品链,鼓励发展新型高端制剂产品
药企污染的特殊性	应对制药工业产生的化学需氧量(COD)、氨氮、残留药物活性成分、恶臭物质、挥发性有机物(VOC)、抗生素菌渣等污染物进行重点防治

此外,制药工业污染防治应遵循清洁生产与末端治理相结合、综合利用与无害化处置相结合的原则;注重源头控污,加强精细化管理,提倡废水分类收集、分质处理,采用先进、成熟的污染防治技术,减少废气排放,提高废物综合利用水平,加强环境风险防范。废水、废气及固体废物的处置应考虑生物安全性因素。同时,制药企业应优化产品结构,采用先进的生产工艺和设备,提升污染防治水平;淘汰高耗能、高耗水、高污染、低效率的落后工艺和设备。

案例分析

某制药企业 A 厂区是原料药生产车间。2017 年该厂通过了区环保局环境影响评估审批。在废水处理设施验收合格后,正式投入生产。2019 年该厂为了扩大生产规模、增加企业利润,在未向环保局申报的情况下扩建了生产工艺和设备,但是污染防治设施没有进行相应改造,在投入生产使用前也未履行相应的审批手续。扩建的设备投入使用后,因原废水处理设施无法处理大量新增废水,造成处理池废水外溢和直接排放,污染了附近的河道。区环保局接到举报后对该厂进行了现场检查。

但该厂以保守技术秘密为由阻拦环保执法人员进入生产车间，并拒绝提供扩建工程的任何资料。经生态环境局执法大队对排污口污水排放进行监测，表明污染物排放严重超过规定的排放标准。

请分析该制药厂的行为违反了我国哪些环境保护基本法律制度。

二、环境执法与法律责任

（一）环境行政执法

1. 环境执法的概念　环境执法就是环境行政机关保证环境法律实施的一种活动。

2. 环境执法的特征

（1）环境执法活动具有单向性：环境执法机构可自行决定或直接实施执法行为，而无须与环境执法相对人协商或征得相对人的同意。

（2）环境执法主体具有多部门性：有权从事环境执法的部门除了各级人民政府及其环境行政主管部门外，还有许多相关行政管理部门，如土地、林业、水利、能源、资源综合利用等诸多部门。环境执法特别强调各部门之间的协调和配合。

（3）环境执法手段具有多样性：既包括以说服教育性质为主的申诫罚，又包括经济制裁性质的财产罚和能力罚，对严重的行政违法行为甚至可处以人身罚。

（4）环境执法往往具有超前性：即环境执法在许多情况下是在环境危害结果发生之前进行的，通过行政制裁及时制止危害或者可能危害环境的后果发生。

3. 环境执法的原则

（1）合法性：即环境执法主体必须是依法组成的或依法授权执法的机关；环境执法机构必须在法定权限内执法，执法内容与执法程序必须合法。

（2）合理性：即环境执法机关的执法行为必须公允适当、具有合理性，只能根据违法行为的情节轻重、后果大小选择合理的处罚标准，合理使用自由裁量权。

（3）效率性：即环境执法机构的执法行为应讲求效率，在行使执法权时要以尽可能短的时间、尽可能少的人员，办理尽可能多的事务。

（4）公正性：即环境执法机构必须对任何单位和个人所享有的环境权利给予同等的保护，同时对任何单位和个人的环境违法行为都要无一例外地加以追究和制裁。

4. 环境执法主体　环境执法主体是环境执法机构，主要有以下几种类型。

（1）各级人民政府：主要行使对经济发展和社会生活有重大影响的环境执法权，如依法制订环境保护规划、各种资源利用规划，协调环境保护与国民经济发展的关系等。

（2）环境保护行政主管部门：大量的、重要的环境执法职责都是由环境保护行政主管部门履行的。

（3）环境保护法律法规授权对某些方面的污染防治实施监督管理的有关部门：如国务院海洋行政主管部门、海事部门、渔政渔港监督管理部门、军队环境保护部门等。这一类机构只是依照法律法规的特别授权,在与自身业务相关的范围内对环境污染防治行使监督管理权。

(4)环境保护法律法规授权对某些方面的资源合理利用实施监督管理的部门:如县级以上人民政府的国土、农业、水利、林业、海洋、发展和改革行政主管部门等。这类机构也不是专门的环境执法机构,而是在与自身业务相关的范围之内对资源的合理利用行使监督管理权利。

(5)除上述四类机构外,其他一些政府行政职能部门:如卫生、市政管理、市容环境卫生等行政主管部门,也负有某些环境执法的职责。

5. 环境执法相对人 指在具体的环境管理关系中处于被管理一方的当事人,是与环境执法主体相对应的一方主体。我国境内的一切组织和个人都可能成为环境执法相对人,包括国家机关,企业、事业单位,社会团体及其他社会组织,中国公民,外国组织或者个人。由于工业排污是环境污染的主要原因,因此企业单位是最主要的环境执法相对人。环境执法相对人处于被管理一方,但"被管理"并不意味着它只能是义务人,而不能是权利人。实际上,相对人也享有参与环境管理权、协助管理环境权、知情权、批评检举权、秘密受保护权以及申诉权、起诉权等一系列权利。

6. 环境执法的行为和效力

(1)约束力:具有法律规定的或者环境行政机关决定的法律效果,不管是环境执法机构还是环境执法相对人都必须尊重和严格遵守。

(2)权威力:环境执法行为即使被认为是违法的,在有关行政机关或人民法院予以撤销或变更之前,环境管理相对人及其他人都不得以任何借口否认该执法行为的存在,而只能视该执法行为为有效行为。

(3)强制力:环境执法相对人不履行环境法律义务时,环境执法机构有权依法强制其履行该义务。

(4)时效力:指一旦超过对环境执法行为提起复议和诉讼的期限,环境执法相对人便不得就该执法行为提出争议的效力。

(5)不可变更力:环境执法机构一旦作出裁断,只要相对人无异议,即使事后判明该裁断是错误的,也不允许裁决人自己推翻已经作出的裁决。

(二)环境行政相对人违法的行政责任

1. 环境行政相对人违法的概念 环境行政相对人违法是指相对人违反环境法律法规,实施危害环境但尚未构成犯罪的行为。环境行政相对人违法具有如下特征。

(1)环境行政违法行为人是环境行政相对人,即在环境行政法律关系中被管理的一方。

(2)环境行政相对人的行为是非行政管理的,而是直接实施的危害环境的行为。

(3)环境行政相对人的违法行为既可以是个人的违法,也可以是组织的违法。

(4)环境行政相对人的违法行为只能是违反环境法规范的行为,不包括违反其他行政法规范的行为。

(5)环境行政相对人承担的处罚性法律后果主要是行政处罚,目的在于促使相对人严格履行法定义务。

2. 环境行政相对人违法的种类 根据违法行为所侵害的客体,可将相对人违法行为的种类划分如下。

(1)自然环境保护方面的行政违法行为:即在自然资源的保护、开发、利用及管理过程中,相对人实施的危害自然环境的行为。如水保护方面的违法行为等。

(2)防治污染和其他公害方面的违法行为:即由于相对人排放污染物或造成其他公害所导致的行政违法行为。如造成大气污染的违法行为等。

(3)景观保护方面的行政违法行为:即由于相对人对人文景观、风景名胜区、自然保护区以及自然历史遗产等造成不良影响而导致的行政违法行为。

3. 环境行政相对人违法的法律责任 包括补救性的行政责任和惩罚性的法律责任。补救性的行政责任包括消除危害、支付治理费用、恢复原状、缴纳排污费、赔偿损失等。

环境行政处罚是环境行政主体依法对违反环境行政法律规范的相对人所给予的制裁,主要形式如下。

(1)警告:对违法的相对人所进行的批评教育、谴责和警戒。

(2)罚款:强制违法的相对人向国家缴纳一定数额款项的经济处罚。

(3)拘留:公安机关对违法的相对人实施的短期限制人身自由的处罚。

(4)没收:对相对人从事违法行为的器具或非法所得予以强制收缴的处罚。

(5)停业、关闭:对从事营业性活动的相对人强令其停止营业的处罚。

(6)扣留或吊销许可证:对违法的相对人所持有的许可证予以吊销或扣留的处罚。

(三)环境执法方式

环境执法方式是指环境执法机构按照环境法律法规的规定和要求,针对环境执法相对人所采取的各种方法、手段和措施。各种环境执法方式并不是各自独立、互不关联的;相反,它们之间的联系是相当紧密的。

1. 环境行政处理和环境行政处罚

(1)环境行政处理:指环境执法机关依法针对特定的环境行政管理相对人所作出的具体的、单方面的、能直接发生行政法律关系的决定。在作出环境行政处理决定之后,环境执法部门常常需要对相对人执行该决定的情况进行监督检查,对不执行决定的相对人视情况可作出环境行政处罚。

(2)环境行政处罚:指有权行使环境行政处罚权的行政主体对实施违反环境法律法规行为的相对人实施的一种行政制裁。有权行使环境行政处罚权的行政主体是各级环境执法行政主管部门以及其他依法对环境保护实施监督管理的行政机构。环境行政处罚适用的对象是实施违反环境法律法规行为的相对人,包括组织和个人。环境行政处罚权的行使必须遵循《中华人民共和国行政处罚法》《环境保护行政处罚办法》以及其他法律法规规定的处罚程序。

2. 环境行政许可 指享有环境行政许可权的行政主体根据环境行政管理相对人的申请,依法赋予符合法定条件的相对人从事某种一般为环境法律法规禁止事项的权利和资格的一种行政执法行为。环境许可由有权许可的环境执法机关作出。

3. 环境行政强制执行 指在环境行政管理相对人不履行环境法直接规定的或有关环境行政机关依法规定的义务时,有权的环境行政机关依法对相对人采取必要的强制措施。环境行政机关强制执行或申请强制执行应具备的条件如下。

(1)法定环境义务的存在:首先要有环境行政相对人依照环境法律法规承担某种义务的前提。

(2)不履行法定环境义务的存在:环境行政相对人在法定期限内没有履行应尽的法定环境义务,且不履行是出于故意,而非客观上不能履行。

(3)所采取的强制执行措施须有法律的明确规定。

(4)作出强制执行的环境行政机关必须享有该项行政强制执行权。

根据环境法律法规的规定,我国的环境行政强制执行措施具体包括强制划拨、强行扣缴、强行拆除、强行检查、强行停产、强制关闭等形式。环境行政强制执行的对象只能是财产和行为,不存在人身强制的问题。

4. 环境行政监督检查 指环境执法机关为实现环境管理的职能,对环境行政管理相对人是否遵守环境保护法律法规、是否执行环境行政处理决定或环境行政处罚决定所进行的监督检查。环境行政监督检查既是一项环境执法方式,又是环境执法的一个重要步骤,它与其他环境执法手段有着密切的联系。

案例分析

某市生态环境局接到其辖区内一果农的投诉,某制药厂超标排放大气污染物,使其果树水果产量大幅减产,向制药厂索赔不成,故请求生态环境保护部门予以处理。生态环境局受理了该投诉,并组成调查组对污染损害情况进行调查勘验,地区农业环境监测站也出具了《对 ×× 苹果园内烟尘污染使苹果受害的调查报告》。根据《中华人民共和国环境保护法》《中华人民共和国大气污染防治法》的相关规定,生态环境局下发行政处罚决定书,责令药厂自收到处罚决定之日起的 15 日内向果农支付污染损害赔偿费 5 000 元,但该厂收到处罚决定 60 日后,既不申请行政复议,也未向人民法院起诉,又不执行处罚决定。于是,生态环境局向人民法院申请强制执行。但法院却裁定不予执行。

请分析环保局在本案中应有的地位及其处理权的性质,并指出环保局在该案处理中存在的问题,简要说明人民法院的裁定是否正确。

三、环境监测与环境影响评价

(一)环境监测

1. 环境监测的目的 环境监测的目的是准确、及时、全面地反映环境质量现状及发展趋势,为环境管理、污染源控制、环境规划等提供科学依据。

2. 环境监测的任务　针对上述环境监测的目的,具体来说,环境监测的任务主要有相应的 5 项:确定环境中污染物质的浓度或污染因素的强度,判断环境质量是否合乎国家制定的环境质量标准,定期提出环境质量报告。确定污染物质的浓度、分布现状、发展趋势和扩散速度,以追究污染途径,确定污染源。确定污染源造成的污染影响,判断污染物在事件和空间上的分布迁移、转化和发展规律;掌握污染物作用大气、水体、土壤和生态系统的规律性,判断浓度最高的时间和空间,确定污染潜在危害最严重的区域,以确定控制和防治的对策,评价防治措施的效果。为环境科学研究提供数据资料,以便研究污染扩散模式,发现新污染源,进行污染源对环境质量影响的预测、评价及环境污染的预测预报。收集环境本底数据,积累长期监测资料,为研究环境容量、实施总量控制和完善环境管理体系、保护人类健康、保护环境提供基础数据。

3. 环境监测任务的分类　环境监测任务主要包括监视性监测和特定目的监测。监视性监测也称为倒行监测、常规监测,是指按照预先布置好网点,围绕指定内容进行定期的、长时间的监测。特定目的监测也称为特例监测、应急监测,主要包括以下几个方面。

(1)污染事故监测:是在环境应急情况下,为发现和查明环境污染情况和污染范围进行的环境监测。

(2)纠纷仲裁监测:主要针对污染事故纠纷、环境执法过程中产生的矛盾进行监测,提供公证数据。

(3)考核验证监测:包括人员考核、方法验证、新建项目的环境考核评价、排污许可证制度考核监测、"三同时"项目验收监测、污染治理项目竣工时的验收监测。

(4)咨询服务监测:为政府部门、科研机构、生产单位所提供的服务性监测,为国家政府部门制定环境保护法规、标准、规划提供基础数据和手段。

4. 制药工业的环境监测　为落实《中华人民共和国环境保护法》《中华人民共和国水污染防治法》《中华人民共和国大气污染防治法》,指导和规范制药工业排污单位自行监测工作,制定了一系列的排污单位自行监测技术指南,包括《排污单位自行监测技术指南 化学合成类制药工业》(HJ 883—2017)、《排污单位自行监测技术指南 提取类制药工业》(HJ 881—2017)、《排污单位自行监测技术指南 发酵类制药工业》(HJ 882—2017),自 2018 年 1 月 1 日实施。

这些标准提出了化学合成类、提取类和发酵类制药工业排污单位自行监测的一般要求、监测方案制订、信息记录和报告的基本内容和要求。适用于制药工业排污单位在生产运行阶段对其排放的水、气污染物,产生的噪声以及对其周边环境质量影响开展监测;也适用于与化学合成类、提取类和发酵类药物结构相似的兽药生产排污单位。而自备火力发电机组(厂)、配套动力锅炉的自行监测要求按照 HJ 820—2017 执行。

排污单位应查清本单位的污染源、污染物指标及潜在的环境影响,制定监测方案,设置和维护监测设施,按照监测方案开展自行监测,做好质量保证和质量控制,记录和保存监测数据和信息,依法向社会公开监测结果。

我们以《排污单位自行监测技术指南 提取类制药工业》(HJ 881—2017)为例具体阐释。在制定监测方案时,对于废水和废气排放的监测规定了监测点位、监测指标与监测频次,其中废气的排放分为有组织废气排放与无组织废气排放两种情况;对于噪声给出了厂界环境噪声监测布点应关注的主要噪声源;对于周边环境质量影响监测给出了指标及最低监测频次,在实际操作中地表水、海水、土壤的具体监测指标根据生产过程的原辅用料、产品和副产物确定。此外,该技术指南也对信息记录给出了要求,包括生产运行状况记录、溶剂回收运行状况记录、污水处理设施运行状况记录、废气处理设施运行状况记录以及一般工业固体废物和危险废物信息记录。这些信息报告、应急报告和信息公开按照《排污单位自行监测技术指南 总则》(HJ 819—2017)的规定执行。

(二)环境影响评价

1. 环境影响评价的主要类型　我国环境影响评价(简称环评)有规划环评和建设项目环评两种。

(1)规划环评:即关于规划的环境影响评价。专项规划的编制机关对可能造成不良环境影响并直接涉及公众环境权益的规划,应当在该规划草案报送审批前,举行论证会、听证会,或者采取其他形式,征求有关单位、专家和公众对环境影响报告书草案的意见。

(2)建设项目环评:一切对环境有影响的工业、交通、水利、农林、商业、卫生、文教、科研、旅游、市政等基本建设项目、技术改造项目、区域开发建设项目及引进的建设项目都必须编制环境影响报告书或填报环境影响报告表。

2. 环境影响评价的作用与意义　环境影响评价是一项技术,也是正确认识经济发展、社会发展的科学方法,对确定经济发展方向和保护环境等一系列重大决策都有重要的指导意义。环境影响评价能为地区社会经济发展指明方向,合理确定地区发展的产业布局。它根据一个地区的环境、社会、资源的综合能力,把人类活动的影响限制到最小。

3. 制药工业的环境影响评价　为贯彻《中华人民共和国环境保护法》《中华人民共和国环境影响评价法》《建设项目环境保护管理条例》,规范和指导制药建设项目环境影响评价工作,制定了《环境影响评价技术导则制药建设项目》(HJ 611—2011)。该标准规定了制药建设项目环境影响评价工作的一般性原则、内容、方法和技术要求,适用于新建、改建、扩建和企业搬迁的制药建设项目环境影响评价。生产兽药和医药中间体的建设项目环境影响评价可参照该标准执行。

依照《建设项目环境影响评价分类管理名录》中的规定和要求,化学药品制造和生物生化制品制造建设项目、含提炼工艺的中成药制造建设项目编制环境影响报告书,中药饮片加工、不含提炼工艺的中成药制造、单纯药品分装和复配建设项目编制环境影响报告表。

制药建设项目所在区域已开展过区域环境影响评价或相关规划环境影响评价工作,

其中包含的具体制药建设项目,在区域环境质量现状未发生明显变化、区域污染源没有显著增加的前提下,其环境影响评价工作中的环境质量调查与评价和环境影响预测等专题可适当从简。评价重点为制药建设项目的工程分析、环境保护措施、清洁生产分析及特征污染物环境影响评价等,同时应说明与区域环境影响评价或规划环境影响评价要求的符合性、区域环境资源承载能力的相容性。环境影响报告书的格式与内容如表8-9所示。

表8-9 环境影响报告书的格式与内容

A.1 报告简述	A.5.5 在建项目调查
简要介绍建设项目确立过程、建设意义、建设项目特点、开展环境影响评价的过程、环境影响报告书的概要结论	A.5.6 污染物排放总量
	A.5.7 现存环境保护问题
	A.5.8 小结
A.2 总论	A.6 工程分析
A.2.1 编制依据	对建设项目进行工程分析,主要包括:
A.2.2 评价目的及原则	A.6.1 主要原辅材料及燃料
A.2.3 环境影响因素与评价因子	A.6.2 公用工程
A.2.4 环境功能区划及评价标准	A.6.3 工艺原理
A.2.5 污染控制和环境保护目标	A.6.4 物料平衡及水平衡分析
A.2.6 评价时段	A.6.5 工艺流程、产污环节及污染源分析
A.2.7 评价工作等级	A.6.6 非正常工况排放分析
A.2.8 评价因子和评价范围	A.6.7 环境保护措施及达标排放分析
A.2.9 评价工作内容及重点	A.6.8 污染物排放总量核算
A.3 建设项目概况	A.6.9 小结
介绍建设项目概况	A.7 清洁生产与循环经济分析
A.4 区域自然环境和社会环境现状	对建设项目清洁生产水平和循环经济情况进行评述,并给出结论,主要包括以下内容:
介绍建设项目所处区域环境现状	
A.4.1 自然环境概况	A.7.1 清洁生产分析
A.4.2 社会环境概况	A.7.2 循环经济分析
A.4.3 区域污染源	A.7.3 小结
A.5 企业概况	A.8 环境质量现状调查与评价
介绍、评价企业现状,主要包括:	对以下内容进行调查与评价,并给出结论:
A.5.1 企业基本概况	A.8.1 环境空气质量现状调查与评价
A.5.2 水资源利用情况	A.8.2 地表水环境质量现状调查与评价
A.5.3 污染源分析	A.8.3 地下水环境质量现状调查与评价
A.5.4 环境保护措施	A.8.4 声环境质量现状调查与评价

A.8.5 土壤环境质量现状调查与评价	A.10.5 环境风险防控措施
A.8.6 小结	A.10.6 应急预案
A.9 环境影响预测与评价	A.10.7 小结
对以下内容进行预测与评价,并给出结论:	A.11 环境保护措施及技术经济分析
A.9.1 大气环境影响预测与评价	A.12 污染物总量控制分析
A.9.2 地表水环境影响预测与评价	A.13 环境管理与环境监测
A.9.3 声环境影响预测与评价	对建设项目环境管理和环境监测提出要求:
A.9.4 小结	A.13.1 环境管理
A.10 环境风险评价	A.13.2 环境监测
对建设项目进行环境风险评价,并给出结论,主要包括以下内容:	A.14 环境影响经济损益分析
A.10.1 危险物质及重大危险源辨识	A.15 公众参与
A.10.2 同类装置风险事故调查分析	A.16 政策、规划符合性与厂址选择合理性分析与论证
A.10.3 最大可信事故确定	A.17 结论
A.10.4 风险影响预测与分析	

为贯彻《中华人民共和国环境保护法》《中华人民共和国环境影响评价法》《中华人民共和国大气污染防治法》《中华人民共和国水污染防治法》《中华人民共和国环境噪声污染防治法》《中华人民共和国固体废物污染环境防治法》等法律法规,完善固定污染源源强核算方法体系,指导制药工业污染源源强核算工作,我国还针对制药工业制定了《污染源源强核算技术指南 制药工业》(HJ 992—2018),于 2019 年 3 月 1 日实施。该标准规定了制药工业污染源源强核算的基本原则、内容、核算方法及要求。适用于化学药品制造,生物、生化制品制造,单纯药品分装、复配,中成药制造、中药饮片加工等工业建设项目环境影响评价中新(改、扩)建工程污染源和现有工程污染源源强核算。

该标准适用于制药工业正常和非正常情况下的污染源源强核算,不适用于突发泄漏、火灾、爆炸等事故情况下的污染源源强核算。该标准也适用于制药工业主体生产装置、公用和辅助设施的废气、废水、噪声、固体废物污染源源强核算。但执行《火电厂大气污染物排放标准》(GB 13223—2011)的锅炉污染源源强按照《污染源源强核算技术指南 火电》(HJ 888—2018)进行核算,执行《锅炉大气污染物排放标准》(GB 13271—2001)的锅炉污染源源强按照《污染源源强核算技术指南 锅炉》(HJ 991—2018)进行核算。

第三节　制药安全生产的规范与管理

一、制药安全生产法律体系的基本框架和效力

（一）制药安全生产法律法规的定义、性质与作用

1. 制药安全生产法律法规的定义和性质　制药安全生产法律法规是指在制药过程中用以调整劳动者或生产人员的安全和健康，以及生产资料和社会财富安全保障有关的各种社会关系的法律规范的总和。是党和国家的安全生产方针政策的集中表现，是上升为国家和政府意志的一种行为准则。我国目前已建立起一套符合我国国情的制药安全生产法律法规体系，是由有关法律、行政法规、地方性法规和有关行政规章、技术标准所组成的综合体系。我国制药安全生产法律法规具有以下性质：①保护的对象是劳动者、生产经营者、生产资料和国家财产；②具有强制性；③涉及自然科学和社会科学领域。

2. 制药安全生产法律法规的作用

（1）为保护劳动者的安全与健康提供法律保障：我国的制药企业要站在全面落实科学发展观的高度，牢固树立安全发展理念，切实把安全生产作为一项严肃的政治任务，制定出各种保证安全生产的措施，强制企业每个员工都必须遵守规章，要按照科学办事，尊重自然规律、经济规律和生产规律，尊重群众，保证劳动者得到符合安全与卫生要求的劳动条件。

（2）加强制药安全生产的法制化管理：制药安全生产法律法规是加强安全生产法制化管理的章程，很多重要的安全生产法规都明确规定了要在各个方面加强安全生产管理的职责，明确了法律责任，推动了企业安全生产进入制度化管理的进程。

（3）指导和推动安全工作，促进企业安全生产：制药安全生产法律法规中规定了劳动者在生产过程中必须遵守的具体操作规程，用以保护劳动者的安全与健康，保障生产正常进行。同时因为它是一种法律规范，具有约束力，要求人人遵守。这就对整个安全生产工作的开展起到了用国家强制力推行的作用。

（4）提高生产力，保证企业效益的实现和国家经济建设的顺利发展：每个企业的领导者必须重视安全生产，把保护劳动者的安全健康、保证生产设备完好、保证生产顺利进行当作自己的神圣职责和义务，切实抓好，才能调动劳动者的生产热情和劳动积极性，使劳动效率大大提高，从而推动社会生产力的提高，促进现代化建设。

我国的药品生产除符合 GMP 要求外，还须符合《中华人民共和国安全生产法》的要求。2001 年年初国家安全生产监督管理局成立，开始起草《中华人民共和国安全生产法》，并于2002 年 6 月 29 日经九届人大第二十八次会议审议通过，自 2002 年 11 月 1 日起开始施行。《中华人民共和国安全生产法》是我国第一部全面规范安全生产的专门法律，是最基本和最综合的安全生产法律。该法在 2009 年、2014 年和 2021 年分别作了修正，最新一次修订后的《中华人民共和国安全生产法》自 2021 年 9 月 1 日起施行。

（二）制药安全生产法律体系

我国现行的制药安全生产法律体系大体可分为以下三个方面。

1. 安全技术法规 指国家为搞好安全生产,防止和消除在生产中可能发生的灾害事故,保障员工的人身安全而制定的法律规范。国家规定的安全技术法规是对一些比较突出或有普遍意义的安全技术问题,规定其基本要求。对于一些比较特殊的安全技术问题,国家有关部门也制定并颁布了专门的安全技术法规,见表8-10。

表8-10 专门的安全技术法规

法规名称	涉及范围
《建设项目(工程)劳动安全卫生监察规定》	设计、建筑工程安全方面
《锅炉压力容器安全监察暂行条例》	机器设备安全装置方面、特殊设备安全措施方面
《危险化学品安全管理条例》	防水、防爆安全规则方面
《工厂安全卫生规程》	工作环境安全条件方面、人体安全防护方面

2. 职业健康法律法规 指国家为了改善劳动条件,保护员工在生产过程中的健康,预防和消除职业病和职业中毒而制定的各种法律、规范。其中包括工业卫生工程技术措施的规定,也包括有关预防医疗保健措施的规定如全国人民代表大会颁布的《中华人民共和国环境保护法》《中华人民共和国职业病防治法》等。与安全技术法规一样,职业健康及工业环境法规也是对具有共性的工业卫生问题提出了具体要求,见表8-11。

表8-11 职业健康法律法规

法规名称	涉及范围
《中华人民共和国职业病防治法》	预防、控制和消除职业病危害,防治职业病,保护劳动者健康及其相关权益
《工厂安全卫生规程》	防止有害物质危害方面
《中华人民共和国尘肺病防治条例》	防止粉尘危害方面
《工业企业噪声卫生标准》	防止物理危害方面
《用人单位劳动防护用品管理规范》	劳动卫生人体防护方面
《工业企业设计卫生标准》	工业卫生辅助设施方面
《女职工劳动保护规定》	女职工劳动卫生特殊保护方面

3. 安全管理法律法规 指国家为了搞好安全生产、加强安全生产和劳动保护工作,保护职工的安全健康所指定的管理规范。制药企业必须根据各自的生产要求,制定相应的各种规章制度,以保护员工在生产过程中的安全健康。

(三)制药安全生产的标准体系

根据《中华人民共和国标准化法》的规定,标准分为国家标准、行业标准、地方标准和企业标准;国家标准、行业标准又分为强制性标准和推荐性标准。我国制药安全生产的标准体系是由基础标准、制药企业生产管理标准、制药企业质量管理标准组成的:①基础标准包括国家的相关法律、法规、条例,如《中华人民共和国药品管理法》《药品生产质量管理规范(2010年修订)》等,是行业共同遵循的准则;②制药管理标准包括生产工艺规程、岗位操作法或标准操作规程、批生产记录等；③制药质量管理标准包括药品的申请和审批文件，物料、中间体和成品的质量标准及其检验操作规程，批检验记录及产品质量稳定性考察等。

一系列标准的建立，规定了企业的管理系统，明确各自的管理和工作职责，使工作有章可循、照章办事，使管理和操作标准化、程序化。

二、制药企业的安全生产体系

（一）制药企业安全生产的定义与内涵

制药企业安全生产可以理解为通过采取一定的行政、法律、经济、科学技术等方面措施，预知并控制药品生产的危险，减少和预防事故的发生，实现药品生产过程中的正常运转，避免经济损失和人员伤亡的过程。主要由以下3个方面组成。

1. 安全管理　主要内容有安全生产方针、政策、法规、制度、规程、规范，安全生产的管理体制，安全目标管理，危险性评价，人的行为管理，工伤事故分析，安全生产的宣传、教育、检查等。

2. 安全技术　是一种技术工程措施，是为了防止工伤事故发生、减轻体力劳动而采取的技术工程措施。如制药设备采用的防护装置、保险装置、信号指示装置等，自动化设备的应用等都属于安全技术的范畴。

3. 职业健康　是研究生产过程中有毒有害物质对人体的危害，从而采取的技术措施和组织措施。如用通风、密闭、隔离等方法排出有毒有害物质，生产工艺上用无毒或低毒的物质代替有毒或高毒的物质等均属于职业健康的范畴。

（二）制药安全生产责任制

安全生产责任制是根据"安全第一、预防为主、综合治理"的安全生产方针和安全生产法规建立的各级领导、职能部门、工程技术人员、岗位操作人员在劳动生产过程中对安全生产层层负责的制度。制药安全生产责任制度是制药企业岗位责任制的一个组成部分，是企业最基本的安全制度，是安全规章制度的核心。一个制药企业是由行政部、采购部、生产部、质量部和工程部等组成的，各部门各司其职、相互配合，才能真正做到安全生产。

（三）制药安全生产岗位责任制度

制药安全生产岗位责任制度包括人员安全职责和部门安全职责。

1. 人员安全职责　企业法人代表是安全生产第一责任人，直接负责企业的安全管理工作；安全生产直接责任人协助法人代表贯彻执行各项安全生产法律、法规、标准和制度。同时还包括安全主任安全职责、生产部安全员安全职责、业务部安全员安全职责、仓库安全员安全职责、班组安全员安全职责、员工安全员安全职责等。

2. 部门安全职责　部门安全职责包括安全技术部门安全职责、生产技术部门安全职责、设备和动力部门安全职责、消防部门安全职责、质量检验部门安全职责、财务部门安全职责、采购部门安全职责等。

（四）制药安全生产教育制度

建立教育制度的目的是要确保企业的安全生产，提高员工的保护自我和保护他人的意识,在员工中牢固树立"安全第一"的思想,使员工懂得安全生产的基本道理,掌握安全生产的操作技能。企业本着"精而有用"的原则制定年度培训计划,然后各部门根据企业制定的年度培训计划,制定相应的培训计划进行培训。

（五）危险工作申请审批制度

制药过程中会使用一些易燃、易爆危险化学品,若是在易燃、易爆场所进行焊接、用火,进入有毒的容器、设备工作,高处作业,以及从事其他容易发生危险的工作,都必须在工作前制定可靠的安全措施,包括事故应急后措施,向安全技术部门或专业机构提出申请,经审查批准方可作业,必要时设专人监护。企业应制定管理制度,将危险作业严格控制起来;易燃、易爆、有毒危险化学品的运输、储存、使用也应该有严格的安全管理制度;需要经常进行的危险作业,应该有完善的安全操作规程,且对危险化学品有严格管理。

（六）特殊设备管理制度

对于一些特殊设备的从业人员在上岗前,必须进行系统的安全教育培训和设备技能培训,并且必须参加有关部门的培训并取得"特种作业人员操作证",方能持证上岗。定期对设备进行维护保养,并做好设备记录。

三、安全管理

（一）安全管理概述

1. 人因管理　人是制药过程中的一个重要因素,其一切活动都决定着产品的质量。在制药过程中,人的因素是保证药品质量的最重要的因素,制药安全生产中必须加强人因管理,真正体现以人为本的科学发展观。

人因管理中所说的人不仅仅是指企业的员工,还包括企业的组织机构。企业应建立、保持良好的生产和质量管理机构,各级机构和人员的职责应明确,并配备一定数量与制药相适应的具有专业知识、生产技能及组织能力的管理人员和技术人员。企业应规定专人负责培训管理工作,制定培训计划方案,并保存培训记录;与制药、质量有关的所有人员都应经过培训,培训的内容应与每个岗位的要求相适应;高污染风险区(如高活性、高毒性、传染性、高致敏性物料的生产区)的工作人员应接受专门的技术培训。

2. 物因管理　制药企业的物因管理包括厂房设施、设备管理,加强现场隐患及危险源管理,还有消防安全管理等,具体体现在以下几个方面。

（1）设施、设备管理:GMP规定了以下几个方面,如①厂房的选址、设计、建造、改造和维护必须符合制药要求;②企业应有整洁的生产环境,厂房应按照生产工艺流程及所要求的空气洁净度级别进行合理布局;③厂房内应有防止昆虫和其他动物进入的设施,同一厂房内以及相邻厂房之间的生产操作不得相互妨碍;④设备的设计、造型、安装应符合生产要求,易于清洁、消毒或灭菌,便于生产操作和维修、保养,并能防止差错和减少污染;⑤与药品直接接触的设备表面应光洁、平整、易于清洁或消毒、耐腐蚀,不与药品发生化学反应或吸附药品;⑥设备所用的润滑剂、冷却剂等不得对药品或容器造成污染;⑦生产和检验的仪器、仪表、量具、衡具的适用范围和精密度应符合生产和检验要求,有明显的合格标志,并定期校检。

在对设施、设备进行操作时,必须严格按照制定的标准操作程序进行操作,确保安全。如离开时注意切断电源、不靠近运行中的设备、未经培训不上岗等,要做到人人关心安全、事事注意安全。

为保持产品质量,应保持设备处于良好的状态,为此要定期对设备进行小修、中修、大修。小修是日常保养,是预防事故发生的积极措施,操作人员应在每天上班后、下班前 15~30 分钟进行设备的日常保养。中修是每 3 个月左右进行 1 次,电器部分由电器维修人员负责,其余部分由操作人员负责,机修人员辅助和指导保养内容。大修每年进行 1 次,检查传动系统,修复、更换磨损件。

（2）现场隐患管理:隐患是指可导致事故发生的物因危险状态,人的不安全行为及管理上的缺陷,或是指"人 - 机 - 环境系统"安全品质的缺陷。隐患一般是通过安全检查发现的。控制和防止隐患的主要途径有加强教育,使企业全体员工都有隐患意识;明确责任,理顺隐患处理机制;坚持标准,搞好隐患治理的科学管理;广开渠道,保障隐患治理资金;严格管理,坚持"三同时"原则;落实措施,发挥工会及职工的监督作用等;应用技术和高科技手段来防止隐患发生。同时,还需要有隐患应急技术,如应急方案、防范措施、救援系统等。

（3）危险源管理:危险源是指可能导致伤害或疾病、财产损失、工作环境破坏或这些情况组合的根源或状态。危险源是事故发生的前提,因此有效控制危险源对于保证员工生命安全、保护企业财产不受损害是非常重要的。危险源存在于确定的系统中,不同的系统范围,危险源的区域也不同。例如对于一个相对危险的行业来说,具体的一个化学合成制药企业就是一个危险源;而对于一个企业来说,可能某个车间、库房就是一个危险源;而在一个车间系统中,可能某台设备就是一个危险源。

危险源的控制可从以下三个方面进行,见表 8-12。

表 8-12　危险源的控制

类别	主要措施	操作要点
防护措施控制	采取某种防护措施或手段对危险源进行控制	对危险源进行防护、监护、隔离、消除、保留和转移等
人行为控制	即控制人为失误,减少不当行为对危险源的触发作用	要加强安全教育,从思想上重视起来,杜绝不正确的行为对危险源的引发作用
管理控制		①通过建立完整的规章制度和操作规程,使人的操作行为有"法"可依、有章可循,避免事故的发生;②明确各部门、各岗位人的职责,定期检查,发现隐患,及时反馈处理;③加强危险源的日常管理,做好日常工作记录;④建立信息反馈系统,及时整改隐患点;⑤对危险源设置明显标识,加强基础建设工作;⑥搞好危险源控制管理的考核评价和奖惩

（4）消防安全管理:各行各业都存在消防安全管理,制药企业在生产中经常会使用一些易燃、易爆危险物品,消防问题尤为重要。对易燃、易爆、有毒、易腐蚀物品需严格管理,设有

专人专库监控。

（二）过程安全管理

过程安全管理也称为工艺安全管理，是为防止化学品或能量从运行装置或相关设备发生泄漏，或减轻发生泄漏所造成的后果而建立的一套管理系统。主要关注工艺系统的设计合理性与完好性，以及如何正确落实相关生产操作和系统维护。它的基本出发点是防止危险物料/能量的意外释放。

企业应参考国内外的相关法规及标准[例如《化工企业工艺安全管理实施导则》（AQ/T 3034—2010）]建立适合本企业的过程安全管理系统，主要有以下内容。

1. 工艺安全信息　企业应当在产品的研发、中试放大、试生产和正式规模生产等不同阶段，收集、整理和维护书面的工艺安全信息，为辨识、掌握工艺系统中存在的危害提供必要的基础信息。

工艺安全信息包括工厂所有物料（包括原料、中间品、成品、废品）的危害信息、工艺技术信息以及设备信息。

企业应当建立工艺安全信息与研发及生产活动不同阶段的对应关系，明确在什么阶段需要具备哪些工艺安全信息，并建立获取这些信息的途径和能力。

2. 工艺危害分析　为消除和减少工艺过程中的危害，防止过程安全事故，企业应建立风险辨识管理程序，定期开展危害分析培训，明确工艺危害分析方法、评估周期和人员，编制分析报告并根据分析结论提出改进建议。

原料药企业可考虑使用安全检查表法、作业危害分析、预危害分析、危险与可操作性研究、保护层分析等方法，对工艺系统和操作方法进行风险评估。制剂类生产企业可考虑使用安全检查表法、作业危害分析等方法进行风险辨识、评估。

3. 机械完整性管理　企业应当建立机械完整性管理程序，采取技术改进措施和规范设备管理相结合的方式来保证整个装置中的关键设备在生命周期内保持完好状态。

机械完整性管理涵盖设备设计、安装、使用、维护、修理、检验、变更、报废等各个环节。机械完整性管理是过程安全管理的核心要素之一。它的基本出发点是要确保关键设备的完整性，从而避免因设备完整性失效而导致物料或能量的意外泄漏。工厂往往涉及各种特种设备，它们的管理应严格遵循特种设备管理相关的规范。其中有些特种设备也属于机械完整性管理要素的关键设备，因此除了满足特种设备的管理要求外，也应该纳入关键设备清单，按照关键设备来对待。

4. 装置开车前安全审查　工艺装置投产过程中的事故率要远高于正常的生产阶段。为了避免工艺装置投产期间的事故，并且确保工艺装置在投产后的可持续运行，工厂有必要开展装置开车前安全审查。

装置开车前安全审查的范围应包括停用的工艺设施（包括因检维修、故障或事故停用）再次启用和全新（含新改扩项目）的工艺设施投入使用。

（三）事故与应急管理

事故管理是企业安全管理中的一项非常重要的工作，其具体工作内容是对事故的调查、分析、研究、报告、处理、统计和归档管理。

1. 事故的分类 为研究发生事故的原因及有关规律，在对伤亡事故进行统计分析的过程中，需要对事故进行科学分类，一般有按照人身伤害程度分类、按照一次事故伤亡严重度分类、按照致伤原因分类及按照管理因素分类。需要注意的是一起事故涉及多个原因时，必须从中找出一条主要原因。

2. 事故的调查与报告 企业发生伤亡事故，应按照有关规定及时报告事故。首先要调查事故的原因，并对事故现场进行保护。根据在事故现场收集的物证和人证，通过各种科学手段分析甚至模拟事故，并提出事故处理的意见，汇总事故调查资料，上报。企业要对一段时间内发生的事故进行统计报告和数据分析，针对安全生产的薄弱环节重点整治，避免事故的发生。

3. 制定事故应急预案 制药企业除了要对事故进行预防外，同时还应有对事故的应急之策。我国《中华人民共和国安全生产法》对生产安全事故的应急救援提出明确的要求。事故应急预案也称为事故应急计划，是指基于在某一处发现的潜在事故及其可能造成的影响所形成的一个正式书面计划，该计划包括在现场和场外如何处理事故及其影响。制定事故应急预案的目的是最大限度地减少紧急事故对人员、企业、环境所带来的不利影响，最快速地对事故作出应对措施，并有效地处理事故。事故应急预案的制定应本着科学性、实用性、权威性的要求，内容应包括事故的基本情况，危险目标，应急救援小组的组成、职责和分工，事故应急处置方案，有关规定和要求等。

（四）职业安全管理

1. 作业许可证管理 对于高风险作业，企业应建立作业许可证管理制度，明确作业程序和控制准则，对高风险作业过程进行控制。许可作业范围主要包括动火、登高、进入受限空间、动土、起重吊装、临时用电、盲板抽堵、设备检维修、断路。

2. 实验室安全 企业可参考《检测实验室安全》（GB/T 27476—2014）系列标准和《化学化工实验室安全管理规范》（T/CCSAS 005—2019）进行实验室安全管理工作。实验室的主要危害因素有接触化学品和药物粉尘、有毒高危气体、火灾和爆炸、触电、化学品泄漏、废弃物等。为保证实验室的安全运行，实验室应制定详细的、可操作的安全管理制度，责任落实到人，做到防火、防爆、防毒、防盗。

3. 危险物质运输安全管理 企业应当制定危险物质运输安全程序，保证执行有关危险物质运输的当地法律和国际规则。运输危险物质的管理应包括以下内容：正确标识容器内物料的品名、数量、危险特性和发货人联系信息；提供发货文件（例如发货单），其中写明货物的内容及其相关危险，并在容器上贴标签，废弃物的回收处理部门应确保废弃物的发运、接收方法正确无误；检查运输危险物质的包装物和容器的体积、性质、完好性、防护性能以及危险物质的种类和数量、运输物质的方式等均符合国家运输安全标准要求；审核危险物质运输单位资质，检查车辆是否符合国家相关标准要求，根据要求采用标签和标牌（运输车辆外部的标志）；培训参与运输危险物质的驾驶员、押运人员，正确执行发运程序和紧急状况处理程序。

　　某制药企业的 A 厂区从事危险化学品生产、制造和销售业务。该企业已向有关部门申领安全生产许可证,在等待证书下达期间,为保证工期提前生产,原料、产品是通过其所办的一家机电产品经营公司购买和销售的,这家经营公司从一家合法的危险化学品经营公司买进原料。该企业有一原材料危险化学品库房,因所储存的危险化学品的量已经超过临界量,达到重大危险源水平,比较危险。为此,该企业选调了一个工作认真、踏实、责任心很强的员工管理该库。该员工确实没有辜负企业的期望,一个人负责原材料出入库房,没有出现任何差错。该库房危险化学品的数量、储存地点以及管理人员的情况,已经报当地安全生产监督管理部门备案。

　　为满足该制药企业的 B 厂区少量需要,产品采用药企内部简易包装袋,附印上质量指标,用企业内部的小货车送货至 B 厂区,一方面降低企业的运行成本;另一方面减少外部物流公司的参与,降低安全风险。

　　请分析该企业在安全生产中存在的问题。

四、安全评价

(一)安全评价概述

1. 安全评价的概念及其分类　安全评价是一个以实现工程、系统安全为目的,应用安全系统工程原理和方法,对工程、系统中存在的危害因素进行识别与分析,判断工程、系统发生事故、职业病危害的可能性及其严重程度,提出工程、系统安全技术防范措施和管理对策措施的过程。安全评价的最终目的是提出控制或消除危险、防止事故发生的对策,为确定系统安全目标、制定系统安全规划、实现最优化的系统安全奠定基础。

　　根据工程、系统生命周期和评价目的将系统的安全评价分为安全预评价、安全验收评价、安全现状评价和专项安全评价。

　　(1)安全预评价:是根据建设项目可行性研究报告内容,分析和预测该建设项目可能存在的危险、有害因素的种类和程度,提出合理可行的安全对策措施及建议。安全预评价是在项目建设前应用安全评价的原理和方法对系统的危险性进行预测性评价。

　　(2)安全验收评价:是在建设项目竣工验收之前试生产运行正常后,通过对建设项目设施、设备、装置实际运行状况及管理状况的安全评价,查找出该建设项目投产后存在的危险、有害因素并确定其危险危害程度,提出合理可行的安全对策措施和建议。

　　(3)安全现状评价:是针对某一生产经营单位总体或局部的生产经营活动的安全现状进行的系统安全评价。通过评价查找其存在的危险、有害因素,确定危险程度,提出合理的安全对策措施及建议。

　　(4)专项安全评价:是针对某一特定的行业、产品、生产方式、生产工艺或生产装置等存在的危险、有害因素进行的安全评价。该评价能确定危险程度,提出合理的安全对策措施及建议。

2. 安全评价的目的　查找、分析和预测工程系统中存在的危险危害因素及可能导致的危险危害后果和程度，提出合理可行的安全对策，指导危险源监控和事故预防，以达到最低事故率、最少事故损失和最优安全投资效益。

（二）制药企业安全评价的基本要点

1. 资料收集　根据制药企业的生产过程、生产特点，对相关标准和法规进行收集整理，以便更好地分析制药企业生产中的工艺、设备、事故情况和仓储等，同时对制药企业所在地的气候条件、地理位置、社会环境等信息进行全面收集。

2. 危险、有害因素识别与分析　结合所掌握的资料，在类比以往同行业生产安全事故机制分析的基础上，从气象、气候、水文、地质等自然条件及项目选址的地理位置、工艺流程、原辅材料、主要仪表和设备等各个方面对可能存在的危险、有害因素进行分析和识别，为进一步完善建设方案安全对策提供科学依据。

3. 评价过程　在上述分析的基础上，结合评价对象及评价目的的复杂程度，采取一种或多种方法进行评价，分析事故的严重性和可能性，通过定量或定性方式完成分析，并对其进行分级，为安全管理明确重点。

4. 降低或控制危险的安全对策　结合分级结果及评价结果采用相应的安全对策，如表8-13所示。

表8-13　不同危险性质下的安全对策

危险性质	安全对策
超出标准值的危险	积极实施组织管理或工程技术，使危险得到及时控制或降低
标准值范围内的危险	属于允许或能够接受的危险，应采取有效监测方式实现对危险源的控制，避免储备条件或使用条件发生变化，致使危险值上升
可能出现系统严重破坏和重大伤亡的危险	立即作出相应处理，并将其作为重点防范对象

此外，根据评价结果拟定事故重大危险源应急救援预案。

（三）制药企业可用的安全评价方法

按照《危险化学品名录》及《危险货物品名表》中的相关要求，制药企业在生产过程中通常需用到液化石油气、氮气、乙醇等危险化学品，其中氧气与液化石油气主要用于针剂的封口；氢氧化钠则主要用于污水处理；氮气则主要用于针剂液体。此外，在制药企业的化验室常需用到氧化汞、乙酸汞等多种毒性剧烈的化学品。因此，在对制药企业进行安全评价时，可采取以下几种方法。

1. 安全检查表法　安全检查表法主要通过定性分析的方式完成评价，操作比较简单，在安全评价中最为基础，同时也是当前运用最为广泛的。经由安全检查表法检查，及时制定整改措施，掌握潜在危险，在控制事故发生方面有着较大的积极作用。

2. 事故树分析法　事故树分析法主要是在发生事故后，对事故结果的原因进行查找，进而及时对事故存在的各种因素进行分析，其中主要从逻辑关系和因果关系来开展，对系统构成要素之间存在的关系进行探索,掌握与事故发生相关的主要因素,查找最基本的原因,经由定性分析对各种因素可能给事故带来的影响及事故的控制要点进行了解和拟定,及时采取应对策略;经由定量分析对事件出现的概率进行计算。通过该安全评价方法,为系统安全目标提供较好的理论依据。

3. **重大事故后果分析法** 制药企业最常出现的重大事故分别有爆炸、火灾、中毒等,会导致企业遭受巨大的经济损失,同时还可致使大量人员伤亡,给社会安全造成严重影响。该法主要通过对不同的事故类型进行分析,结合不同的数学模型,经由定量分析的方式对可能出现的重大事故进行描述,分析事故可能给职工、企业及周围居民造成的危害及其严重程度。如火灾、泄漏及中毒等事故,其周围区域应划分为安全区、轻伤区、重伤区和死亡区,同时分析可能带来的财产损失和破坏程度等。重大事故后果分析法主要为制药企业提供较为全面的事故后果分析数据,进而根据后果采取有效的防护措施,如报警系统、防火系统或减压系统等各个方面的数据,并实现对事故影响的控制。

(四)制药企业危险、有害因素的辨识及对策

1. **防火、防爆** 制药企业的固体制剂车间、中药提取车间及乙醇罐区等区域是易燃、易爆的场所,为保证安全生产,一般采取以下措施。

(1)所有工作人员不得携带火源进入上述区域,且所有进出车辆均必须安装防火罩。

(2)采取法兰连接的方式输送乙醇,并及时对法兰进行静电消除处理。

(3)为控制静电的产生,在进行灌装和输送的过程中主要采取低速运行的方式,避免液体飞溅和飞散造成静电的产生。

(4)出入易爆区域的工作人员必须穿戴防静电导电鞋,以避免人体作为静电媒介造成严重后果。

(5)易燃、易爆区域内采用电炉来完成相关操作,严禁使用任何明火,同时在碰撞中易产生火花的一些工具也不得进入区域内。

2. **危险化学品贮存** 对危险化学品的搬运和装卸提出明确规定,确保轻卸、轻装,避免发生碰、摔、滚动和拖拉等危险情况。在管理上,针对危险化学品仓库、易燃液体罐区等储备,同样严禁明火进入储备区域,对火源进行控制,并对静电火花及铁器碰撞火花进行预防。为提高储备安全性,在储备区域内需安装自动灭火设备,该设备能够通过对储备区的温度及气体浓度等进行检测,当超出临界值后即可自动开启,及时对危险源进行消除。在对危险化学品进行储备时,则需进行分类、分区管理,并根据要求保证化学品的墙距、垛距和顶距等。针对化验时需用到的试剂应分类储备,部分禁忌化学品必须隔离保存。

3. **工艺控制** 加强生产各岗位的强化控制,提高安全操作规程,特别针对乙醇进行蒸馏处理时,必须根据相关要求制定流程工艺进行操作。为更好地提高安全管理,除加强员工的正常操作水平外,还应安排员工对紧急事故处理及异常操作处理等技能进行培训,帮助员工提高操作工艺,及时应对紧急情况。

4. **安全装置** 定期对相关装置进行检查,尤其是压力容器、锅炉等设备的安全附件(如安全阀、爆破片、压力表、温度表等)的灵敏性和可靠性检查。所有安全装置均经由具有委托资质的单位进行防静电处理。根据要求定期对装置进行防雷检测,一旦出现不符合要求的情况需及时整改。定期对温度计、压力表等进行校验,确保安全生产。对安全装置进行定期维护管理,保证装置始终处于正常运转状态,以防因设备原因导致不安全事故。

案例分析

　　某制药企业有危险化学品库房,包括乙炔库房和氧气库房等,在南区存有氧化反应生产脂溶性剧毒危险化学品 A,中区为办公区。企业为扩大生产,计划在北区新建工程项目。北区库房因储存的乙炔储罐在未进行遮挡的情况下,被太阳暴晒而温度升高,温度升高后引发乙炔罐爆炸,从而发生了连锁爆炸事故,造成作业人员 9 人死亡,5 人受伤。事故损失包括医药费 12 万元,丧葬费 5 万元,抚恤赔偿金 180 万元,罚款 45 万元,补充新员工培训费 3 万元,现场抢险费 200 万元,停工损失 800 万元。

　　请分析该制药企业安全评价的主要内容有哪些,要实现安全生产需要满足哪些方面的要求。

思考题

1. 请思考环境保护与深化药企企业改革之间的关系。
2. 请谈谈对我国《中华人民共和国环境保护法》的认识。
3. 请谈谈环境保护同经济、社会发展相协调的原则。
4. 如何在制药企业开展 ISO 14000 相关工作?
5. 制药企业的 EHS 体系中的关键环节是什么?
6. 制药企业安全管理的内涵是什么?

（郭瑞昕）

参考文献

[1] 温再兴.制药工业蓝皮书:中国制药工业发展报告(2020).北京:社会科学文献出版社,2020.

[2] 姚日生,边侠玲.制药过程安全与环保.北京:化学工业出版社,2018.

[3] 於建明,成卓韦.制药工程安全与环保概论.北京:科学出版社,2018.

[4] 陈甫雪.制药过程安全与环保.北京:化学工业出版社,2017.

[5] 陈博伦,彭效明,庞磊,等.1999—2019年国内制药生产安全事故分析.当代化工,2021,50(8):1924-1930.

[6] 都基峻,羌宁,曾萍,等.《制药工业大气污染物排放标准》(GB 37823—2019)解读.环境监控与预警,2020,12(1):1-8.

[7] 彭红波.污染物的环境行为及控制.北京:化学工业出版社,2021.

[8] 万春艳,孙美华.药品生产质量管理规范GMP实用教程.2版.北京:化学工业出版社,2020.

[9] 马爱霞.药品GMP车间实训教程.北京:中国医药科技出版社,2016.

[10] 郭泽荣,袁梦琦.机械与压力容器安全.北京:北京理工大学出版社,2017.

[11] 朱宏吉.制药设备与工程设计.北京:化学工业出版社,2015.

[12] 环境保护部环境应急指挥领导小组办公室.环境应急管理概论.北京:中国环境科学出版社,2011.

[13] 孙凯.定制研发生产型制药企业本质安全和风险控制技术研究.上海:华东理工大学,2021.

[14] 邱斌,朱洪涛,齐飞,等.长江流域典型城市水生态环境特征解析及综合整治对策研究.环境工程技术学报,2022:1-12.

[15] 王红.农业面源污染对生态环境的影响研究.农家参谋,2022(4):34-36.

[16] 陶鉴峰.水环境监测及水污染防治探究.资源节约与环保,2022(2):60-62,72.

[17] 郭书辰.青海同仁市水质评价.合作经济与科技,2022(6):20-22.

[18] 胡小珊,徐铁良,王珊.某污水处理厂提标改造工程案例.科技与创新,2022(3):139-142.

[19] 卢朝虹,谭斌,魏科.2016—2020年重庆市渝北区生活饮用水水质监测结果分析.现代医药卫生,2022,38(2):341-344.

[20] 李燕萍.浅谈环境保护中的水污染治理措施.资源节约与环保,2022(1):96-99.

[21] 汤荣生.我国水资源保护的历史及技术应用现状.科技资讯,2022,20(2):107-109,122.

[22] 孙美荣,张维诚.森林生态学研究进展-气候变化下的森林碳水耦合.林业和草原机械,2021,2(6):38-41,26.

[23] 邓宇杰,肖瑞.地下水水质分析及水污染治理措施分析.皮革制作与环保科技,2021,2(24):119-120.

[24] 南京地理与湖泊研究所.湖库水量季节性变化的全球与典型流域尺度遥感监测研究取得进展.高科技与产业化,2021,27(11):67.

[25] 高振江.农村水污染的分类、现状与解决策略.吉林农业,2018(14):60.

[26] 雷羾,陈方方,王超.化学原料药生产废水处理工程实例.工业用水与废水,2022,53(1):66-68,87.

[27] 吉剑.制药废水的生化处理分析.中国石油和化工标准与质量,2022,42(2):26-28.

[28] 李锐敏, 周文栋 . 中药生产废水高效处理技术应用研究 . 中国环保产业, 2021(11): 47-49.

[29] 张自杰 . 排水工程: 下册 . 5 版 . 北京: 中国建筑工业出版社, 2015.

[30] 李彬, 张晨阳, 陶伟伟 . 制药废水处理技术研究进展 . 工业水处理, 2022, 42(11): 7-17.

[31] 赵卫凤, 王洪华, 倪爽英, 等 . 制药工业废水污染排放控制可行技术分析 . 中国环境科学学会 2021 年科学技术年会——环境工程技术创新与应用分会场论文集(二). 2021: 60-64, 114.

[32] 徐锋, 朱嘉伟, 周泉, 等 . 复式兼氧 - 好氧 - 缺氧 -MBR 工艺处理合成制药废水 . 工业水处理, 2021, 41(10): 137-140.

[33] 刘亮 . 合成制药废水处理技术研究与进展 . 化工管理, 2021(23): 11-12.

[34] 陈坤, 杨德敏, 袁建梅 . 芬顿氧化 / 混凝 / 气浮 / 厌氧好氧组合工艺处理抗生素类制药废水 . 水处理技术, 2021, 47(9): 136-139.

[35] 何霞 . 气浮 -UASB-BCO 工艺处理中药废水工程实例 . 山东化工, 2021, 50(13): 234-235, 239.

[36] 吕鑫, 李勤 . 制药有机废水处理现状及发展趋势分析 . 清洗世界, 2021, 37(6): 141-142.

[37] 杨俊杰, 郝希龙, 王珂, 等 . 某药业公司废水处理工程案例分析 . 河南化工, 2021, 38(6): 49-51.

[38] 崔晓光 . 铁碳微电解 +Fenton 氧化联合工艺处理某制药废水的研究 . 青岛: 青岛理工大学, 2021.

[39] 赵平, 王振, 张月萍, 等 . MBR 对膜法深度处理综合性制药废水效果的影响 . 应用化工, 2021, 50(5): 1287-1291.

[40] 孙志科, 刘丽, 杨秋 . 合成制药废水处理改造工程实例分析 . 中国资源综合利用, 2021, 39(3): 184-188.

[41] 杨文玲, 王坦 . 催化臭氧化 -MBR 工艺深度处理制药废水实验研究 . 应用化工, 2021, 50(3): 708-711, 717.

[42] 毕磊 . 水解酸化 -UASB- 好氧生化 - 芬顿组合工艺处理制药废水 . 水处理技术, 2021, 47(2): 133-136.

[43] 赵明杰 . 水解酸化 -SBR 法处理生物制药废水的探讨 . 环境与发展, 2020, 32(12): 36-37.

[44] 郝景润, 邱宁 . 制药废水常用处理技术研究与应用 . 清洗世界, 2020, 36(11): 17-18.

[45] 王云云 . 维生素 C 制药废水处理工艺研究 . 化工设计通讯, 2020, 46(11): 182-183.

[46] 刘昕松, 万统军 . 气浮 -EGSB- 生物接触氧化工艺处理中药制药废水 . 工业用水与废水, 2020, 51(4): 65-67.

[47] 宋田翼 . AAO+MBR 组合工艺用于造纸、制药类工业废水的处理 . 中国给水排水, 2019, 35(18): 42-45.

[48] 安浩东, 黄俊逸, 朱乐辉 . 气浮 - 微电解 -Fenton 厌氧 / 好氧工艺处理制药废水 . 工业水处理, 2019, 39(8): 103-106.

[49] 贾丽荣 . 制药废水处理工程实例 . 临床医药文献电子杂志, 2019, 6(65): 194-196.

[50] 张瑀桐 . 厌氧 -SBR 工艺在制药废水处理中的应用探讨 . 资源节约与环保, 2019(1): 67, 69.

[51] 陈春丽 . 预处理 -UASB-A/O- 高级氧化工艺在制药废水处理中的应用 . 科技与创新, 2017(4): 146-147.

[52] 吴菲, 吴俊锋, 李健, 等 . 江苏省生物制药行业污染物排放标准的探讨 . 环境科技, 2016, 29(3): 66-70.

[53] 李嫣 . 化学合成类制药工业大气污染物排放标准研究 . 杭州: 浙江工业大学, 2015.

[54] 陈少雄 . 国内外生物制药行业大气污染物排放控制标准进展 . 中国医药工业杂志, 2018, 49(6): 847-852.

[55] 李雪玉 . 制药工业污染物排放标准体系与案例研究 . 北京: 中国环境科学研究院, 2006.

[56] 宋玉 . 青霉素生产过程中挥发性有机物和恶臭排放标准研究 . 石家庄: 河北科技大学, 2014.

[57] 陈超宇, 钱薇, 张浩哲 . 化学吸收法用于制药企业废水处理站废气除臭系统的调试与优化 . 中国资源综合利用, 2019, 37(9): 25-27, 42.

[58] 徐波 . 吸收法在治理合成革有机废气中的应用研究 . 资源节约与环保, 2016(2): 140.

[59] 张斌 . 冷凝 - 吸附技术在苯 - 罐区废气治理中的应用 . 山东化工, 2018, 47(19): 184-185.

[60] 朱琦, 覃茜, 计桂芳, 等 . 典型行业 VOCs 排放特点及治理技术 . 轻工科技, 2017, 33(12): 81-83, 85.

[61] 古丽君 . 工业源 VOCs 污染治理问题及对策 . 环境与发展, 2019, 31(7): 38-39.

[62] 蒋旻曦,肖立峰,蔡宇翔.医药行业VOCs治理概述.环境影响评价,2015,37(5):92-96.

[63] 商永圭.医药行业废气处理工程案例.上海化工,2020,45(4):21-24.

[64] 张静.某医药化工企业废气治理工程设计.杭州:浙江大学,2016.

[65] 肖静,范建国.医药化工企业废气处理技术的探究.化工管理,2018(22):109-110.

[66] 杨勇.医药化工企业废气处理技术探究.化工设计通讯,2017,43(2):180-181.

[67] 何华飞,王浙明,许明珠,等.制药行业VOCs排放特征及控制对策研究——以浙江为例.中国环境科学,2012,32(12):2271-2277.

[68] 孟宪政,庄瑞杰,于庆君,等.制药行业有机废气催化燃烧研究进展.化工进展,2021,40(2):789-799.

[69] 王渭军.制药企业废气处理.低碳世界,2017(17):13-14.

[70] 张颖,孙文潭,郑琳琳.制药企业污水处理站废气治理研究.广州化工,2020,48(3):112-114.

[71] 刘翠棉,窦红,姜建彪,等.石家庄市某制药企业污水处理过程废气排放特征及治理效果研究.河北工业科技,2018,35(5):363-369.

[72] 段云霞,曾猛,石岩,等.甲磺胺制药废水废气处理工艺研究及设计.中国给水排水,2017,33(12):83-86,90.

[73] 赵秀梅.化学原料药行业挥发性有机废气污染特征与治理中的主要问题及建议.环境工程学报,2020,14(9):2277-2283.

[74] 卢艳洁.化学合成类制药厂有机废气处理工艺分析.清洗世界,2021,37(7):116-117.

[75] 关小敏,柳超.化学合成原料药企业废气治理技术.环境与发展,2020,32(5):109,111.

[76] 段金廒.中药废弃物的资源化利用.北京:化学工业出版社,2013.

[77] 朱启星.卫生学.9版.北京:人民卫生出版社,2018.

[78] 邬堂春.职业卫生与职业医学.8版.北京:人民卫生出版社,2017.